Discours des maladies mélancoliques

André Du Laurens

Discours des maladies mélancoliques

(1594)

édition préparée, présentée et annotée par
Radu Suciu

Ouvrage publié avec le concours
du Centre national du Livre

Paris
Klincksieck

Le génie de la mélancolie
collection dirigée par Patrick Dandrey

déjà parus
Patrick Dandrey, *Les Tréteaux de Saturne. Scènes de la mélancolie à l'époque baroque*
Maxime Préaud, *Mélancolies. Livre d'images*
Marin Le Roy de Gomberville, *Doctrine des mœurs*, édition établie par Bernard Teyssandier

ISBN 978-2-252-03592-4

Sigles et abréviations utilisés

Le lecteur trouvera ci-après la liste des ouvrages dont les références ont été siglées. Généralement, si un ouvrage est cité plusieurs fois, sa référence est simplifiée. Le lecteur pourra se reporter à la bibliographie générale pour les références complètes.

Avicenne, *Canon de la médecine* : Avicenne, *Liber canonis*, trad. Gérard de Crémone, Venise, Giunta, 1555, livre. III, *fann.* I, *tract.* IV, chap. 18-22, p. 204^{r}-207^{v}.

Burton, *Anatomie de la mélancolie* : Robert Burton, *The Anatomy of Melancholy*, édité par Thomas C. Faulkner, Nicolas K. Kiessling et Rhonda L. Blair [tomes 1 à 3], commenté par J. B. Bamborough, M. Dodsworth [tomes 4 à 6], Oxford, Clarendon Press, 1989-2000. Trad. fr. de référence : *Anatomie de la mélancolie*, trad. B. Hoepffner et C. Godraux, Paris, J. Corti, 2000, avec une introduction de J. Starobinski, et une postface de J. Pigeaud.
Exemple : Burton, *Anatomie de la mélancolie*, 1.2.3.2, Faulkner, I, p. 250 ; Hoepffner, p. 425.

Cœlius Rhodiginus, *Lectionum antiquarum* (1566) : Cœlius Rhodiginus [Ludovico Ricchieri], *Lectionum antiquarum libri XXX*, Bâle, Froben, 1566.

Dandrey, *Anthologie de l'humeur noire* : Patrick Dandrey, *Anthologie de l'humeur noire : écrits sur la mélancolie d'Hippocrate à l'Encyclopédie*, Paris, Le Promeneur, 2005.

Dandrey, *Médecine et maladie* : Patrick Dandrey, *La médecine et la maladie dans le théâtre de Molière*, tome I : *Sganarelle et la médecine ou De la mélancolie érotique*; tome II : *Molière et la maladie imaginaire ou De la mélancolie hypocondriaque*, Paris, Klincksieck, 1998.

Dandrey, *Tréteaux de Saturne* : Patrick Dandrey, *Les Tréteaux de Saturne*, Paris, Klincksieck, 2003.

DBF : *Dictionnaire de biographie française*, sous la direction de J. Balteau, puis de M. Prévost, J. Roman d'Amat et R. Limouzin-Lamothe, Paris, Letouzey et Ané, 1929-.

DBI : *Dizionario biografico degli italiani*, Rome, Instituto della Enciclopedia italiana, 1960-.

Donati, *De Medica historia mirabili* (1586) : Marcello Donati, *De Medica historia mirabili*, Mantoue, Francesco Osanna, 1586.

Du Laurens, *Toutes les œuvres* (1621) : André Du Laurens, *Toutes les oeuvres de Me. André Du Laurens*, éd. Théophile Gelée, Rouen, Raphael Du Petit-Val, 1621.

Dulieu : Louis Dulieu, *La médecine à Montpellier : La Renaissance*, Avignon, Presses Universelles, 1979.

Galien : Galien de Pergame, *Opera quæ extant* (texte grec, trad. latine), éd. et trad. latine C. G. Kühn, Leipzig, Teubner, « *Corpus Medicorum Graecorum – I/XX* », 1821-1833, 22 tomes en 20 vol. Repr. Georg Olms Verlag, Hildesheim, 1964-1965 (1986). Trad. fr. de référence : *Œuvres anatomiques, physiologiques et médicales, traduites [...] Par Charles Daremberg*, Paris, J.-B. Baillière, 1854-1856, 2 vol. [Reprint Adolf Hakkert, Amsterdam, 1963].
Exemple : Galien, *Des Lieux affectés*, III, 7, Kühn, VIII, p. 178 ; Daremberg, II, p. 557.

Hippocrate : Hippocrate, *Œuvres complètes [...]*, Émile Littré (éd.), Paris, J.-B. Baillière, 1839-1861, 10 vol. [Reprint Adolf Hakkert, Amsterdam, 1978].
Exemple : Hippocrate, *Aphorismes*, VI, 23, Littré, IV, p. 568.

Klibansky, *Saturne et la mélancolie* : Raymond Klibansky, Erwin Panofsky et Fritz Saxl, *Saturne and Melancholy. Studies of natural Philosophy, Religion and Art*, Londres et New York, Th. Nelson, 1964. Trad. fr. : *Saturne et la mélancolie. Études historiques et philosophiques : nature, religion, médicine et art*, trad. de l'anglais par Fabienne Durand-Bogaert et Louis Évrard, Paris, Gallimard, « Bibliothèque des Histoires », 1989.

Michaud : *Biographie universelle ancienne et moderne ou Histoire, par ordre alphabétique, de la vie publique ou privée de tous les hommes qui se sont fait remarquer par leurs écrits, leurs actions, leurs talents, leurs vertus ou leurs crimes*, sous la direction de Louis-Gabriel Michaud, Paris, Delagrave, 1870-1873.

Starobinksi, *Histoire du traitement de la mélancolie* : Jean Starobinski, *Histoire du traitement de la mélancolie des origines à 1900*, Bâle, J.-R. Geigy, « *Acta psychosomatica-4* », 1960.

Van de Velde, *De Cerebri morbis* (1549) : Van de Velde, Jason [Jason Pratensis], *De Cerebri morbis : hoc est, omnibus ferme (quoniam a cerebro male affecto omnes fere qui corpus humanum infestant, morbi oriuntur) curandis liber*, Bâle, Henri Piètre, 1549.

Introduction

Figure 1 : Portrait d'André Du Laurens, gravure au burin, [s.d.], dans André Du Laurens, *Opera omnia*, éd. Guy Patin, Paris, 1628, sign. [u^{4v}.]. Collection particulière.

Au printemps 1594, Henri IV touchait les écrouelles : Dieu redonnait enfin au monarque les puissances de la thaumaturgie. Cette même année, André Du Laurens, médecin du roi, achevait la première monographie en français sur l'humeur noire. Les guerres de religion s'achevaient, la cour s'apprêtait à rentrer à Paris, les années de sang et de larmes semblaient finies : le moment était venu de se pencher sur les causes et les effets des maux qui accablent l'humanité – et, parmi tant d'autres, de ce mal intime et universel à la fois, qu'on nomme mélancolie, cette torture qu'inflige l'humeur noire aux corps et aux âmes, avec son cortège de craintes et de douleurs bien accordées à l'esprit de ces temps difficiles. C'est ainsi que le médecin d'Henri IV proposa, en cette fin du siècle qui est aussi la fin de l'Humanisme, un épitomé pratique pour la pacification des troubles mélancoliques. Nous en offrons à notre tour une réédition, la première depuis le XVIIe siècle, accompagnée d'une introduction qui voudrait servir de mode d'emploi au lecteur d'aujourd'hui. Puisse chacun y trouver sinon la cure de ses idées noires, du moins la confirmation que notre époque n'en a pas le triste privilège et que la difficulté de les pacifier et de les éradiquer remonte à plus haut temps.

La carrière prestigieuse d'un médecin renommé

Lorsqu'il meurt dans des conditions mystérieuses, le 16 août 1609, quelques mois avant l'assassinat de Henri IV, André Du Laurens avait gravi l'échelle sociale jusqu'à la place très convoitée de premier médecin du monarque. « Le Béarnais voulut honorer de sa visite les derniers moments de son médecin, mais, apprenant qu'il agonisait, le roi, étant à la porte de sa chambre, dit ces mots : "Je n'y veux donc pas entrer, car il m'affligerait et je l'affligerais". »[1] André Du Laurens, raconte Pierre de L'Estoile, « fut fort regretté, ayant la réputation d'homme de bien et bon médecin »[2]. Ainsi s'achevait une carrière fulgurante qui, partie d'Avignon, avait mené au faîte des honneurs l'héritier d'une dynastie médicale comme la société ancienne en comptait beaucoup.

Un illustre professeur de l'université de Montpellier

C'est le 9 décembre 1558 qu'André avait vu le jour dans la nombreuse famille du médecin tarasconnais Louis du Laurens[3]. Selon l'habitude du

1. Voir Achile Chéreau, art. « Du Laurens », *in* Amédée Dechambre, *Dictionnaire encyclopédique des sciences médicales*, tome XXX, Paris, 1884, p. 646, 649 et *Union médicale*, 1861, n° 121, 124, 125.
2. Pierre de l'Estoile, *Journal pour le règne de Henri IV, 1589-1600*, éd. A. Martin, Paris, Gallimard, tome II, 1958, p. 501-502.
3. Jeanne Du Laurens, *Mémoires dressés par moy Jeanne Du Laurens, veuve de M. Gleyse, et couchés nayvement en ces termes 1553-1631*, p. 143. Jeanne Du Laurens, sœur d'André, avait écrit en 1631 des mémoires concernant l'histoire de la famille Du Laurens. Le manuscrit conservé à la bibliothèque Méjanes à Aix-en-Provence vient d'être publié dans une nouvelle édition (que nous suivons) : Susan Broomhall et Colette H. Winn (éd.), *Les Femmes et l'histoire familiale (XVIe-XVIIe siècle) : Renée Burlamacchi,* Descrittione della Vita et Morte del Sig^r^ Michele Burlamachi (1623). *Jeanne Du Laurens,* Genealogie des Messieurs du Laurens (1631), Paris, Champion, 2008, p. 139-172. Une autre version de ce manuscrit, dont l'édition Broomhall-Winn ne fait pas mention, est conservé à la bibliothèque d'Arles, sous la

temps, Louis avait pris son épouse dans une autre famille de médecins [4]. L'épouse du médecin Louis du Laurens était donc la sœur d'Honoré Castellan [5], professeur très réputé de Montpellier, qui occupa les fonctions enviées de premier médecin de Catherine de Médicis et de médecin ordinaire des rois Henri II, François II et Charles IX. Suivant l'exemple de cet oncle si haut parvenu, le jeune André, au terme de ses études secondaires, renonça à une carrière ecclésiastique au profit de la médecine. En 1582, on le retrouve enseignant cette science à Avignon, lorsque le décès de Laurent Joubert libère une chaire de professeur royal à la Faculté de Montpellier. Les quatre « régences » de la Faculté de médecine [6] avaient été créées par Louis XII en 1498 pour assurer une meilleure stabilité du corps enseignant. Les docteurs régents recevaient des subsides royaux [7] en sus de l'argent qui leur était versé par les étudiants. Grâce à ce système, la faculté bénéficiait d'un corps fixe de professeurs. Postes d'excellence, les régences étaient hautement convoitées. Si l'on avait commencé par pourvoir les quatre chaires par simple désignation, peu à peu le constat de certains abus et les plaintes des candidats malheureux avaient conduit à l'organisation de concours. Toutefois, les nombreuses irrégularités dont l'écho est parvenu jusqu'à nous montrent qu'en dépit du processus sélectif officiel, le recrutement des régents avait conservé un caractère partiellement arbitraire. Si les professeurs royaux sont choisis pour partie en fonction de leur renommée, ils le sont aussi et plus souvent peut-être grâce à leurs appuis dans la maison, à leur réseau d'influence et au poids de puissants

forme d'une copie faite par le clerc Bonnemant, en 1760 (*Catalogue général des manuscrits des bibliothèques publiques de France. Départements*, tome XX, p. 457-458, cote 227, 1°. Ce texte de Jeanne Du Laurens avait été édité jadis par Charles de Ribbe, sous le titre : *Une famille au XVI*e *siècle*, Paris, 1867 (lorsque nous citons l'introduction et les commentaires de C. de Ribbe nous suivons la troisième édition augmentée de 1879 parue à Tours chez Alfred Mame et Fils). D'après Charles de Ribbe, la particule « de » ou « du » représente un ajout tardif au nom Laurens : prétexte pour l'éditeur du XIXe siècle à produire un long exposé pittoresque sur les hiérarchies sociales et sur la décadence des anoblissements de plus en plus fréquents à partir du XVIIe siècle. Charles de Ribbe cite pour preuve les actes de naturalisation française de Louis Laurens ainsi que son testament de 1574 (*Une famille au XVI*e *siècle* (1879), p. 106 et p.145). Voir également art. « Louis Du Laurens », Roman d'Amat (éd.), *Dictionnaire de biographie française* (*DBF*), tome XII, Paris, 1970, coll. 70.

4. Voir Susan Broomhall et Colette Winn, *Les Femmes et l'histoire familiale* (2008), p. 31 et n. 44. Autrefois, Laurent Joubert avait épousé Louise Guichard, sœur de Jean Guichard, médecin ordinaire du roi de Navarre. Voir Évelyne Berriot-Salvadore, *Les Femmes dans la société française de la Renaissance*, Genève, Droz, 1990, p. 175.
5. Sur Honoré Castellan, voir *DBF*, VII, 1956, coll. 1358-1359.
6. On entend par régences les chaires d'enseignement, « régenter » signifiant enseigner. Voir Louis Dulieu, *La médecine à Montpellier : La Renaissance*, Avignon, Presses Universelles, 1979, p. 17. Voir Susan Broomhall et Colette Winn (éd.), *Les Femmes et l'histoire familiale* (2008), p. 31.
7. Ce fut l'oncle d'André Du Laurens, le médecin Honoré Castellan, qui avait convaincu Charles IX en 1564 d'augmenter les gages des médecins régents de 100 à 400 livres. Voir Susan Broomhall et Colette Winn, *Les Femmes et l'histoire familiale* (2008), p. 31 ; Albert Leenhardt, *Montpelliérains, médecins des rois*, Largentière, E. Mazel, 1941.

protecteurs. La promotion d'un médecin comme Honoré Castellan a laissé le souvenir d'une élection contestée. Un Jean Blezin [8] illustre pour sa part le cas presque caricatural du candidat perpétuel, recalé tout au long de sa carrière. André Du Laurens offre un exemple exactement inverse, celui du candidat « naturel » dont rien ne peut entraver la route.

C'est sur le conseil de sa mère, instruite par la fortune d'Honoré Castellan, qu'il aurait décidé de poser sa candidature pour ce poste si convoité. Toutefois, la chaire de professeur était formellement réservée aux diplômés montpelliérains. Aussi, lorsque le jeune docteur d'Avignon dépose sa candidature, les autres concurrents ne manquent pas de porter plainte contre sa prétention de rivaliser avec eux. Le concours dut être ajourné, et le fauteur de troubles profita de ce délai pour passer le baccalauréat, la licence et le doctorat au sein de l'université de Montpellier. En moins d'une année, il réussissait à réunir tous les grades universitaires requis par le concours... Au cours de ces événements, une amusante inadvertance s'est glissée dans les registres de l'Université. L'empressement qu'il mit à passer tous les grades, ou celui qu'on mit à les lui conférer fut si grand que l'immatriculation proprement dite sur les registres de l'Université est postérieure de deux jours à son passage du baccalauréat : André Du Laurens passe l'examen le 28 février 1583 alors qu'il n'est immatriculé comme étudiant de l'Université que le 2 mars [9] !

Chose certaine, la mémoire de son oncle veillait sur sa fortune. Les résultats du premier concours furent annulés – le nouveau lauréat ne voulait point partager sa chaire avec un autre médecin – et d'autres épreuves fixées au 5 septembre 1584. Mais elles n'eurent jamais lieu : le jour du concours, Jean Hucher [10], membre du jury, avait été appelé d'urgence à Pézenas pour y soigner son noble patient, le duc de Montmorency. À partir de cette date (septembre 1584), Du Laurens est néanmoins considéré comme professeur royal ; nous savons que de 1587 à 1590 il donna à ce titre des leçons sur la goutte, sur la douleur et sur la dureté des jointures, sur la vérole et sur la lèpre, ou encore sur l'*Ars parva* de Galien [11]. Ce sont là

8. Jean Blezin participa plusieurs fois au cours du siècle au concours et y fut chaque fois repoussé. Voir L. Dulieu, p. 365 et *passim*.

9. Michel Gouron, *Matricule de l'Université de Médecine de Montpellier (1503-1599)*, Genève, Droz, 1957, p. 185 et L. Dulieu, p. 42.

10. Sur Jean Hucher (1538-1603), chancelier de l'université de Montpellier à la mort de Laurent Joubert en 1582, voir L. Dulieu, p. 338-340 et *passim*.

11. Nous suivons ici Édouard Turner, *Bibliographie d'André Du Laurens, premier médecin du roi Henri IV, chancelier de l'Université de Montpellier, avec Quelques remarques sur sa biographie [...]*, Paris, É. Martinet, s.d., extrait de la « Gazette hebdomadaire de médecine et de chirurgie », n°s 21, 24 et 26, 21 mai, 11 et 25 juin 1880, p. 239. L. Dulieu, p. 333, signale le manuscrit suivant de Du Laurens (BnF, ms fr. n° 2062, 98 f[os]) : *Annotations sur le traité des apostèmes de Guydon deictées aux compagnons chirurgiens en 1587* (f° 5-26). *Le traicté des playes. 1584* (f° 26-45). *Annotations sur le traité de la vérolle dictées aux chirurgiens et docteurs régents de Montpellier. 1587* (f° 45-56). *Traité de la lèpre* (f° 56-61). *Explications sur le chapitre de phlébotomie de Guidon* (f° 61-67). *Traité des ulcères* (f° 69-96). *Oratio contra empyricos* (f° 96-98).

des bagatelles anecdotiques, certes. Reste que l'épisode mouvementé de sa nomination nous offre de surcroît une précieuse information sur un autre fait déterminant de sa biographie. Nous y apprenons que pendant les tergiversations du concours il dut défendre sa cause et sa candidature devant le Parlement de Toulouse en répondant à un autre concurrent qui l'avait assigné devant cette juridiction [12]. Or son éloquence toucha non seulement les juges qui lui donnèrent gain de cause, mais aussi le public venu assister aux débats. Parmi ses auditeurs se trouvait la duchesse d'Uzès, qui ne manqua pas, elle non plus semble-t-il, d'être impressionnée par l'habileté oratoire du jeune médecin :

> Or après, il eut grand procès avec quelques uns de ces medecins, tellement qu'il fallut aller à Thoulouze, et l'y debatre son droit. Il requit qu'il luy fust permis de plaider sa cause, ce qui luy fut accordé, et fit si bien qu'il la gagna, d'où il fut encore en plus grande estime qu'auparavant.
> Là se trouvans beaucoup d'honeste[s] gens et bien qualifiés, entre autres Madame de Crussol, duchesse d'Uzès, qui du depuis le prit pour son medecin. [13]

Rencontre et décision déterminantes pour la carrière du médecin et pour le destin de l'œuvre dont nous allons traiter.

Le protégé de la duchesse d'Uzès

Après l'épisode de Toulouse, la carrière d'André Du Laurens est intimement liée à la protection que lui accorde Louise de Clermont, comtesse de Tonnerre et duchesse d'Uzès (1504-1596), l'une de ces grandes dames du XVIe siècle qui ont laissé le souvenir d'une brillante vie mondaine [14].

12. A. Chéreau dans A. Dechambre (éd.), *Dictionnaire encyclopédique des sciences médicales*, p. 646-649 ; L. Dulieu, p. 42 et suiv.
13. Jeanne Du Laurens, éd. Broomhall-Winn, *Les Femmes et l'histoire familiale* (2008), p. 158.
14. En attendant une nouvelle biographie de Louise de Clermont, duchesse d'Uzès, on pourra consulter le petit livret de M. Fabre, *Louise de Clermont-Tallart, première duchesse d'Uzès*, Nîmes, 1932 ; ainsi que les chapitres qui lui sont consacrés dans *Les Cahiers de Maulnes*, n° 3, mai 2003, p. 15-67 (on y trouvera reproduits plusieurs portraits de Louise et d'Antoine de Crussol) ; brève biographie également dans Monique Chatenet, Fabrice Henrion (éd.), *Maulnes : archéologie d'un château de la Renaissance*, Paris, A. et J. Picard, 2004, p. 41 et 61. Si Du Laurens n'identifie pas sa protectrice par son prénom, plusieurs actes notariés confirment qu'il s'agit bien de Louise de Clermont. Voir, par exemple les minutes de Pierre Aubert (3^E^ 5/430) du 24 octobre 1592 : « [...] Louyse de Clermont, duchesse d'Usez, comtesse de Tonnerre et dame de Selles en Berry, estant de present en ceste ville de Tours, laquelle de son bon gré a recognu avoir ce jourd'huy ceddé, quitté, delaissé et transporté et par ces presentes quitte, cedde, delaisse et transporte, promiz garentir et faire valloir et deslivrer de tous empeschemens à Me André Laurens, docteur regent et professeur en l'universitté de midicyne [*sic*] à Montpellier, demourant à present à Tours à la suytte de lad. dame, present,

Née au début du siècle, demoiselle d'honneur à la cour de François Ier, elle s'était signalée très tôt comme « très honneste dame et fille, et de fort gentil et subtil esprit et qui disoit et rencontroit des mieux » [15]. Ces mots de Brantôme se trouvent corroborés par l'épigramme que consacre Clément Marot au retour de la jeune fille à la cour :

> Puis que voyons à la court revenuë
> Tallard, la fille à nulle autre seconde,
> Confesser fault, par sa seule venue
> Qu[e] les Espritz reviennent en ce monde [...] [16]

Mariée en 1539 à François du Bellay, prince d'Yvetot, elle conserve la réputation d'une femme d'esprit, nourrie de culture poétique. Entourée de gens éclairés elle fréquente notamment le cardinal du Bellay, cousin germain du poète et mécène avisé : il avait protégé Rabelais et Philibert de l'Orme. C'est ainsi que Joachim du Bellay dédiera à sa cousine par alliance une ode imprégnée de références antiques.

Elle est mariée en 1556 en secondes noces à Antoine de Crussol (1528-1573) [17], Gentilhomme de la chambre du roi (1555) et futur duc d'Uzès (1565). Louise de Clermont n'en est plus alors à sa première jeunesse (elle avait cinquante-deux ans et elle était de vingt-quatre ans plus âgée que son futur mari), mais c'est sans doute sa position privilégiée à la cour qui influence la réalisation de cette importante alliance célébrée en présence de toute la cour :

> Le mariage fut célébré, en grande pompe au château d'Amboise, en présence du roi Henri II, du connétable de Montmorency, des cardinaux de

stippullant et acceptant la somme de huict cens escuz sol., à icelle somme prendre, recouvrer et recepvoir par led. sieur de Laurens des fermiers et recepveurs de lad. dame en sa terre et seigneurie de Selles en Berry [...] ». Voir également *Arch. Nat.* cote Y 134, f. 111r-v, 1594 (minutes de Nicolas Le Noir et Jehan Lusson) : « Loyse de Clermont duchesse de d'Uzès comtesse de Tonnerre [...] en considération des bons et agreables services que noble homme maistre André du Laurens son medecin ordinaire luy a faictz depuis cinq ou six ans [...] ayant quitté la ville et université de Montpellier en laquelle il estoit docteur et professeur royal faict donation audit seigneur du Laurens de la somme de six mil escus sol [...]. [...] ladite dame desire ladite donation autrement estre effectuée pendant sa vye sy faire se peult et afin de donner plus de moyens et d'occasion audit sieur du Laurens de continuer le service qui luy commence de coutume journellement [...] ».

15. Brantôme, *Œuvres*, éd. Prosper Mérimée, Paris, Pagnerre, 1869 (Krauss Reprint, Nendeln/Liechtenstein, 1977), tome III, p. 242.
16. Clément Marot, *Œuvres poétiques complètes*, éd. Gérard Defaux, Paris, Bordas, 1993, tome II, p. 316.
17. Sur la famille de Crussol, voir Arlette Jouanna, *Histoire et dictionnaire des guerres de religion*, Paris, R. Laffont, 1998, p. 834-835, article « Crussol ». Ernest Petit consacra une brève mais pittoresque monographie à Antoine de Crussol, sous le titre : *Le Comte de Tonnerre, Antoine de Crussol, Duc d'Uzès*, extrait du *Bulletin de la Société des Sciences de l'Yonne*, Auxerre, Imprimerie de la Constitution, 1897.

> Lorraine, de Vendôme et de Châtillon, du prince de Ferrare, de Marie Stuart, reine d'Ecosse; des ducs de Guise et de Nemours, du maréchal de Saint-André, du chancelier de l'Hôpital et de toute la cour. [18]

Louise de Clermont entrait ainsi dans une autre famille de très ancienne noblesse, connue à l'époque pour une intense activité de parrainage artistique et de mécénat. Ambroise Paré avait dédié au comte de Crussol ses *Deux livres sur les monstres*, et Jean Liébault, gendre du polygraphe Charles Estienne, lui offre plusieurs éditions de la *Maison rustique*, l'une des plus étonnantes et curieuses entreprises éditoriales de l'humanisme français.

La perspicacité et la finesse de son esprit confèrent à Mme d'Uzès une place privilégiée auprès de la famille royale. Catherine de Médicis la considère comme une amie intime : elle lui écrit des lettres émouvantes et lui confie l'éducation de ses enfants [19]. La duchesse aide la reine dans ses tentatives pour pacifier le conflit religieux qui sévit en France. Elle est présente lors de l'arbitrage théologique – connu sous le nom de « colloque de Poissy » – qui avait opposé le Cardinal de Lorraine et le Genevois Théodore de Bèze. Celui-ci fait mention de la sagacité et de la lucidité de la duchesse dans son *Histoire ecclésiastique des églises réformées* [20].

Les deux rois rivaux, Henri III et Henri de Navarre, l'appellent tous les deux « mère »; pour Catherine de Médicis, elle est sa « commère », terme qui prouve l'affection que la reine lui portait; enfin, elle est la « sibylle » de Marguerite de Valois. Bref, une femme qui réussit à accorder la galanterie mondaine avec la clairvoyance diplomatique. Au milieu du siècle classique, Le Laboureur décrira la duchesse en des termes dignes des temps de la nouvelle politesse mondaine :

> Ce fut une Dame très spirituelle et particulièrement douée de toutes les qualités nécessaires à la Cour, où elle se rendit maîtresse de toutes sortes d'intrigues et servit principalement beaucoup au parti de la Religion. Au reste elle se dispensa des apparences scrupuleuses [...] et se conserva une liberté toute entière de vivre à sa mode et d'étendre ses inclinations sur les Catholiques ou Huguenots, comme il lui plaisait. [21]

La duchesse, touchée apparemment par l'éloquence d'André Du Laurens lors de l'épisode du parlement de Toulouse, le choisit pour être

18. D'après le *Dictionnaire biographique international des écrivains* qui n'indique pas sa source (éd. Henry Carnoy, Hildesheim et Zürich, Georg Olms, 1987 (1902-1909), p. 243).
19. Nicolas Le Roux, *La Faveur du roi. Mignons et courtisans au temps des derniers Valois (vers 1547-vers 1589)*, Paris, Éditions Champ Vallon, 2001, p. 58.
20. Voir Théodore de Bèze, *Histoire ecclésiastique des églises réformées*, éd. G. Baum et Ed. Cunitz, 1883 [fac-similé Nieuwkoop, 1974], tome I, p. 497.
21. Le Laboureur, *Additions aux Mémoires de Castelnau* (1659), éd. consultée, Paris, 1731, tome 1, p. 712-713.

son médecin privé. Elle l'arrache aux amphithéâtres de Montpellier pour le faire monter sur le grand théâtre du monde :

> Quelque temps après que mon feu frere André eut résidé à Montpellier en y exerçant honorablement sa charge, Madame la duchesse d'Uzès tomba malade, et se ressouvenant de l'action qu'[elle] luy avoit veu faire à Toulouze, dont j'ay parlé cy-dessus, l'envoya querir pour l'assister. Mon frère y alla, et avec l'ayde de Dieu et la grande peine qu'il y prit, elle se trouva mieux et luy dit : « Monsieur du Laurens, je veux faire un voyage à la Cour, et veux que vous m'y accompagniés. Allés donner ordre à vostre chaire. »[22]

À partir de l'année 1588, Du Laurens quitte donc son poste à Montpellier pour suivre la duchesse dans ses nombreux voyages entre la cour et ses terres provençales. De cette date et jusqu'à celle de sa mort, la vie de Mme d'Uzès nous serait à peu près inconnue, n'était justement le témoignage de son médecin et ami, dont nous savons par l'épître liminaire des *Discours* qu'elle s'était « retirée à l'abbaye de Marmoutier, pour jouyr et de la beauté du lieu et de la bonté de l'air »[23]. Retraite fort naturelle pour une nonagénaire dont la vie riche en aventures et en occupations parfois de haute volée intellectuelle politique ou diplomatique méritait en son dernier décours un peu de cet apaisement qui ne l'empêchait sans doute pas de quitter son havre de paix pour des voyages d'affaires ou d'usage : c'est à Sens, en Bourgogne, que la mort vient la faucher. Elle avait alors plus de quatre-vingt-dix ans – quatre-vingt-douze exactement si l'on accepte de fixer sa naissance à la date hypothétique de 1504.

Rien ne serait plus faux néanmoins que d'imaginer cette promotion et cette distinction qui font de Du Laurens le médecin particulier d'une des plus grandes dames du royaume, et bientôt, on le verra du monarque lui-même, comme une raison pour lui d'abandonner sa vie de savant, de professeur, voire de polémiste engagé dans les querelles scientifiques du temps. Accompagnant la duchesse à Marmoutier, Du Laurens s'installe à Tours où s'étaient exilés la cour et les intellectuels fidèles au roi. On y retrouve Du Laurens aux côtés de médecins comme François de Saint-Vertunien ou Charles Falaiseau. Ce dernier avait soigné en 1592 Jacques-Auguste de Thou qui en parle dans ses *Mémoires*; Du Laurens connaît également Jacques de Rivière (qui signe un sonnet liminaire des *Discours* par Granges-Rivière, « conseiller de la Court »), médecin devenu conseiller au Parlement de Tours; Du Laurens attire auprès de lui des disciples comme Jean Aubéry qui signe une ode dédiée à la duchesse d'Uzès[24].

22. Jeanne Du Laurens, éd. Broomhall-Winn, *Les Femmes et l'histoire familiale* (2008), p. 158-159.
23. « Épître » dédiée à la duchesse d'Uzès, voir Annexe 1.
24. Sur l'entourage de Du Laurens à Tours, consulter Laurence Augereau, *La Vie intellectuelle à Tours pendant la Ligue*, Thèse de l'Université de Tours, 2003, tome I, p. 80, 231 ; 298-299 ; 440.

De plus, en 1593, on le retrouve s'affrontant à l'un des grands noms de la faculté de médecine de Paris, Simon Piètre le jeune, futur professeur au Collège Royal, lui aussi exilé à Tours [25]. Les deux savants s'affrontent au sujet des vaisseaux du cœur du fœtus sur le ton savant des *disputationes* scolastiques [26]. Du Laurens y emploie son éloquence latine pour défendre l'esprit galénique contre les nouveaux détracteurs. À la suite de ces exercices de polémique, Du Laurens fait paraître en 1593 son *De Crisibus libri tres* redevable, de son aveu même, à ses cours professés à Montpellier [27] ; il le dédie au premier président Achille de Harlay, le protecteur du poète Nicolas Rapin : signe qu'il cherche à étendre le réseau de ses mécènes. Parmi les signataires des pièces liminaires se trouve déjà Philippe Prévost, « conseiller et Maistre d'hostel ordinaire du Roy » qui offrira plus tard un sonnet dans les *Discours*. Cette même année, il fait ses preuves en matière de savoir anatomique par la publication de ses *Opera anatomica*, première version de l'*Historia anatomica* qui allait devenir l'un des ouvrages d'anatomie les plus célèbres au XVIIe siècle. Il y synthétise les acquis de l'anatomie vésalienne, mais en prenant systématiquement la défense de Galien contre la leçon des modernes [28].

Un parfait exemple de cette convergence entre sa triple vocation de praticien mondain, de savant engagé et d'écrivain scientifique est offert justement par le volume des quatre *Discours* au nombre desquels figure celui que nous éditons. C'est en effet pour répondre à la curiosité (et aux inquiétudes ?) de son illustre patiente, atteinte des quatre maux dont traite l'ouvrage, que le savant polémiste quitte le cénacle hermétique des spécialistes *ès medicinalia* pour ajouter à sa bibliographie scientifique le petit volume en langue française qu'il dit lui-même être issu des conversations avec la duchesse d'Uzès, dans le cadre paisible et retiré de Marmoutier. En sortiront les *Discours de la conservation de la vue, des maladies mélancoliques, des catarrhes et de la vieillesse*, premier (et unique) ouvrage en langue vulgaire édité par le médecin qui, dans son épître liminaire, en raconte comme suit la genèse anecdotique :

25. Sur Simon Piètre, voir Laurence Augereau, *La Vie intellectuelle à Tours*, tome I, p. 132 et Françoise Lehoux, *Le Cadre de vie des médecins parisiens aux XVIe et XVIIe siècles*, Paris, A. & J. Picard, 1976, *passim*.

26. Du Laurens publie en 1593 chez Jamet Mettayer une *Apologia pro Galeno et impugnatio novae ac falsae demonstrationis de communione vasorum cordis in foetu. Ad Anatomicae artis studiosos ; un Triumphus verae et Galeniae demonstrationis de vasorum cordis in foetu communione*, et enfin une *Admonitio. Ad Simonem Petreum*. L. Augereau expose les linéaments de cette polémique (*La Vie intellectuelle à Tours*, tome II, p. 865-868).

27. André Du Laurens, *De Crisibus libri tres*, Tours, Jamet Mettayer, 1593. Il s'agit d'un ouvrage scolaire et savant en même temps, illustré de passages en grec, de renvois précis aux textes canoniques de l'histoire médicale ainsi que de tableaux synthétiques.

28. À travers toutes ses œuvres, Du Laurens prendra toujours le parti de Galien et tâchera de débusquer sur chaque point litigieux les contradictions et les erreurs de ses détracteurs.

> Vous avez un petit commencement de taye à l'œil droit, mais l'autre est tout à fait sain, vous sentez parfois quelques attaques de l'hypochondriaque, mais si legeres qu'elle s'evanouissent aussitost que fumee ; ce qui vous fasche le plus sont ces petites catarrhes qui tombent sur les yeux, sur les dents, sur les bras et sur les jambes.
> Vostre esprit qui est capable de tout et qui est de plus rare au monde, a esté curieux d'en cognoistre les causes, et sçavoir d'où provenaient ces accidens. Je vous ay fort souvent entretenue, et en propos vulgaires et en termes expres de la medecine. Enfin, mes discours vous ont esté si agreables qu'estant retirée à l'abbaye de Marmoustier, pour jouyr et de la beauté du lieu et de la bonté de l'air, vous m'avez commandé de les mettre par escrit et de leur faire voir le jour sous vostre autorité. (« Épître » dédiée à la duchesse d'Uzès[29])

C'est donc pour satisfaire l'« esprit curieux » de sa protectrice – curieux au sens si riche et intense du vocable en ce temps-là[30] – que Du Laurens aura commencé par en traiter verbalement avec elle, semble-t-il, avant d'être convié par son interlocutrice à transcrire ses réponses savantes si habilement mises à portée d'une oreille profane. Un demi-siècle avant que l'esprit de la conversation ne vienne régner sur les esprits galants, voici qu'il se détache ici déjà insensiblement des formes strictes de l'entretien austère pour laisser filtrer un peu de sa clarté et de son aisance que l'on n'ose dire encore « mondaines », mais du moins audibles par l'honnête homme, dans le cours de ces propos bien techniques[31].

Si l'on a longtemps tenu l'édition de Paris parue chez Jamet Mettayer en 1597 pour la première du *Discours des maladies mélancoliques*, le temps est venu d'apporter une correction chronologique qui pourra changer

29. Reproduite à l'Annexe 1.
30. Pour le concept de « *curiositas* » à la Renaissance, voir Jean Céard (éd.), *La Curiosité à la Renaissance*, Paris, SEDES, 1986 ; en particulier, Françoise Charpentier, Jean Céard, Gisèle Mathieu-Castellani, « Préliminaires », p. 7-23 : « Curiosité : en son sens ancien, ce mot évoque tout d'abord le soin (*cura*), le souci que l'on a de quelque chose. Si l'on approfondit, plusieurs directions se présentent : la curiosité comme forme du désir de connaissance, comme "pulsion à connaître" La curiosité s'intéresse à tout ce qui est nouveau, mais aussi à ce qui est singulier. Elle est chez elle dans les sciences naturelles, dans les voyages ; elle rassemble des singularités dans les "cabinets de curiosités". Elle est parfois, comme chez Pontus de Tyard, au centre de la réflexion sur la connaissance. » (p. 7).
31. La conversation avec le mécène métamorphosée en livre constitue depuis l'Antiquité un modèle topique d'écriture éloquente. Voir Cicéron, *De l'Orateur*; Castiglione, *Le Courtisan*, I, 1, p. 80-81 de l'éd. A. Pons ; Philibert de Vienne, *Le Philosophe de Court* (éd. P.M. Smith, Genève, Droz, 1990), p. 56-58 : « depuys mon partement de Paris, j'ay chassé maintes fantasies que l'absente presence ordinairement amasse aux personnes de si bon vouloir, en vous escrivant ce petit livret et redigeant par escrit les bons propoz de la Philosophie et mode de vivre ausquelz dernierement nous avons passé ce melancolique temps d'hyver par delà, et en la compagnie que sçavez, entrelaçans les autres esbatz communs de cestuy-cy. Car je sçay le grandissime desir que vous avez de cognoistre la verité de toutes choses, quand bien souvent, entre vous et moy, lors que je m'essayois à me faire bon Orateur, vous m'avez contraint importunément devenir Philosophe. »

l'optique que l'on en a déduite sur l'ouvrage. En réalité, la première édition fut imprimée en 1594 à Tours, alors que l'imprimeur royal Jamet Mettayer n'osait pas encore rentrer à Paris agité par la guerre civile. C'est une édition oubliée, méconnue, réputée perdue, et qui n'avait jamais été produite avant que nous ne la retrouvions là où elle attendait tout simplement son exhumation — à la bibliothèque Sainte-Geneviève de Paris [32]. Or, lorsque paraît la seconde édition, celle de 1597, version définitive et émendée par Du Laurens lui-même, qui de ce fait servira de base pour toutes les rééditions ultérieures, la duchesse d'Uzès est déjà morte. Ce n'était pas le cas en 1594 : elle pouvait alors profiter du texte que son médecin lui dédiait et en recevoir l'hommage. Bref, Du Laurens n'aura pas attendu la disparition de sa protectrice, qui était aussi sa commanditaire, son inspiratrice et sa patiente, pour publier l'analyse savante des maladies dont elle souffrait : étrange situation. Retirée de la vie sociale, Louise de Clermont apparaît ainsi en filigrane d'un texte d'information et de vulgarisation médicale, composé à partir de causeries répondant aux questions qu'elle se posait sur sa santé : l'ouvrage peut lui servir de manuel pour la conserver ou la restaurer, dès lors que les suggestions et les explications livrées dans la conversation, désormais rehaussée de termes savants, d'anecdotes colorées et de références littéraires, sont définitivement fixées dans un texte clair et accessible que l'auteur fait imprimer in-12. Dans cet opuscule sans prétention, concis et sans autre cohérence de sujet qu'anecdotique et privée, la duchesse est réputée trouver le remède aux maux qui la tourmentent. Le public, lui, pourra y lire un exposé de savoir médical mis à la portée des amateurs, insolite par sa structure quadripartite dont le parti évoque pour nous la logique incongrue d'un essai de Montaigne, tout en rappelant ces regroupements de traités, antiques en particulier, que le hasard des copies transmises par les clercs médiévaux nous ont accoutumés à envisager dans des voisinages inattendus, sans autre raison que fortuite.

Médecin du roi

Avant de mourir, et à une date qui demeure incertaine (probablement 1596), la duchesse d'Uzès avait offert à son médecin préféré la plus belle et la plus considérable des gratifications qu'une protectrice pouvait offrir à son protégé : elle l'avait apparemment loué avec tant d'éloquence à la cour

32. Le tirage de cette édition a dû être infime, ce qui explique peut-être qu'elle soit demeurée méconnue. Ignorée des érudits du XIXe siècle, elle est enfin retrouvée au siècle suivant et répertoriée par Albert Labarre dans un numéro de la *Bibliotheca Aureliana*. (Albert Labarre, *Répertoire bibliographique des livres imprimés en France au seizième siècle. 23e livraison, Blois, Saint-Denis, Tours,* Baden-Baden, Valentin-Kœrner, 1976, « *Bibliotheca bibliographica Aureliana* 62 », n° 240, p. 122).

que le roi Henri IV, sans doute frappé par ses éloges, avait attiré à lui ce praticien si savant. La duchesse, raconte Jeanne Du Laurens,

> alloit souvent visiter le roy Henri 4e, et menoit toujours mon frere avec elle. Un jour le roy dit à la ditte Dame : « Qui est ce jeune homme ? » Elle luy repondit : « C'est mon medecin, neveu de feu Mr de Castellan, qui avoit esté premier medecin du feu roy Charles 9e, et professeur à Montpellier, où il exerce la mesme charge. C'est un bel esprit, je luy vis faire à Toulouze une action qui me ravit en admiration », et luy conta tout par le menu au grand estonnement du roy, puis elle ajousta : « j'estois malade, n'y a pas longtemps, le manday querir, il vint, sans luy j'estois morte, il m'a guerie bravement ». Le roy, ayant entendu tout ce discour[s], le regarda de bon œil, et du depuis le vit toujour de bon œil, outre qu'il estoit bel homme et fort agreable. [33]

Lorsque le roi tombe malade, Du Laurens est appelé à son chevet. Il propose un remède contradictoire que le roi suivra en dépit de l'opinion de ses autres médecins :

> Peu après le roy fut malade, la duchesse voulut que mon frere le visitat, et qu'il fut d'une consulte qu'on fit la-dessus. Tous les autres medecins furent d'une seule opinion, et mon frere fut seul en la sienne, et non obstant, la ditte dame insista toujour pour que l'opinion de son médecin fut suivie, ce qui fut fait, et le roy s'en trouva bien. Alors elle luy dit familierement : « Je vous donne mon Medecin, s'entend après que je seray morte et non devant. Car c'est un des rares hommes de ce temps en sa profession. » [34]

Son accession à la notoriété la plus brillante, sous le double patronage d'une grande dame et d'un grand roi, modifia à n'en pas douter la situation, la carrière, les projets et les ambitions du praticien, du professeur, du savant et de l'écrivain dont André Du Laurens associait en lui le quadruple génie.

Après son retour à Paris, les faveurs de Henri IV ne cessent de se manifester en sa faveur : il est bientôt nommé médecin ordinaire du roi et reçoit en cadeau la seigneurie des Ferrières [35] ; il reçoit également les abbayes de Sénanque et de Saint-Pierre de Vienne que le bénéficiaire rétrocède à son frère Gaspard, élu à partir de 1597 abbé de Vienne [36]. Puis il offre à son frère aîné, Honoré Du Laurens [37], enfant terrible de

33. Jeanne Du Laurens, éd. Broomhall-Winn, p. 159.
34. *Id.*, p. 159-160.
35. Voir L. Dulieu, p. 333 et A. Chéreau, p. 648, E. Turner, p. 241.
36. Jeanne Du Laurens, éd. Broomhall-Winn, p. 163. Celui-ci deviendra archevêque d'Arles en 1603, toujours grâce aux interventions de son frère André auprès du roi.
37. Sur Honoré Du Laurens, voir le *DBF,* tome XII, coll. 70 ; Charles de Ribbe (1879), p. 127 et n. 1 ; Pierre de L'Estoile, *Journal pour le règne de Henri IV, 1589-1600*, éd. A. Martin, tome I,

la famille, ligueur reconverti et fraîchement pardonné par le monarque, l'archevêché d'Embrun. La duchesse d'Uzès, qui lui avait fait cadeau de huit cents écus pendant le séjour à Tours [38], lui lègue la somme considérable de six mille écus sol en 1594 [39]. À partir de 1600, il est nommé premier médecin de la reine Marie de Médicis, la nouvelle épouse de Henri IV. En 1603, il succède à Jean Hucher dans la charge de chancelier de l'université de médecine de Montpellier [40]. Poste entièrement honorifique, puisque Du Laurens n'y réside plus; Jean Saporta, qu'il désigne vice-chancelier, remplira les fonctions qu'il ne peut assumer. Du Laurens restera chancelier jusqu'à sa mort.

Sa carrière est complétée par les réussites éditoriales. Ses œuvres anatomiques jouissent d'un grand succès. La version remaniée et augmentée des *Opera anatomica* de 1593 paraît en 1600 sous le titre d'*Historia anatomica humani corporis* [41]. Le volume est écrit en un latin épuré et transparent, l'intention de l'auteur est de se faire comprendre avant tout; le livre est assorti de plusieurs planches reproduites d'après le *De Humani corporis fabrica* de Vésale.

C'est un succès éditorial : l'ouvrage sera maintes fois repris au cours des siècles suivants. En 1613, un médecin rouennais, Théophile Gelée, donnera une traduction en français de l'ensemble des textes de Du Laurens, avant qu'en 1628 Guy Patin, le célèbre médecin et bibliophile, se charge de l'établissement de la première édition des œuvres complètes en latin [42]. Le livre est embelli d'un frontispice – d'après la mode de l'époque – qui nous montre Du Laurens en train d'anatomiser un cadavre (figure 2), entouré par une foule de médecins et de gentilshommes curieux. La scène est surmontée du blason familial [43], signe que les Du Laurens étaient désormais bien loin de leurs modestes origines tarasconnaises.

p. 213, 240, 292-293 et 301 ; Pius Bonifacius Gams, *Series episcoporum ecclesiae catholicae*, Ratisbonae, Georgii Josephi Manz, 1873, p. 549.

38. Voir Laurence Augereau, *La Vie intellectuelle à Tours*, tome III, p. 1131-1133 et p. 1203 pour les minutes de Charles Bertrand concernant les rapports d'André Du Laurens avec sa protectrice. Archives départementales d'Indre-et-Loire, minutes de Charles Bertrand et Pierre Aubert, 3[E] 5/254 (24.10.1592), 3[E] 5/254 (24.10.1592), 3[E] 5/430 (24.10.1592), 3[E] 5/432 (28.10.1593).
39. Cf. *Arch. nat (Archives nationales)*, cote Y 134, f. 111[r-v]. Nous remercions Jean-Marc Chatelain, conservateur à la réserve des livres rares de la Bibliothèque nationale de France, pour la patience avec laquelle il nous a aidé à éclairer cette difficile page d'archives.
40. Rappelons que ce fut grâce à Jean Hucher que Du Laurens avait été nommé professeur royal.
41. André Du Laurens, *Historia anatomica humani corporis*, Paris, Marc Orry, 1600. Mentionnons que Marc Orry (qui publiera également des rééditions ultérieures des *Discours*) est le gendre de Jamet Mettayer. Voir Jean-Dominique Mellot et Élisabeth Queval, *Répertoire d'imprimeurs-libraires 1500-1810*, Paris, Bibliothèque Nationale de France, 2004, notice 3540.
42. André Du Laurens, *Opera omnia*, éd. Guy Patin, Paris, Petit-Pas, Fouet, Taupinart, Durand, 1628.
43. D'or au laurier arraché de sinople, au chef d'azur chargé de trois étoiles d'or. Écu timbré d'un casque. D'après Madeleine Senez, *Fichier héraldique de l'Institut de Recherche et d'Histoire des Textes* (IRHT) du CNRS (inédit) ; Michel Popoff, fiches inédites, n° 1544.

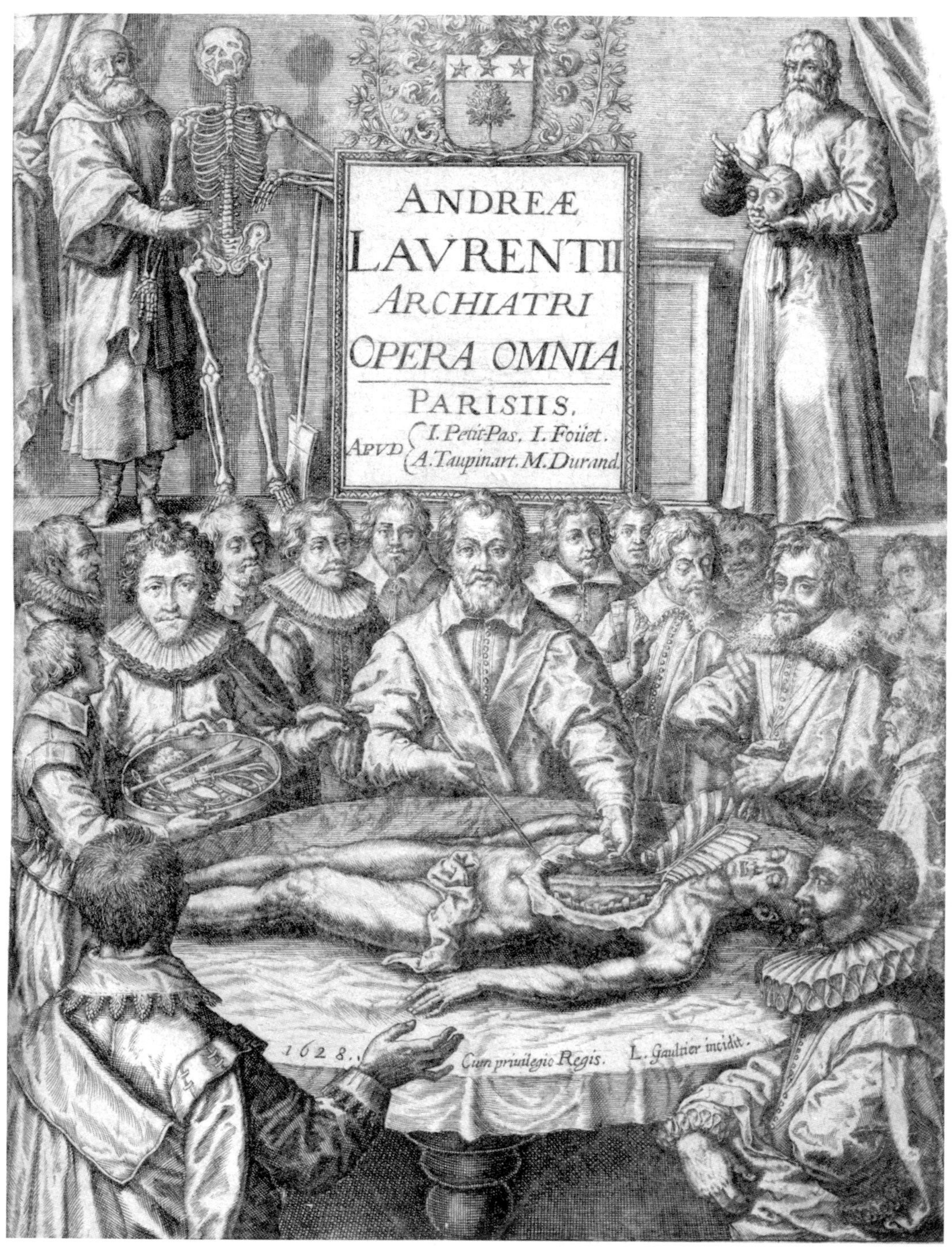

Figure 2 : André Du Laurens, *Opera omnia*, éd. Guy Patin, Paris, 1628, frontispice. Collection particulière.

Outre sa notoriété d'anatomiste, Du Laurens s'était fait grâce aux *Discours* une réputation de spécialiste de la mélancolie et de médecin des âmes souffrantes. C'est elle qui lui vaut en 1601 d'être envoyé de toute urgence par le roi en province au secours de sa sœur, la duchesse de Bar, qui souffrait d'une étrange maladie, d'origine toute morale. Pierre de l'Estoile nous l'explique en ces termes :

> Le samedi 13e de ce mois, le roi, averti de l'extrême gravité de la maladie où était madame la duchesse de Bar, sa sœur, dépêcha en diligence en Lorraine un de ses médecins, nommé Du Laurens, pour lui donner, selon son art, tout le soulagement qu'il pourrait. On disait que la cause de son mal provenait d'un dédain qu'elle avait conçu, de ce qu'on ne lui avait voulu permettre de faire enterrer un de ses officiers, à raison de la religion en laquelle il était mort. [44]

L'archiatre du roi Henri IV

Enfin, à la mort de Ribit de La Rivière, Du Laurens accède au poste d'archiatre ou premier médecin du roi [45]. C'est avec ce titre qu'il signe en 1609, l'année de sa mort, son dernier ouvrage, le *De Mirabili strumas sanandi*[46], où il expose et tâche d'interpréter en termes médicaux la thaumaturgie royale. S'agit-il d'une commande éditoriale faite par le roi lui-même? Le ton de cet ouvrage, où se mêlent éloquence encomiastique et précision savante, suffirait pour justifier cette hypothèse :

> Car le Roy est le lien par lequel la republique subsiste & se maintient : C'est l'esprit vital par lequel tant de milliers d'hommes vivent & se respi-

Cette fiche concerne Antoine-Richard Du Laurens (1560-1642), avocat au conseil, sieur de Chevry, le frère cadet d'André et le père d'Antoine et de Robert Du Laurens, conseillers clercs au Parlement de Paris (reçus en 1632 et 1640 respectivement). Voir *Dictionnaire de biographie française*, éd. Roman d'Amat, Paris Letouzey, tome XII, p. 69-70; Notons que le *Dictionnaire universel de la noblesse de France* appelle le frère de Du Laurens uniquement Richard Du Laurens (éd. Jean Baptiste Pierre Jullien de Courcelles, Paris, Au Bureau général de la noblesse de France, 1821 [fac-similé Adolf Hakkert, 1969], tome III, p. 412).

44. Pierre de L'Estoile, *Journal pour le règne de Henri IV*, tome II, 1601-1609, éd. André Martin, Paris, Gallimard, 1958, p. 2.
45. Le médecin Ribit de La Rivière était décédé le 5 novembre 1605 et, selon Paul Delaunay, Du Laurens accéda au poste d'archiatre le 30 janvier 1606 (P. Delaunay, *La Vie médicale aux XVIe, XVIIe, et XVIIIe siècles*, Paris, Offert par les Laboratoires pharmaceutiques Corbière, 1935, p. 195, n. 1). Voir également Didier Kahn, *Alchimie et Paracelsisme en France à la fin de la Renaissance (1567-1625)*, Droz, 2007, p. 390, n. 177.
46. André Du Laurens, *De mirabili strumas sanandi vi solis Galliae Regibus Christianissimis divinitus concessa liber unus. Et de Strumarum natura, differentiis, causis, curatione quae fit arte et industria medica. Liber alter*, Paris, Marc Orry, 1609.

> rent : sans Roy le peuple est comme un corps tronqué sans teste ; sans vie & sans nom.[47]

En même temps c'est l'occasion parfaite pour Du Laurens de faire montre de l'importance de l'archiatre et de sa place privilégiée auprès du roi :

> C'est un sujet fort obscur, mais très beau, lesquel personne n'a encore entreprins de traicter : il nous convient donc arrester quelque temps en l'exposition d'iceluy : Ce que nous ferons d'autant plus volontiers, que comme premier Medecin du Roy, nous avons la charge de visiter & examiner les Escroüelles, & de les presenter à sa Majesté.[48]

Rappelons que les scrofules ou écrouelles sont une forme de maladie chronique de la peau (en fait une adénopathie tuberculeuse) que l'on croyait pouvoir guérir à l'époque par le toucher royal[49]. Pour cette raison on l'appelait souvent le « mal de roi » (*morbus regius).* Le caractère rémittent de la maladie avait probablement entretenu et encouragé l'évolution de tout un corpus de théories magico-religieuses. De plus, le toucher royal était devenu un caractère national, et les rois de France et d'Angleterre se disputaient, depuis le Moyen Âge, le droit divin de guérir cette maladie[50].

Le *De Mirabili strumas sanandi* de Du Laurens est assorti d'une gravure de Pierre Firens, devenue célèbre par la suite (figure 3). On y voit le roi Henri IV en train de toucher les écrouelles d'un pauvre agenouillé, entouré par une foule de malades et de curieux contenue par des soldats. Dans son livre, Du Laurens décrivait ainsi la cérémonie :

> Tous les malades estans à genoux & tenans les mains jointes & levées vers le Ciel, & faisans forces vœux & supplications, se jettent aux pieds de sa Majesté, attendans de lui le remede divin de leur guarison. Estans tous en cet ordre disposez par rangées, le Roy brillant du feu de charité Royale, & ayant le cœur humilié, assisté des Princes du sang, des principaux Prelats de l'Eglise Romaine, & du grand Ausmonier, commence l'action par une

47. André Du Laurens, *De mirabili strumas sanandi,* cité d'après la trad. de Th. Gelée dans *Toutes les œuvres* (1621), p. 5^r^.
48. *Id.*, p. 2^v^.
49. Ce geste était devenu canonique : voir Stanis Perez, « Le Toucher des écrouelles : médecine, thaumaturgie et corps du roi au Grand Siècle », *Revue d'histoire moderne et contemporaine,* n° 53-2, 2006, p. 95 et suiv. ; Susan Wheeler, « Medicine in Art : Henry IV of France Touching for Scrofula, by Pierre Firens », *Journal of the History of Medicine and Allied Sciences,* 58.1, 2003, p. 79-81.
50. J. N Hays, *The Burdens of Disease : Epidemics and Human Response in Western History,* New Brunswick, Rutgers University Press, 1998, p. 28 et suiv; Stuart Clark, *Thinking With Demons : the Idea of Witchcraft in Early Modern Europe,* Oxford, Oxford University Press, 1997, p. 664-666 ; Marc Bloch, *Les Rois thaumaturges : étude sur le caractère surnaturel attribué à la puissance royale, particulièrement en France et en Angleterre,* Strasbourg, Librairie Istra, 1924.

Figure 3 : Pierre Firens, *Representation au naturel, comme le Roy Très Chrestien Henry IIII Roy de France et de Navarre touche les escrouelles*, gravure au burin, 2e état sur deux, [Paris], [1609]. (© The Trustees of the British Museum).

> priere speciale qu'il fait à Dieu, & ayant fait signe de la Croix, il s'approche des malades.[51]

Reconnaissable à la robe longue qui identifie sa profession, ainsi qu'aux traits de son visage, Du Laurens occupe une place dans l'image tout aussi importante que celle du monarque. On pourrait même le considérer comme le personnage principal. Placé à la même hauteur que le roi, l'archiatre fixe le spectateur et l'invite ainsi à prendre part à la scène :

> Le premier Medecin estant debout derriere les rangées, empoigne la teste de chacun des scrophuleux par derriere, & la presente au Roy, lequel ouvrant sa main salutaire, touche premierement la face droict en long, & puis près de travers en forme de Croix, en prononçant ces mots, distillans la guarison celeste & divine, *Le Roy te touche, & Dieu te guarit* [...].[52]

La gravure confirme la place notable sinon exceptionnelle du premier médecin dans cette cérémonie. Du Laurens « offre » de ses deux mains la tête du malade au toucher divin du roi. Le médecin touche le malade en même temps que le monarque, il est en quelque sorte le parfait médiateur entre la science médicale et la guérison miraculeuse...

C'est d'ailleurs le but manifeste de cette entreprise éditoriale. Le premier livre de l'ouvrage vise à renforcer l'idée que le toucher royal est un miracle accordé uniquement au roi de France et, en même temps, à clarifier plusieurs points doctrinaux sur le rôle du monarque dans la guérison miraculeuse. Tandis qu'au second livre, on trouvera une description médicale des écrouelles, ainsi que l'établissement d'une stratégie thérapeutique. Si le premier développement est consacré au roi, le second est réservé au médecin.

Afin de justifier l'exclusivité française de cette guérison miraculeuse, Du Laurens consacre la première moitié de l'ouvrage à la réfutation de plusieurs croyances populaires qui risquaient d'élargir le spectre des miracles. Sur le modèle de Liévin Lemmens, Du Laurens fait rentrer chaque curiosité dans l'ordre, complexe mais explicable, de la nature. Cette partie prend la forme d'un long répertoire d'histoires prodigieuses, d'anecdotes médicales, de rapports improbables de guérisons et de faux-miracles. Prenons quelques exemples.

Pour prouver que l'homme n'a pas été investi par la nature du don de guérison, Du Laurens se fait naturaliste et construit une argumentation savante pour démystifier cette croyance. Selon lui, l'homme « n'a point naturellement en soy la vertu de guarir ou d'ensorceler »[53]. Ce n'est pas une puissance « outre-nature » qui fait guérir, mais des conditions spécifiques,

51. André Du Laurens, *De Mirabili strumas*, trad. Th. Gelée, *Toutes les œuvres*, 1621, p. 3^{r}.
52. *Id.*, p. 3^{r}.
53. *Id.*, p. 9^{v}.

liées aux habitudes d'une communauté, aux conditions climatiques et au tempérament d'un peuple. Par exemple, l'habitude de boire du venin rend la personne immune au poison (« Sextus Empiricus parle d'une vieille qui beuvoit trente drachmes de ciguë sans s'en trouver mal ») et la transforme en une arme dangereuse :

> Avicenne & Ruffus racontent d'une fille qui avoit esté tellement accoustumée à manger du Napellus [,] poison très violent qu'elle faisoit mourir les bestes en crachant seulement de sa salive dessus elles : paraventure est-ce celle-là qui fut envoyée à Alexandre le Grand par un cauteleux Roy Indien, de laquelle Aristote ayant veu les yeux éstincelans & clignottans souvent à la manière de ceux des serpens, s'écria ô Alexandre regarde cette fille, car elle nourrit dans soy un venin très-pestilentiel avec lequel on pretend te faire mourir, & l'évenement ne trompa le jugement de ce grand Philosophe, car plusieurs moururent empoisonnez par son attouchement. [54]

Le même argument est utilisé ailleurs pour réfuter l'hypothèse d'une faculté miraculeuse de l'attouchement. Ainsi, « le taureau estant attaché à un figuier, s'addoucit tout aussi tost, quelque eschauffé & furieux qu'il puisse estre » [55]. Ce n'est donc pas l'attouchement en soi qui déclenche la guérison, c'est l'association de propriétés naturelles qui parvient à rétablir l'équilibre. La proximité avec un figuier, froid par nature, suffit pour calmer la chaleur bouillonnante du taureau. En revanche, nous verrons que dans le régime de vie du mélancolique la figue est strictement interdite, précisément en raison de ses propriétés refroidissantes [56].

Telle est la tonalité de cet ouvrage qui mêle harangues et disputes théologiques, histoires prodigieuses et explications savantes et médicales ; et qui le fait selon un plan qui vise non seulement l'éloge du roi de France, mais aussi, et surtout, l'éclaircissement et la justification de la place du premier médecin dans l'institution royale.

Nous voyons combien ce dernier ouvrage met en évidence la place occupée à la cour par Du Laurens qui y jouit des faveurs constantes d'un roi qu'il accompagne partout. En 1605 déjà il s'excusait auprès de Théophile Gelée :

> Ce qui m'a retenu a esté le peu de loisir que j'ay eu de voir vostre traduction, car nous ne faisons que courir, & n'avons point d'arrest. J'en ay couru plusieurs chapitres, que je trouve très bien : il y en a d'autres que la phrase Latine vous a contraint, & assubjecti de tourner en nostre langue, qui n'ont point tant de grace : j'espere à ce sejour que le Roy fera à Monceaux pour y prendre ses eaux, de voir l'œuvre tout au long, & après puis que

54. *Id.*, p. 9^{v}.
55. *Id.*, p. 10^{v}.
56. Voir *infra*, chap. VIII « Regime de vivre pour les melancholiques qui ont le cerveau malade », p. 51.

> vous désirez que je parle librement avec vous, vous en mander mon advis avec franchise.[57]

En transparence de ces quelques lignes écrites sur le ton neutre et objectif qui convient à la situation se devine le caractère agité de la vie de ce médecin, qui ne parvient pas à relire sa propre œuvre récemment traduite en français. Théophile Gelée confie non sans quelque amertume dans sa préface avoir remis une copie manuscrite de l'ouvrage à l'auteur qui, après l'avoir reçue,

> m'écrivit qu'il la reverroit luy mesme aussi tost qu'il en auroit la commodité. Plusieurs années se coullent, je l'en presse par lettres, je luy en fais parler ; il s'excuse sur ses occupations, finalement il meurt.[58]

Contingences inhérentes au statut de personnage officiel… Officiel, mais officieux aussi : d'après Pierre de L'Estoile, c'est Du Laurens qui aidait Henri IV, affligé d'insomnies, à retrouver le sommeil :

> […] quand il ne pouvoit reposer, envoioit quérir ledit Du Laurens pour lui venir lire, et le faisoit souvent relever en plain minuict.[59]

Ironie du sort, on raconte que le premier médecin mourut prématurément par suite des nombreuses insomnies que lui aurait coûtées la lecture faite au roi des aventures d'Amadis de Gaule[60]. C'est donc ce médecin bon lecteur et non moins bon écrivain, capable d'entretenir de sa parole savante les duchesses et chargé de chasser les insomnies royales, qui produit le premier discours en français sur la mélancolie, texte encore séduisant – nous en faisons le pari – pour le lecteur d'aujourd'hui.

57. André Du Laurens, *Toutes les œuvres*, éd. et trad. Théophile Gelée, Rouen, R. Du Petit Val, 1621, f° bi^{r}.
58. *Id.*, f° aiii^{v}.
59. Pierre de L'Estoile, *op. cit.*, p. 533 ; voir également p. 375.
60. *Ibid.*

Inventio. *Genèse et sources du* Discours des maladies mélancoliques

Les sources livresques

La restitution de la genèse du texte requiert l'identification de ses soubassements et de ses arrière-plans savants : ses sources, bien sûr et avant tout, ses références aussi, et tout un réseau étoilé d'allusions à la littérature médicale antérieure à sa rédaction et sous-jacentes à sa réflexion. Restituer cet horizon constitue une entreprise laborieuse et délicate, du fait de la méthode de travail exceptionnellement adoptée par l'auteur dans sa tétralogie en français. Par souci de clarté et de transparence sans doute, par l'effet des contingences si on l'en croit, Du Laurens y a procédé en effet à un camouflage de ses sources savantes, qui en complique singulièrement l'identification :

> En fin mes discours vous ont esté si aggreables, qu'estant retirée à l'abbaye de Mairmoustier pour jouyr avec la beauté du lieu, de la bonté de l'air vous m'avez commandé de les mettre par escrit, & de leur faire voir le jour sous vostre auctorité. *Je n'ay peu honnestement vous le refuser, encores qu'un si grave subiect meritast d'estre enrichy d'une infinité de belles autoritez, que ma memoire ne pouvoit fournir pour estre despourveu de livres.* [1]

Le Discours des maladies mélancoliques, à en croire cette confession, aurait été composé à partir de leçons retenues de mémoire. Voilà une déclaration qui aurait provoqué certainement le scepticisme d'un Robert Burton.

1. « Épître » dédiée à la duchesse d'Uzès. Nous soulignons. On trouvera en annexe les pièces liminaires de l'ouvrage.

Peut-on traiter de la mélancolie seulement de mémoire ? Peut-on le faire sans recourir à tout un arsenal de lourdes sommes médicales citées d'après la lettre même des originaux ? Si nous postulons que Robert Burton aurait répondu négativement à ces questions, c'est que l'anatomiste britannique de la mélancolie espérait, par un ultime effort de l'humanisme agonisant, pouvoir tout dire, être exhaustif et définitif sur ces matières. En revanche, *Le Discours des maladies mélancoliques* se situe à la fois en deçà et au-delà de ces intentions doctrinales : moins savant historien, plus solide théoricien de ce mal sous ses divers aspects. Ce qui le conduit, plus ou moins volontairement, à renouveler en partie le genre de l'exposé médical vulgarisé – si même il ne l'invente : on en connaît certes bien d'autres avant lui, mais force est de reconnaître qu'ils portaient plus volontiers sur des matières plus anodines ou moins complexes. Bref, c'est dans ce sens et à partir de ce contexte qu'il faut sans doute comprendre ou du moins interpréter la confession anecdotique en forme d'*excusatio propter infirmitatem* qui vient d'être citée.

Car, *a contrario* de cette affirmation de circonstance, nous savons que la bibliothèque de l'abbaye de Marmoutier disposait d'un riche fonds de livres dont Du Laurens aurait eu tout le loisir de s'inspirer et auquel il pouvait référer précisément ses propos [2]. Malheureusement, la plupart des catalogues de ce fonds, qui avaient été précieusement colligés aux XVIIe et XVIIIe siècles [3], ont brûlé pendant la Seconde guerre mondiale ; avec eux s'est effacé presque tout espoir de connaître avec précision les livres que Du Laurens aurait pu fréquenter. Il nous reste néanmoins un précieux manuscrit composé quelques années après la Révolution par Jean-Joseph Abrassart, ancien bibliothécaire de Marmoutier, qui catalogue les ouvrages de la bibliothèque municipale de Tours [4], en prenant soin de mentionner la provenance de chaque ouvrage : on peut ainsi identifier ceux qui provenaient du fonds de Marmoutier, même si le catalogue Abrassart ne nous permet malheureusement pas de savoir à quelle date chaque livre provenant de la bibliothèque abbatiale avait été acquis par elle. On ne peut qu'espérer que les livres dont on va trouver mention ci-après y étaient déjà entrés lorsque Du Laurens y séjourna et y travailla. Ce qui demeure probable, l'habitude n'étant pas en ces siècles d'acquérir (sauf legs ou dons)

2. Paul Delalande, *Histoire de Marmoutier, depuis sa fondation par saint Martin jusqu'à nos jours*, Tours, impr. de Barbot-Berruer, 1897.
3. M. Collon, *Catalogue collectif des manuscrits de France. Départements*, tome XXXVII, Paris, Plon, 1905, cote 1476 : *Catalogue alphabétique de la bibliothèque de Marmoutier* (fin du XVIIe-début du XVIIIe siècle) ; cote 1477 : *Catalogue méthodique des livres imprimés de la bibliothèque de Marmoutier* (fin du XVIIe) ; cote 1478 : *Catalogue raisonné des manuscrits provenant de la bibliothèque de la ci-devant abbaye de Marmoutier* (Tours, 1807).
4. Jean-Joseph Abrassart, *Catalogue alphabétique de la Bibliothèque de Tours*, fin XVIIIe siècle (cote 1482 du *Catalogue général des manuscrits de France*). Nous remercions MM. Pierre Aquilon et Toshinori Uetani du Centre d'études supérieures de la Renaissance de Tours de nous avoir indiqué ce catalogue et de nous avoir facilité sa consultation à la Bibliothèque municipale de Tours.

des ouvrages publiés à des dates éloignées de l'époque d'achat : on préférait collectionner, particulièrement dans les sciences, les toutes dernières parutions. Et ce n'était que logique. Ainsi trouvait-on déjà sans doute à Marmoutier plusieurs volumes en grec et en latin des œuvres de Galien publiés au XVIe siècle [5], le *De Subtilitate* de Cardan (1580)[6], l'*Universa medicina* de Fernel (1578) [7], ou encore le *Methodus curandorum* du médecin montpelliérain Guillaume Rondelet (1574) [8]. En outre, on sait que le fonds de Marmoutier a contenu diverses éditions des célèbres opuscules de matière variée, médicale notamment, dus à des auteurs de la seconde moitié du XVIe siècle comme Pierre Boaistuau, Pierre Belon ou François de Belleforest [9].

Sans méconnaître que la répartition des savoirs et des discours à la Renaissance n'obéit pas à nos critères de distinction et de classement [10], nous proposerons dans la suite de notre exposé de répartir en trois catégories distinctes les textes que nous avons identifiés comme des sources secondaires plausibles pour le *Discours des maladies mélancoliques.* Une première catégorie sera constituée par les grandes sommes médicales, les œuvres de Galien, d'Hippocrate et des penseurs arabo-byzantins que Du Laurens connaissait et qu'il avait enseignés à Montpellier. Leurs leçons composent le substrat latent du savoir de notre auteur, les assises de son théâtre de mémoire. Outre les médecins antiques et anciens qui forment la base doctrinale de la science médicale d'alors, Du Laurens recourt aux œuvres déjà classiques de ses confrères français, italiens ou hollandais et en sollicite la matière pour les histoires de « cas » médicaux, pour l'exposé des points contradictoires ou pour la composition des remèdes. Enfin, une troisième catégorie sera formée par les recueils d'histoires prodigieuses et de lieux communs, plus éloignés de la matière médicale *stricto sensu.*

Si imprécises que soient les quelques références savantes du *Discours des maladies mélancoliques,* il faut tout de même noter que Du Laurens renvoie plusieurs fois aux textes canoniques de l'enseignement médical de l'époque. Le plus grand nombre de ces références concerne Galien (vingt fois) et Hippocrate (huit fois). Une grande quantité de traités hippocratiques et galéniques étaient inscrits au programme des cours à l'université de Montpellier. Même si les maîtres de Cos et de Pergame sont souvent contestés au cours du siècle, leur influence demeure essentielle notamment

5. Il s'agit de l'édition de Venise de 1525, celle de Bâle de 1561, ainsi qu'un exemplaire du *De Ratione curandi* imprimé chez Simon de Collines en 1538 (Abrassart, p. 69).
6. L'édition de Lyon de 1580 (Abrassart, p. 31).
7. L'abbaye possédait un in-folio imprimé en 1578 à Genève (Abrassart, p. 61).
8. L'édition parisienne de 1574 (Abrassart, p. 147).
9. Abrassart, p. 10, 20.
10. Voir à ce sujet Andrea Carlino et Michel Jeanneret (éd.), *Vulgariser la médecine. Du style médical en France et en Italie,* Genève, Droz, 2009. Un projet de recherche international (ACI) réunissant des chercheurs de Genève, Lyon, Oxford et Paris a été consacré entre 2003 et 2006 aux problèmes liés aux styles et aux découpes des savoirs et des disciplines aux XVIe et XVIIe siècles.

dans les domaines de la physiologie et de la pathologie [11]. Du Laurens, comme on l'a dit, se pose partout à travers son œuvre en défenseur de Galien contre ses « détracteurs », fussent-ils déjà anciens (tels Averroès et sa diatribe anti-galénique sur les origines de la peur éprouvée par les mélancoliques [12]) ou plus souvent modernes : il s'appuie notamment sur sa compétence d'anatomiste pour dévaluer les propositions des « nouveaux Medecins » – par exemple pour la façon de traiter la pleurésie [13]. Ce positionnement doctrinaire influence bien sûr sa manière de traiter la mélancolie.

D'autres auteurs alors au programme à Montpellier sont plus rapidement cités : Alexandre de Tralles (Tralianus) et Arétée de Cappadoce, pour la médecine grecque et byzantine, Rhazès, Avicenne et Averroès pour les médecins arabes [14]. S'il les cite de manière approximative, allusive ou périphrastique (« Avicenne remarque », « le prince des Arabes », pour désigner le même Avicenne; « il me semble avoir autrefois leu dans Aretée », « Trallian raconte »), toujours est-il que Du Laurens ne se trompe jamais dans ses références : le recours aux originaux permet de l'attester. Peut-on dès lors continuer de croire que la forme allusive qui camoufle cette exactitude prouve qu'il ne disposait pas de la lettre des textes, faute de posséder les livres qu'il citerait de mémoire? Ou bien s'agit-il plus vraisemblablement d'une ruse oratoire pour autoriser son projet de vulgarisation? Sauf à rappeler qu'en ce temps-là les professeurs de médecine étaient réputés connaître de manière assez sûre bon nombre d'aphorismes hippocratiques, de scholies galéniques et de « disputations » arabo-médiévales pour être capables de les citer ou du moins de les évoquer de mémoire.

Une deuxième catégorie de sources est constituée par les compilations médicales composées par des médecins humanistes, prédécesseurs ou même contemporains de notre auteur. Ainsi Du Laurens a-t-il pu avoir accès aux travaux de ses prédécesseurs montpelliérains, tels Guillaume Rondelet ou François Valleriole, aux productions de ses confrères de Paris, un Jacques Houllier ou un Jean Fernel, d'Italie (Marcello Donati) ou des Pays-Bas (Jason Van de Velde). Un demi-siècle avant le *Discours des maladies mélancoliques*, la carrière du médecin montpelliérain Guillaume Rondelet (1507-1566) avait suivi un parcours similaire à celle de Du

11. Sur la fortune des médecins grecs au seizième siècle, on consultera Véronique Boudon-Millot et Guy Cobolet (éd.), *Lire les médecins grecs à la Renaissance. Actes du colloque international de Paris (19-20 septembre 2003)*, Paris, De Boccard, 2004. Voir notamment Clara Domingues, « L'aménagement du continent galénique à la Renaissance : les éditions grecques et latines des œuvres complètes de Galien et leur organisation des traités », p. 163-185; A. Drizenko, « Jacques Dubois, dit Sylvius, traducteur et commentateur de Galien », p. 199-208.
12. Voir *infra*, p. LIV.
13. Voir *infra*, p. 96.
14. Sur la fréquence d'utilisation de ces auteurs dans le programme montpelliérain au cours du XVIe siècle, voir L. Dulieu, p. 139-153. D'après le tableau dressé par Dulieu, Galien arrive en premier avec 242 cours dispensés à travers tout le XVIe siècle, suivi par Avicenne (161), Hippocrate (97) puis par Rhazès (40).

Laurens. Ne disposant pas d'importantes ressources familiales, il était naturellement voué à des fonctions ecclésiastiques ; c'est au milieu de grandes difficultés financières qu'il mène pourtant de brillantes études de médecine à Paris, puis à Montpellier. Nommé professeur royal en 1545, il entre peu de temps après au service du cardinal François de Tournon et voyage ainsi à travers l'Europe. De retour à Montpellier, il est nommé chancelier en 1556. Cette même année, il donne un antidotaire fameux, le *De Materia medicinali et compositione medicamentorum breuis methodus* (Padoue, 1556) auquel Du Laurens est redevable. Le *Discours des maladies mélancoliques* puise également dans le *Methodus curandorum omnium morborum corporis humani* du même Rondelet, publié à titre posthume en 1573. À la mort de celui-ci, en 1566, son ami et disciple Laurent Joubert lui avait succédé dans les fonctions de chancelier de l'Université de Montpellier ; à son tour, comme nous l'avons vu, Du Laurens prendra la place de Laurent Joubert. C'est tout naturellement que l'opuscule de Du Laurens va devoir une partie de son inspiration à ce réseau de savants médecins montpelliérains.

Pour l'exposition des difficultés et des controverses de la médecine de la mélancolie, Du Laurens travaillait à coup sûr à partir du *De Cerebri morbis liber* (Bâle, 1549), traité pionnier pour la médecine de l'âme composé en latin par le médecin hollandais Jason Van de Velde, dit Jason Pratensis (1486-1559) [15]. De Jason Van de Velde, il tient également plusieurs formules allusives qui condensent des anecdotes célèbres de la tradition mélancolique [16]. Mais nous pouvons affirmer, toutes comparaisons établies, que le meilleur de son inspiration en ce domaine est redevable au livre de Marcello Donati (1538-1602) [17] intitulé *De Medica historia mirabili* (Mantoue, 1586) : c'est là qu'il a trouvé le plus souvent la forme sous laquelle il reprend à son tour ces historiettes. Né en 1538 à Mantoue, Marcello Donati est le petit-fils du célèbre médecin Pietro Pomponazzi. Il a étudié la médecine à Mantoue et à Padoue, où il a connu le fameux Aldrovandi. Occupant le poste de secrétaire de Vincenzo Gonzague, il y trouve l'occasion de prendre part à la libération du Tasse de l'hôpital Sant'Anna de Ferrare, où le poète avait été enfermé pour des accès de mélancolie (réelle ou supposée). Le *De Medica historia mirabili* contient une riche collection de cas cliniques et d'observations pathologiques, qui ne dépareraient pas un de ces recueils de lieux communs médicaux comme

15. Sur Jason Pratensis et son livre, voir Erik Midelfort, *A History of Madness in Sixteenth-Century Germany*, Stanford, Stanford University Press, 2000, p. 152 et suiv. ; A. Pestronk « The first neurology book. *De Cerebri Morbis...* (1549) by Jason Pratensis », *Archives of Neurology* 45.3, 1988, p. 341-344.

16. Voir *infra*, chap. VII, p. 32, pour des citations de Van de Velde concernant la folie d'Empédocle et d'autres personnages célèbres atteints par des pulsions maniaques suicidaires.

17. Sur la biographie de Marcello Donati voir *DBI*, XLI, 1992, p. 49-51 ; Attilio Zanca, *Notizie sulla vita e sulle opere di Marcello Donati da Mantova, 1538-1602 : medico, umanista, uomo di stato*, Pise, Giardini, 1964 ; Guido Rebecchini, *Private collectors in Mantua (1500-1630)*, Rome, Ed. di Storia e Letteratura, 2002, p. 185-188.

il en existait alors bon nombre. Dans cette collection de vignettes figurent plusieurs des récits qui servent traditionnellement à illustrer les aspects pittoresques, dérisoires, étranges ou incongrus de certains cas de mélancolie. Nous y avons trouvé, notamment, la source probable du cas légèrement scabreux et pour tout dire assez franchement bouffon de ce gentilhomme siennois qui souffrait de rétention d'urine et s'en serait libéré de la manière que l'on verra [18].

Quant à la partie pharmacologique du texte, Du Laurens l'aura tout aussi certainement informée de seconde main, en recourant à diverses compilations qu'il est plus difficile d'identifier. Outre les éditions contemporaines de pharmacopées de Galien [19], les ordonnances d'un Houllier, d'un Fernel ou d'un Rondelet pouvaient lui offrir de quoi nourrir et organiser son propos. C'est d'ailleurs un domaine dans lequel le médecin disposait d'une certaine liberté et pouvait plus facilement se permettre des initiatives et des suggestions personnelles. S'adressant autant et plus peut-être au lecteur bénévole qu'aux seuls apothicaires patentés, Du Laurens simplifie la présentation classique des ordonnances médicales. Sont ainsi abandonnés les symboles typographiques habituellement utilisés pour signifier les unités de dosage des médicaments ([ʒ] pour le dragme et [℥] pour l'once) ; aucune mise en page particulière n'est utilisée pour isoler la recette au sein du texte ; et les noms des plantes et des ingrédients sont systématiquement traduits en français. La diversité des mélancolies ayant favorisé la multiplication des procédés curatifs, le médecin peut aussi bien recourir aux médications anodines qu'aux remèdes drastiques, aux simples (herbes, décoctions ou sirops) qu'aux traitements plus sophistiqués (depuis les sangsues jusqu'aux pierres précieuses). Notons tout de même sa prudence dans l'usage des médications violentes (y compris la saignée) qu'il ne prescrit qu'avec une certaine précaution. Les purgatifs trop brutaux de la médecine paracelsienne et de l'empirisme moderne sont également proscrits du *Discours.* Au chapitre des somnifères puissants, le laudanum est nommé, mais il est aussitôt déconseillé avec humour :

> Les Chymistes font d'un laudanum. Or en l'usage de tous ces medicamens narcotiques internes, il faut s'y comporter avec beaucoup de jugement, de peur qu'en voulant donner du repos au pauvre melancholique, nous ne le facions dormir perpetuellement. (p. 69)

Notre prudent auteur préfère retenir de la tradition thérapeutique de la mélancolie les recettes simples et éprouvées : il prescrit des sachets parfu-

18. Voir *infra*, p. LXVIII et chap. VII, p. 46.
19. On verra à ce sujet l'étude de Daniel Béguin, « Les Œuvres pharmacologiques de Galien dans l'enseignement, l'édition et la pratique de la médecine en France au seizième siècle », dans Armelle Debru (éd.), *Galen on pharmacology : philosophy, history and medecine*, Leyde, Brill, 1997, p. 282-300.

més, des bouquets de fleurs, d'innocents sirops de pomme[20]... Mais parmi ces remèdes bien innocents, le lecteur moderne frémira tout de même de trouver un somnifère composé de semences de jusquiame, de ciguë ou de mandragore ; il s'étonnera qu'après l'application de sangsues aux oreilles pour qu'elles vidangent le cerveau de la cacochymie humorale, on recourre à l'opium pour cautériser et calmer les plaies.

Enfin, une dernière catégorie de textes dont s'inspire Du Laurens est formée par les recueils d'adages, de lieux communs ou d'histoires prodigieuses. Ce sont des livres qu'en son temps l'on dévorait et que l'on pillait avec avidité. L'un des plus grands succès éditoriaux des XVIe et XVIIe siècles, les *Leçons antiques* de Cœlius Rhodiginus (version latinisée du patronyme de Ludovico Ricchieri, 1450-1520) présente ainsi bon nombre des historiettes qui se retrouvent dans le *Discours des maladies mélancoliques.* Les rapprochements sont également évidents avec plusieurs passages de Pierre Boaistuau. Pour exemple et confirmation de cette dernière influence, on nous permettra de citer ici l'association de trois noms d'auteurs réputés avoir discouru sur la maladie d'amour, que Pierre Boaistuau avait déjà rapprochés : Samocrate, Nigide et Ovide[21]. Du Laurens reprend cette trilogie en modifiant seulement l'ordre de l'énumération : « Si tous ces artifices & une infinité d'autres que Nigide, Samocrate & Ovide ont descrit en leurs livres des remedes d'amour sont vains [...] » (p. 83).

La matière mélancolique : une *inventio* sélective

Il nous reste à voir maintenant comment Du Laurens utilise ses sources pour synthétiser et exposer les quinze siècles de la tradition atrabilaire. Nous montrerons quels sont les composants du modèle imaginaire de la mélancolie que ce médecin choisit d'extraire de la longue tradition livresque et de les présenter de manière succincte dans le discours que nous nous apprêtons à lire.

La mélancolie est une forme de folie qui attaque le corps comme l'esprit. La première indication sur l'étiologie de la maladie mélancolique se trouve dans le corpus hippocratique. Le célèbre aphorisme fondateur VI, 23 avait posé : « Si crainte et/ou tristesse persistent durablement, le cas

20. Dans son *Histoire du traitement de la mélancolie des origines à 1900* (Bâle, J.-R. Geigy, « Acta psychosomatica-4 », 1960), Jean Starobinki cite Du Laurens notamment pour son penchant à traiter la mélancolie par les remèdes qu'offre la nature.

21. « Samocrate, Nigide, et Ovide ont escrit plusieurs gros tomes et volumes du remede d'amour ». Pierre Boaistuau, *Le Théâtre du monde,* éd. Michel Simonin, Genève, Droz, 1981, p. 218 et n. 419.

est mélancolique »[22]. Cette définition sibylline rapproche deux indications d'ordre psychologique – tristesse et/ou crainte – et une précision physiologique marquant un dérèglement humoral – la mélancolie. Rappelons que la santé dans l'ancienne médecine dépendait de l'équilibre des quatre humeurs du corps : le sang, le flegme, la bile jaune et la bile noire (en grec, μέλαινα χολή, *atrabilis* en latin). Avec le temps, l'idée germera et s'imposera que la prépondérance de l'une de ces humeurs détermine l'empreinte, la signature, le caractère de l'individu, qui emprunte à l'humeur prédominante les traits de sa constitution psychophysiologique. On distinguera ainsi le sanguin, le flegmatique, le cholérique et le mélancolique[23].

En matière physiologique, comme on le sait par Galien plusieurs siècles après la disparition d'Hippocrate, la mélancolie est supposée être engendrée à la fin d'un processus de digestion complexe qui faisait passer par plusieurs étapes le chyle jusqu'à ce qu'il soit distillé en quatre sucs ou humeurs :

> Quand en la première digestion, le chyle, qui est la meilleure partie des viandes cuites au ventricule, est distribué au foie, par les veines dites mésaraïques, Nature par la faculté sanguifique de cette partie noble, le transmue en sang, qui est un assemblement des quatre humeurs, à savoir du sang proprement appelé, de la pituite, de la colère, et de la mélancolie. Non toutefois que telle diversité d'humeurs soit causée d'une chaleur inégale, ou de plusieurs facultés diverses ; mais d'une seule, qui produit par le moyen d'une même chaleur, divers effets de diverses matières. [...] De la partie plus subtile du chyle est faite l'humeur bilieuse et colérique, semblable à la fleur du vin, οἷον ἄνθος τοῦ οἴνου, dit Galien, ou à la fleurette du lait τῷ βουτήρῳ selon Hippocrate, et cette humeur répond de proportion au feu élémentaire. La partie la plus épaisse est changée en mélancolie, humeur terrestre comme la lie qui rassied au fond du vin, ou de l'huile, ὥσπερ ἡ τρύξ καὶ ἡ ἀμοργή. Les deux autres qui moyennent entre ces deux extremités, sont converties en sang et pituite, qui rapportent aux éléments de l'air et de l'eau.[24]

Dans cette logique du mélange, la mélancolie, bien qu'elle soit la moins noble des quatre humeurs, noire et âcre, froide et sèche, a son rôle nutritif dans le corps : sa consistance épaisse sert de liant du sang, son âcreté favorise la digestion. Elle demeure utile pour le corps, tant que son dosage n'excède pas la mesure définie par la nature.

22. P. Dandrey, *Anthologie de l'humeur noire*, Paris, Le Promeneur, 2005, p. 34. Voir également, P. Dandrey, *Les Tréteaux de Saturne*, Paris, Klincksieck, 2003, p. 88 et suiv. pour la place de l'aphorisme hippocratique dans la tradition mélancolique.

23. En général, sur la notion de caractère à l'époque classique, voir l'étude de Louis Van Delft, *Littérature et anthropologie*, Paris, Presses universitaires de France, 1993. Pour les rapports entre humeur mélancolique et tempérament mélancolique, voir l'étude classique de R. Klibansky, *Saturne et la mélancolie*, Paris, Gallimard, 1989, p. 31-45.

24. Jourdain Guibelet, *Discours philosophique de l'humeur noire* (1603), p. 220v, cité d'après P. Dandrey, *Anthologie de l'humeur noire*, p. 660.

Les ennuis apparaissent lorsqu'une plus grande quantité d'humeur noire est engendrée par le corps et qu'elle devient prépondérante. Mais une prédominance de mélancolie est pathogène, sans pour autant être pathologique. C'est la clarification doctrinaire qu'avait apportée le *Problème XXX,* 1 de tradition aristotélicienne : le tempérament mélancolique, caractérisé par un surdosage infime d'humeur noire par rapport aux autres humeurs, contient en soi les promesses de l'excellence mais aussi bien le risque du déséquilibre pathogène. Si la prédominance se change en surabondance ou pléthore, le malaise devient souffrance et maladie. Le sang corrompu par une trop grande quantité de bile noire empoisonne le cerveau qui perd l'usage de ses facultés. Cela s'explique par le refroidissement spontané de cet organe irrigué par un sang mélancolique. Froide et sèche, la mélancolie fait descendre dangereusement la température du cerveau qui se met alors à délirer et à fantasmer.

Un mauvais régime de vie ou des conditions climatiques malsaines (l'air vicieux et froid de l'automne, par exemple) provoquent chez les êtres qui y sont enclins par leur tempérament une pléthore d'humeur noire. Mais qu'adviendra-t-il au corps si l'humeur superflue change de qualité ? Jusqu'ici, il s'agit de pléthore, l'humeur provoque le mal par la quantité qui obstrue les organes ou altère leur tempérament. C'est à ce niveau que se place la naissance d'une nouvelle variété d'humeur noire, plus malsaine que toutes les autres.

La réplétion d'humeur noire provoque naturellement une obstruction dans l'appareil digestif. Elle y stagne et se décompose, empêchant, en même temps qu'elle pourrit, l'évacuation d'autres humeurs ou résidus de la digestion. D'humeur naturelle elle se dégrade en ce poison âcre et fétide, qui, selon le témoignage célèbre de Galien, fermente et brûle la terre et auquel « ni les mouches ni aucun être vivant ne veulent goûter » [25]. Ce processus de dégradation chimique par pourriture et par échauffement est appelé adustion. Il est responsable de l'engendrement de substances qui pervertissent l'ordre naturel et qui sont toujours de caractère pathologique.

S'en déduit l'existence de deux biles noires, une naturelle et une autre mauvaise ou cacochyme. La première est distillée suite à la digestion et c'est seulement lorsqu'elle est en surabondance qu'elle peut causer la maladie, par infection de tout le sang. La seconde est une dégradation morbide de la première ou des trois autres humeurs (spécialement la bile jaune) [26].

On commence ainsi à entrevoir les distinctions étiologiques qui ont gouverné la tradition atrabilaire jusqu'au moment où Du Laurens allait proposer son interprétation du modèle. L'humeur noire naturelle empoisonne

25. Galien, *De la bile noire*, éd. et trad. Vincent Barras, Terpsichore Birchler, Anne-France Morand, Paris, Gallimard, 1998, p. 41.

26. Le lecteur nous pardonnera ces rapides schématisations de la pathologie mélancolique. Chez Galien c'était surtout la bile jaune qui était propice à l'adustion (en raison de sa chaleur naturelle) ; ce sont les traducteurs et les glossateurs arabes qui ont étendu aux autres humeurs cette capacité d'échauffement pathologique.

le sang et, par sympathie pathologique, transmet le mal aux autres organes, au foie, au cœur ou au cerveau. Elle peut aussi affecter directement le cerveau qui devient froid et sec, et cesse d'assurer ses fonctions nobles : la raison, l'imagination ou la mémoire. En troisième lieu, l'obstruction causée par la pléthore humorale dans l'abdomen, et plus précisément aux hypochondres, empêche l'évacuation et génère une adustion maladive. La mélancolie se décline ainsi sous trois formes : sanguine, cérébrale et hypocondriaque. Les conséquences se font sentir principalement dans les viscères dont le fonctionnement est rendu chaotique, mais aussi au reste du corps à cause de l'échauffement des humeurs qui exhalent vers le cerveau leurs miasmes peccants. En cela l'hypocondrie finira par former doublet avec l'hystérie, par similitude de symptômes et par proximité avec l'utérus, provoquée également par une obstruction de matières corrompues.

Quant à la dimension morale et psychologique contenue dans les deux termes d'Hippocrate, la tristesse-et-crainte aura peu à peu évolué en deux directions : celle d'un abattement et d'une prostration morales et psychologiques que traduit la posture emblématique du mélancolique, les yeux fixés au sol, le menton appuyé sur la main, le dos voûté, le front bas ; et, filiation plus inquiétante, celle de la démence sans fièvre, qui amènera peu à peu la maladie de l'humeur noire à gouverner toutes les formes variées de vésanies mineures, depuis les folies douces jusqu'aux délires furieux. Ainsi des provinces entières de la médecine de l'esprit et de l'âme en peine seront annexées à l'empire mélancolique : on verra bientôt que l'amour même, sous sa forme délirante, en fera partie.

Au total, le système que nous venons de présenter dans ses grandes lignes constitue le fondement théorique du *Discours des maladies mélancoliques*. Le médecin français choisira de développer certains aspects de l'histoire de la mélancolie, il en occultera d'autres, mais, toutes choses égales, son traité n'en dessine pas moins avec ces lacunes et ces choix arbitraires un cadastre exact de l'état de l'empire mélancolique entre l'Humanisme et les Temps modernes.

Le dit et le non-dit

Sans dévoiler les stratégies de disposition et de composition du *Discours*, que nous analyserons dans la suite de la présente introduction, nous dirons seulement que l'auteur suit le schéma classique de la tripartition des maladies (sanguine, cérébrale et hypocondriaque) et que l'essentiel de l'exposé théorique et thérapeutique est consacré aux mélancolies cérébrale et hypocondriaque.

Si cela était attendu du point du vue canonique, il est sans doute beaucoup plus surprenant de voir que Du Laurens choisit de rattacher directement à la mélancolie cérébrale la passion d'amour qui représente, selon lui, une variété de ce mal. Alors que la tradition livresque en faisait, encore à l'époque de l'humanisme, un mal similaire à la mélancolie, par superposition de symptômes et de fécondes confusions doctrinaires opérées par la médecine arabe, Du Laurens fait rentrer clairement le mal d'amour parmi les variétés de mélancolie cérébrale [27].

En revanche, il peut paraître surprenant que certaines questions centrales dans l'histoire de la mélancolie ne reçoivent point l'attention de Du Laurens. En cette période de troubles qui rendait l'Église particulièrement chatouilleuse sur le chapitre de l'orthodoxie, Du Laurens est sans doute attentif à se protéger. Tel est le cas de l'acédie, cette forme de misanthropie religieuse qui troublait les pieux serviteurs de Dieu [28]. Ils étaient comme foudroyés par une passion dont on ne savait déterminer la cause certaine. Était-elle engendrée par trop d'amour de Dieu, ce qui signifierait que l'amour mystique peut basculer dans la pathologie ? Était-elle causée par une intrusion du diable qui s'immisce dans la cellule solitaire du moine et lui empeste les humeurs ? Ne cherchons pas à ces mystères une réponse dans le *Discours des maladies mélancoliques.* On ne l'y trouvera pas.

De même, le débat sur le rapport entre mélancolie et possession diabolique est (trop) rapidement réglé par une sorte d'expédient rhétorique qui est une fin de non-recevoir :

> Avicenne remarque que les melancholiques font par fois des choses si estranges que le vulgaire pense qu'ils soient possedez d'un demon. Combien y a-il en nostre temps de grands personnages qui font difficulté de condamner ces vieilles sorcieres, & qui croient que ce n'est qu'une humeur melancholique, qui deprave leur imagination, & leur imprime toutes ces vanitez ? (p. 40-42)

L'allusion probable à Johann Weyer (notre « Jean Wier ») semble aussi évidente ici qu'elle est rapidement écartée et sa thèse refusée sans même être réfutée. Du Laurens préfère se tenir à l'écart de ces querelles envenimées et éventuellement venimeuses. En bon humaniste, il va chercher le modèle de sa position de repli dans le chapitre du *Canon* où Avicenne réputait la question échapper à la compétence du médecin, qui n'a que faire de jouer au théologien [29]. Double précaution de notre auteur : il lance le débat sous

27. Voir *infra*, p. LXXXII.
28. On trouvera une mise en perspective originale sur cette affection mélancolique amplement étudiée par la littérature religieuse du Moyen Âge, mais oubliée progressivement par la médecine humaniste, dans : Anne Larue, *L'Autre Mélancolie. « Acedia » ou les chambres de l'esprit*, Paris, Hermann, 2001 ; Yves Hersant, « L'acédie et ses enfants », dans Jean Clair (éd.), *Mélancolie : génie et folie dans l'Occident*, Paris, Réunion des musées nationaux/Gallimard, 2005, p. 54-59.
29. Dans son traité consacré aux écrouelles, Du Laurens utilise la même stratégie de composition elliptique : « Mais je voy que je me suis emporté plus loing que je ne m'estois proposé d'entrée, & d'estre par-aventure entré un peu trop librement aux champs des Theologiens : Je baisse donc les voiles, & à ce que la fin corresponde au commencement : Je dis que les

l'égide d'un médecin qui avait eu la prudence de refuser d'en traiter, et il le tranche dans le sens de l'orthodoxie catholique par une pétition de principe en se refusant prudemment de le traiter : « je ne veux point m'enfoncer plus avant en ce discours, le subject meriteroit un plus grand loisir. » L'ellipse, ici, vaut non plus seulement comme marque d'élégance et choix d'une écriture sobre ; à n'en pas douter, elle circonscrit un abîme qui sidère, en même temps qu'elle suggère peut-être aux plus diligents des lecteurs une connivence très discrète sur la difficulté et les périls d'y descendre pour en explorer les profondeurs et les replis[30]...

Bref, ce sont des silences qui témoignent d'une interprétation sélective et inspirée des sources et de la tradition mélancoliques, l'*inventio* relevant aussi de l'exclusion raisonnée et prudente de certains sujets sensibles.

Diables ennemis capitaux du genre humain, peuvent causer des maladies en diverses manieres & façons. » (*De Mirabili strumas sanandi*, trad. Th. Gelée, *Toutes les œuvres* (1621), p. 23ʳ).

30. Il est important à ce point de vue de rappeler que Du Laurens lui-même fut appelé un peu plus tard, en 1599, à se prononcer sur le cas de Marthe Brossier suspectée de possession. Pierre de L'Estoile raconte : « Le roi [...] a mandé à son procureur général du Parlement de défendre ces sortes d'assemblées et les exorcismes qu'on avait commencés. Sur ce, le Parlement a ordonné que Marthe Brossier serait mise entre les mains de Pierre Lugoli, lieutenant criminel, et de François Villamont, qui l'ont conduite en prison pour y être examinée par les sieurs Rivière, André Du Laurens, Pierre Laffilé, doyen de la Faculté de médecine, et plusieurs autres de la même Faculté, afin de porter un jugement tel que de droit. Cette ordonnance a fait soulever les ecclésiastiques, qui disent que les démoniaques ne sont pas de la juridiction temporelle, et que c'est uniquement à l'Église de connaître des possédés et de les délivrer quand elle les a connus » (*Journal pour le règne de Henri IV, 1589-1600*, tome I, p. 573). Au sujet des débats médico-théologiques de l'époque, voir les contributions de Yvonne David-Peyre, « Jacques Ferrand, médecin agenais » et « La Mélancolie érotique selon Jacques Ferrand l'Agenais ou les tracasseries d'un tribunal ecclésiastique » dans *Littérature, Médecine, Société*, n° hors série « *Medicinalia* », Nantes, 1983, p. 138-139 et 119-130. Sur l'affaire de possession de Marthe Brossier, voir Robert Mandrou, *Magistrats et sorciers en France au XVIIᵉ siècle*, Paris, Plon, 1968, p. 163 et suiv.

Dispositio
Structure et tissure du discours

Médecin et savant humaniste, orateur réputé, érudit éclectique, mais rompu aussi aux manières du grand monde, André Du Laurens est certainement conscient et responsable de la stratégie de vulgarisation à laquelle il recourt pour composer un traité utile tant aux médecins et apothicaires désireux de savoir pour guérir, qu'aux mondains avides de comprendre certaines particularités médicales touchant à un domaine alors sensible et célèbre : la mélancolie fait partie des « curiosités » du moment. Maladie à la mode au temps de l'Humanisme, elle bénéficiait déjà d'une tradition livresque qui transformait le sujet en une pierre de touche pour tout médecin qui avait le courage d'essayer d'en traiter. Mais André Du Laurens parvient à fournir, en seulement quinze chapitres, un exposé éclairant qui a l'avantage de synthétiser les anciens acquis médicaux sur la maladie, sans tomber dans le piège d'une trop pesante érudition scolastique qui aura régné pendant des siècles sur la tradition atrabilaire. Nous verrons que Du Laurens sait comment accommoder l'érudition à la curiosité du lecteur bénévole attiré par un sujet d'actualité, mais aussi à l'intérêt inquiet du lecteur mal portant avide de comprendre sa maladie et d'y trouver un remède [1].

C'est dans la recherche de cet art de la vulgarisation que réside à n'en pas douter le projet du *Discours des maladies mélancoliques*, somme brève et raisonnée de la plus fuyante et la plus mystérieuse des humeurs. Et c'est là aussi, paradoxalement, que réside son échec : forme vide et vaine où se ressassent les certitudes d'un discours fabuleux, tournant autour d'un objet

1. Nous nous permettons de reprendre ici plusieurs points déjà discutés; voir Radu Suciu « Discours savant et séduction littéraire chez André Du Laurens », dans *Vulgariser la médecine. Du style médical en France et en Italie*, Andrea Carlino et Michel Jeanneret (éds.), Genève, Droz, 2009, p. 55-76.

sans réalité, mais tournant d'une rotation qui se veut rigoureuse, raisonnée, émendée et fondée, le *Discours* de Du Laurens se situe à la pliure historique entre deux mondes, entre deux manières de concevoir la science, la logique, la raison, sans parvenir à abandonner l'ancienne manière, celle que gouvernent les savoirs d'autorité, mais tout en s'employant, en s'épuisant à verser, vaine illusion, ces leçons ressassées dans les cadres nouveaux des sciences raisonnées.

Ceci se manifeste d'abord dans la structure du traité. Deux chapitres (I, II) consacrés au thèmes de la *dignitas* et de la *miseria hominis,* vestiges des us et traditions du grand traité scolastique et de son architectonique en pyramide, sont plutôt traités ici comme une forme d'entrée en matière sinon de *captatio benevolentiae* – plutôt indigeste pour le lecteur moderne, mais significative d'une intention épistémologique qu'il convient d'interpréter dans le contexte intellectuel de la fin du XVIe siècle : en reprenant mot pour mot le propos qui introduisait (mais alors en latin) ses *Œuvres anatomiques,* Du Laurens ne fait peut-être pas que recycler une matière déjà composée ; il semble vouloir également hisser sa courte monographie en langue vulgaire au niveau de son *opus magnum* antérieur, tout en profitant de la dimension philosophique et théologique de cet exposé pour y couler l'analyse proprement médicale d'un mal qui touche cependant aussi à la philosophie, à la psychologie, sinon même à la théologie – de biais du moins.

Le chapitre suivant (III) qui ouvre vraiment le propos s'inscrit, lui, dans la logique de la distinction qui va gouverner tout le texte. L'auteur s'y emploie utilement, en effet, par un résumé des théories médico-philosophiques sur les humeurs et les tempéraments, à tracer la ligne de partage entre la mélancolie de tempérament (pathogène sans être vraiment pathologique) et la mélancolie proprement morbide, qui constitue une maladie déclarée et répertoriée, sinon curable, digne du moins des soins du médecin : engendrée par une pléthore humorale, elle met réellement en danger la santé et la vie du patient. S'ensuit un « digeste », très didactique, qui expose la définition de la maladie et les divisions de ses différences (IV), ainsi que la description méthodique de la plus célèbre de ses variétés : la forme cérébrale du mal (V-VII). Vient ensuite un premier exposé thérapeutique contenant le régime de vie et les méthodes curatives pour éviter ou guérir la mélancolie cérébrale (VIII-IX). Les deux chapitres suivants contiennent la description étiologique et la méthode curative du mal d'amour, étrange variété de cette première forme (X, XI). Enfin, les quatre derniers développements sont consacrés à la mélancolie hypocondriaque (XII-XV) ; Du Laurens y formule une des premières synthèses connues sur le fonctionnement et la cure de la plus capricieuse des trois formes de mélancolie. À noter que la troisième, celle qui procède de l'atteinte du sang « dans tout le corps », « fait et rendu atrabilaire » par adustion ou corruption, ne donne pas lieu à une division spécifique. Aussi bien, cette forme tierce n'existe-t-elle guère dans la tradition pathologique, que « pour la forme », si l'on peut ainsi dire !

Par où commencer ?

La définition de la mélancolie n'intervient donc qu'au quatrième chapitre de l'opuscule. Sachant que le traité n'en compte que quinze, comment comprendre le choix de retarder autant la définition de la maladie ? Cela équivaut à une mise en suspens du sujet central. Nous lisons un traité consacré à la mélancolie qui semble pourtant traiter de lieux communs sur la dignité et la misère de l'homme… Ce début donnerait à croire que le médecin est toujours dépendant des tics de pensée de la scolastique médicale.

Le premier chapitre (« Que l'homme est un animal… ») débute en effet par ce condensé conventionnel et technique sur la dignité de l'homme [2]. La leçon est connue de tout le monde : l'homme est le plus illustre des animaux ; mais si son corps est « le mieux formé, le plus temperé, & le mieux proportionné qui soit au monde », son excellence provient de son âme immortelle, pourvue (en dehors des puissances végétative et sensitive) de trois facultés princières, l'imagination, la raison et la mémoire. C'est, en fait, l'occasion pour Du Laurens de discourir sur l'importance de l'imagination dans l'économie du corps : puissance propre à l'homme, elle est le laboratoire de création des mondes possibles. Grâce à l'imagination, l'être humain est capable de « planer les monts, & montagner les plaines » (p. 8). Vient ensuite la description du cerveau, « logis » de ces trois facultés ; l'auteur s'interroge sur les emplacements précis de la raison, l'imagination et la mémoire dans les « ventricules » du cerveau (p. 11). Insistance significative, on l'aura compris, sur les lieux où se génère la mélancolie. Car le mélancolique souffre au premier chef de troubles provoqués dans et par son imagination, impunément « lâchée » et livrée à elle-même à cause de la faillite de sa raison qu'obscurcit l'humeur noire.

Dès le chapitre suivant, d'ailleurs, l'idée de maladie s'introduit dans le propos à la faveur du thème inverse et antithétique du précédent, celui de la *miseria hominis* : « Que cest animal plein de divinité s'abaisse par fois tellement, etc. ». Du Laurens y esquisse tout d'abord le tableau des perturbations de l'âme provoquées par une vie de débauche et de « péché ». Mais ces maux sont rapidement expédiés vers les théologiens, les moralistes et les philosophes, dont ils relèvent : « qu'on lise la philosophie morale, on y trouvera de fort beaux enseignements pour modérer ces folles passions ». Vestige d'un souci très ancien de répartition des tâches entre le praticien des corps et celui des âmes, le médecin et le moraliste, le « physicien » et le prêtre, qui traverse les conflits intellectuels et même sociaux autour de la nature, des origines et des effets de la maladie amoureuse, de la sorcellerie,

2. Sur le thème de la *dignitas hominis* à la Renaissance, on verra les travaux de Lionello Sozzi, l'introduction Michel Simonin au *Bref discours sur la dignité de l'homme*, et celle de Jean Céard au traité d'Ambroise Paré : *Des Animaux et de l'excellence de l'homme* (Mont-de-Marsan, éd. Inter-Universitaires, 1990).

de la possession, des délires de métamorphose (comme la lycanthropie), de l'hystérie, etc. Significativement, le chapitre se concentre ensuite sur les « dépravations » d'ordre pathologique, engendrées par des maladies du corps qui se répercutent sur l'esprit et nécessitent le recours à la médecine : c'est le bon angle d'attaque sur le sujet. Car la répartition des tâches entre médecin, moraliste et théologien ne procède pas tant d'une division des domaines que de l'angle d'attaque choisi pour venir à bout des maux, qu'ils soient maladie, mal-être ou péché. Les maladies attaquent le réceptacle périssable de l'âme immortelle, et sans la léser, du moins la gênent : déformations du corps devenant des déformations d'âme et d'esprit, elles réclament une thérapie de la « machine » physique pour que l'âme recouvre sa liberté.

Ce n'est qu'à ce moment du développement désormais bien engagé qu'intervient la première mention de la maladie mélancolique, ou plutôt de la mélancolie en tant que maladie (tant, en tout cela, la question est toujours plus ou moins de perspective et d'optique, bien plus que de nature des choses) :

> les maladies qui assaillent plus vivement nostre ame, & qui la rendent prisoniere aux deux puisssances inferieures, sont trois, la phrenesie, manie, & melancholie. (p. 15-16)

Après avoir donc tour à tour élevé et abaissé l'homme, Du Laurens propose à titre d'exemple ce qui va faire l'objet de son discours : la mélancolie, tierce figure parmi les maladies de l'esprit réunies en une triade topique.

Au lieu de suivre les conseils méthodiques qui voulaient que l'on commençât toujours un propos médical par la définition de la maladie dont on va traiter [3], Du Laurens aura donc choisi l'autre mode d'exposition, celui qui part du tout et du général pour atteindre ensuite et à terme le particulier, en prenant soin de situer d'abord l'objet dont on va traiter dans la constellation des réalités naturelles et surnaturelles, pour le dégager progressivement, le distinguer par comparaisons, voisinages et accointances, et y amener son lecteur peu à peu. C'est un tour d'esprit, c'est une manière, une façon qui sent son philosophe plutôt qu'elle ne caractérise le savant, et singulièrement le médecin. Mais ce sont là façons de philosophe « naturel », comme on disait alors, car dès l'élaboration du cadre conceptuel dans lequel va être pris le tableau pathologique, l'observation est revendiquée

3. Au moment même où Ramus s'apprêtait à élever sa voix méprisante et à fustiger tous ceux qui se plaisaient à décrire et à errer plutôt qu'à définir, nous lisons chez le médecin Jean Canappe, traducteur de Guy de Chauliac, ferré à glace sur ces questions de méthode : « Toute institution, et propos de quelque chose, que ce soyt, laquelle est prinse, de rayson, doibt commencer par diffinition : à celle fin qu'on entende la matiere de laquelle on doibt disputer, et tenir propos. » (Jean Canappe, *Prologue et chapitre singulier de tres excellent docteur en medecine et chirurgie maistre Guidon de Gauliac, le tout nouvellement traduict et illustré de commentaires par maître Jehan Canappe*, Lyon, É. Dolet, 1542, p. 21.)

pour support et critère du raisonnement, précédant même la définition de l'objet observé :

> Contemple les actions d'un phrenetique, ou d'un maniaque, tu n'y trouveras rien de l'homme ; il mord, il hurle, il mugle une vois sauvage, rouë ses yeux ardens, herisse ses cheveux, se precipite par tout, & bien souvent se tuë. Regarde comme un melancholique se laisse par fois tellement abaisser, qu'il se rend compagnon des bestes, & n'aime que les lieux solitaires. (p. 16)

Où se glisse, comme à l'étourdi et à l'impromptu, une vignette, la première dans le discours, silhouettant une conduite typique et topique de la mélancolie. Sans le prévenir, l'auteur projette son lecteur dans le vif du sujet après un ample périple philosophique et théologique. Au lieu d'une entrée en matière abstraite, à la faveur d'une définition formelle dans les règles scolaires, Du Laurens suspend inopinément son activité de classification et d'aménagement du territoire sublunaire, pour entrer en description – on oserait dire en phénoménologie, si trop de convention, en l'occurrence, n'obérait l'effet descriptif qui se limite ici à un jeu de langage plutôt qu'il n'opère un réel changement de cap épistémologique… Car, en fait, une même intention pourrait bien avoir guidé le lent contournement du sujet par le détour du côté du macrocosme et son entrée *ex abrupto* à la faveur d'une image parlante, signifiante et aussi célèbre qu'un « lieu commun » (entendons, au sens propre, un « lieu », un espace où lecteur et orateur se rencontrent, communiant aux mêmes certitudes répandues et éprouvées) : cette intention qu'accomplissent diversement l'exposé métaphysique et le petit emblème physique est didactique. Elle relève de ce qu'en son temps et avec son temps Ramus nomme « méthode de prudence » :

> [C'est une méthode] en laquelle les choses précédentes non pas du tout et absolument plus notoires, mais néantmoins plus convenables à celluy qu'il fault enseigner, et plus probables à l'induire et amener où nous prétendons. Elle est nommée par les Orateurs disposition de prudence, parce qu'elle gist grandement en la prudence de l'homme plus qu'en l'art et préceptes de doctrine, comme si la méthode de nature estoit jugement de science, la méthode de prudence estoit jugement d'opinion. […] Ainsi les poëtes comiques, combien qu'ilz ordonnent de grand conseil et jugement leurs comédies par actes, scènes, offices de personnages, ilz font néantmoins que toutes choses y semblent estre fortuites et inopinées. [4]

En ce sens, Du Laurens est « prudent ». C'est sa manière, manière de savant, de se mettre à portée du profane, de s'adresser à d'honnêtes gens curieux de lumières médicales ou à des jeunes étudiants s'initiant aux

4. Ramus, *Dialectique* (1555), éd. modernisée par Nelly Bruyère, Paris, Vrin, 1996, p. 150.

arcanes et aux rudiments d'une science recluse et forclose. Manière bien austère de vulgariser, certes, mais le détour par ces premiers chapitres qui nous paraîtraient volontiers d'un pédant et d'un spécialiste austères constituaient peut-être à ses yeux un acte de vulgarisation généreuse.

L'assomption de la mélancolie : logique aristotélicienne et synthèse sophistique

La manière et le ton de l'ouvrage changent dès le troisième chapitre (« Qui sont ceux qu'on appelle melancholiques, & comment on doit distinguer les melancholiques malades d'avec les sains ») pour atteindre dans le quatrième (« Definition de la mélancolie et de toutes ses differences ») à cette simplicité que nous jugerions aujourd'hui le comble de la transparence, mais qui, *mutatis mutandis,* devait sembler à ses lecteurs, ou du moins à l'image de ses lecteurs profanes que Du Laurens se faisait, une matière plus ardue, revêche et rude que les exposés précédents, qui justement pour cette raison ont vocation à jouer le rôle de *captatio benevolentiæ* et de dispositif d'entrée en matière.

L'objet du troisième chapitre, comme l'indique son titre, c'est donc la distinction entre le pathogène et le pathologique, entre la mélancolie de tempérament et la mélancolie maladive :

> Tous ceux que nous appellons melancholiques ne sont pas travaillez de ceste miserable passion, qu'on appelle melancholie : il y a des complexions melancholiques qui sont dans les bornes & limites de la santé, laquelle (si nous croions les anciens) a une fort grande estendue. Il faut donc pour traicter ce subject methodiquement distinguer premierement toutes les differences des melancholiques, afin que la similitude des noms ne trouble la suite de nostre discours. (p. 19)

Dans ce fragment, plus encore peut-être que la distinction qui y est établie, compte l'intention soulignée de la poser et de l'imposer au lecteur comme principe méthodique. Les confusions linguistiques, Du Laurens l'a compris et il entend faire partager cette conviction, se répercutent sur la perception des objets et en troublent la compréhension claire et distincte[5].

À partir de quoi l'exposé va obéir à une méthode didactique enchaînant rigoureusement la définition, le classement et la description des diverses formes et catégories de la mélancolie. Ainsi, dans ce fragment où il s'agit de « traiter methodiquement », de « distinguer », d'établir « difference[s] »

5. Voir P. Dandrey, *Anthologie de l'humeur noire*, p. 628, n. 1.

et « similitude[s] », ce genre de clarification notionnelle est d'autant mieux venu que le texte prétend vulgariser un savoir complexe et confus. Les mélancoliques sains ne sauraient être confondus avec les malades... La distinction est d'autant plus importante que la scolastique médicale du Moyen Âge, par superpositions successives de théories hellénistiques, byzantines et arabes, en était presque arrivée à brouiller les lignes de partage entre philosophie des tempéraments d'un côté, médecine humorale de l'autre. Rappelons succinctement que cette confusion résulte en fait d'une superposition linguistique. La « mélancolie » désignait au moins trois choses à la fois : la bile noire; la crase ou le tempérament généré par une prédominance de cette humeur; enfin la maladie produite par une pléthore d'atrabile, en général chez les gens de tempérament mélancolique (d'où l'attribution d'un caractère pathogène à ce tempérament mélancolique rendu fragile et mis en danger par cette prédominance atrabilaire) [6]. Avant de parler de la mélancolie, il fallait donc prendre ses précautions et s'assurer d'avoir correctement établi une nomenclature. La lucidité méthodique, autrefois scandée avec véhémence par Ramus, tant désirée par les chirurgiens, semble trouver une application réussie dans le *Discours des maladies mélancoliques* :

> Voila les effects des quatre complexions, & comme elles peuvent toutes quatre estre dans les limites de la santé. Ce n'est pas donc pas de ces melancholiques sains que nous voulons parler en ce discours : nous traitterons seulement des malades, & de ceux qui sont travaillez de ceste passion, qu'on appelle melancholique, laquelle je m'en vois descrire. (p. 21)

Fragment placé à un endroit névralgique, puisqu'il termine un chapitre et enchaîne souplement avec le suivant qui contiendra en quelques phrases claires et pesées, sans pourtant être dépourvues d'analogies et de métaphores, l'une des définitions de la mélancolie parmi les plus synthétiques et lucides de toute sa longue tradition médico-philosophique.

La définition de la mélancolie

La médecine, en tant que science [7] qui cherche à comprendre le fonctionnement du corps afin de pouvoir guérir ses maux, doit être fondée sur la logique, discipline capable d'ordonner le savoir d'après un système

6. Voir *supra*, p. XXXIX.
7. Sur la distinction entre science et art en regard des débats sur la méthode, voir Ian Maclean, « Logical division and visual dichotomies : Ramus in the Context of Legal and Medical Writing », dans *The Influence of Petrus Ramus*, Bâle, Schwabe, 2001, p. 230. La science se fonde sur une connaissance syllogistique, d'où l'aphorisme « *scire est rem per causas cognoscere* » ; à l'opposé, l'art appartient à un autre type de savoir qui peut se servir d'un plus grand éventail de procédés démonstratifs, mais ne saurait prétendre à une connaissance certaine et définitive (elle représente une « *de infinitis finita doctrina* »).

de règles et de prescriptions précises [8]. La définition aristotélicienne par genre, espèce et différences qu'applique Du Laurens procède en fait d'un modèle mis au point par les médecins méthodiques et propagé par de nombreuses rééditions humanistes de l'*Isagoge* de Porphyre [9]. Longtemps perçu comme une introduction aux *Catégories* d'Aristote, le bref opuscule de Porphyre faisait partie des lectures obligatoires de tous les apprentis médecins. Enseigné en même temps que les traités sur la méthode de Galien, l'*Ars parva*, le *Methodo Medendi* ou *De la méthode thérapeutique, à Glaucon*, et comparé en permanence avec les commentaires qu'en avait donnés Guillaume d'Ockham [10], l'*Isagoge* façonnait la pensée des docteurs en médecine. Plus tard, Ramus en synthétisera le contenu en une logique binaire et une rhétorique de la dichotomie [11].

8. De nombreuses études existent sur les rapports entre logique, philosophie et science à la Renaissance. Voir, en particulier, John Herman Randall, Jr., *The School of Padua and the Emergence of Modern Science*, Padoue, Editrice Antenore, 1961 ; Neal W. Gilbert, *Renaissance Concepts of Method*, New York, Columbia University Press, 1960, voir notamment : « Discussions of methodology in the medical schools » p. 98-104 et « The Reaction to the Methodologies of Ramus and the Dialecticians », p. 145-179 (sur l'*Ars Parva* et le *Methodo medendi* de Galien, p. 17-22) ; William P. D. Wightman, « *Quid sit methodus?* "Method" in sixteenth century medical teaching and "discovery", *Journal of History of Medicine*, 19 (1964), p. 360-376 ; W. F. Edwards, *Niccolò Leoniceno and the Origins of Humanist Discussion of Method*, dans *Philosophy and Humanism : Renaissance Essays in Honour of Paul Oskar Kristeller*, éd. E.P. Mahoney, Leide, 1976 ; Nelly Bruyère, *Méthode et dialectique dans l'œuvre de la Ramée*, Paris, J. Vrin, 1986 ; Jerome J. Bylebyl, « Teaching *Methodus Medendi* in the Renaissance », dans Fridolf Kudlien et Richard J. Durling (éd.), *Galen's Method of Healing. Proceedings of the 1982 Galen Symposium*, E.J. Brill, Leide, 1991, p. 157-189 ; André Robinet, *Aux sources de l'esprit cartésien. L'axe La Ramée-Descartes. De la* Dialectique *de 1555 aux* Regulae, Paris, J. Vrin, 1996 ; Guido Oldrini, *La Disputa del metodo nel rinascimento. Indagini su Ramo e sul ramismo*, Florence, Le Lettere, 1997, notamment : « In cerca di una metodologia : la posizione del Ramismo », p. 29-53 et « Le trasformazioni umanistiche » p. 123-146.
9. Le fondement est, en fait, platonicien. Voir, Platon, *Phèdre*, 265d-277c ; *Philèbe*, 16c-17a ; cf. avec Aristote, *De Anima*, III, 6, 430a ; *Métaphysique*, X, 1, 1051b ; *Physique*, I, 1, 184b10.
10. Voir Guillaume d'Occam [Ockham], *Commentaire sur le livre des prédicables de Porphyre, précédé du Proême du commentaire sur les livres de l'art logique*, introd. Louis Valcke, trad. Roland Galibois, Sherbrooke, Université de Sherbrooke, Centre d'Études de la Renaissance, 1978. Giambattista Da Monte [Montanus], *Universa medicina*, Francfort-sur-le-Main, A. Wechel, 1585. Jacobus Zabarella, *De Methodis libri quatuor*, livre I, chap. 1, *Opera logica* (1578), Cologne, 1597 (Fac-similé, Hrsg. von W. Risse, Hildesheim, 1966).
11. Selon Ian Maclean, Ramus a eu une influence mineure dans la configuration d'une méthode taxinomique dans le discours médical. Les livres de tableaux médicaux s'inspirent de l'arbre porphyrien et sont plus anciens que l'avènement des théories ramusiennes. (I. Maclean, « Logical division and visual dichotomies : Ramus in the Context of Legal and Medical Writing », dans *The Influence of Petrus Ramus*, Bâle, Schwabe, 2001, p. 230). On trouvera des exemples de ces tableaux médicaux synoptiques dans : Leonhart Fuchs, *De differentiis morborum*, Bâle, 1536 ou Theodor Zwinger, *In artem medicinalem Galeni tabulae et commentarii*, Bâle, 1561 (cités par Ian Maclean). Du Laurens en utilise le modèle dans son livre sur les crises (*De Crisibus libri tres* (1593), traduction dans Du Laurens, *Toutes les œuvres* (1621), p. 4^{v}. La transmission de l'*Isagoge* de Porphyre avait été facilitée par l'œuvre de Jacopo Zabarella. Ses tables de logique ont eu un vrai succès éditorial ; voir Jacobus

Les accolades bien connues qui ornent les tableaux médicaux sont lisibles en transparence de la définition détaillée qu'établit Du Laurens :

> Nous la definirons [la mélancolie] avec les bons autheurs, une espece de resverie sans fievre, accompagnée d'une peur & tristesse ordinaire, sans aucune occasion apparente. La resverie tient en ceste definition le nom de genre, les Grecs l'appellent plus proprement *παραφροσύνη*, les Latins *delirium*. Or il y a deux sortes de resverie, l'une est avec fievre, l'autre sans fievre : celle qui est avec fievre, ou est continuë & travaille tousjours le malade, ou elle le reprend par intervalles [...] L'autre espece de resverie est sans fievre, qui est ou avec rage & furie, on la nomme manie : ou avec peur & tristesse, & s'appelle melancholie. La melancholie doncques est une resverie sans fievre avec peur & tristesse. (p. 23)

La position du genre (défini par Porphyre comme « l'attribut essentiel applicable à une pluralité de choses différant entre elles spécifiquement » [12]) est occupée dans cette définition par le délire : c'est « la resverie », selon une terminologie située au croisement entre la médecine et la poésie. Vient ensuite la distinction des espèces (*i.e.* « ce à quoi le genre est attribué essentiellement ») et celle des attributs appliqués « essentiellement à une pluralité de termes différant entre eux spécifiquement » [13]. On distingue ainsi deux espèces de délire, avec ou sans fièvre. Les accidents inséparables – nous dirions symptômes – sont insérés en troisième position (tristesse et crainte sans cause), à la place des différences (mélancolies cérébrale, sympathique et hypocondriaque) que Du Laurens choisit de présenter ultérieurement :

> Il y a trois differences de melancholie : l'une vient par le vice propre du cerveau, l'autre vient par sympathie de tout le corps, quand tout le temperament & toute l'habitude est melancholique ; la derniere vient des hypochondres, c'est à dire des parties qui y sont contenuës, mais surtout de la rate, du foye, & du mesentere. (p. 27)

Cette tripartition, inaugurée par Galien (*Des Lieux affectés*, III, 9), représente le canon absolu pour la médecine de la mélancolie [14]. Du Laurens récite la leçon avec la simplicité et la netteté de propos qu'on prête aux évidences premières : l'histoire nous apprend que cette transparence a pour origine la patine des doctrines lentement et longtemps

Zabarella, *Tables de logique. Sur l'*Introduction *de Porphyre, les* Catégories, *le* De l'interprétation *et les* Premiers Analytiques *d'Aristote*, trad. Michel Bastit, Paris, L'Harmattan, 2003.

12. Porphyre, *Isagoge*, trad. J. Tricot, Paris, J. Vrin, 1984, p. 14-15.
13. *Id.*, p. 17.
14. Voir *supra*, p. XLI et J. Starobinski, *Histoire du traitement de la mélancolie*, p. 25-26 : « Galien [...] fixe la description et la définition de la mélancolie qui feront autorité jusqu'au XVIIIe siècle et au-delà. La division qu'il propose servira de cadre pour tout ce qui s'écrira sur le traitement de cette maladie. »

méditées, aménagées, travaillées et rabotées pour atteindre à cet effet de naturel immédiat.

À quoi succède tout naturellement la sémiologie courante de la mélancolie, ses symptômes discriminants : tristesse et crainte, dualité étymologique remontant jusqu'à Hippocrate au moins, et puis les traits psychologiques et physiques qu'y auront ajouté durant deux millénaires les acquis ressassés de l'observation et surtout de la déduction.

Disputes et reconciliations doctrinaires

Dans cette matière bien attendue, Du Laurens s'arrête un peu plus longuement sur l'étiologie de la peur, symptôme, déjà présent dans la définition du mal depuis l'aphorisme VI, 23 d'Hippocrate : « Les plus grands Medecins sont en dispute d'où vient ceste frayeur des melancholiques » (p. 29). Comment se fait-il que les mélancoliques sont perpétuellement hantés par une crainte sans cause ? Pour Du Laurens, c'est l'occasion d'exposer l'une des plus célèbres difficultés de la science mélancolique récemment exhumée par l'humanisme : le conflit entre les interprétations de la peur mélancolique selon Galien et Averroès. Pour Galien, la peur est provoquée par la noirceur de l'atrabile, dont l'obscurité susciterait dans l'imagination égarée du malade les ténébreuses visions qui l'affolent :

> [...] les esprits estans rendus sauvages, & la substance du cerveau comme tenebreuse, tous les objects se representent hideux, l'ame est en perpetuelles tenebres. Et tout ainsi comme nous voyons que la nuict apporte de soy quelque effroy, non seulement aux enfans, mais quelquefois aux plus asseurez, ainsi les melancholiques ayans dans leur cerveau une continuelle nuict, sont en crainte perpetuelle. (p. 29)

Averroès s'était violemment opposé à cette vision médicale attribuant à la couleur un rôle pathogène : pour lui, la peur n'était que le résultat de la froideur de l'humeur. Les yeux ne peuvent apercevoir la noirceur puisque les sens ne sont pas capables de percer les entrailles du corps. À ce conflit doctrinaire Du Laurens suggère une solution harmonieuse : la frayeur vient de la froideur, certes, mais elle est rendue chronique par l'humeur noire qui obscurcit l'intérieur des canaux des sens et des esprits :

> C'est une subtilité qu'on n'a (peut-estre) encores apperceuë, & laquelle sert infiniment pour la deffense de Galien : l'œil ne voit point seulement ce qui est dehors, il voit aussi ce qui est au dedans, encores qu'il le juge externe. Ceux qui ont quelque commencement de suffusion voyent plusieurs corps voletans comme formis, mousches & poils longs, ceux qui vomissent de mesme. Hippocrate & Galien entre les signes du flux de sang critique, mettent ces visions faulses, on voit des corps rouges par l'air, qui n'y sont pas pourtant, car un chacun les verroit ; c'est une vapeur interieure qui se represente au crystalin selon sa propre couleur ; si elle vient du sang

> paroist rouge, si de la cholere, jaune : pourquoy donc la vapeur de l'humeur melancholique, & des esprits qui sont tous noirs ne se pourra-elle voir en sa propre couleur & se representer ordinairement à l'œil, & puis à l'imagination ? Le melancholique peut voir ce qui est dans son cerveau, mais c'est sous une autre espece, pour ce que les esprits & vapeurs noires vont continuellement par les nerfs, veines & arteres du cerveau jusques à l'œil, qui luy font voir plusieurs ombres & phantosmes en l'air, de l'œil les especes sont rapportées à l'imagination, qui les ayant quasi tousjours presentes demeure tousjours en effroi. (p. 31)

Les « esprits », ces corps microscopiques distillés à partir de la partie la plus pure et la plus noble du sang pour se faire messagers de l'âme vers le corps, au lieu d'être « purs, clairs et lumineux » pour réaliser l'échange pneumatique entre l'âme et le corps, sont rendus par l'humeur noire

> grossiers, obscurs, & comme tous enfumez : or l'esprit estant le premier & principal instrument de l'ame, s'il est noircy & rafroidy tout ensemble, trouble ses plus nobles puissances, & sur tout l'imagination, luy representant tousjours des especes noires, & des visions estranges qui peuvent estre veües de l'œil encores qu'elles soient au dedans. (p. 30-31)

Galien est ainsi (ré)concilié avec son contempteur arabe et l'exposé de la mélancolie en sort enrichi d'une glose originale. À la métaphore galénique fonctionnant par principe de similitude (la mélancolie est noire et tous les hommes ont naturellement peur de l'obscurité de la nuit), Du Laurens substitue une explication physiologique (l'humeur noire ne rayonne plus comme un soleil noir, mais enfume, alourdit et noircit les esprits) et sauve par cette scholie une partie bien discutable, il faut le reconnaître, de la doctrine du maître de Pergame. Sur le même modèle, et utilisant le même jargon, d'autres symptômes seront tour à tour décrits, d'autres disputes exposées, à la grande satisfaction de l'étudiant en médecine de l'époque, souvent appelé à traiter ce genre d'exercice et à pratiquer de telles arguties dans le cadre de ses études universitaires. Nous laissons au lecteur d'aujourd'hui le plaisir de découvrir pourquoi le mélancolique est triste, soupçonneux ou soupirant.

Elocutio
Une esthétique de la « divulgation » savante

Le choix d'une « écriture »

Autant que par sa matière et par sa disposition logique, c'est par le choix de son mode d'élocution que le *Discours des maladies mélancoliques* fait date : comparé à la tonalité ordinaire des traités savants du temps, le style de Du Laurens frappe par une sobriété souplement assortie de concessions discrètes à un pittoresque de bon aloi, sans surcharge ni effets trop marqués. Un ton plus « honnête » que « pédant », pour reprendre des termes de l'époque qui suggèrent, fût-ce schématiquement, des pôles esthétiques fondamentaux. Effet du goût de sa commanditaire ? La duchesse d'Uzès n'aimait rien moins, semble-t-il, que les excès de l'amphigouri rhétorique. Marguerite de Valois lui écrivait :

> Vous dites que ne voules euser de restorique. Toutefois vos regres mont fait venir la larme a lœil. Croies, ma Siblie [*sic*], et sans disimulation, que je ne resantis james perte avec plus de regret que celle de votre presance.
> [...] cete lestre plus anple et sans aucune retorique, que je sai vous desplaire. [1]

Il y a de bonnes chances que le mot « rhétorique » soit à prendre ici au sens restreint, celui de l'attirail d'inutiles enjolivures qui ne font qu'alourdir les textes et fausser les sentiments. Le trait était certes topique dans l'écriture du temps, chez les grands et chez les gens de haute morale et de pondération rassise en particulier. Mais moins sans doute chez les dames, et de surcroît sans qu'elles en fissent un point de règlement, comme ici l'insistance

1. Marguerite de Valois, *Correspondance 1569-1614*, éd. Éliane Viennot, Paris, Champion, 1998, lettre n° 27, décembre 1578, p. 83 et lettre n° 34, mars 1579, p. 90-91

de l'épistolière, qui s'y entendait en écriture et en style, semble le suggérer. On s'autorisera donc à en déduire un appui à l'hypothèse que l'un des principes stylistiques régissant le *Discours des maladies mélancoliques* ait été un atticisme visant à reproduire par sa sobriété sans rigueur le naturel de la « conférence », comme on disait alors pour désigner une conversation un peu soutenue. Certes, cette sobriété s'accordait à la dignité sombre du sujet et à l'âge de la dédicataire. Mais que le projet exclût a priori les ramages de l'asianisme, l'exemple *a contrario* de Jacques Ferrand analyste de la mélancolie amoureuse suffit à y contredire, qui fera choix d'une esthétique de l'exacerbation et de l'extraversion un peu tapageuses.

À mi-chemin du pédant empesé et du mondain histrionique, Du Laurens prévient aussi la déception de qui se fût attendu à une élégance affectée destinée à enjôler les délicats :

> J'auray bien plus à faire à contenter ceux là qui ne s'amusent qu'à la mignardise des mots & à la proprieté des dictions : car sans doute ils trouveront une infinité de mots rudes qui pourront offenser leurs par trop delicates aureilles : mais s'ils ne veulent avoir esgard que je ne fay pas profession d'escrire en François, je leur diray avec tous les sages, que ceste trop curieuse recherche des mots est indigne d'un Philosophe, & que je me suis contenté fuyant la barbarie (de laquelle ils ne me sçauraient du tout accuser) de faire entendre mon subject. (Au lecteur, p. 162)

C'était se réclamer, sous le prétexte d'une *excusatio propter infirmitatem*, de cette conception « naturelle » du style qu'à la même époque Guillaume du Vair assortissait au génie de la langue française dans le « projet d'éloquence » qu'il consacrait au bon usage du français :

> Ce qui est beau de soy ne l'est plus quand il est trop frequent : nous sommes ainsi faits de nature que nous nous lassons de ce qui est trop commun : tout ce qui frappe nos sens avec beaucoup d'esclat nous lasse et nous ennuye. Il n'y a rien si beau en l'homme que les yeux, mais si nostre corps en estoit tout semé, non seulement ils empescheroient l'usage des autres membres, ains aussi desplairoient à ceux qui les verroient. Il faut doncques que la moderation conserve aux parolles empruntées leur beauté. [...] Quant à ces excez et enflures de parolles, ce sont comme des gouestres et abces d'oraison. Qui est neantmoins l'endroit où choppent et se laissent plus aisement tromper les plus habilles, ne plus ne moings que ceux qui ne sont pas instruits en la medecine, qui, voyant un corps bouffi, estiment que ce soit graisse ou embonpoint. [...] *L'on ne sçauroit quasi donner un plus utile precepte en l'eloquence que celuy qui est le plus facile : c'est à sçavoir de ne rien forcer, ains suyvre le cours de la nature et laisser couler toutes choses par le plus aisé chemin.* [2]

2. Guillaume Du Vair, *De l'Eloquence françoise* (1595), éd. René Radouant, 1904, Genève, Slatkine Reprints, 1970, p. 164-165. Nous soulignons.

La tâche du médecin-philosophe, attelé à son projet de vulgarisation, est par conséquent de contourner les pièges de l'affectation et de l'ornementation.

À cet effet, les chapitres de son exposé seront courts et éloquents, afin que l'argumentation soit facilement suivie et saisie, et qu'elle n'ennuie pas le lecteur. Ainsi, « la longueur y est mesurée de sorte qu'elle n'excede point [...] ce que l'esprit de celuy qui escoute peut sans peine concevoir et comprendre » [3]. Montaigne ne pense pas autrement, quand il mesure la longueur de chacun de ses « essais » à la capacité pour le lecteur de s'y plonger sans en détacher son attention avant le propos terminé. Mais à l'inverse du gentilhomme gascon qui jouait à le perdre dans le dédale de sa pensée capricieuse et joueuse, Du Laurens guide le sien d'une main peut-être plus lourde, mais du moins sûre et rassurante, sans pourtant se vouloir ni contraignante ni artificiellement directive. Partout dans le texte du *Discours des maladies mélancoliques*, il souligne de sa première personne présente et agissante l'annonce et le rappel de la structure et des articulations de son argumentation : « Je viens d'eslever l'homme jusqu'au plus haut degré de sa gloire... Je le veux maintenant representer le plus chetif & miserable animal du monde... Je viens à l'autre depravation qui est forcée... Je m'envois te le pourtraire au vif, & tu jugeras lors quel il est. ». Par endroits la deuxième personne se substitue à la première et l'interpellation à la démonstration pour un effet similaire : « Contemple les actions d'un phrenetique, ou d'un maniaque, tu n'y trouveras rien de l'homme ». Ce tour, certes, teinte d'un rien d'objurgation l'appel à l'attention du lecteur, particulièrement lorsque celle-ci est soumise au péril de l'ennui ou de l'étourderie, du fait de l'aridité du sujet ou de sa complexité. Mais il est notable que, même dans de tels cas, notre médecin bien appris et frotté de mondanité, tout en prenant soin de conférer à son propos varié et disert la clarté d'une narration ordonnée et cadencée, tente le plus qu'il peut de substituer l'énergie entraînante et comme spontanée du devisant au didactisme pesant du pédant.

Quand il aborde une question qu'il sait à tous points de vue délicate, comme celle des affections de l'âme par exemple, son souci de lever le moindre risque de mauvaise interprétation de son texte nous vaut une concentration de ces procédés d'éloquence familière et énergique, en opposition à la rhétorique académique, froide et neutre, qui caractérise d'ordinaire l'écriture médicale :

> Ne pense point pour tout cela (ô Athée) conclure que nostre ame souffre quelque chose en son essence, & par consequent qu'elle soit corruptible : elle ne s'altere jamais, & ne peut rien patir, c'est son organe qui est mal disposé ; Tu le pourras, si tu le veux, entendre, par la comparaison du Soleil : tout ainsi comme le Soleil ne sent jamais diminution en sa clarté, encore qu'il semble souvent s'obscurcir & s'eclipser, mais c'est ou l'espaisseur des

3. *Ibid.*, p. 166.

> nuës, ou la Lune qui se met entre deux : ainsi nostre ame semble souvent patir, mais c'est son instrument qui n'est pas bien disposé. (p. 16)

Un œil fixé sur la censure religieuse, l'autre sur l'impératif de clarté rationnelle (si l'on ose ainsi dire), notre médecin ne craint pas d'emprunter au sermonnaire les recettes de l'interpellation, de la substitution, de la comparaison, de la déception concertée, pour batailler (de manière pré-pascalienne ?) avec le libertin qui voudrait trouver là de quoi dénier à l'âme soumise aux tracas de la maladie sa perfection réputée inaltérable du fait de son essence immortelle et sacrée. Ces moments de fougue et de vigoureuse admonestation seraient-ils constants, le ton pourrait lasser. Mais ils sont assez subtilement dosés pour que la chaleur communicative qu'ils diffusent passe pour l'effet d'une effervescence spontanée.

Un bel exemple de ces dosages est offert par un autre sujet sensible, susceptible pour sa part d'une inflexion vers le scabreux : c'est au sujet de la mélancolie érotique. On sait qu'une description trop suggestive et colorée des pratiques et des « remèdes » propres à l'amour charnel vaudra les foudres de l'Église et le feu du bûcher (si c'est bien là la raison de ses déboires) à la première version du traité *De la Maladie d'amour ou mélancolie érotique* tourné en 1610 par Jacques Ferrand dans une langue luxuriante et volontiers « asianiste »... Pour éviter un tel piège sans pour autant se refuser à tirer tout le parti plaisant et coloré que le sujet lui fournissait, voici comment Du Laurens, pour sa part, dose et combine l'ellipse et la glose, l'esquive et l'affrontement, l'esquisse et le tableau circonstancié, en préférant à l'exposé théorique, périlleux à trois titres au moins, car intellectuellement compliqué, esthétiquement pesant et politiquement sensible, les effets romanesques de la mise en scène narrative :

> [...] je n'entreprens pas de la definir [la mélancolie érotique] ; trop de grands personnages s'en sont meslez, & n'en ont sceu venir à bout : je ne veux pas aussi examiner toutes ces differences ny ces genealogies : qu'on lise ce que Platon, Plotin, Marcile Ficin, Jean Picus Comte de la Mirandole, Mario Equicola, & Leon Hebrieu en ont escrit : je me contenteray de faire voir un de ses effects parmy cent mille qu'elle produit. Je veux qu'un chacun cognoisse par la description de ceste melancholie combien peut une amour violente, & sur les corps & sur les ames.
>
> L'amour doncques ayant abusé les yeux, comme vrais espions & portiers de l'ame, se laisse tout doucement glisser par des canaux, & cheminant insensiblement par les veines jusques au foye, imprime soudain un desir ardent de la chose qui est, ou paroist aimable, allume ceste concupiscence, & commence par ce desir toute la sedition [...]. (p. 71-72)

L'articulation entre ces deux aliénas illustre la manière dont l'ellipse et l'allusion se partagent les rôles pour à la fois détourner les périls (s'il en était), fluidifier et faciliter l'exposé d'une matière difficile et le rendre agréable (au sens premier) au profane. La première phrase dessine une ellipse en forme de pirouette pour dire qu'on ne dira rien ; et au lieu d'accabler le lecteur bénévole sous la liste des Autorités qu'elle ne manque pourtant pas de dresser, elle dévalue l'effet de sidération respectueuse que constitue ce renvoi vers les grandes références en les réputant proprement incompétentes et dépassées (elles aussi, même elles) par la difficulté du sujet. Le second alinéa, alors, commence une évocation ornée, amplifiée, dynamique et suggestive qui, enveloppée dans la prudente réprobation dont l'assortit son tour « horrificque », donne libre cours à une fantaisie propre à plaire, voire amuser. Le vide qui sépare les deux alinéas[4], dont la succession brutale a toute la puissance d'une anacoluthe intellectuelle, exempte l'exposé de traiter la difficile distinction entre les deux amours et satisfait doublement au projet de vulgarisation, en substituant l'argument d'autorité au développement de la démonstration et l'exemple concret à l'exposé théorique. Un sujet qui allait accroître de plusieurs cahiers l'in-folio de Burton donne naissance chez Du Laurens à un récit coloré, à la faveur de cette construction elliptique et de cette référence seulement allusive à l'« hyper-texte » savant consacré au problème qui lui sert de caution sans lui imposer de pesants détours.

Cette désinvolture de façade envers les références savantes constitue l'une des stratégies de déminage du discours pédant au profit du naturel de la « conférence » entre une dame et son précepteur bénévole : un siècle avant que Fontenelle n'instruise galamment dans un parc une marquise éprise d'astronomie, Du Laurens esquisse les pas de ce que la fin du XVIIe siècle aura su transformer en entrechats d'esprit et de science. Ses sources, ses « autorités », notre médecin en parsème son texte sans jamais les circonscrire d'une précision trop rigoureuse :

> Il y a un beau texte dans Hippocrate à la fin du premier livre de la diete, qui merite d'estre gravé en lettres d'or… (p. 16)
>
> Hippocrate & Galien entre les signes du flux de sang critique, mettent ces visions faulses… (p. 31)
>
> Le Prince des Arabes Avicenne nous advertit que la façon de vivre estant mesprisée, peut corrompre la meilleure habitude du monde… (p. 51)

Les allusions à la tradition érudite prennent même volontiers une pose d'incertitude où l'on soupçonnerait l'intention de jouer au dilettante pour séduire un public (espéré) de gentilshommes et d'honnêtes gens :

> Il me semble avoir autresfois leu dans Aretée qu'aux maladies inveterées, & qui ont prins quelque habitude, la façon de vivre sert plus que tout ce qu'on pourroit tirer des plus precieuses boëttes de l'apothicaire. (p. 51)

4. Cette séparation par alinéas est utilisée dans les éditions de 1594 et de 1597, preuve que l'imprimeur de Du Laurens avait adopté cette nouveauté graphique permettant une mise en page plus claire des idées et du propos.

On peut en dire autant des références marginales. Les « manchettes » des textes médicaux contenaient d'habitude des renvois aux autorités citées sous des formes raccourcies qui les font ressembler à des formules alchimiques ou magiques : ainsi, en marge d'une édition humaniste du *Canon* d'Avicenne, cette suite de lettres et de chiffres sibylline pour le profane : « gal.3.loc.affect.c.17.18.g ; aeti.li.1.ser.1.c.11 ; hipp.aph.23.lib.6 ; Hippoc. sub.simen.sect.7.& post.libr.6.Epid… » [5]. Par quoi le texte des traités savants s'ouvrait à la communauté de ses semblables, invitant le lecteur érudit seul capable de décrypter ce grimoire à une pérégrination supplémentaire dans la bibliothèque des savoirs clos à l'amateur. Au contraire, dans les *Discours* de Du Laurens, les marges n'ont plus cette fonction de marqueurs de l'érudition. Sous la forme de pastilles aphoristiques, elles participent à une meilleure structuration de l'argumentation : « la couleur n'est point cause de la peur; Averhoës se moque de Galien; d'où vient l'excellence de l'homme; il y a quatre humeurs dans notre corps ». À travers tout le texte, on ne peut trouver une seule manchette produisant des références précises. C'est l'élégance de l'ellipse bien apprise, contrebalançant de sa discrétion les épanchements d'une verve modérée sur les sujets qui autorisent un peu plus de couleur, de vigueur ou de rondeur.

Les ravissantes mais indigestes redondances des in-folios humanistes, qui proposent une lecture morcelée, faite d'adages que l'on sélectionne ici et là, n'ont pas droit de cité dans ce discours. Du Laurens préfère camoufler son savoir derrière une écriture plus laïcisée, moins assignée à un genre et à un type de lecteur identifiables par ces références allusives qui font office de signes de ralliement. Peut-être n'est-il pas trop hardi de lire ici les prémices de l'*ethos* qui va prévaloir peu à peu et marquer le nouvel esprit scientifique correspondant à l'âge classique. Un esprit tourné vers l'avenir, qui ne se réfère au passé que pour en critiquer les erreurs, non pour s'appuyer de son autorité, encore moins pour chercher à concilier entre elles les leçons divergentes et contradictoires qui entament cette autorité. La brièveté constitue le résultat naturel de cette exemption et de ces mépris : on postule, on démontre, volontiers on confronte, mais on ne remonte plus guère l'échelle des temps et des savoirs empilés sur les rayons de la bibliothèque universelle. D'un autre côté, force est de constater que la somme ne constitue pas la seule modalité de délivrance du savoir, le seul mode rhétorique de la science antérieure. Depuis des lustres, les sommes étaient complétées et concurrencées par des digestes : la médecine byzantine en particulier s'était fait à la fin de l'Antiquité une spécialité de ce genre, canalisant et fluidifiant ainsi l'immense flot de la science gréco-latine dont aucun esprit humain ne pouvait plus assumer ni dominer l'héritage prodigieux.

5. Nous reprenons des manchettes d'une impression du XVIe siècle de la traduction en latin du *Canon* d'Avicenne (*Liber canonis*, trad. Gérard de Crémone, Venise, Giunta, 1555). Si les manchettes étaient souvent à la charge de l'éditeur, à cause de leur fonction pour partie « publicitaire », il n'est pas moins vrai que leur contenu et leur emplacement étaient déterminés en accord avec l'auteur. Leur précision en témoigne.

À l'envisager dans cette optique, on pourrait bien considérer que l'ouvrage de notre professeur montpelliérain s'inscrit benoîtement dans la tradition des résumés pratiques qu'étaient les épitomés humanistes, en même temps pourtant qu'il s'ouvre et s'oriente vers l'âge de la raison cartésienne et de la géométrie pascalienne, de l'exposé novateur – par sa forme en tout cas, puisque son contenu reste attaché tout entier à cette rétrospection dont le nom même de renaissance et son équivalent savant, celui de *translatio studii*, nous rappellent le caractère impérieux pour les savants de l'époque humaniste. En revanche, il n'est pas impossible que le souci de se faire entendre par d'autres élites que celles du savoir (on n'ose employer ici le terme de « vulgarisation » qui, comme celui de « profanation », pèche à traduire cela, l'un par son étymologie, l'autre par son acception), il n'est pas impossible que ce souci, qui sera partagé par les penseurs du XVIIe siècle, par un Descartes auteur du *Discours de la méthode* en français, par un Pascal soucieux de mettre le débat théologique à portée du public mondain dans ses *Provinciales*, ait conduit Du Laurens à devancer certaines de leurs intuitions et de leurs manières de faire.

Genres de l'écriture de divulgation : discours et traité

Un indice pour cette intuition est à rechercher dans l'intitulé même de l'ouvrage. Du Laurens avec d'autres médecins contemporains appellent leurs textes sur la mélancolie des *discours*. Jourdain Guibelet, par exemple, donnait en 1603 son propre *Discours philosophique de l'humeur noire*. Peut-on voir dans le discours un genre de prédilection du médecin vulgarisateur ?

Car on peut justement se demander si la communauté d'intitulé générique entre un Du Laurens et un Guibelet tient seulement au hasard d'appellations plus ou moins interchangeables et non pertinentes de l'époque. Notons que le *discursus* appelle par étymologie l'idée d'un parcours exhaustif (« l'action de parcourir en tous les sens ») et par usage celle d'un entretien oral, d'un propos tenu par une voix qui s'adresse, qui confère, qui interpelle et suscite un auditeur, un auditoire. Double effet dynamique : par rapport à sa matière, qu'il parcourt, par rapport à son destinataire, qu'il entretient.

Rappelons que chez Du Laurens, le *Discours des maladies mélancoliques* était entouré de trois autres, tous composées comme des « ordonnances » de santé pour la duchesse d'Uzès au soir de sa vie. C'était là la justification produite pour leur rapprochement dans le même volume. Leur assemblage était conjoncturel, appelé par des circonstances sociales et par une conjonction de maux illustrant en tableau synchronique les méfaits de la vieillesse, la fatalité du temps, le combat de la médecine contre les désordres de la vie finissante, la vertu thérapeutique de la connaissance opposée au désespoir de la souffrance, le remède de la parole opposé au cri du corps déchiré : optimisme mesuré bien digne d'un contemporain de Montaigne.

En revanche, le livre de Guibelet est formé de parties qui se succèdent selon un projet d'ensemble qui a, lui aussi, sa propre cohérence. Les deux discours précédents (*De la comparaison de l'homme avec le monde; Du principe de la génération de l'homme*) peuvent être vus comme une grande introduction préparant l'arrivée de la mélancolie. Dissertations à l'origine indépendantes, que Guibelet a pu composer indépendamment les unes des autres? Vestiges peut-être d'exercices d'étudiants, sans destinataires précis? En tout cas, les trois discours de Guibelet désormais associés composent une peinture en trois panneaux, partant de l'image emblématique de l'homme microcosme, pour opposer ensuite le miracle de la naissance et les méfaits de la maladie. La mélancolie arrive ainsi comme la partie crépusculaire d'un triptyque qui offre un rapide parcours de « l'humaine condition ». Si la tradition est toujours respectée, dans la mesure où chaque partie est présentée comme une unité distincte et indépendante (que l'auteur offre à des dédicataires distincts), nous sommes néanmoins très loin des recueils protéiformes de la Renaissance qui réunissaient sans aucun lien logique des développements sur des sujets tout à fait incompatibles. Comme celui de Du Laurens, le livre de Guibelet n'est pas une collation de lieux communs, ni un recueil de scholies d'Université.

Opposons maintenant au discours le genre du traité. Le traité, lui, traite – et c'est tout : il se concentre sur un sujet qu'il développe. Les deux discours, au contraire, s'adressent diversement à leur(s) lecteur(s), celui de Du Laurens à une dame âgée, celui de Guibelet à un public sollicité, pour parcourir le canon de la médecine sur le sujet proposé, en une langue qui n'est plus le latin et en usant d'un vocabulaire allégé.

Tirant donc de leur caractère de discours une dimension d'oralité, un caractère oratoire, les deux ouvrages tiennent de l'entretien didactique, presque du cours de Faculté, mis à la portée d'un auditeur de bonne foi, avec l'intention de se mettre à sa portée, de l'engager dans un cheminement, d'éclairer son esprit éveillé à la curiosité du sujet replacé dans son contexte, présenté à travers ses enjeux.

L'optique que suppose le choix du genre intitulé « traité » diffère-t-elle de celle-ci? En tout cas, le vocable ne suppose pas l'adresse à un auditeur que sous-entend le discours : il replie sur l'émetteur l'intérêt et la fin du projet. Traiter une matière, c'est en composer l'exposition selon les lois internes au savoir, à l'objet dont on traite, et au registre savant dans lequel on en traite. Le discours est plus prospectif, ouvert et dynamique; le traité est objectif, dogmatique, stable. Le discours est propulsé vers un auditoire pour lequel il est composé et donc auquel on peut penser qu'il est adapté; le traité est impulsé par la seule dynamique interne de son objet, il édicte une thèse dans son « être-là ».

Et de fait, des auteurs comme Du Laurens ou Guibelet interpellent leur lecteur pour lui transmettre des connaissances acquises qu'ils mettent à sa portée, à la faveur d'un parcours original, choisi, adapté à des intentions didactiques. Les discours de ces deux médecins de la fin de l'Humanisme récitent de façon renouvelée, appropriée, transposée, une matière ancienne et depuis toujours accumulée, qu'ils filtrent, canalisent, stylisent et organisent en un parcours plus aisé (dis-cursif) et mieux fondé en logique. Le médecin illustre, allègue, cite et convoque des autorités et des fables pour intriguer, retenir, distraire son lecteur ; Du Laurens ou Guibelet citent ou récitent ces exemples et ces fables plus discrètement, plus sobrement, à seule fin de mieux illustrer un savoir inchangé, de mieux le faire comprendre, mais en évitant surtout de dévier le *cours* de leur dis-*cours* dont la finalité est de fluidifier, de canaliser une science trop lourde, trop riche, pour mieux la mener à son but d'information. En ce sens, on pourrait dire que le discours, s'il ne constitue à proprement parler la forme savante de la fable pour le traité médical, en enveloppe la possibilité et en dicte le mode d'intervention et de développement dans le cadre des finalités à la fois persuasives, illustratives, chaleureuses en quelque sorte, qui distinguent le discours du traité. Le traité peut enregistrer des exemples, en les traitant de manière prioritairement allusive et auctoriale. Leur fonction est probatoire, leur effet tautologique : la probation est celle de la valeur du propos et de celui qui le tient, fondée sur leur connaissance de la tradition savante. Ces mêmes exemples, comme nous le montrerons par la suite, le discours les met en scène, les glose, les substitue même aux développements théoriques abstraits ou lassants. Dans un discours, la fonction de l'exemple est didactique et substitutive, fondée sur la connaissance des réactions du public et regardant à ses réactions, en anticipant sa conviction, au lieu de se tourner vers l'auteur pour affirmer sa compétence et insérer son propos dans la tradition savante dont il veut devenir le dernier maillon.

La médecinc pittoresque

Il y a dans le savoir médico-moral accumulé autour de l'humeur noire et de la pathologie mélancolique assez de matière pour amuser, pour divertir, pour donner à songer. À l'origine instruments d'une rhétorique de la persuasion et de l'exemplarité, ces images, ces récits, ces anecdotes entrent en tension à la fois avec la rigueur de l'écriture savante et avec le *pathos* d'une évocation des souffrances et des maladies. Ils infléchissent le canon dogmatique et empesé des maîtres sourcilleux de la Faculté du côté de la fable, de l'insolite, de l'imaginaire presque ; et le médecin se révèle (peut-être s'y découvre-t-il ?) héritier et créateur d'images culturelles qu'il doit à son tour modeler pour en faire des objets de délectation esthétique. Pour partie, c'est la libération d'un penchant qui consiste, peut-être sous l'influence de la tradition des histoires prodigieuses et tragiques, à raconter des fables, à accumuler des preuves illustrées, à colorer de pittoresque le tableau théorique : le mélancolique y est saisi dans une perspective à la fois pathétique et dérisoire, qui appelle l'effet de style. D'autant qu'à l'occasion (nouvelle) d'une rédaction en français, un modèle nouveau de style médical s'y trouve élaboré, où il entre du récit, du suspens, de l'effet, de l'émotion.

Les fables de la mélancolie : « Pour donner du plaisir au lecteur »

C'est ainsi que Du Laurens justifie son chapitre dédié aux fables des mélancoliques en proie à des hallucinations. Après le difficile exposé sur la définition et la symptomatologie contenu dans les chapitres précédents [6], Du Laurens prend congé du jargon médical et passe à plus étrange matière, à plus pittoresque manière. Il ménage à son lecteur bénévole une sorte d'intermède narratif [7] :

> J'ay assez amplement descrit tous les accidens qui accompagnent les vrais melancholiques, & ay recerché les causes de toutes ces varietez : il faut maintenant qu'en ce chapitre, pour donner du plaisir au lecteur, je propose quelques exemples de ceux qui ont eu des plus bizarres & foles imaginations. (p. 45)

L'hallucination représentait l'un des plus graves symptômes de la mélancolie. La corruption de la puissance imaginative du cerveau génère ces « visions faulses » (p. 31) qui plongent le mélancolique dans un monde irréel peuplé de monstres, et le transforment lui-même, le plus souvent, en quelque créature invraisemblable. Nous sommes à l'âge des prodiges de la nature, des licornes, ou des songes drolatiques de Pantagruel [8]. La

6. Voir *supra*, p. L.
7. La littérature médicale consacrée aux descriptions des malades au Moyen Âge et à la Renaissance a été au centre de plusieurs travaux récents d'histoire des sciences. Les travaux de Nancy Siraisi, de Gianna Pomata ou de Chiara Crisciani sont essentiels dans l'identification, la description et l'interprétation de cette narrativité médicale. Il est question de savoir comment le médecin de la Renaissance se place par rapport à son malade, comment il entend transmettre par écrit son expérience de « clinicien » avant la lettre. Voir à ce sujet Nancy Siraisi, Gianna Pomata (éd.), *Historia* : *Empiricism and Erudition in Early Modern Europe*, Cambridge Mass, MIT Press, 2005. En rapport avec notre sujet, on lira notamment les contributions de Gianna Pomata (p. 105-146), Ann Blair (p. 269-296) et Chiara Crisciani (p. 297-324) ; se rapporter également à la bibliographie, p. 399-472. Voir également Katharine Park, Lorraine Daston (éd.), *The Cambridge History of Science*, tome III : *Early Modern Science*, Cambridge, Cambridge University Press, 2006, notamment I. 4 « The Meaning of Experience » (Peter Dear), p. 108-131 et I. 5 « Proof and Persuasion » (R.W. Serjeantson), p. 132-175. Sur la question de l'accès du médecin à la réalité et à l'observation de la maladie, on lira le dernier ouvrage de Stuart Clark, *Vanities of the eye : Vision in Early Modern European Culture*, Oxford, Oxford University Press, 2007, chap. IIe notamment, p. 39-77.
8. L'existence de la licorne est toutefois remise en cause par Ambroise Paré dans son *Discours de la mumie, des venins, de la licorne et de la peste*, Paris, G. Buon, 1582. Voir également *Vingt cinquième livre traitant des monstres et prodiges*, *Œuvres*, Paris, G. Buon, 1585, éd. p. p. Jean Céard sous le titre *Des Monstres et prodiges*, Genève, Droz, 1971. Voir J. Céard, *La Nature et les prodiges : la nature et l'insolite au XVIe siècle en France*, Genève, Droz, 1977, 2e édition,

puissance de l'imagination peut être si brutale qu'elle produit une métamorphose corporelle, *fortis imaginatio generat casum*[9] :

> A ce propos quelques uns escrivent d'un nommé Cypus qui fut Roy, lequel ayant par grande attention, veu combattre deux taureaux, il se mit un jour à dormir, ayant ceste imagination au devant, mais au resveil il se trouva des cornes de taureau, qui lui estoyent venues en la teste. Si cela est vrai, il doit proceder de ce, qu'estant la vegetative aidée & poussée de l'imagination, elle porta en la teste les humeurs propres à engendrer cornes, & les produisit.[10]

Chez le mélancolique, toutefois, il semblerait que l'humeur noire se contente de pervertir le cerveau dans sa « température » et non dans sa « conformation » : entendons que le mal lèse le fonctionnement psychologique de l'organe et non sa physiologie.

Une série de quinze anecdotes médicales ayant pour acteurs des mélancoliques délirants vient donc changer le ton de l'ouvrage. Le mélancolique voit ce qui n'existe pas, il croit ne pas avoir de tête, il s'estime être tantôt de brique tantôt de beurre… Celui qui pensait être de beurre et n'approchait du feu de peur de fondre voisine avec celui qui refuse d'uriner par peur d'inonder la ville. Ils sont tous mélancoliques, tous risibles.

Dans ces conditions, le médecin devra être rusé, on lui demandera de mettre en scène la maladie. Car la mélancolie peut être extirpée du corps par une purgation de l'imagination[11] :

> Trallian escrit avoit veu une femme qui pensoit avoir devoré un serpent, il la guarit en la faisant vomir, & jettant quant & quant un serpent qu'il tenoit tout prest, dans le bassin. J'ay leu qu'un jeune escholier estant en son estude fut surprins d'une estrange imagination, il se mit en fantasie que son nez estoit tellement grossi & allongé qu'il n'osoit bouger d'une place, de peur qu'il ne heurtast en quelque lieu : tant plus on le pensoit dissuader, tant plus il s'opiniastroit. En fin le Medecin ayant pris un grand morceau de chair & le tenant caché, l'asseura qu'il le guariroit sur le champ, & qu'il luy fallait

Genève, Droz, 1996; Michel Jeanneret, *Perpetuum mobile : métamorphoses des corps et des oeuvres de Vinci à Montaigne*, Paris, Macula, 1997; [François Rabelais], *Les Songes drolatiques de Pantagruel*, introd. M. Jeanneret, La Chaux-de-Fonds, Ed. Vwa, 1989, reprise Droz, « Titre courant », n° 33, 2005.

9. Montaigne, *Essais*, I, 21 « De la force de l'imagination ». D'après Ambroise Paré (*Des Monstres et prodiges*, éd. J. Céard, p. 35), l'imagination est l'une des causes de la naissance des monstres. Pour le pouvoir créateur de l'imagination qui engendre des monstres, voir M. Jeanneret, *Introduction* aux *Songes drolatiques de Pantagruel*, p. VIII et suiv, et n. 21.
10. Pierre Messie, *Les Diverses leçons*, II, 7, « Que l'imagination est une des principales puissances interieures, prouvée par vrais exemples & notables histoires », trad. par Claude Gruget, corrections et compléments par Antoine Du Verdier, Lyon, B. Honorat, 1584, p. 202-203. L'anecdote est reprise par Montaigne, *Essais*, I, 21.
11. Pour des rapprochements entre purgation médicale et catharsis théâtrale, voir P. Dandrey, *Les Tréteaux de Saturne*, p. 191-195.

> oster ce grand nez : & soudain pressant un peu son nez, & coupant ceste chair qu'il avoit, luy fit croire que ce gros nez estoit couppé. (p. 46)

Produit d'une imagination perturbée, le serpent ne peut être expulsé que par une mise en scène ingénieuse. Nous sommes ici devant une anecdote qui conjugue, avant la naissance de la psychologie, deux types de purgation de la *physis* et de la *psyché.* On sait que dans la logique curative de l'ancienne médecine, la purge avait pour rôle de susciter l'élimination sélective et soudaine d'une pléthore humorale. Le médecin mélancologue se fait prestidigitateur et le cadavre du serpent imaginaire sert d'objet et de moteur à une catharsis par métaphore, une purge de l'âme libérée de ses fantômes. Si le dramaturge use de la catharsis pour extirper, par un choc émotionnel, les passions superflues de la *psyché,* le médecin met en place une stratégie non moins théâtrale, pour mettre fin à un dysfonctionnement psycho-pathologique. Bref, la purgation physique (« il la guarit en la faisant vomir ») s'accompagne d'une catharsis « psychologique ». Le serpent dans le bassin est la matérialisation de l'hallucination, c'est le cadavre d'une imagination accoucheuse de monstres.

Souvent, les narrations revêtent un tour burlesque car les meilleures recettes colligées par la fable mélancolique contiennent des ingrédients comiques de ce genre. La narration ne risque pas de perturber le lecteur; au contraire, elle lui procure une thérapie par la dérision, par le rire. Le rire est thérapeutique, dans le sens où il échauffe le corps et pousse au-dehors les excréments qui pourraient provoquer la misanthropie. Plus besoin de pilules, de juleps ou de clystères préparés à partir d'ellébore, de catholicon ou de pierres précieuses. C'est sur ce terrain que la science médicale, si féconde en expédients thérapeutiques les plus variés, rejoint les territoires de la fable : un bon récit, introduit bien à propos, a le même effet curatif qu'une infusion d'ellébore et de rhubarbe préparée dans l'officine d'un apothicaire. Après avoir mis le monde sur les épaules d'un Atlas mélancolique, une fois le nez raccourci à la bonne mesure, Du Laurens s'attarde longuement sur un cas d'actualité [12]. C'est l'histoire d'un gentilhomme de Sienne qui souffrait d'une inhibition toute particulière :

> La plus plaisante resverie que j'aye jamais leu est d'un gentilhomme Sienois qui s'estoit resolu de ne pisser point & de mourir plustot, pource qu'il s'estoit imaginé qu'aussi tost qu'il pisseroit toute sa ville seroit inondée. Les Medecins lui representans que tout son corps & cent mille comme le sien n'estoient capables de noyer la moindre maison de la ville, ne le pouvoient divertir de ceste folle imagination. En fin voians son opiniastreté & le danger de sa vie trouvent une plaisante invention. Ils font mettre le feu à la plus proche maison, font sonner toutes les cloches de la ville, attirent plusieurs valets qui crient au feu, au feu, & envoient les plus apparens de

12. Ce récit n'est inséré qu'à partir de la deuxième édition du *Discours des maladies mélancoliques,* parue en 1597.

> la ville qui demandent secours, & remonstrent au gentilhomme qu'il n'y a qu'un moyen de sauver sa ville, qu'il faut que promptement il pisse pour estaindre le feu. Lors ce pauvre melancholique qui se retenoit de pisser de peur de perdre sa ville, la croiant en ce peril[,] pissa & vuida tout ce qu'il avoit dans sa vescie, & fut par ce moyen saulvé. (p. 48-49)

La référence à Gargantua est évidente dans cette anecdote que Du Laurens puise à nouveau dans le livre de Marcello Donati [13]. Arrivé devant Notre Dame, pris d'une soudaine nécessité physiologique, le héros de Rabelais trouvait le moyen insolite que l'on sait pour remercier les Parisiens venus le voir :

> Lors en soubryant destacha sa belle braguette : & tyrant sa mentule en l'air, les compissa sy aigrement, qu'il en noya deux cens soixante mille, quatre cens dix & huyt. Sans les femmes & petitz enfans. Quelque nombre d'yceulx evada ce pissefort à legiereté des pieds. [14]

Parce que le gentilhomme italien craignait précisément ce qui avait fait le bonheur de Gargantua, les doctes médecins (un seul docteur ne suffit plus, déjà s'annonce le quatuor de médecins érudits venus se prononcer au chevet de Lucinde dans *l'Amour médecin* de Molière) auront à orchestrer une mise en scène audacieuse et téméraire. Alors que le serpent avait suffi pour ramener la malade à la santé, il faut maintenant mettre le feu à une maison pour que le patient soit mis hors de danger.

D'une tout autre facture est le récit qui met en scène Faustine, l'impératrice amoureuse d'un gladiateur. Dans l'exposition de la mélancolie érotique, après avoir décrit les médications habituelles pour cette maladie (les distractions : les promenades, le changement d'air, mais aussi les purgations et l'administration d'opiats, ou de potions au lait de chèvre), Du Laurens choisit de fermer son chapitre par une suite d'anecdotes qui proposent des médications inhabituelles, non conformes et non approuvées par la morale chrétienne :

> Il y a certains remedes, que les anciens ont proposé pour guarir ceste passion erotique, mais ils sont diaboliques, & les Chrestiens n'en doivent user : Ils font boire du sang de celuy ou de celle qui a causé le mal, & asseurent que la passion est tout incontinent amortie. (p. 83)

Le fragment suivant a pu être emprunté par Du Laurens aux conteurs d'histoires prodigieuses, Pierre Boaistuau et Pierre Messie [15]. Ces sources

13. Marcello Donati, *De medica historia mirabili*, p. 34^{v}.
14. Rabelais, *Gargantua*, chap. XVII, dans *Œuvres complètes*, éd. M. Huchon, Paris, Gallimard, 1994, p. 48.
15. Voir Pierre Boaistuau, *Le Théâtre du monde*, p. 218-219, 307 (n. 420-421) ; cf. avec l'*Histoire Auguste*, éd. et trad. A. Chastagnol, Paris, Robert Laffont, 1994.

secondaires justifient, en partie, l'enthousiasme de notre médecin pour la narration :

> J'ay leu dans Jule Capitolin, que Faustine femme de Marc Aurele, fut tellement esprise de l'amour d'un jeune gladiateur, qu'elle s'en alloit mourant ; Marc Aurele recognoissant sa passion, fit assembler tous les Chaldéens, Magiciens & Philosophes du païs, pour avoir un remede prompt & asseuré pour ceste maladie ; ils luy conseillerent en fin de faire tuer secrettement l'escrimeur, de faire boire à sa femme de ce sang, & de coucher le soir mesme avec elle. Cela fut executé, l'ardeur de Faustine fut estainte, mais de cest embrassement fut engendré Antonin Commode, qui fut un des plus sanguinaires & cruels Empereurs de Rome, qui ressembloit plus au gladiateur qu'à son pere, & ne bougeoit jamais d'avec les escrimeurs. Voila comme Satan use tousjours de ses malicieuses ruses, & comme une infinité d'imposteurs & affronteurs vont abusant le monde. (p. 83-84)

Le réservoir de fantasmes délirants atteint ici des proportions inattendues pour un texte de facture médicale. L'érotisme, la violence, la mort, les jeux, le pouvoir morbide s'accumulent dangereusement en ces quelques phrases pourvues d'une violence verbale saisissante. Une fois le mal découvert, la narration se précipite ; l'agitation au palais est grande : l'empereur-philosophe oublie la morale stoïcienne et s'empresse de faire appel aux sciences occultes. Les structures verbales imposent un rythme saccadé : « ils luy conseillerent en fin [:]/ de faire tuer secrettement l'escrimeur,/ de faire boire à sa femme de ce sang,/ & de coucher le soir mesme avec elle. » Traduite en langage médical, cette prose rythmée fournit une recette de guérison en trois mouvements : annihilation de la cause prochaine (meurtre du gladiateur), inoculation du sang, et fornication à but thérapeutique…

Cette recette inattendue vient contredire en fait la théorie médicale exposée auparavant par Du Laurens. Ce type de médication violente, écœurante et précipitée, rejoint les idées de la secte médicale des Empiriques, vertement critiquée par Galien pour avoir mis en avant des remèdes trop brutaux [16]. Si le principe de la recette saugrenue est rejeté par Du Laurens, défenseur de Galien et attentif à ménager les susceptibilités de l'Église, sa production est l'indice d'un désir de complaire à un public friand de ces

16. Les « Empiriques » prônaient une thérapeutique fondée sur l'observation et sur la prise de décisions rapides et brutales. Comme les « Méthodiques » et les « Dogmatiques », ils s'étaient attiré les foudres de Galien qui démonte leur philosophie médicale dans son livre *De la Méthode thérapeutique, à Glaucon.* Cette réprobation se poursuivit jusque chez les médecins de la Renaissance qui ne se lassent pas de critiquer Empiriques et Méthodiques suivant la logique de Galien. Sur l'évolution de ces sectes médicales et leur représentation chez Galien, on lira notamment « Le débat des écoles médicales sur la médecine et le savoir médical », p. 32-55 de l'introduction de P. Pellegrin à Galien, *Traités philosophiques et logiques*, trad. par C. Dalimier, J.-P. Levet, P. Pellegrin, Paris, Flammarion, 1988 et l'introduction de M. Frede dans Galien, *Three Treatises on the Nature of Science. On the Sect of Beginners, An Outline of Empiricism, On Medical Experience*, trad. par R. Walzer et M. Frede, Indianapolis, Hackett, 1985, p. 20-22.

horreurs dans une Europe déchirée par les guerres de religion. Une telle concentration de détails sulfureux et macabres n'appartient pas de droit au registre ordinaire du discours médical et rejoint l'esprit des histoires tragiques de Camus ou Rosset... Certes ces anecdotes de Du Laurens sont topiques et de seconde main. Notre médecin n'est ni le premier ni le dernier à les narrer dans une longue tradition « conteuse » qui remonte à Rufus d'Éphèse et Galien, mais du moins est-il parmi les tout premiers à les écrire en français et à les aligner ainsi aux côtés des essais virtuoses réalisés alors par les deviseurs joyeux ou bouffons de la verve conteuse à la française : ils sont frères des héros de Bonaventure des Périers et de Tabourot des Accords, les curieux originaux que sculpte dans la matière vernaculaire un ciseau qui s'entendait jusqu'alors à les élaborer en latin.

Maladie d'amour et inspiration poétique

Un autre aspect aimablement séduisant et joyeusement moqueur, c'est l'emprunt fait au modèle pétrarquisant par notre médecin décidemment en verve pour décrire les délires du mélancolique amoureux. Du Laurens se sert à cet effet d'un chapelet de citations camouflées qu'il emprunte, pour la plupart, à Ronsard, lui-même redevable, comme on le sait, à la veine poétique ultramontaine :

> Il y a une autre façon de melancholie amoureuse qui est bien plus plaisante, quand l'imagination est tellement depravée, que le melancholique pense tousjours voir ce qu'il ayme, il court tousjours après, il baise ceste idole en l'air, la caresse comme si elle y estoit : & ce qui est estrange, encores que le subject qu'il ayme soit laid, il se le represente comme le plus beau du monde : il est tousjours après à descrire la perfection de ceste beauté, il luy semble voir des cheveux longs & dorez, mignonement frisez, & entortillez en mille crespillons, un front vouté, ressemblant au ciel esclaircy, blanc & poly comme albastre, deux astres bien clairs à fleur de teste, & assez fendus, qui dardent avec une douceur mille rayons amoureux, qui sont autant de fleches, les sourcils d'hebene, petits & en forme d'arc, les joües blanches & vermeilles comme lis pourprez de roses, monstrans aux costez une double fossette, la bouche de corail, dans laquelle se voyent deux rangees de petites perles Orientales, blanches, & bien unies, d'où sort une vapeur plus suave que l'ambre & le musc, plus fleurante que toutes les odeurs du Liban : le menton rondement fosselu, le teint uny, delié, & poly comme du satin blanc, le col de laict, la gorge de neige, & dans le sein tout plein d'œillets, deux petites pommes d'albastre rondelettes, qui s'enflent par petites secousses, & s'abbaissent tout quant & quant, represantans le flux & reflux de la mer, au milieu desquelles on voit deux boutons verdelets & incarnadins, & entre ce mont jumelet une large valee : la peau de tout le corps comme jaspe ou porphyre, à travers de laquelle paroissent les petites veines : Bref ce pauvre melancholique s'en va tousjours imaginant les trente six beautez qui sont requises à la perfection, & la grace qui est par dessus tout, resve tousjours à cet object, court après son ombre, & n'est jamais en repos. (p. 78-79)

Il est bien connu dans la médecine du temps que la mélancolie érotique engendre un dysfonctionnement de l'imagination du malade qui se forge une image plaisamment hallucinée de sa bien-aimée. Selon sa méthode habituelle, Du Laurens amorce le texte par une formule générale qui intègre l'épisode narratif dans la construction argumentative du chapitre : « Il y a une autre façon de melancholie amoureuse qui est bien plus plaisante, quand l'imagination est tellement depravée... » (p. 78) Mais l'intrusion de l'image de dépravation au sens d'hallucination, de délire pathologique, fait basculer la focalisation du texte : « le melancholique pense tousjours voir ce qu'il ayme, il court tousjours après, il baise ceste idole en l'air, la caresse comme si elle y estoit » (p. 78). À l'aide de verbes d'action (« courir », « baiser », « caresser »), le médecin orateur crée une illusion comique mimant l'expansion du désir qui se développera en une suite de métaphores poétiques. Le régime discursif permet ainsi de donner corps et image aux désirs du malade par une évocation tissée de ces allusions pétrarquisantes alors tellement à la mode parmi les poètes [17].

Connaissant son lecteur, Du Laurens entre en connivence avec lui à la faveur de cette référence partagée. Pour décrire le dysfonctionnement hallucinatoire du fou par amour, le passage cité procède à un assemblage de citations poétiques empruntées à Ronsard :

> Une vertu de telle beauté digne,
> Un col de neige, une gorge de lait,
> Un cœur jà mûr en un sein verdelet,
> En Dame humaine une beauté divine; [18]
> [...]
> Ces liens d'or, cette bouche vermeille,
> Pleine de lis, de roses et d'oeillets,
> Et ces coraux chastement vermeillets,
> Et cette joue à l'Aurore pareille;

17. Lorsque ces descriptions sont mises en relation avec l'imagination dépravée du malade qui voit une femme idéale alors qu'il se trouve devant une « mégère » laide et repoussante, elles recoupent l'attitude anti-pétrarquiste fort à la mode au XVIe siècle. En témoigne le poème de Joachim Du Bellay, *Contre les Pétrarquistes*. Pour une analyse de la tradition du contre-blason revisitée par Du Bellay, voir J. Vianey, *Le Pétrarquisme en France au XVIe siècle*, Paris, 1909 (facsimilé Genève, Slatkine, 1969), p. 165-168 et J.G. Fucilla, « Sources of Du Bellay's "Contre les Pétrarquistes" », *Modern Philology*, 28, (1930-1931), p. 1-11. En général, sur l'influence de Pétrarque en France, on consultera J. Balsamo (éd.), *Les Poètes français de la Renaissance et Pétrarque*, envoi de J. P. Barbier-Mueller, avant-propos de M. Jeanneret, Genève, Droz, 2004. On trouvera ensuite des développements dans P. Blanc (éd.), *Dynamique d'une expansion culturelle. Pétrarque en Europe XIVe-XXe siècle*, Paris, Champion, 2001 ; lire notamment la contribution de M. Guglielminetti, « L'Antipetrarquismo », p. 75-83.

18. Ronsard, *Les Amours de Cassandre* (1552), sonnet XVIII. Pour le rôle de la médecine mélancolique dans la poétique ronsardienne, nous renvoyons à l'ouvrage d'Olivier Pot, *Inspiration et mélancolie : l'épistémologie poétique dans les « Amours » de Ronsard*, Genève, Droz, 1990 ; voir p. 380 et suiv. pour l'influence de la théorie de la *fascinatio* ficinienne.

Ces mains, ce col, ce front, et cette oreille,
Et de ce sein les boutons verdelets,
Et de ces yeux les astres jumelets,
Qui font trembler les âmes de merveille,

Firent nicher Amour dedans mon sein,
Qui gros de germe avait le ventre plein
D'oeufs non formés qu'en notre sang il couve [...] [19]

Avant Du Laurens, Gabriel Chappuys, libre interprète de Mario Equicola, avait eu recours à des métaphores semblables pour créer – avec moins de grâce – ce type d'amplification stylistique :

> Il depeint elegamment leurs beautez, lesquelles nous dirons en brief & sommairement, non par gloire mais pour estre chose delectable. Les cheveux longs, espais, blonds, plaisans, esparpillez sur les blanches espaules, le front ouvert, & large, les sourcilz non avec long poil : mais unis & plains, très deliez, tournez en ronc, non beaucoup separez, & divisez, d'une raisonnable distance. Sous les sourcilz se monstrent non trop cachées au dedans, ny trop manifestes dehors, aussi avec deux divines lumieres, les yeux gays & rians, & larrons en leurs mouvements, clairs comme les Estoilles estincellantes, ny courts ny longs : au milieu desquelz, en ligne droite, descend le nés traictis & asilé, non Aquilin bien assis en son lieu, non chacun [*sic*], non enflé, non bas, mais de la mesure laquelle est resquise à un beau visage. [20]

On voit donc que l'art de Du Laurens consiste à sélectionner et à adapter ces sources poétiques de seconde main, afin qu'elles s'enchaînent harmonieusement dans une description achevée. Il n'est pas question chez lui d'intercaler l'exemple négatif et de risquer un mélange des deux champs sémantiques, comme fait Equicola (« les sourcilz non avec long poil : mais unis & plains [...], le nés traictis & asilé, non Aquilin bien assis en son lieu, non chacun, non enflé, non bas, mais de la mesure laquelle est resquise à un beau visage »). Ce serait mélanger la réalité avec le rêve, la beauté absolue avec les imperfections du quotidien. En ce sens, notre médecin préfère pactiser avec ces rêveries douces pour en tirer des effets stylistiques suggestifs.

Mû par les « phantasmes », le mélancolique se nourrit aux métaphores qui se superposent à la réalité comme un écran trompeur. La description est un instrument fallacieux et le poète, un joueur qui manipule les masques

19. *Ibid.*, sonnet VI. Ces deux sonnets s'inspirent eux-mêmes du *Canzoniere* de Pétrarque (sonnets CCXIII et CC), voir. n. 1, p. 1225 et n. 1 p. 1229 du tome I des *Œuvres complètes* de Ronsard, éd. par J. Céard, D. Ménager et M. Simonin, Paris, Gallimard, 1993. Bien d'autres poèmes pouraient être cités comme sources d'inspiration pour le médecin Du Laurens.
20. Traduction française de Mario Equicola, *Libro de natura de amore*, Venise, L. Lorio da Portes, 1525 par Gabriel Chappuys : *De la nature d'amour, tant humain que divin, et de toutes les differences d'iceluy*, Paris, J. Housé, 1584, 26^{r}-27^{r}.

du paraître. Ronsard avait opéré dans un poème qui portait sur la beauté de la création une modification révélatrice : « pour mieux decevoir les yeulx » avait été changé en « mieux rejouir les yeulx »[21]. Le mélancolique amoureux cherche partout la beauté, il désire la voir, la sentir, la toucher et se persuade de la posséder à force de la désirer[22] :

> [...] le pauvre amoureux ne se represente plus rien que son idole : toutes les actions du corps sont pareillement perverties, il devient palle, maigre, transi, sans appetit, ayant les yeux caves & enfoncez, & ne peut (comme dit le Poëte) voir la nuict, ny des yeux, ny de la poictrine : Tu le verras pleurant, sanglottant, & souspirant coup sur coup, & en une perpetuelle inquietude, fuyant toutes les compagnies, aymant la solitude pour entretenir ses pensées ; la crainte, le combat d'un costé, & le desespoir bien souvent de l'autre, il est (comme dit Plaute) là où il n'est pas, ores il est tout plein de flammes, & en un instant il se trouve plus froid que glace : Son cœur va tousjours tremblottant, il n'y a plus de mesure à son pouls, il est petit, inegal, frequent, & se change soudain, non seulement à la veüe, mais au seul nom de l'object qui le passionne. (p. 73)

Dès la première lecture on est frappé par le passage à la deuxième personne et l'adresse directe au lecteur : le tour latin à vocation indéfinie prend du fait de sa transposition en français la valeur dynamique et énergique d'une implication de son public par l'orateur qui semble emporté par le spectacle auquel renvoie son discours. C'est proprement le mécanisme de l'hypotypose. Il contraint l'imagination du lecteur à se représenter, à voir l'amoureux : « tu le verras pleurant, sanglotant, soupirant coup sur coup ». Des verbes au participe présent se succèdent en cascade, pour suggérer le mouvement circulaire et fantasmatique de la souffrance amoureuse. Le style de ce fragment suggère que l'auteur s'est consciemment approprié plusieurs procédés de l'écriture oratoire et poétique. L'accumulation métaphorique est orchestrée par la cadence ternaire des adjectifs (*pale, maigre, transi*; ou encore, *petit, inégal, fréquent*). De même, cette amplification qui s'appuie sur des assonances et des allitérations pour produire un effet de cadence culminant sur une clausule : « pleurant,/ sanglotant,/ & soupirant coup sur coup,/ & en une perpetuelle inquietude ». Le rythme semble calqué sur le drame du malade en

21. Citations exploitées par Michel Simonin, « Le statut de la description à la fin de la Renaissance », J. Lafond et A. Stegmann (éd.), *L'Automne de la Renaissance*, Paris, Vrin, 1981, p. 129-140 ; repris dans M. Simonin, *L'Encre et la lumière*, Genève, Droz, 2004, p. 170.

22. Souvent, une imagination corrompue et non satisfaite entraîne l'aggravation de la maladie et amène enfin la mort. Chez Du Laurens, c'est le cas du « jouvenceau » athénien, malheureux émule de Pygmalion : « Un noble juvenceau d'Athenes devint si amoureux d'une statuë de marbre merveilleusement bien elaborée, que l'aiant demandée au Senat pour l'acheter à quelque prix que ce fust, & le refus luy estant fait, avec deffense expresse d'en approcher, pource que ses folastres amours scandalisoient tout le peuple, vaincu de desespoir se tua. » (p. 77)

proie à son vertige. À ceci viennent s'ajouter le paradoxe et l'oxymore : « le mélancolique est là où il n'est pas » ; « il est tout plein de flammes & en un instant il se trouve plus froid que glace ». L'on est bien loin ici de l'écriture pondérée et pesante des traités médicaux ordinaires !

Dans le contexte littéraire et artistique du baroquisme fin de (seizième) siècle, l'on pourrait juger la charge bien légère et moins caricaturale que le tour de certains poètes d'alors qui se veulent rien moins qu'ironiques envers leur idéal esthétique. Mais encore faut-il replacer dans son contexte l'incongruité du motif et l'on sera peut-être alors autorisé à former l'hypothèse que notre médecin impavide, pour quelques lignes, nous amuse et s'amuse aux dépens du goût de son temps pour les amphigouris.

La mélancolie en français

Des études récentes se sont proposé de montrer le caractère européen de la mélancolie à la fin de la Renaissance. Des monographies de vulgarisation médicale consacrées en propre à la mélancolie (en latin ou en vernaculaire) paraissaient simultanément un peu partout en Europe, de Timothy Bright en Angleterrre (1586) jusqu'au delà des Alpes chez le mantouan Marcello Donati. Quant à l'allemand Malachias Geiger, il rédigera cinquante ans après Du Laurens un véritable *Microcosmus hypochondriacus* pour rendre compte des souffrances des mélancoliques.

Dans cette situation, la spécificité française, s'il y en a une, serait à chercher dans la confiance faite à la raison informée par le savoir pour vaincre la souffrance par la connaissance de ses causes et de ses effets. Ce n'est pas simplement une guerre ouverte à la mélancolie (dans laquelle Du Laurens serait le parfait porte-drapeau), comme l'avait supposé naguère Marc Fumaroli, qui caractérise l'attitude française face aux effets de la bile noire. Elle se définit plutôt par la tension dialectique entre une appréciation négative, fortement négative (la passion amoureuse est pour Du Laurens « la plus miserable des miserables, & telle que toutes les gehennes des plus ingenieux tyrans n'en surpasserent jamais la cruauté », p. 168[r]) et une aspiration à connaître, à comprendre, à éprouver la mélancolie pour l'exorciser. Vivre avec la mélancolie crée une sorte de nausée existentielle, de pessimisme maladif; mais dès que l'on connaît et comprend la source de son mal, le parti que l'on tire de cette lucidité offre une compensation par la profondeur de pensée, la prudence de conduite, la distance de réflexion qu'elle autorise.

Mieux connaître la maladie, c'est savoir non seulement comment l'éradiquer, mais comment exploiter sa richesse potentielle, retourner le mal en bien, le risque de stérilité en source de fécondité. Du Laurens suivait, sans doute, une tradition humaniste lorsqu'il dédiait son discours à une noble patiente souffrant de mélancolie, mais sa démarche aura contribué, un demi siècle plus tard, à la double exploitation du mal que va réveler l'écriture classique; d'un côté, l'affirmation de l'esprit de conquête, de maîtrise héroïque et lucide de soi, de type cornélien ou cartésien, célébrant la victoire du « généreux » sur sa désespérance, par la lucidité de sa maîtrise de soi (victoire sur le doute hyperbolique et lancinant par l'affirmation de soi, chez le sujet cartésien, victoire sur soi qui vous rend maître de l'univers, chez l'empereur clément); de l'autre côté, l'exploitation paradoxale des richesses d'un mal détourné plus que dominé, canalisé par la connaissance lucide de ses périls, chez un La Mothe le Vayer, un La Rochefoucauld.

Intentions et ambitions d'un projet de « vulgarisation »

Passionné par l'institution rhétorique de la persuasion, influencé par l'art de conférer de Montaigne, Pascal allait joindre la fluidité de la conversation – modèle d'une écriture de la désinvolture – à la précision géométrique [1]. La *sprezzatura* – métamorphosée en grâce par le Classicisme – module la science, en nivelle les aspérités techniques et la libère de ses contraintes doctrinaires. Entraîné par une rhétorique de la mondanité, le spécialiste, lorsqu'il s'exhibe devant son public, évite d'être prolixe et obscur; le souci bien compris d'une vulgarisation raisonnée l'invite à plaire et à enseigner en même temps. De la sorte, le vulgarisateur superpose à l'esprit de géométrie dicté par la science un « esprit de finesse » désiré par les milieux galants et élabore ainsi un art du naturel et du « toucher juste » [2] C'est en des termes similaires que Du Laurens justifie son choix de vulgariser le savoir médical : à ceux qui trouveront mauvais

> que j'aye divulgué les mysteres de nostre art [...] je leur respondray avec Aristote, *qu'un bien tant plus il est commun tant meilleur est-il,* & que les Medecins Grecs venoient une fois l'année escrire à la veuë de tout le peuple [...] tout ce qu'ils avoient observé de plus rare en leurs malades. (Au lecteur, p. 161. Nous soulignons)

1. Voir à ce sujet, Pascal, *L'Art de persuader. Précédé de L'Art de conférer de Montaigne,* préface de Marc Fumaroli, Paris, Rivages, 2001. Marc Fumaroli cite longuement le Chevalier de Méré qui raconte l'histoire de la « conversion mondaine » de Pascal. En pension chez le duc de Roannez, Pascal occupe son temps à désennuyer son illustre interlocuteur par des discussions sur les mathématiques. En même temps, il assiste et se mêle souvent aux conversations mondaines que le duc tenait avec son entourage d'honnêtes gens. Le jeune mathématicien manque d'instruction mondaine et ses propos divertissent ses interlocuteurs qui l'invitent à écouter et à apprendre l'art de la conversation. Pascal apprend vite et surprend le chevalier par sa toute nouvelle grâce mondaine. « Sorti de son atrophie de spécialiste, le mathématicien est entré dans la grande clairière où se retrouvent et où conversent avec plaisir les esprits éveillés à la science de l'humain, la seule qui égaye l'ennui des princes de l'esprit. La "période mondaine" de Pascal culmine dans cette "conversion" à l'esprit de finesse. » (Marc Fumaroli, préface citée, p. 35).
2. M. Fumaroli, préface citée, *passim.*

« Divulgateur », le mot pourrait à bon droit remplacer celui de vulgarisateur dont l'étymologie pose problème : c'est en divulgateur que Du Laurens s'essaie à la brièveté qui frappe juste et vite tout en concédant un rien d'aménité nécessaire à amuser et retenir l'attention du lecteur volage. C'est une première forme de cette divulgation mondaine que Pascal saura définir en ces termes :

> Rien n'est plus commun que les bonnes choses : il n'est question que de les discerner; et il est certain qu'elles sont toutes naturelles et à notre portée, et même connues de tout le monde. Mais on ne sait pas les distinguer. Ceci est universel. [...] Les meilleurs livres sont ceux que ceux qui les lisent croient qu'ils auraient pu faire. La nature, qui seule est bonne, est toute familière et commune. [3]

Le *Discours des maladies mélancoliques* est l'un de ces ouvrages que l'on pense pouvoir récrire, parce qu'on peut aisément le comprendre. La mélancolie s'y trouve exposée et démystifiée, mise à la portée de tout le monde.

Mais pas seulement. Car la forme, le ton, l'écriture, l'éthos de Du Laurens reflètent et contribuent à précipiter une évolution même de la conception, de l'évaluation, de la philosophie, pour ainsi dire, de la mélancolie dans le siècle qui va bientôt commencer. Elle a peu à peu cessé d'être une tournure d'esprit, une prédisposition astrale, une marque d'âme secrète et mystérieuse qui influencerait le génie du créateur, le génie créateur, comme les plus hauts temps de la Renaissance l'avaient pensé. Autour de 1600, on le pressent, la fascination pour le tempérament mélancolique touche à sa fin. Le type du mélancolique fragile mais génial, maladif mais exceptionnel, prédisposé au pire parce que voué au meilleur, cette conception tragique du génie mélancolique puisée dans la tradition aristotélicienne du *Problème* XXX,1 et revalorisée par l'interprétation ficinienne de Platon durant le *Quattrocento* italien, est désormais en voie de désuétude; le médecin, parce qu'il la débarrasse de sa traîne ésotérique et mystique, enlève à la mélancolie son halo de fascination. La réflexion médico-morale sur l'humeur noire cesse d'être astrologique, saturnienne, alchimique. Elle retrouve la voie d'une morale stoïcienne préservant le sage de la maladie, et même de cette folie trop longtemps privilégiée.

Cicéron nous avait mis en garde :

> [...] toute passion est un malheur, mais le chagrin (*ægritudo*) est un malheur qui vous ronge; le désir vous brûle, la joie exultante vous rend léger; la crainte vous abaisse; mais le chagrin a des effets plus forts; il vous consume, vous tourmente, vous abat, vous enlaidit; il déchire et ronge

3. Pascal, *L'Art de persuader*, p. 147.

> l'âme, il l'accable complètement. À moins de nous en débarrasser et de le repousser, nous ne pouvons manquer d'être dans le malheur.[4]

Le traité de Du Laurens participe à la mise en œuvre de cette médecine stoïcienne, une école de la démystification qui se montre impitoyable avec les passions superflues. « Nous serons guéris si nous le voulons »[5], avait écrit l'auteur des *Tusculanes.* En effet, le discours de Du Laurens ne fait aucune concession à l'humeur noire et délivre le génie créateur de l'hypothèque que faisait peser sur lui son origine enténébrée : on sait que le *Problème* XXX,1 attribué (faussement) à Aristote avait ouvert la voie à une association des hommes d'exception (*peritoi*) aux êtres affligés d'un tempérament atrabilaire (« Pour quelle raison tous ceux qui ont été des hommes d'exception [...] sont-ils manifestement mélancoliques? »[6]). L'âge classique n'entérinera guère ce rapprochement qui avait fait florès à la Renaissance : on ne pactise plus avec l'humeur noire, renvoyée à son statut délétère et pathogène[7]. La rhétorique efficace du *Discours des maladies mélancoliques* va dans cette direction. Du Laurens opère sur le plan du discours médical ce que Guillaume du Vair proposait pour l'orateur :

> Quand à l'élégance du stil, elle est, comme j'ay desja dit, d'autant plus admirable qu'elle contient une douceur et grace dont on ne cognoist point la cause ny l'artifice, qui reluit par toute l'oraison, comme le teint en un corps naturel, lequel suit la température et bonne constitution des humeurs dont il est composé.[8]

4. Cicéron, *Tusculanes,* III, 13 (*Les Stoïciens,* trad. Émile Bréhier, Paris, Gallimard, 1962, p. 305). Il s'agit ici d'une description du chagrin comme passion de l'âme, mais proche par sa symptomatologie de la maladie du corps.
5. *Ibid.*, III, 6 ; trad. citée, p. 299.
6. (Ps.) Aristote, *Problèmes,* XXX, 1, 953a (traduction, présentation et notes de Jackie Pigeaud, sous le titre *L'Homme de génie et la mélancolie*, Paris, Rivages, « Petite Bibliothèque Rivages », 1988, p. 83).
7. Sur la morale stoïcienne et la médecine ancienne, voir Jackie Pigeaud, *La Maladie de l'âme, Étude sur la relation de l'âme et du corps dans la tradition médico-philosophique antique*, Paris, Les Belles Lettres, 1981 ; en particulier, chap. 5, « L'Euthymie : connaissance et guérison de la maladie de l'âme », p. 446 et suiv. Pour la dépréciation progressive de la fureur saturnienne à la fin de la Renaissance, voir Olivier Pot, *Inspiration et mélancolie*, p. 30-34 : « Du Saturne ennemi à la mélancolie héroïque ». L'hypothèse d'un classicisme imprégné d'intransigeance stoïcienne et augustinienne trouve un heureux développement dans l'article de Marc Fumaroli, « Nous serons guéris si nous le voulons : classicisme français et maladie de l'âme », *Le Débat*, n° 29, mars 1984, p. 92-94. Repris dans *La Diplomatie de l'esprit. De Montaigne à La Fontaine*, Paris, Hermann, 1994, sous le titre : « La Mélancolie et ses remèdes. Classicisme français et maladie de l'âme » p. 403-439. Voir également, du même, « La Mélancolie et ses remèdes : la reconquête du sourire dans la France classique », dans Jean Clair (éd.), *Mélancolie : génie et folie dans l'Occident*, Paris, Réunion des musées nationaux-Gallimard, 2005, p. 210-225. P. Dandrey, *Anthologie de l'humeur noire*, p. 46-65 (« Les Stoïciens latins »).
8. Guillaume Du Vair, *De l'Eloquence françoise*, p. 164.

L'élégance du style procède d'un état de parfaite santé oratoire, puisque la douceur de l'éloquence est semblable à la bonne « température » – entendons le bon tempérament – du corps. L'excellence s'obtient par l'équilibre et la mesure, par la « médiocrité » (au sens ancien), non par l'excès, fût-il prometteur de qualités hypertrophiées. Les « fureurs héroïques » ne peuvent être source que de grandiloquence, d'extravagance, voire de démence. Le médecin du bon orateur doit épurer le corps et le ramener à la meilleure répartition des humeurs en même temps que le rhéteur philosophe, d'après le modèle cicéronien, opère une épuration semblable du langage, à mi-chemin de la splendeur qui se hausse trop et de la familiarité qui rampe. Médecin et orateur, André Du Laurens met en pratique jusque dans son œuvre, modérée, parfois pittoresque, mais toujours retenue, cette éloquence pour ainsi dire prophylactique. C'est dans cette perspective qu'il faut mettre le *Discours des maladies mélancoliques* : un atticisme sain et réconfortant qui puisse garder le lecteur de la maladie, au double sens spirituel et matériel, physique et métaphorique.

Le médecin, on le savait depuis Galien et Hippocrate, peut améliorer la santé du patient en pacifiant ses « idées noires » rien que par son assurance et par sa « bonne humeur ». En même temps que l'on demande une preuve de sincérité de l'orateur, qui ne saurait convaincre et émouvoir s'il ne croit lui-même à l'art dont il se sert, on veut que le médecin soit exempt de la maladie qu'il tâche d'extirper. Parce que sa santé sera ainsi transmise par sympathie ou comme par contagion oculaire à son patient[9] : « et du medecin la face joyeuse, seraine, gratieuse, ouverte, plaisante, resjouit le malade »[10]. Écoutons une dernière fois le conseil de Guillaume Du Vair : « Bref ceste façon d'oraison est comme un corps beau et bien sain, lequel n'est point enflé et bouffi, et auquel d'autre costé les nerfs ne paroissent point, ny les oz ne percent point la peau, mais est plein de sang et d'esprits, en bon point, ayant les muscles relevez, le cuir poly et la couleur vermeille. »[11] De toute évidence, le docteur Ficin, malade et mélancolique, ne reçoit plus de crédit[12].

9. Rabelais, *Le Quart Livre*, Épître liminaire, p. 875 : « Mais si telles contristations et esjouissemens proviennent par apprehension du malade contemplant ces qualitez en son medecin, et par icelles conjecturant l'issue et catastrophe de son mal ensuivir : sçavoir est par les joyeuses joyeuse et desirée, par les fascheuses fascheuse et abhorrente. Ou par transfusion des esperitz serains ou tenebreux, aerez ou terrestres, joyeulx ou melancholiques du medecin en la personne du malade. Comme est l'opinion de Platon, et Averroïs. » (Rabelais, *Les Cinq livres*, Paris, 1994). Pour gagner en confiance auprès de sa clientèle, une nécessité vitale à un moment où cette profession manquait tellement de crédit, le médecin devait s'exprimer dans une langue claire et intelligible. Voir au sujet des « oraisons » médicales, Nancy G. Siraisi, « Oratory and Rhetoric in Renaissance Medicine », *Journal of the History of Ideas*, 65.2, 2004, p. 191-211 ; Ian Maclean, *Logic, Signs and Nature in the Renaissance : The Case of Learned Medicine*, Cambridge, Cambridge University Press, 2002, p. 96 ; 104.

10. F. Rabelais, *ibid.*

11. Guillaume Du Vair, *De l'Eloquence françoise*, p. 167. Du Vair retravaille ici des préceptes attiques. Voir Tacite, *Dial.* 26 ; Cicéron, *De orat.* III, 25, 38 ; *Orator*, 8.

12. À remarquer que Robert Burton, vingt ans après Du Laurens, se vante de son tempérament mélancolique, qu'il combat par l'écriture même. Mais *Democritus* Junior n'est pas un

Stabilisations et clarifications du modèle mélancolique

C'est en cette fin de siècle que se situe la plus féconde expansion du modèle mélancolique, qui prétend constituer une grille d'analyse pour tout le malheur humain. L'un des indices de cette extension doctrinale est l'annexion définitive de l'érotique à la mélancolie. L'amour, assimilé à une forme de maladie atrabilaire, par superposition et similitude de symptômes et d'effets, devient désormais partie intégrante de la doctrine mélancolique. Le *Discours* de Du Laurens glisse un chapitre de mélancolie érotique, presque subrepticement encore et à l'imitation du modèle longuement dérivé d'une initiative du *Canon* d'Avicenne, entre l'étude de deux types de mélancolie, cérébrale et hypocondriaque, et comme par effet d'une hésitation sur la cause, la place et la nature de cette variété originale de pathologie atrabilaire. Par là, il entérine l'annexion de ce grand chapitre de la souffrance humaine à la pathologie mélancolique. Ce faisant, il contribue, selon nous, à la création du modèle français de lutte contre le mal noir.

Autre indice de l'expansion du modèle, l'attention qu'il porte à la mélancolie hypocondriaque, dont la description occupe presque un tiers du *Discours des maladies mélancoliques.* L'hypocondrie, forme viscérale de la mélancolie, comme on l'a dit, présente une étiologie complexe et discutée, et une évolution clinique récalcitrante et capricieuse. Le médecin est appelé à revoir ses cours d'anatomie et de physiologie pour la décrire et à observer les cas qu'il traite ou dont il a lu l'exposé pour la guérir.

Mélancolie érotique : entre confusion et annexion

L'histoire de la maladie d'amour est l'histoire d'une confusion [13]. La médecine ancienne avait reconnu, au temps d'Érasistrate et de Galien déjà, une étrange similitude entre les signes de l'amour malheureux et les symptômes de la maladie mélancolique. Le médecin Érasistrate découvre ainsi la passion amoureuse d'Antiochus pour sa belle mère Stratonice, en tâtant son pouls. Galien utilisera la même méthode pour dévoiler la cause de la souffrance de Justa, amoureuse du jeune Pylades, et insistera sur l'importance de ne pas confondre une passion de l'âme avec la maladie mélancolie. Bien que les deux affections partagent les mêmes symptômes, cela ne devait pas induire le médecin en erreur. L'amour est une passion et demande la consolation morale, la mélancolie est une maladie et nécessite l'intervention du médecin. Le médecin peut faire, tout au plus, le constat de son inutilité au chevet de ces souffrants.

médecin, il n'écrit pas pour guérir les autres. Son anatomie est une œuvre de philosophie, davantage que de médecine pratique.

13. Voir P. Dandrey, *Médecine et maladie,* I, chap. II, 1 : « Les origines d'un malentendu », p. 465 et suiv.

Arétée de Cappadoce rapporte le cas similaire d'un jeune homme qui présentait les symptômes d'une affection atrabilaire :

> Je crois qu'il était amoureux depuis le début, qu'il demeurait triste et abattu à cause de sa malchance auprès de la jeune fille et que les profanes le croyaient mélancolique. Il n'avait pas avoué son amour, mais quand la jeune fille eut répondu à son amour, il cesse d'être abattu, son irascibilité et sa tristesse se dissipent : le succès l'avait débarrassé de son affliction ; car sa raison se rétablit grâce à l'amour médecin. [14]

Ce que représente chez Arétée l'expression métaphorique d'une ironie – l'amour médecin – sera interprété littéralement par la tradition médicale. Cela notamment en raison des enrichissements qu'allait apporter la médecine arabe à ces observations cliniques pourtant destinées à éviter la confusion qu'elles allaient précipiter. Le mal d'amour est assimilé par Rhazès à la mélancolie louvière ou lycanthropie. Comme le loup-garou, l'amoureux devient sauvage, son corps est desséché par le mal, il erre, hagard, dans la nuit et comme un lycanthrope son corps se couvre d'ulcérations [15]. Mais c'est chez Avicenne, surtout, qu'on rencontre une formulation ambiguë que la traduction de l'arabe en latin par les clercs médiévaux contribuera à rendre confuse : l'amour morbide serait une affection (*aegritudo*) mélancolique (*sollicitudo melancholica*) similaire à la mélancolie (*similis melancholiae*) [16]. Du Laurens, à l'instar des médecins du Moyen Âge [17] bientôt suivis par ceux de l'époque humaniste, répercute cette ambiguïté du *Canon* d'Avicenne en une assimilation franche et directe du désordre érotique à la pathologie mélancolique : même dérèglement du jugement, mêmes délires de l'imagination enflammée, même trouble des fonctions viscérales, même poison de la semence qui ne trouve à s'employer faute d'accomplissement de l'amour, même embrasement du sang et du cœur, et jusqu'à la pittoresque théorie (d'origine platonicienne) de la contagion des regards, redécouverte par l'Humanisme italien : le sang des êtres jeunes, et particulièrement celui des filles, au tempérament plus humide que les garçons, est si subtil, clair et épuré que des particules jaillissent de leurs yeux et peuvent entrer dans le corps de ceux qui les regardent. Joignant la tradition platonicienne au matérialisme aristotélicien, Marsile Ficin dans son *Commentaire sur « Le Banquet »* de Platon expliquait ainsi cette étrange et pernicieuse transfusion :

14. Arétée de Cappadoce, *Traité des signes, des causes et de la cure des maladies aiguës et chroniques*, cité d'après P. Dandrey, *Médecine et maladie*, I, p. 478.
15. Voir l'introduction à la traduction anglaise du traité *De la Mélancolie érotique* de Jacques Ferrand, par Donald Beecher et Massimo Ciavolella, *A Treatise on Lovesickness*, Syracuse et New York, Syracuse University Press, 1990, p. 62.
16. Voir P. Dandrey, *Médecine et maladie*, I, p. 490.
17. D. Beecher et M. Ciavolella (éd.), *A Treatise on Lovesickness*, p. 66 et suiv.

> Quoi donc d'étonnant à ce que l'œil grand ouvert et fixé sur quelqu'un décoche sur son vis-à-vis les traits de ses rayons et qu'en même temps que ces traits qui sont les véhicules des esprits il dirige sur lui cette vapeur du sang que nous appelons esprit ? [18]

Véritable flèche empoisonnée, l'amour transperce les yeux d'autrui et lui inocule les restes d'un sang qui ne lui appartient pas [19]. Le malade n'aura de cesse de le restituer à son foyer originel par le transfert de cette forme vaporisée du sang qu'est la semence. Et voilà pourquoi les amants veulent copuler ! Faute de quoi, stagnant dans le corps d'autrui, ce sang étranger y perturbe le foie, le cœur et le cerveau déjà échauffés par l'embrasement du sang « local » auquel s'ajoute ce surplus « immigré ». Au cheminement descendant de la scolastique médiévale hérité d'Avicenne, qui attribue le mal d'amour à une obsession cérébrale tombant sur le corps dont les fonctions sont délaissées par l'esprit ailleurs occupé, cette curieuse doctrine combinait une conception ascendante de la mélancolie amoureuse : c'est le corps ici, la matière, qui monte à l'assaut de la raison et engendre la folie érotique [20].

En héritier éclairé de cette tradition à la fois médicale et philosophique, antique et médiévale, grecque et arabe, littérale et métaphorique, Du Laurens choisit d'intercaler la description du mal d'amour entre la mélancolie du haut du corps, localisée au cerveau, et celle du bas, sise aux hypocondres, voire au bas-ventre. Et il n'a pas de peine à en déduire une connivence entre le haut et le bas, entre le modèle d'une propagation descendante par la « *multa cogitatio* » imposée au cerveau (pour reprendre l'expression des clercs médiévaux héritiers d'Avicenne), et celui d'une propagation ascendante du mal, porté par une humeur « aduste » imputable à l'embrasement du corps échauffé et travaillé de ces désordres : le cerveau obsédé de ses démons livre le corps à ses désordres, le corps désordonné corrompt en retour l'organe qui accueille l'âme et en dérange les facultés de jugement et l'imagination. L'amour consume le malade par les deux bouts, comme une torche embrasée.

Le chapitre du *Discours des maladies mélancoliques* qui précède cet exposé de « mélancolie érotique » avait été consacré à la thérapeutique de la maladie cérébrale : c'est un exposé un peu long, lassant, et même difficile. Du Laurens y a détaillé longuement ordonnances et remèdes ; on y voit

18. Marsile Ficin, *Commentaire sur le « Banquet » de Platon. De l'amour*, trad. Pierre Laurens, Paris, Les Belles Lettres, 2002, p. 222 ; voir Ioan Peter Couliano, *Éros et magie à la Renaissance*, Paris, Plon, 1984, p. 56 et suiv.
19. La transfusion déclenche en même temps une sorte de transfert d'identité : « Lysias reste bouche bée devant le visage de Phèdre. Phèdre décoche dans les yeux de Lysias les étincelles de ses yeux et avec les étincelles lui transmet aussi ses esprits. Le rayon de Phèdre s'unit aisément à celui de Lysias, et son esprit aussi se joint aisément à celui de l'autre. » (Marsile Ficin, *Commentaire sur le « Banquet » de Platon*, éd. Pierre Laurens, p. 222).
20. La distinction opératoire entre une propagation descendante et une contagion ascendante a été posée par P. Dandrey, *Médecine et maladie*, I, p. 532 et suiv.

se succéder des listes d'apozèmes, de sirops et d'opiats, qui n'ont d'effet pittoresque que pour le lecteur d'aujourd'hui, mais relevaient de la plus austère science de jadis. En voici par exemple la conclusion, qui de surcroît constitue la transition avec le suivant dont il annonce le propos :

> Prenez des feuilles d'oranger & de marjolaine de chacune une bonne poignee, deux testes de pavot blanc, de roses, fleurs de nenuphar, & camomille, de chacune une petite poignee, faictes bouillir le tout en deux parts d'eau & une de vin blanc ; il en faudra laver le soir cuisses & jambes du malade chaudement : je croy qu'avec cet artifice on fera dormir le plus esveillé melancholique du monde. [...] Et voilà la curation de la melancholie qui a son propre siege au cerveau : celle qui vient par l'intemperature seiche de tout le corps, se guarira quasi avec mesmes remedes. *Je viens donc à l'hypochondriaque, mais pource qu'il y a une espece de ceste melancholie idiopathique qui vient par une rage & folie d'amour, & qu'elle demande une curation particuliere, j'en feray un petit discours.* (p. 70, nous soulignons)

C'est en ces termes que le mal d'amour s'immisce dans le propos comme par effraction et à la faveur d'une justification que les autres formes du mal n'appellent pas. Il y a là comme une respiration du propos savant, justifiée certes par sa spécificité pathologique et thérapeutique, mais aussi, implicitement, du moins peut-on le supposer, par son originalité, son pittoresque, voire son statut historique. Après tout, c'est là un malentendu érigé au rang de maladie. Il y avait bien de quoi en faire une digression pour raviver le plaisir de lecture chez les mondains et les honnêtes gens auxquels s'adresse le savant médecin : ce seront deux chapitres arrachés à l'austérité de l'exposé doctrinal, dans lesquels seront évoqués et contés les malheurs d'Antiochus, les tourments de tel roi de Babylone et le sort du malheureux Lucrèce. La duchesse d'Uzès, grande amoureuse au temps de sa gloire[21], pouvait-elle demeurer insensible à ces pages truffées de souvenirs antiques, d'objurgations éloquentes et de citations poétiques, propres à lui faire oublier la quantité d'opiats qu'elle venait d'avaler pour purger sa mélancolie ?

En même temps, Du Laurens n'y sacrifie rien de la tradition savante. Ses deux chapitres synthétisent et concentrent méthodiquement les principaux points doctrinaux. L'amour y est clairement et précisément défini

21. Pierre de L'Estoile était allé jusqu'à qualifier la duchesse de « lascive et impudique » (*Journal de L'Estoile pour le règne de Henri IV, 1589-1600*, p. 480). Il est vrai que l'on peut même suspecter une correspondance amoureuse avec Henri III qui lui avait adressé des lettres enflammées, alors qu'elle avait déjà plus de quatre-vingt-dix ans. Détail encore plus piquant, Pierre de L'Estoile alors qu'il dressait par écrit la bibliothèque imaginaire de Madame de Montpensier (« Mise en lumière par l'advis de Cornac avec le consentement du *sieur* de Beaulieu, son escuier ») fait mention d'un titre scandaleux mais plaisant : « Lexicon de Fouterie, par la duchesse d'Uzès » (Pierre de L'Estoile, *Journal de L'Estoile pour le règne de Henri III, 1574-1589*, éd. L. R Lefevre, Paris, Gallimard, 1943, p. 538).

comme une « espèce » de la mélancolie idiopathique cérébrale, engendrée par « rage & folie d'amour ». Aboutissement d'un très long processus de coalescence doctrinale, l'assimilation de l'amour à une forme de mélancolie est désormais accomplie. À peine vingt ans plus tard, Jacques Ferrand, disciple spirituel du médecin de la duchesse d'Uzès, ne fera que reprendre le modèle tracé rapidement ici, en détaillant les deux versions de son traité *De la Mélancolie érotique*. La convergence des deux étiologies, du haut vers le bas et du bas vers le haut, signe la cohérence d'une doctrine aux inspirations multiples, néo-platonicienne, galénique, arabe, scolastique, humaniste, tant bien que mal unifiées en une interprétation fédératrice :

> L'amour doncques ayant abusé les yeux, comme vrais espions & portiers de l'ame, se laisse tout doucement glisser par des canaux, & cheminant insensiblement par les veines jusques au foye, imprime soudain un desir ardent de la chose qui est, ou paroist aimable, allume ceste concupiscence, & commence par ce desir toute la sedition : mais craignant d'estre trop foible pour renverser la raison, partie souveraine de l'ame, s'en va droit gaigner le cœur, duquel s'estant une fois asseurée comme de la plus forte place, attaque après si vivement la raison & toutes ses puissances nobles, qu'elle se les laisse assubjettit [*sic*], & rend du tout esclaves. (p. 72).
> [...]
> Voila comme l'amour deprave l'imagination, & peult estre cause d'une melancholie ou d'une manie, car travaillant & l'ame & le corps, rend les humeurs si seiches, que la temperature universelle, & principalement celle du cerveau, en est corrompue. (p. 77-78)

Mais tout cela posé, le souci que manifeste ce chapitre est significatif aussi et plus largement des intentions globales de l'auteur du *Discours*. En aidant l'amoureux à raisonner son mal et à se prémunir des désordres pathologiques de la mélancolie érotique par une connaissance et d'abord une conscience de ses périls, Du Laurens ouvre la voie à un modèle de pensée, d'exposé et de visée spécifiques de son temps et de son pays : il y a là un nouvel indice de cette modalité bien française de traiter ce sujet universel par une approche raisonnable et raisonnée, visant à l'équilibre par l'examen des méfaits dus à l'excès en toute sorte ; il y a là une forme de lutte contre les égarements assimilés à des erreurs de conduite et de gouverne de soi. Et le XVIIe siècle français prendra l'erreur pour son ennemie d'élection, fera de la traque aux erreurs son cheval de bataille.

Connaître sa maladie, ne pas se laisser abuser par les délices trompeurs du désir, c'est une occasion donnée à la conscience d'exercer sa souveraineté et de manifester son efficacité à la vaincre ou à l'exorciser. Cette pratique sera au fondement de toute la littérature dite « d'analyse psychologique » du XVIIe siècle, celle des La Bruyère, Racine ou Mme de La Fayette. En même temps, c'est un mécanisme conceptuel connu depuis longtemps par la théologie catholique et prôné par toute la littérature spirituelle consacrée notamment à la confession.

L'expression est le remède à la maladie comme elle l'est à la faute : dans les deux cas, le remède est dans le dire. L'amoureux ne veut pas savoir qu'il est malade. Il se plaît dans sa souffrance. Pour le guérir, le médecin tâchera de lui faire connaître le mal dont il souffre. Savoir que l'on est malade, c'est déjà entrer dans la voie de la guérison.

Mélancolie hypocondriaque : observer et décrire

– La doctrine et les disputes

La mélancolie cérébrale ne nécessitait pas de développement sur l'origine ou la propagation du mal : la chose était admise, mieux, connue et répandue. Apparemment, il suffisait au lecteur de lui énoncer la nature idiopathique de cette variété de mélancolie (c'est-à-dire que le mal naissait au lieu même où il sévissait) et son origine imputée à une « intemperature froide et seiche » du cerveau : Du Laurens estime en avoir assez dit pour que l'on comprît à demi-mot l'étiologie et le développement pathologique de cette mélancolie-là.

En revanche, l'hypocondrie appelle de plus amples éclaircissements théoriques sur sa naissance et son expansion. Dans leurs sommes et leurs compendiums thérapeutiques, les médecins antérieurs le plus souvent passaient vite sur les causes de la maladie : ils se contentaient de rappeler sa localisation dans l'abdomen, sans en expliquer davantage ou du moins en détail l'origine et le rapport de cette origine avec les symptômes propres à cette variété du mal. On expédiait vite les controverses et les disputes au profit de l'exposé des stratégies thérapeutiques. Du Laurens se trouve par le fait devant une double nécessité. La première est didactique : proposer, ce qu'il fait dans les quatre derniers chapitres de son *Discours,* l'une des premières synthèses savantes sur cette variété de mélancolie (et sans doute la première en langue française). La deuxième est de circonstance : la duchesse d'Uzès, commanditaire de l'ouvrage, était elle-même atteinte d'une « hypochondriaque légère », et l'auteur entend exposer clairement et synthétiquement les causes précises de sa souffrance. C'est à ce niveau que le discours remplit pleinement son rôle de fiche de santé et de consultation privée pour l'illustre patiente.

Le premier souci du médecin est ainsi de rassurer sa malade :

> Il y a une troisiesme espece de melancholie qui est la plus legere, & la moins dangereuse de toutes, mais la plus difficile a estre bien recognuë : car les plus grands Medecins sont en doute de son essence, de ses causes & de la partie malade (p. 85)

Ce n'est qu'une précaution oratoire, car nous verrons par la suite que la mélancolie hypocondriaque est loin d'être inoffensive. Peut-être Du Laurens vise-t-il par cette précaution oratoire à diminuer l'angoisse de la malade et lui faire espérer un traitement, voire une guérison de son mal, à condition de l'avoir correctement identifié.

En effet, cette forme d'affection atrabilaire est localisée aux hypocondres (à gauche et à droite de l'épigastre) et son étiologie est imputable au processus d'obstruction et de corruption des humeurs. Rappelons qu'à l'époque de Du Laurens, la longue tradition médico-philosophique avait établi que la digestion alimentaire avait pour but la synthétisation du chyle en quatre substances nutritives : le sang, la lymphe, la bile jaune ou phlegme et la bile noire. Lorsqu'il y a réplétion ou surabondance d'humeur noire, le corps devient mélancolique. Le surplus d'humeur peut également causer l'obstruction des canaux qui relient entre eux les organes responsables des différentes étapes de la digestion. Phénomène que l'on pourrait qualifier de *mécanique* (par opposition à la dégradation *chimique* des qualités [22]), et qui est la cause indirecte d'une dégénérescence de l'humeur. Ne pouvant pas être évacuée à temps, l'humeur se dégrade et s'enflamme, elle pourrit.

Autant dire que la mélancolie hypocondriaque diffère des autres (cérébrale ou sanguine) par l'origine non-naturelle de l'humeur corrompue qui la cause. La chaleur dégagée par l'adustion de l'humeur embrase en même temps les viscères et émet des vapeurs putrides par tout le corps. Cet échauffement « outre-nature » (*præter naturam*) avait induit une incertitude étiologique chez les Anciens : pour Dioclès, précurseur de Galien, le mal était provoqué par une inflammation du pylore; plus tard, Théophile, obscur médecin du Byzance, incrimina une inflammation tumorale du foie et des intestins. Du Laurens s'attarde à trancher ce débat et à « vider la querelle », comme on disait alors. Si cette controverse rappelle d'autres débats exposés dans le traité (rappelons-nous l'étiologie controversée de la peur des mélancoliques [23]), ici par exception le médecin doit pour l'instruire et le trancher faire intervenir l'anatomie. Du Laurens y est à son affaire! On y reconnaît le tour magistral et la précision aiguë de l'auteur des *Opera anatomica* :

> Les parties où s'engendre l'hypochondriaque sont le mesentere, le foye, & la ratte : le mesentere a une fort grande estendue, car il contient un million de venes, un nombre infiny de glandes qui les accompagnent, & ce grand corps tout rouge qu'on appelle pancreas : ce mesentere est comme un magazin ordinaire d'un million de maladies, & sur tout de fievres intermitentes. Là se peut arrester & eschauffer l'humeur qui fait l'hypochondriaque, & non seulement dans les veines, mais bien souvent dans le corps du pancreas qui est fort proche de l'estomach, & qui est couché sur le premier intestin appellé *duodenum* ou *pylorus* : & en cela pourroit on excuser Diocles & Galien qui ont prins le pylore pour le pancreas, d'autant que ces deux parties se touchent. (p. 87)

Tout comme un botaniste préparant son herbier, l'anatomiste observe le corps, ses mécanismes, ses humeurs. Cette démarche rapproche Du

22. D'après P. Dandrey, *Médecine et maladie*, II, p. 115 et suiv.
23. Voir *supra*, p. LIV.

Laurens d'un Aldrovandi ou d'un Fuchs[24]. C'est en partant du corps, et dans le corps en partant de l'humeur, qu'il espère remonter jusqu'à la maladie. En cela, il recourt de nouveau à un type de raisonnement syllogistique ou du moins déductif, sur le modèle logique qui gouverne la pensée médicale de son temps[25]. Le savoir résulte de l'observation du complexe réduit en principes simples, il procède d'une interprétation des signes qui chiffrent et traduisent une réalité toujours obscure et celée. Bref, une fois établi le siège pathologique (le mésentère) de la mélancolie hypocondriaque, c'est la déduction logique que Du Laurens sollicite pour identifier les sièges particuliers de la maladie. Une forme de connaissance que l'on pourrait appeler empirique, ou du moins « physique », permet au médecin de formuler ses doutes par rapport à la tradition, de joindre théorie et pratique afin d'établir une stratégie thérapeutique adaptée à la nature spécifique du mal et à la nature propre de chaque patient.

– *Les médications : hypocondrie et perles broyées*

De prime abord, le jargon médical qui gouverne l'exposé des remèdes de la mélancolie hypocondriaque pourrait laisser penser que le texte est destiné davantage aux apothicaires et aux étudiants qu'aux honnêtes gens. Néanmoins, les divisions logiques fortement posées et la netteté des attendus et des implications éclairent le raisonnement d'une lumière propre à édifier tout lecteur attentif :

> Pour la curation de l'hypochondriaque, nous avons besoin de deux sortes de remedes ; les uns s'ordonnent hors de l'accez, & sont appellez preservatifs : les autres sont propres au temps de l'accez, & lors que le malade est travaillé de tous ces accidents : je commenceray aux premiers. La preservation se fera par trois genres de remedes, qui sont les evacuatifs, les alteratifs, & ceux qui fortifient : Les evacuatifs sont la saignee & la purgation : la saignee universelle peut servir pour corriger l'intemperature chaude du foye, & pour vuider une portion du sang melancholique ; elle se fera de la veine basilique, que les Arabes appellent noire. (p. 99)

Le ton est tranchant et direct, les indications thérapeutiques suivent la tradition médicale, mais entraînent à sa suite tout esprit bénévole intéressé par ces matières : point n'est besoin ici d'être orfèvre pour apprécier la qualité de ces trésors thérapeutiques venus de si loin. Du Laurens recommande ainsi la triade canonique composée des médicaments évacuatifs, altératifs et confortatifs. Dans les ordonnances proprement dites, qui suivent l'exposé des principes, le tour comminatoire est celui du spécialiste, jamais du pédant : « Pour les plus delicats & plus friands on

24. Sur l'histoire naturelle à la Renaissance, nous renvoyons à l'ouvrage récent de Brian W. Ogilvie, *The Science of Describing. Natural History in Renaissance Europe*, Chicago, University of Chicago Press, 2006. Voir notamment, chap. 4 « A science of describing », p. 196-208 ; chap. 5 « Common sense, classification, and the catalogue of nature », p. 209-264.

25. Voir *supra*, p. L.

fait des muscardins : prenez le tiers d'une noix muscade confite, etc. » (p. 102). Le mélancolique, dans sa prostration hypocondriaque, a besoin d'être rassuré : un langage ésotérique y pourvoirait moins bien qu'une pharmacopée qui frôle ici ou là le merveilleux, voire le prodigieux. Le médecin recourt volontiers à des ingrédients rares et luxueux. Voici par exemple la recette d'une tablette on ne peut plus savoureuse :

> Prenez de la poudre de l'electuaire de gemmis & de liesse une dragme de chacune, de confection alkermes demy dragme, de perles & d'esmeraude bien pulverisées, un scrupule de chacune, du succre dissoult avec l'eau de buglose ou de melisse tant qu'il en faudra, faictes en des tablettes du pois de trois dragmes, il en faudra prendre le matin & le soir deux ou trois fois la semaine (p. 102).

Par parenthèse, ce traitement de luxe, à base d'innombrables petits bijoux, nous rappelle que la duchesse d'Uzès souffrait de mélancolie hypocondriaque. En tout cas, ces copieuses listes de remèdes aux composantes variées, des plus humbles aux plus coûteuses, ne soignent pas que le corps souffrant : elles réconfortent peut-être aussi l'esprit angoissé, en travaillant dans le sens d'un optimisme modéré l'imagination fragile des mélancoliques toujours prompts à s'affliger de leurs maux. Et si ces remèdes incertains ne produisent pas d'effet, encore restera-t-il, comme on va le voir maintenant, la voix rassurante de celui qui les prescrit pour rassurer son patient. Car, pour général que soit l'exposé, le cas de chaque malade demeure unique.

– *Raconter le réel : histoires « fort remarquables »*

Ces cas, observés ou rapportés comme tels, mêlent ordinairement de manière inextricable chez les prédécesseurs et les contemporains de Du Laurens souvenirs livresques et observations personnelles, anecdotes immémorielles et situations prétendument vécues. Il semble pourtant que le cas des mélancolies hypocondriaques appelle dans son traité une sorte d'exception à cette règle. Canonique et conventionnel dans le registre des cas illustrant la mélancolie cérébrale, notre auteur cherche apparemment un effet d'immédiateté et une caution de vérité dans le choix des observations chargées d'illustrer l'hypocondriaque. La nature originale d'une affection plus spectaculaire, plus retorse, plus récalcitrante, semble avoir suscité un intérêt plus immédiat du praticien, de surcroît aiguillonné par l'origine anecdotique de son traité : sa patiente le lit par-dessus son épaule, il n'y avait dès lors pas lieu pour lui de convoquer des malades grecs ou latins venus du fond des âges, ou des patients légendaires évoqués de traité en traité.

Certes, toute généralisation peut tromper. Il est un cas au moins de mélancolie cérébrale qui excède le registre convenu des anecdotes transmises dans l'anonymat de la littérature médicale universelle. Il faut s'y arrêter un moment, car il est pittoresque. C'est celui d'un poète français, dont l'identité n'est pas révélée par l'auteur, et qui aurait développé une obsession olfactive responsable d'une sorte d'agoraphobie. Après avoir été soigné contre la fièvre par un onguent narcotique à base de feuilles de peuplier, son nez s'était en effet comme imprégné des mauvaises odeurs de ce remède; cela avait bientôt tourné à l'hallucination délirante, de type mélancolique :

> on ne peut parler à luy que de loin, si on touche à ses accoustremens, il les gette & ne les porte plus : au reste il discourt très bien, & ne laisse pas de composer. On a tasché par tous les artifices du monde de luy oster ceste folle impression, on luy a fait voir la description de l'onguent, pour l'asseurer qu'il n'y entre rien de dangereux : il le sçait, il l'accorde, mais cet object est tellement gravé qu'on ne l'a sceu encore effacer. (p. 47)

De prime abord, l'anecdote appelle la suspicion : c'était une tactique souvent employée par les médecins que d'actualiser de manière trompeuse leurs récits de cas, afin de rendre leurs fables encore plus illustratives, par un effet de trompeuse proximité avec leur public. On prend ainsi en flagrant délit d'actualisation controuvée un confrère de Du Laurens, le médecin normand Jourdain Guibelet, lorsqu'il applique à un contemporain (dont il aurait entendu parler, sans le connaître davantage) une folie rapportée, en réalité, par tous les médecins depuis l'Antiquité :

> On raconte d'un autre de la ville de Dieppe, qui croyait fermement être Roi : il demeurait tout le jour assis au port près la rive de la mer, où les passants qui connaissaient son humeur et sa folie, le saluaient, et par raillerie lui portaient autant de respect que s'il eût été vraiment Roi, prenant plaisir de le nourrir et entretenir en cette folie. Tous les vaisseaux qui abordaient il les réputait siens, et prenait un singulier plaisir quand ils parvenaient à bon port. Si quelques-uns étaient submergés, d'une constance Royale, il montrait porter cette perte patiemment. [26]

Il semblerait que la seule fonction de cette fable soit d'insérer dans la réalité contemporaine le délire mélancolique, le méfait le plus spectaculaire de cette maladie avec des répercussions comiques comme celles que nous avons déjà analysées [27]. En avouant benoîtement que son histoire normande rappelle celle de Thrasilaüs contenue dans les *Deipnosophistes* d'Athénée [28], Guibelet ne semble ni craindre de la réputer pour un pastiche, ni entendre confirmer l'observation par sa permanence. On pourrait imaginer soit qu'il cache l'étymologie de cette forgerie, soit qu'en l'affichant il en tire une preuve pour mieux asseoir la véracité d'une observation

26. Guibelet, *Discours de l'humeur noire* (1603), cité d'après P. Dandrey, *Anthologie de l'humeur noire*, p. 665.
27. Voir *supra*, p. LV.
28. Guibelet, *Discours de l'humeur noire* (1603), *ibid.*

qui se trouve réitérée dans deux contextes de temps et de lieu si éloignés. Il n'en est rien. Son geste doit être compris tout au plus dans le contexte intellectuel de l'esprit humaniste : celui d'une collection de faits et d'une superposition du nouveau à l'ancien pour une corroboration non pas expérimentale, mais seulement mentale. Un fait nouveau se légitime par la production de son arbre généalogique : celui-ci s'est trouvé un ancêtre, il est donc légitimé à figurer dans un ouvrage à prétention scientifique. Rien de plus, rien de moins.

Sinon ceci, peut-être : c'est que la puissance d'évocation de la fable et sa portée comique et insolite se trouvent renforcées par la proximité que lui assure son insertion dans un quotidien identifié. L'allusion au contexte normand contemporain accroît le contraste entre la dérive du délire et une réalité que son contexte antique aurait plus ou moins estompée dans l'éloignement et l'exotisme d'un lieu et d'un temps qui revêtaient volontiers pour les lecteurs de Guibelet les teintes du fabuleux. Ici, plus d'estompe ni d'aura : un fou normand est plus pittoresque et plus pittoresquement fou qu'un fou romain du début du IIIe siècle. L'illustration y gagne en effet, plutôt que le fait en véracité. Et non seulement parce que le prétendu roi de Dieppe est plus drôle que son ancêtre du Bas-Empire. Mais surtout parce que chaque lecteur de Guibelet peut se reconnaître dans les badauds de Dieppe se gaussant de ce roi de pacotille : l'illustration regarde moins à la confirmation du phénomène qu'elle illustre, qu'au renforcement du contrat de lecture et de délectation entre l'auteur et son public, entre l'ouvrage et son contexte.

Revenons à Du Laurens et à son poète obsédé par le *populeum.* Ne pourrait-on imaginer que ce patient est le frère du roi de Dieppe ? Après tout, la description de son comportement n'est qu'une mise en contexte d'un vieil aphorisme de la médecine arabe, rendu accessible par la traduction latine de Constantin l'Africain : « D'autres sentent toutes les choses fétides qui ont une odeur corrompue »[29]. En vertu de ceci et des pratiques humanistes de l'observation et de l'expérimentation, il serait loisible de conclure (trop rapidement ?) que l'ancrage de cet exemple dans la réalité est moins important que sa fonction illustrative.

Il se trouve néanmoins que le poète malade est véritablement un contemporain d'André Du Laurens. Il s'agit, nous sommes en mesure de l'établir, d'un ami et disciple de Ronsard, le poète Amadis Jamyn, versificateur rival de Philippe Desportes. Il serait mort pratiquement en même temps que Du Laurens achevait la rédaction du *Discours*, en 1593. Un manuscrit rédigé pendant les dernières années du XVIe siècle mentionne son étrange obsession et laisse entendre que cette mort eut pour cause cet étrange délire :

29. Ishâq ibn 'Imrân, *Livre de la mélancolie*, trad. par Constantin l'Africain, cité d'après P. Dandrey, *Anthologie de l'humeur noire*, p. 312.

Tombeau d'Amadis Jamin, secretaire et lecteur ordinaire du roy, fait par luy mesme... peu avant son deceds, le communiquant à peu de personnes d'autant qu'il croyoit que ceux qui l'approchoient sentoient l'odeur d'un unguent nommé Populeum qu'il avoit à contre cœur [...] :

Icy Jamin laissa la vie
Oubliant l'art de poesie
Et de bastir d'excellents vers
D'arguments et suicte divers.

Une fureur de fantaisie
Tenoit tant son ame saisie
Que jamais ne fut assez fort
Pour la dompter que par la mort.[30]

Cet exemple de Du Laurens n'a donc pas uniquement pour but d'illustrer un savoir ancien, d'incarner un aphorisme récité autrefois par les moines du Mont-Cassin. Par sa véracité prouvée, il s'approche davantage du caractère anecdotique mais historiquement vérifiable qu'ont les *Mémoires-Journaux* de Pierre de L'Estoile. De plus, le présent de l'indicatif qu'utilise Du Laurens dans la description de son mal (« il le sçait, il l'accorde, mais cet object est tellement gravé qu'on ne l'a sceu encore effacer »), montre combien l'auteur voulait insister sur l'actualité du cas. Il s'agit d'une histoire « mirable », comme on en trouve chez tant d'autres médecins polygraphes de l'époque humaniste, mais son insertion parmi les autres anecdotes de mélancoliques hilaires et légendaires atteste probablement aussi un intérêt accru pour la description du réel.

Cet intérêt, c'est pourtant le chapitre rapportant les cas d'hypocondries qui va l'exploiter, de manière autrement approfondie et motivée. Mieux, en vertu de ses aptitudes d'anatomiste consacré, mais peut-être aussi pour mettre en valeur son regard et son expérience de praticien attentif, il développe l'étude de deux cas – deux cas seulement – d'hypocondrie chronique et dangereuse avec tant de détails et de circonstances qu'ils suffisent à remplir un chapitre entier de son livre. Peut-être parce que le médecin est ici à son affaire : l'affection hypocondriaque, plus profondément ancrée dans les viscères, plus difficile à diagnostiquer que la cérébrale aux symptômes voyants sinon criants, plus physiologique et pathologique, si l'on peut dire ainsi, relève davantage des maux ordinaires et requiert un diagnostic plus discriminant. On identifiera sans trop de risque de confusion une mélancolie cérébrale, il faudra un œil plus exercé pour distinguer une hypocondriaque à ses symptômes finement observés, discriminés et rapportés à leur origine cachée au profond de l'organisme.

Voici donc comment Du Laurens, appelé par trois confrères médecins à la rescousse, nous expose le cas d'une hypocondrie récalcitrante :

30. Ms BnF Moreau 850, p. 71ʳ, voir Théodosia Graur, *Un disciple de Ronsard. Amadis Jamyn (1540?-1593): sa vie, son œuvre, son temps*, Genève, Slatkine, 1981 (1929), p. 313 et p. 340.

> […] L'autre histoire est bien aussi estrange, je l'ay remarquée cet hyver à Tours, & j'ay esté appellé en conseil avec messieurs d'Anselineau, Faleseau, & Vertunian, Medecins très doctes & fort experimentez. Un jeune seigneur depuis huit ou neuf ans est travaillé de ceste hypochondriaque : il oit tous les jours environ les neuf heures du matin un petit bruit du costé de la ratte : après il sent eslever une vapeur qui rougit toute la poictrine, toute la face, & gaigne le plus hault de la teste, les arteres des tempes battent bien fort, les veines du visage sont enflées, & au bout du front, où les veines finissent, il sent une douleur extreme qui n'a que la largeur d'un sol, la rougeur court par tout le bras gauche jusqu'au bout des doigts, & represente un feu volage en un erisipele, le costé droit en est du tout exempt. Durant l'accez il est si abbatu qu'il ne peut sonner mot, les larmes luy decoulent en abondence, & luy sort de la bouche une quantité incroyable d'eaux, le dehors bruslé, & le dedans est comme glacé : la jambe gauche est toute pleine de varices, & ce que je trouve de plus estrange à l'os gauche de la teste, qu'on appelle parietal, il y a une piece d'os emportée sans qu'il ait precedé aucune cause apparente, comme coup ou cheute, & ne peut endurer qu'on le touche en cet endroit : la maladie a esté si rebelle que tous les remedes que les plus doctes Medecins luy ont ordonné ne l'ont jamais sceu abbatre. Il fut resolu en nostre conseil qu'on la combattroit par remedes extraordinaires, & par alexipharmaques : nous n'en avons pas encores sceu le succez. Voila comme ces grosses humeurs bruslées & melancholiques sejournans dans les veines du foye, de la ratte, & du mesentere, peuvent exciter une infinité d'accidens estrangers, & sont cause d'une sedition bien grande en toute l'œconomie du corps. (p. 96-97)

Cette consultation a pu avoir lieu pendant l'hiver de 1593-1594, à une époque où Du Laurens accompagnait la duchesse d'Uzès à Tours. Nous avons pu établir que les trois médecins mentionnés par lui pour gage de l'authenticité de son récit sont effectivement présents à Tours à cette date.

Revenons à la place de cette « histoire » au sein de l'architecture argumentative du traité, pour mesurer éventuellement en quoi elle s'élève au statut de fable médicale moderne. Le cas avait été introduit par l'auteur comme un épisode remarquable, et son annonce le rangeait dans la veine des histoires admirables et inattendues, comme avaient l'habitude d'en raconter tous les médecins de l'époque [31] :

> Il se trouve par fois des maladies si estranges en leur espece, que les plus habiles Medecins y perdent le jugement. J'ay veu deux hypochondriaques

31. Rappelons-nous le titre de l'œuvre de Marcello Donati, l'une des sources secondaires avérées de Du Laurens, le *De Medica historia mirabili.* Au sujet de ce type de fables extraordinaires qui appellent des cures non moins remarquables, lire le chapitre XIe, « "Remarkable" Diseases, "Remarkable" Cures, and Personal Experience in Renaissance Medical Texts », dans Nancy Siraisi, *Medicine and the Italian Universities 1250-1600*, Leyde, Brill, 2001, p. 226-252 ; sur le genre des *observationes*, voir Brian Nance, « Wondrous experience as text : Valleriola and the *Observationes medicinales* », dans Elisabeth Lane Furdell (éd.), *Textual Healing. Essays on Medieval and Early Modern Medicine*, Leyde-Boston, Brill, 2005, p. 101-118.

si furieuses, que l'antiquité n'en a jamais remarqué de semblables, & la posterité peut estre n'en verra de long temps de telles (p. 95).

Si l'on compare les « Histoires de certains melancholiques qui ont eu d'estranges imaginations » (chap. VII), illustrant la théorie de la mélancolie cérébrale, avec les « Histoires fort remarquables de deux hypochondriaques » (chap. XIV) qui lui font pendant pour la mélancolie hypocondriaque, on ne peut qu'être frappé par le changement de registre et de ton. Ici, le ton joyeux et plaisant des anecdotes emblématiques laisse place à la narration de cas vraiment médicaux (les traditionnelles « observations médicales ») rapportés dans le registre du discours savant et magistral [32]. Mais un discours savant auquel sa transposition en français confère un tour de réalité plus immédiatement concrète, une plus forte apparence de fait observé, en même temps qu'elle l'éloigne de l'apprêt des ouvrages « d'autorité ». Comme si la mélancolie d'origine cérébrale subsumant les autres formes du mal avait appelé à elle le registre de la fable d'origine antique et de tour emblématique, laissant à la forme hypocondriaque le domaine des observations plus spécifiques, plus particulières et particularisées [33].

Or celui des deux cas que nous rapportons se signale, on l'aura peut-être noté, par le caractère anormalement inachevé et indécis de son issue : « nous n'en avons pas encores sceu le succez ». S'ajoute ici à la vertu exemplaire et instructive du fait rapporté quelque chose de plus ouvert, qui semble propre à doter la fable médicale ainsi modulée d'une vertu pour ainsi dire herméneutique. L'exemple ici n'illustre plus l'assurance du savoir, il ne se contente pas de donner à penser à son propos, il avoue avec la franchise d'une confession audacieuse l'incertitude de la doctrine placée face au verdict de la réalité. Ce n'est plus la maladie qui se trouve en position d'accusée devant le tribunal du savoir médical tout puissant, c'est la médecine que la résistance du mal contraint de s'interroger sur sa doctrine,

32. Voir B. Nance, *id.*, p. 109 et p. 115-116 pour la description du genre. Une observation était faite d'une première partie (souvent mise en italiques par l'éditeur) consacrée à la description et à la narration proprement dite du cas; une deuxième partie (l'*observationis explanatio*) prenait la forme d'une scholie qui visait à inclure le cas observé dans la tradition des autorités anciennes. B. Nance remarque ainsi que les italiques de la première partie avaient pour but d'évoquer, en quelque sorte, le moment de la consultation où le médecin était confronté à la réalité (souvent, exceptionnelle et inattendue) de la maladie. En revanche, la deuxième partie, plus sobre et mesurée, redonnait au médecin l'occasion d'étaler son savoir et son érudition.

33. À partir du XVIIe siècle, ce type de description de malade, surtout lorsqu'elle est mise en langue vernaculaire, permet à l'auteur de prendre ses distances voire même d'entrer en conflit avec la tradition. Sur ce point, en rapport avec notamment les traités de science naturelle composés en vernaculaire, voir R. W. Serjeantson, *Proof and Persuasion*, dans Katharine Park et Lorraine Daston (éd.), *The Cambridge History of Science*, tome III : « Early Modern Science », Cambridge, Cambridge University Press, 2006, p. 157 et suiv. : « [...] *the rise of the fact should perhaps also be associated with the rapidly increasing tendency in the seventeenth century to write about natural philosophy in the vernacular and thereby escape the expectations about philosophical terminology and argument generated by the Latin of the schools* ».

sur la légitimité de sa doctrine. Renouant avec la logique d'Hippocrate, le savoir médical retrouve fugitivement l'ordre et la hiérarchie antiques qui plaçaient le fait avant la thèse. L'expérience, ici comme jadis, est la source de la théorie.

La singularité ponctuelle d'une exception à des règles indéfiniment ressassées ne suffit certes pas à bouleverser une manière de penser et la matière d'un savoir. Reste que tout l'édifice théorique qui enveloppe cette faible observation ouverte sur une incertitude se trouve menacé d'être emporté lui-même dans le soupçon fragile qu'elle entrouvre.

C'est peut-être la gloire de l'écriture fabuleuse toute vouée en apparence à confirmer les certitudes d'une orthodoxie inébranlable que d'offrir aussi la promesse murmurée de leur renouvellement par ce qu'on n'ose encore appeler le progrès du savoir. C'est une ouverture, au terme de laquelle s'annonce la perte de crédibilité de la théorie de l'atrabile. C'est dans ce silence suspendu, dans l'attente de ce résultat, que se devine la désaffection du modèle. La théorie est en train de se juger au bout du cas de ce malade récalcitrant. Analogue, toute proportion gardée, à la fonction du mythe succédant au développement du *logos* dans le dialogue platonicien, la fable médicale révèle ici sa capacité à excéder le domaine du ressassement mémoriel, pour tracer en pointillé le chemin à l'imagination inventive.

Fortune du texte

Le *Discours des maladies mélancoliques* de Du Laurens sera repris, cité, démarqué, pillé tout au long du XVIIe siècle. À commencer par son disciple, le médecin Jean Aubéry, qui signait déjà une pièce en vers pour la première édition du traité [1]. Ce médecin allait donner, la toute dernière année du XVIe siècle, un *Antidode d'amour* [2], mi-savant mi-profane, dans la tradition des analyses de la passion amoureuse développées notamment durant la Renaissance italienne et par suite de la relecture ficinienne du *Banquet* de Platon. Le modèle de la mélancolie érotique y tient évidemment une place importante, parmi quelques autres théories qu'un goût immodéré de l'exhaustivité a invité l'auteur à additionner, sans le discernement et la carrure que savait conférer à ses exposés son maître et modèle. Dès sa préface, pourtant, Aubéry ne manque pas de faire allégeance à son ancien professeur auquel il dédie son ouvrage :

> Monsieur,
> Vous m'avez tellement acquis pour vostre, que je ne puis que trop ingratement vous sustraire les droits de vostre possession, tant que vous aurez pour agreable la devote recognoissance que je vous faits, bien que je me deffie de sa petitesse, qui ne se peut suppleer vers la grandeur de vos bienfaicts, que par le mesme desir, que vous avez eu a me les eslargir, sans en pretendre autre profit, que l'absolue disposition de mon très humble service. [3]

1. Voir l'Annexe 1, p. 162.
2. Jean Aubéry, *L'Antidote d'amour*, Paris, C. Chappelet, 1599. Sur Jean Aubéry et son traité, voir P. Dandrey, *Médecine et maladie*, I, p. 535-542. Et l'introduction à la traduction anglaise du traité *De la Mélancolie érotique* de Jacques Ferrand, par Donald Beecher et Massimo Ciavolella, *A Treatise on Lovesickness*, Syracuse et New York, Syracuse University Press, 1990, p. 108-110.
3. Jean Aubéry, *Antidote d'amour* (1599), sign. a2.

Le « petit » traité d'Aubéry représente en fait une glose sur plus de quatre cents pages de la matière exposée par Du Laurens dans ses deux chapitres réservés à la maladie d'amour. Aubéry reformule à maintes reprises le texte de Du Laurens. Au sujet des « puissances nobles du cerveau », par exemple, voici ce qu'on lisait dans le *Discours des maladies mélancoliques* :

> L'intellect suit après qui s'esveille par le rapport de l'imagination, qui rend les choses sensibles universelles, qui discourt & prend les conclusions, qui procede des effects aux causes, & des commencemens, par les moyens, jusques aux fins [...] C'est ceste seule puissance qui croist à mesure que le corps decline, *qui montre sa vigueur lors que les membres defaillent*, qui se tend & roidit lors que tous les sens sont laschez, qui voltige par l'air & se pourmene par l'univers lors que le corps est immobile, qui nous fait en dormant bien souvent voir quelques rayons de sa divinité, predisant les choses futures, & si elle n'est estouffée des vapeurs gourmandes, s'esleve par dessus tout le monde, & par dessus sa nature propre voit la gloire Angelique & les misteres du ciel. (p. 8-9, nous soulignons)

Ce qui devient dans l'*Antidote d'amour* :

> ...ceste superieure & royale puissance que nous nommons raison ou intellect, est reveillée & citée, pour contempler les Idées de toutes choses, lesquelles par une influance divine elle contient en soy, qui rend les choses sensibles universelles, qui procede des effects aux causes, & des commencemens par les moyens jusques aux fins, c'est ceste puissance qui croist à mesure que le corps s'use par la lime des ans, *qui florit quand les membres se fletrissent*, qui reverdit par le printemps des experiences en l'hyver de la vieillesse, qui se roidi quand nos sens & autres agents naturels, après une longue operation se laschent & aparessent, qui voltige par l'air, se promeine par l'univers, lors que le corps est immobile, qui veille quand nous dormons & en nos sommeils nous des-voyle les rayons de sa divinité, & par la sympathie qu'elle a avec les astres, nous predit secrettement les choses qui nous doivent avenir, si elle n'est suffoquée des vapeurs gourmandes... [4]

Aubéry s'est contenté de remplacer le syntagme « qui montre sa vigueur lors que les membres defaillent » par un autre plus imagé et ornementé : « qui florit quand les membres fletrissent ». Son intention avouée n'était-elle pas d'éblouir la postérité ?

> Et moy si je pouvais traitter ce discours avec une erudition egale à mon zele, pour le salut, non d'un pays, mais de tout le monde, ne pourrois-je meriter quelque place en la gloire, ou quelque impression d'honneur en la memoire de la posterité ? [5]

4. Jean Aubéry, *Antidote d'amour* (1599), p. 10^{r-v}. Nous soulignons.
5. *Id.*, sign. a vi.

Détrompant son espoir, son traité qui tend à se perdre dans d'innombrables disputes et arguties d'école et qu'orne à l'extrême un style asianiste, ne connaîtra pas de réédition ni guère de renom au cours du XVIIe siècle : son esthétique était passée de mode; on dirait même qu'elle accuse de ce relief involontairement flatteur la vigueur et la roideur de son modèle...

D'une toute autre nature est le propos de Jacques Ferrand, le fameux médecin agenais condamné en 1620 par le tribunal ecclésiastique de Toulouse pour la première version de son *Traicté de l'essence et guerison de l'amour ou de la melancholie érotique* (1610), refondu par la suite sous le titre *De la maladie d'amour ou melancholie erotique* (1623) [6]. Même si Du Laurens n'est que très rarement cité dans ce texte, son influence est essentielle, comme l'ont montré ses éditeurs et traducteurs récents, Donald Beecher et Massimo Ciavolella [7] : elle s'exerce sur la manière dont Ferrand construit ses raisonnements et ses argumentations, les tresse avec les indications thérapeutiques, ou met en scène des anecdotes illustratives de son propos « savant ». De plus, les reprises textuelles sont elles aussi fréquentes. Ferrand recopie, par exemple, presque mot pour mot la description par Du Laurens du mécanisme de la *fascinatio* ficinienne [8].

Enfin, il serait impossible de résumer l'importance du *Discours des maladies mélancoliques* sur *L'Anatomie de la mélancolie* de Robert Burton qui fait référence à la quasi-totalité des points doctrinaux discutés par le bref traité de son prédécesseur. Le public britannique avait pu bénéficier très rapidement d'une version en anglais de l'ouvrage de Du Laurens : deux ans après la parution de l'édition définitive des *Discours* en 1597, Richard Surphlet faisait imprimer sa traduction à Londres. Signe de la notoriété et du succès de cet opuscule, signe qu'il venait à son heure, qu'il marquait son temps et avait touché son but.

En revanche, il nous paraît judicieux de montrer rapidement le poids qu'allait avoir le *Discours* sur la chose littéraire au cours du XVIIe siècle. Nombreuses furent au siècle classique les épidémies de mélancolie, et le traité de Du Laurens, par ses rééditions successives, ne pouvait manquer de servir de point de référence technique aux auteurs soucieux de transférer dans l'univers de la fiction les acquis de la médecine. Le héros du *Page disgracié* de Tristan L'Hermite, par exemple, n'ignore pas l'*opus magnum* consacré par le maître de Montpellier à l'anatomie et en fait un usage insolite au service de ses conquêtes amoureuses :

> Il me souvient qu'un jour elle me témoigna quelque désir d'apprendre l'anatomie et que je travaillai de telle sorte, en trois ou quatre jours, à faire des observations sur du Laurens, Ambroise Paré et d'autres auteurs qui ont

6. Sur les circonstances du procès et de la réécriture de son texte par l'auteur, voir l'édition de Donald Beecher et Massimo Ciavolella, *A Treatise on Lovesickness* (1990), p. 26-38.
7. J. Ferrand, *A Treatise on Lovesickness*, p. 104-105.
8. J. Ferrand, *A Treatise on Lovesickness*, p. 252.

> écrit sur cette partie de la médecine, que j'eusse pu passer en beaucoup de lieux pour un docte chirurgien. [9]

Et lorsqu'il tombe amoureux pour de bon, justement, le page recherche la solitude pour donner libre cours aux pensées morbides de son cerveau atteint par la mélancolie érotique : « [...] je me retirai dans ma chambre. Mais ce ne fut pas pour y digérer ces bons avis et pour y tirer fruit de ma prudence. Ce fut pour m'y pouvoir entretenir en liberté des charmes que j'avais trouvés en la beauté de ma maîtresse et pour y gouter à loisir de ce doux poison qu'elle avait naguère versé dans mon cœur par mes yeux et par mes oreilles. » [10] Avec une lucidité presque médicale, il s'étonne de la violence de l'amour :

> Ce feu subtil et vivifiant éveille les âmes les plus assoupies, et subtilise facilement les sentimens les plus grossiers [...]. Comme un regard favorable, un petit sourire, un mot indulgent ravissent de joie en certaines occasions, aussi ne faut-il en quelques rencontres qu'un petit refus, qu'un coup d'œil altier, et même qu'une légère froideur pour faire mourir de déplaisir. Amour est un tyran désordonné qui fait connaître sa grandeur sans aucune modération : quand il donne, ce sont des profusions étranges ; mais quand il exige, il n'ôte pas seulement la franchise et le repos à ses sujets ; il les dépouille de toute sorte de bien et ne leur laisse pas même l'espérance de voir diminuer leurs maux. [11]

On reconnaît ici la voix du médecin qui déplore les méfaits de l'amour :

> [...] le pauvre amoureux ne se represente plus rien que son idole [...] Tu le verras pleurant, sanglottant, & souspirant coup sur coup, & en une perpetuelle inquietude, fuyant toutes les compagnies, aymant la solitude pour entretenir ses pensées ; la crainte, le combat d'un costé, & le desespoir bien souvent de l'autre, il est (comme dit Plaute) là où il n'est pas, ores il est tout plein de flammes, & en un instant il se trouve plus froid que glace : Son cœur va tousjours tremblottant, il n'y a plus de mesure à son pouls, il est petit, inegal, frequent, & se change soudain, non seulement à la veüe, mais au seul nom de l'object qui le passionne (p. 73)

Dans cet aperçu de la pathologie amoureuse que Du Laurens a composé lui-même dans un style métaphorique et pittoresque, on retrouve l'état de souffrance du page.

9. Tristan L'Hermite, *Le Page disgracié,* éd. Jacques Prévot, Paris, Gallimard, 1994, p. 193.
10. *Id.*, p. 93.
11. *Id.*, p. 94.

Conclusions
Une étape dans l'histoire de la subjectivité

La période de troubles et de tensions qui a suivi l'assassinat de Henri III en 1589 et a duré jusqu'au sacre de Henri IV en 1594 coïncide probablement avec la durée approximative de gestation et de rédaction du *Discours des maladies mélancoliques* d'André Du Laurens. Nous avons vu que dans l'histoire de la France moderne, Du Laurens vit et écrit à un moment de charnière politique, intellectuelle et affective qui se situe entre le demi-siècle des guerres de Religion, marquant la fin de l'Humanisme, et la mise en place laborieuse de l'absolutisme bourbon, qui va imprimer sa marque au Grand Siècle. Les décénnies qui suivent la parution du *Discours des maladies mélancoliques* en 1594 et qui voient après ses nombreuses rééditions forment une sorte d'antichambre au XVIIe siècle, dans laquelle se joue son destin, son orientation, et où s'entrechoquent l'inquiétude persistante propre à la fin de l'Humanisme et l'esquisse de cette stabilisation absolutiste qui permettra l'épanouissement du rationalisme triomphant appelé à se poursuivre jusqu'aux splendeurs des Lumières.

Notre ambition a été d'ouvrir une fenêtre sur cet espace de pensée et d'émotion, sur cette pliure dans l'histoire des idées et des représentations, en prenant pour objet la « médecine morale » du premier traité composé en langue française sur la mélancolie.

C'était aussi l'occasion d'enquêter sur le rôle de ce texte dans la constitution d'une doctrine nationale de la mélancolie « à la française » qui marque sa spécificité par la langue vernaculaire, par le public qu'il vise et par la manière et le tour qu'il adopte. Car le discours de Du Laurens fédère au mieux tous les acquis de vingt et quelques siècles d'analyse doctrinale de la mélancolie en une sorte d'épure qui participera à la fondation de l'anthropologie formant le substrat de la pensée « classique ». Canalisateur des expériences anciennes, il semble s'être donné pour but d'en intégrer, d'en fédérer, d'en unifier les leçons (en occultant ou en tranchant les contradictions) dans l'esprit d'une synthèse raisonnée. Proche par la date et le projet de l'entreprise fameuse de Burton, la sienne s'y oppose pourtant en tout : le clerc britannique, qui compose en anglais comme Du Laurens compose en français, accumule, additionne, empile, dans un esprit d'exhaustivité, alors que le médecin du roi Henri IV vise une clarification doctrinaire par simplification, hiérarchie et combinaison synthétique des données.

Avec Du Laurens, nous sommes au moment de l'ultime stabilisation rationnelle du modèle mélancolique sur lequel se grefferont toutes les complications ultérieures, et sur lequel on se fondera pendant de longues années. Pour preuve, deux siècles plus tard, l'*Encyclopédie* ne trouvera guère à ajouter à la synthèse médico-morale élaborée par Du Laurens ou par Ferrand. L'histoire n'aura enregistré dans l'intervalle que diverses assimilations ou fédérations avec d'autres modèles scientifiques, et bien des coups de boutoir affaiblissant l'édifice par répercussion des soupçons qui pèseront alors sur le système humoral d'origine galénique.

Notre objet a été de montrer que la littérature médicale de vulgarisation, représentée par l'exemple de Du Laurens, contient en germe certains éléments qui faciliteront l'épanouissement d'une éthique organisée autour de la subjectivité consciente d'elle-même, placée au centre de l'action et de la réflexion morales, et tendue entre l'*euthymie* d'un optimisme rationaliste (cartésien, pour le dire vite) et l'hypothèque pathologique d'un pessimisme critique (augustinien, pour résumer).

En même temps, le *Discours des maladies mélancoliques* fournit un modèle opératoire et un outillage commode à la quête morale commencée dans l'angoisse des guerres de religion de l'Humanisme finissant et poursuivie de manière plus seréine à l'aube de l'âge classique. Théologiens, philosophes moraux, penseurs, écrivains et épistoliers recourent alors au discours médical pour comprendre l'homme et sa nature fuyante. De la sorte, on assiste à une récupération de la mélancolie par une forme de psychologie naissante. L'anatomie de « l'humaine condition », commencée par l'esprit aigu et pénétrant de Montaigne, mise en forme par l'esprit classificateur et modérateur de Guez de Balzac, trouve une partie de son inspiration dans le discours sur l'humeur noire.

Dans ces conditions, le texte de Du Laurens joue un rôle central dans la modification de l'imaginaire philosophique, moral ou littéraire d'où est sortie l'anthropologie du classicisme français, de Pascal à La Bruyère. Tout d'abord, il confirme son rôle de support conceptuel : il donne les assises théoriques, sur lesquelles l'écrivain peut justifier et appuyer sa démarche créatrice. Ensuite, le *Discours des maladies mélancoliques* (de même que ceux qui lui suivront, celui de Jourdain Guibelet ou d'Aubéry, les traités de Ferrand,...) a un rôle de tremplin, car en fournissant un corps de doctrine, il ouvre des pistes inconnues, dévoile des *terrae incognitae* du cœur humain. À l'aurore du Grand Siècle, Du Laurens (comme plus tard Ferrand) vulgarise un savoir à des fins d'utilisation non seulement pratique, mais plus généralement théorique. Son livre constitue un corps de doctrine à vocation de leçon pratique, un cours inspirant et inspiré, à écouter comme la répétition générale et la théorisation anticipée de *Phèdre*, de la *Princesse de Clèves* ou des *Lettres portugaises*; il grave les lignes fortes du portrait du mélancolique misérable et abattu, tourmenté et dérisoire, qui se retrouve dans les visages du *Page disgracié* de Tristan L'Hermite ou dans la caractérologie d'Alceste, le Misanthrope de Molière.

Si l'on osait, pour finir, un parallèle avec notre modernité, on dirait que la période charnière du *Discours des maladies mélancoliques,* située entre Humanisme et Classicisme, est comparable à la naissance de la psychanalyse au début du XXe siècle. Comme l'époque de Freud, la médecine devait faire face à une sorte de modernité pessimiste qui conjugue le dégoût du siècle finissant avec l'anxiété de voir échapper à sa prise le caractère irréductible de la nature humaine. On pourrait certes opposer à cette analogie que la théorie freudienne défait la confiance dans la conscience de soi et l'autonomie du sujet dont l'herméneutique classique fait son principal objet de conquête. Mais ce serait méconnaître la dualité de l'une et de l'autre doctrine : chacune suggère à la fois une confiance dans les ressources de la parole introspective et une défaite de la lucidité embrumée par les ténèbres de l'humeur noire ou de l'inconscient nocturne. Enfin toutes deux nouent un lien privilégié par le discours avec la souffrance morale et physique à la fois. C'est ainsi qu'en amont des interrogations successives de la conscience individuelle menées par le scepticisme, l'augustinisme ou le cartésianisme de la seconde moitié du XVIIe siècle, la médecine mélancolique avait posé ses propres jalons théoriques et cherché à sa manière à cerner l'origine individuelle, physique et expérimentale, de la souffrance.

Établissement du texte

Pour la translittération, nous avons respecté l'orthographe de l'édition de 1594 recopiée à l'identique, sauf les corrections ordinaires : nous avons distingué -i et -j ainsi que -u et -v; la voyelle surmontée du tilde a été nasalisée par adjonction du -n ou du -m; l'accent grave a été ajouté sur la préposition *à*, sur *où* et *très* ainsi que sur les adverbes et prépositions *après, auprès, dès*; nous avons substitué chaque fois que nécessaire accents aigus et accents graves : *douziéme* devient *douzième*. La troisième personne du singulier du verbe « avoir » perd l'accent. Par souci de clarté nous avons désagglutiné l'adverbe *très* de l'adjectif qu'il régit. De plus, l'accent aigu a été ajouté sur les noms, adjectifs ou participes en *-é, -ée, -és*. La graphie du s long et du ß a été modernisée en f et ss. Par contre, aucun accent intérieur n'a été ajouté dans le cas d'autres catégories grammaticales à part les exemples donnés. Nous avons respecté le choix de majuscules et nous nous sommes efforcé de rendre à l'identique la ponctuation d'après l'édition de 1594 pour que le lecteur d'aujourd'hui puisse retrouver la respiration originelle de l'œuvre. Enfin, nous n'avons pas constitué d'alinéas autres que ceux présents dans l'édition originale.

En complément des notes du texte, nous proposons une variante d'index médico-pharmacologique contenant la description des ingrédients et des remèdes employés par Du Laurens dans les chapitres consacrés au traitement de la mélancolie, ainsi que les pièces liminaires de l'ouvrage.

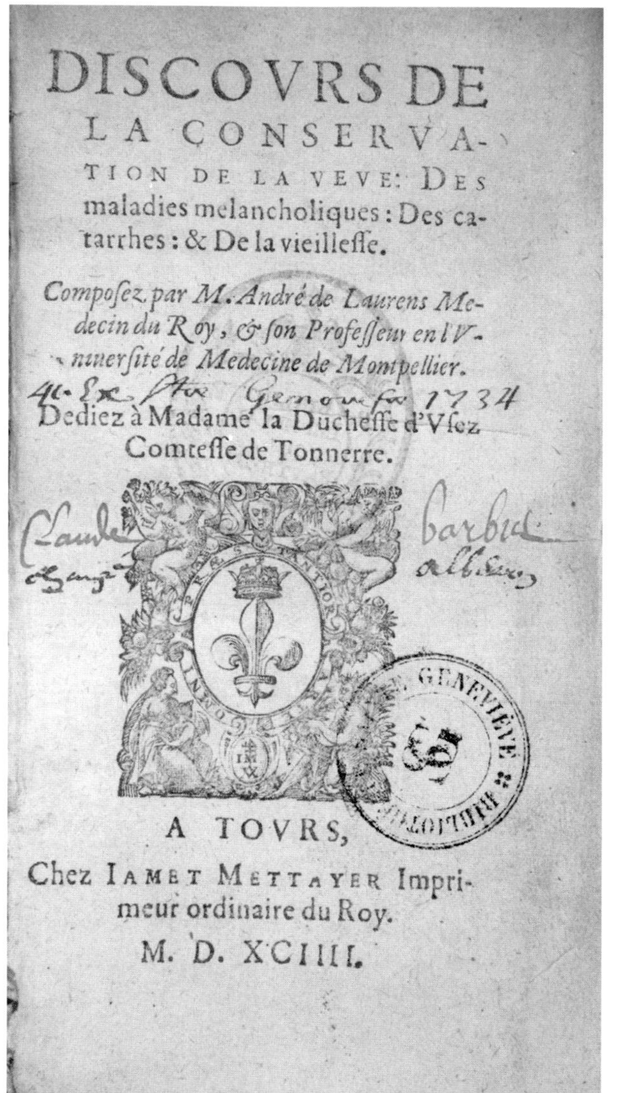

DISCOVRS DE
LA CONSERVA-
TION DE LA VEVE: DES
maladies melancholiques : Des catarrhes : & De la vieilleſſe.

*Compoſez par M. André de Laurens Me-
decin du Roy, & ſon Profeſſeur en l'V-
niuerſité de Medecine de Montpellier.*

Dediez à Madame la Ducheſſe d'Vſez
Comteſſe de Tonnerre.

A TOVRS,
Chez IAMET METTAYER Impri-
meur ordinaire du Roy.
M. D. XCIIII.

99

SECOND DISCOVRS
AVQVEL EST TRAICTÉ
des maladies melãcholiques, &
du moyen de les guarir.

*Que l'homme eſt vn animal diuin &
politique, ayant trois puiſſances nobles particulieres, l'imagination, le
diſcours, & la memoire.*

CHAPITRE I.

E Sarraſin Abdalas
eſtant importuné, &
comme forcé de di-
re, qu'eſt-ce qu'il trouuoit
de plus admirable au monde,
reſpondit en fin brauement,
que l'homme ſeul eſtoit par
deſſus toute merueille; Reſ-
ponce à la verité non d'vn
homme barbare, mais d'vn

I iij

Figure 4 : André Du Laurens, *Discours de la conservation de la veue, des maladies melancholiques, des catarrhes et de la vieillesse*, Tours, Jamet Mettayer, 1594, page de titre, sign. [ai] ; page de titre du « Second discours auquel est traicté des maladies melancholiques, & du moyen de la guarir », p. 99r. (© Bibliothèque Sainte-Geneviève, Paris).

Les premières éditions des *Discours*

Le *Discours de la conservation de la veue, des maladies melancholiques, des catarrhes et de la vieillesse* connaît plus de dix éditions et plusieurs traductions en moins de trois décennies après sa première publication. Nous donnons ci-dessous la description philologique des deux premières éditions :

A. Tours, J. Mettayer, 1594 (figure 4).

DISCOURS DE/ LA CONSERVA-/TION DE LA VEUE : DES/ maladies melancholiques : Des ca-/tarrhes : & De la vieillesse./ *Composez par M. André de Laurens Me-/decin du Roy, & son Professeur en l'U-/niversité de Medecine de Montpellier.*/ Dediez à Madame la Duchesse d'Usez/ Comtesse de Tonnerre./ [marque : Renouard n° 769]/ A Tours,/ Chez Jamet Mettayer Impri-/meur ordinaire du Roy./ M.D.XCIIII.
[12], 269, [1] ff., signé a^{12}, A-Y^{12}, Z^{5}; in-12°.

SECOND DISCOURS, AUQUEL EST TRAICTE/ des maladies melancholiques, &/ du moyen de les guarir.
ff. 99^{r} – 200^{v}, I^{3} – R^{8}.
Bandeau et lettrine en bois.

B. Paris, J. Mettayer, 1597

DISCOVRS/ DE LA CONSER-/ VATION DE LA VEVE :/ Des maladies melancholiques :/ des catarrhes : & de la vieillesse./ *Composez par M. André du Laurens, Medecin/ ordinaire du Roy, & professeur de sa/ Majesté en l'Vniuersité de Mede-/ cine à Montpellier.*/ Reueuz de nouueau & augmen-/ tez de plusieurs chapitres./ [marque : Renouard n° 769]/ A PARIS,/ Chez IAMET METTAYER,/ Imprimeur ordinaire du Roy./ M. D. XCVII.

[24], 274, [1] ff. ; signé a^{12}, A –Y^{12}, Z^{10}; in-12.

SECOND DISCOURS, AUQUEL EST TRAICTE/ des maladies melancholiques, &/ du moyen de les guarir.
ff. 97-195, I – R^{3}.

Nous proposons une liste des éditions des *Discours* avec indications (qui ne sont toutefois pas exhaustives) sur la localisation des exemplaires dans les plus grandes bibliothèques de France et du monde [1].

Date	Lieu	Libraire Imprimeur	Format	Exemplaires
1594	Tours	Jamet Mettayer	in-12	Bibliothèque de l'Arsenal, Paris ; Bibliothèque Sainte-Geneviève, Paris ; BM Nancy ; BM Toulouse ; NLM ; BU Minnesota, États-Unis.
1597	Paris	Jamet Mettayer	in-12	BnF ; BIUM (numérisation dans la coll. MEDIC@) ; BM Châlons-en-Champagne (Marne) ; BM Mejanes (Aix-en-Provence) ; BM Toulouse ; NLM ; British Library ; BU Lausanne, Suisse ; Biblioteca Complutense, Madrid, Espagne ; Numérisation Google Books.
1598	[Paris]	Theodore Samson	in-12	BU Cambridge ; British Library, Londres ; Wellcome Library, Londres ; BU Johns Hopkins, Baltimore ; Bibliothèque numérique Gallica.
1600	Rouen	Claude Le Villain	in-12	BnF, Arsenal ; BU Yale[2] ; BU Cambridge ; BM Lille ; Wellcome Library, Londres ; Bibliothèque numérique Gallica.
1606	Paris	Pierre Mettayer	in-12	BnF ; NLM.
1606	Paris	Marc Orry	in-12	BnF, Bibliothèque de l'Arsenal.
1608	Rouen	Claude Le Villain	in-12	BnF

1. À cette fin, nous nous sommes servis de repértoires bibliographiques imprimés, notamment la *Bibliotheca Aureliana, l'Index-catalogue of the Library of the Surgeon-General's Office* (États-Unis), ainsi que de plusieurs sources bibliographiques informatisées et disponibles par Internet : le catalogue informatique de la Bibliothèque Nationale de France, le catalogue de la Bibliothèque du Congres Américain, le Catalogue de la Wellcome Library, le Catalogue Collectif de France, le répertoire bibliographique de la MLA, les ressources informatiques de la National Library of Medicine (NLM), les catalogues en ligne Worldcat.org, Openlibrary.org, etc.
2. Exemplaire catalogué comme datant de 1592. Il s'agit très probablement d'une erreur de catalogage due à l'imperfection de la page de titre.

Date	Lieu	Libraire Imprimeur	Format	Exemplaires
1615	Rouen	Claude Le Villain	in-16	BnF ; NLM.
1620	Rouen	Claude Le Villain	in-16	BnF ; Wellcome Institute ; British Library.
1630	Rouen	Louys Loudet	in-12	BnF ; Bibliothèque de l'Arsenal.

Sigles utilisés :
BM – Bibliothèque municipale
BU – Bibliothèque universitaire
BIUM – Bibliothèque inter-universitaire de médecine, Paris
BnF – Bibliothèque nationale de France, Paris
NLM – National Library of Medicine, Bethesda (Md), États-Unis

Inclusion dans les volumes d'œuvres complètes

En 1613, Théophile Gelée achève la traduction des œuvres complètes d'André Du Laurens. « Le discours des maladies melancholiques » y est inclus :

Toutes les Oeuvres de Me André Du Lauens, sieur de Ferrières,... recueillies et traduites en françois par Me Theophile Gelée, Paris, Pierre Mettayer et Raphael Du Petit-Val, 1613, 5 parties en un vol., in-fol.

Le volume sera réédité plusieurs fois au cours du XVIIe siècle (Rouen, Du Petit-Val, 1621 ; Paris, J. Petit-Pas, 1639 ; Paris, M. Guillemot, 1646 ; Rouen, D. Berthelin, 1661). Les éditions de 1639 et de 1646 sont revues par G. Sauvageon et portent le titre suivant :

Les Oeuvres de Me André Du Laurens, sieur de Ferrières, ... traduites en françois par Me Théophile Gelée, reveues, corrigées et augmentées... par. G. Sauvageon.

Enfin, en 1628, Guy Patin donne à Paris la version latine des *Oeuvres complètes* de Du Larens : *Andreae Laurentii,... Opera omnia, partim jam antea excusa, partim nondum edita, nunc simul collecta et ab infinitis mendis repurgata studio et opera Guidonis Patini...*, Paris, J. Petit-Pas, J. Fouet, A. Taupinart, M. Durand, 1628.

Traductions

Moins de vingt ans après la parution de la première édition de 1594, le livre était déjà traduit en plusieurs langues. Nous ne mentionnons ici que le traductions complètes qui contiennent au moins une variante du *Discours des maladies melancholiques.*

En anglais :

A discourse of the preservation of the sight : of melancholike diseases ; of rheumes, and of old age. Translated out of French into English, according to the last edition by Richard Surphlet, Londres, F. Kingston pour R. Jacson, 1599, trad. Richard Surphlet. [Exemplaires : Cambridge ; Oxford ; Aberdeen ; Wellcome Institute, British Library]

Fac-similé de cette édition :

A discourse of the preservation of the sight : of melancholike diseases ; of rheumes, and of old age by M. Andreas Laurentius, translated by Richard Surphlet, 1599 ; with an introduction by Sanford V. Larkey, [London] : Published for the Shakespeare association by H. Milford, Oxford University Press, 1938, trad. Richard Surphlet, introd. Sanford V. Larkey.

[Exemplaires : Bibliothèque de Genève ; Cambridge ; NLM ; Wellcome Institute ; Library of Congress ; Birmingham ; Glasgow ; Manchester ; Oxford ; Edinburgh ; Liverpool ; Bristol]

En latin :

Andreæ Laurentii medici regii, et in Academia Monspeliensi Medicæ artis professoris Regij, de morbis melancholicis, & eorum cura tractatus : E lingua Gallica in Latinam conuersus studio Thomæ Moundefordi Doctoris Medici Socij Collegij medicorum Londinensium. Huic accedit eiusdem dictio breuior de laude medicorum, & fraude empiricorum. Londres, Ex officina typographica F[elix] Kingstoni, [1599] [Exemplaires : Marshal's Library, Dublin].

Discursus philosophicus et medicus de melancholia et catarrho, in quo de eorum differentiis, causis, signis, et curandi ratione, disseritur, Augustae Vindelicorum, apud Andream Aperger, sumptibus S. Mylii, 1620, in-12, XXIV, 248 p. ; Trad. Johann Theodor Schönlin. [Exemplaires : BnF, Wellcome Institute, British Library]
Traduction latine par Guy Patin dans *Opera Omnia*, Paris, J. Petit-Pas *et alii,* 1628 (voir ci-dessus).

Une autre traduction en latin figure dans André Du Laurens, *Opera omnia anatomica et medica*, Francfort, C. Rötelii & W. Fitzeri, 1627-1628 (voir ci-dessus).

En italien :

Discorsi della conservatione della vista, delle malattie melanconiche, delli catarri, e della vecchiaia, Naples, Lazarre Scorigio, 1626. Trad. par Frère Jean Germain. [réédition à Venise en 1637] [Exemplaires : BnF, British Library].

À remarquer la traduction italienne faite par Giacomo Ferrari et incluse dans son œuvre : *Democrito et Eraclito ; dialoghi del riso, delle lagrime & della malinconia (Discorso della malinconia del Sig. A. Laurentio.),* Mantoue, Appresso Aurelio, & Ludovico Osanna fratelli, 1627.

Le deuxième dialogue a comme protagonistes André Du Laurens et Joseph Quercetanus [Joseph Du Chêne de La Violette] [3]. Une troisième partie de l'ouvrage est consacrée à la version latine du *Discours de maladies mélancoliques.* [Exemplaires : BnF]

3. Joseph Du Chêne de La Violette (1544-1609), médecin français ayant étudié à Montpellier et à Bâle, actif à Genève et en Allemagne avant d'être nommé médecin ordinaire de Henri IV (vers 1598) ; il a été influencé par le paracelsisme. Cela expliquerait sa place dans ce dialogue imaginaire en tant qu'interlocuteur de Du Laurens qui n'avait pas embrassé le paracelsisme. À noter que dans la vie réelle, André Du Laurens était intervenu en faveur de ce médecin. La Faculté de médecine de Paris avait interdit la pratique de la médecine à Du Chêne de La Violette et à Turquet de Mayerne. Suite à un décret royal et à l'intervention d'André Du Laurens, la Faculté, « touchée par les avis, les promesses et l'élégant discours du premier médecin », se voit obligée d'admettre « La Violette et Turquet, médecins du roi (à ce qu'il paraît), à tenir des consultations médicales avec les docteurs de la Faculté » (ms. 10 de la BIUM, Paris, fol. 105^{r}-106^{r}, cité, trad. et commenté dans Didier Kahn, *Alchimie et Paracelsisme en France à la fin de la Renaissance (1567-1625),* Genève, Droz, 2007, p. 390). Du Chêne de La Violette est l'auteur d'une *Tetrade des plus grieves maladies de tout le cerveau* (Paris, Claude Morel, 1625) où il traite notamment de l'épilepsie.

Second discours auquel est traicté des maladies melancholiques, & du moyen de les guarir

Chapitre I

[99r]

QUE L'HOMME EST UN ANIMAL DIVIN & POLITIQUE, AYANT TROIS PUISSANCES NOBLES PARTICULIERES, L'IMAGINATION, LE DISCOURS, & LA MEMOIRE

| Le Sarrasin Abdalas estant importuné, & comme forcé de dire, qu'estce qu'il trouvoit de plus admirable au monde, respondit en fin bravement, que l'homme seul estoit par dessus toute merveille [1]. Response à la verité non d'un homme barbare, mais d'un || grand philosophe*; Car l'homme ayant en son ame gravée l'image de Dieu**, en son corps le modelle de l'univers, peut en un instant se transformer en tout comme un Protée, ou recevoir en un moment comme un chameleon [2] l'impression de mille couleurs. Phavorin ne recognoist rien de grand en la terre que l'homme [3]; les sages d'Egypte l'ont voulu honorer du tiltre de Dieu mortel; Mercure trois fois grand l'appelle animal plein de divinité, messager des Dieux, seigneur des choses inferieures, familier des superieures [4]; Pythagoras mesure

Louange de l'homme

[99v]

* Var. 1597 : digne d'un grand Philosphe, & non d'un homme barbare.

** Var. 1597 : representant

1. D'après Jean Pic de la Mirandole, *Oratio de hominis dignitate*, *Opera omnia*, Bâle, 1557; éd. et trad. fr. Yves Hersant, *De la Dignité de l'homme*, Combas, Éditions de l'éclat, 1993, p. 2-3 : « Très vénérables Pères, j'ai lu dans les écrits des Arabes que le Sarrasin Abdallah, comme on lui demandait quel spectacle lui paraissait le plus digne d'admiration sur cette sorte de scène qu'est le monde, répondit qu'il n'y avait à ses yeux rien de plus admirable que l'homme. » Selon Y. Hersant, ce Sarrasin Abdalas serait Abdallah, fils de Salam, disciple de Mahomet.
2. Protée et le caméléon, alliance de comparaisons devenue depuis longtemps topique. Ainsi chez Jean Wier (*De l'imposture et tromperie des diables*, III, 8) cité par Robert Burton : « comme un Protée comme un caméléon » (*Anatomie de la mélancolie*, trad. fr. Bernard Hoepffner et Catherine Goffaux, Paris, J. Corti, 2000, p. 431). Du Laurens l'aura retrouvée chez Pic de la Mirandole, *De la dignité de l'homme*, p. 9-11 : « Qui n'admirerait notre caméléon ? Ou, d'une manière plus générale, qui aurait pour quoi que ce soit d'autre davantage d'admiration ? Asclépios d'Athènes n'a pas eu tort de dire que dans les mystères, en raison de sa nature changeante et susceptible de se transformer elle-même, on désigne cet être par Protée. » Sur « Asclépios d'Athènes », on voudra bien se reporter à la note 4 ci-dessous. Voir également Cœlius Rhodiginus, *Lectionum antiquarum libri XXX*, Bâle, Froben, 1566, I, 39.
3. Cœlius Rhodiginus, *Lectionum antiquarum* (1566), II, 17, p. 54 : « *Inde Phavorinum recte laudari animadverto, ubi ait : Nil in terris magnum praeter hominem, nil magnum in homine praeter mentem & animum.* » Phavorin i.e. Favorinus (v. 85-155), philosophe et polygraphe grec, né à Arles, étudia à Marseille puis à Rome. À Rome il fut l'élève de Dion Chrysostome et eut comme amis ou associés Plutarque, Fronton ou Aulu Gelle (qui le cite souvent dans ses *Nuits attiques*). Ses ouvrages, dont le nombre aurait été de plus de trente, sont en grande partie perdus, à l'exception de quelques déclamations recueillies par Dion.
4. Ce fragment prend son origine de l'*Asclepius* d'Hermès Trismégiste (*Asclepius*, 6 et 23, *Corpus Hermeticum*, tome II, Paris, Les Belles Lettres, 1945, p. 301-302. Le *Corpus Hermeticum*

de toutes choses[5] ; Synesius orizon des choses corporelles & incorporelles[6] ;
[100r] Zoroaster par ad || miration le publie par tout effort & miracle de nature ; Platon merveille des merveilles[7] ; Aristote, animal politique plein de raison & de conseil, qui est tout, ayant tout par puissance [non pas materiellement, comme vouloit Empedocle, mais par reception des especes.] * ; Pline, jouet de la nature, tableau de l'univers, abregé du grand monde. Parmy les Theologiens il y en a qui l'ont appellé, toute creature [8], d'autant qu'il a communication avec tout ce qui est créé, il a l'estre avec les pierres, la vie

D'où vient l'excellence de l'homme

avec les plantes, le sentiment avec les bestes, l'intellect avec les Anges [9]. |

avait été redécouvert en 1460. Marsile Ficin en entreprit une traduction latine peu après). La référence aux « sages d'Egypte » et à Hermès traverse toute la littérature sur la dignité de l'homme ; nous lisons chez Pierre Boaistuau : « Dequoy esmerveillez quelques sages d'Egypte, oserent appeller l'homme Dieu terrestre, animant divin et celeste, messager des dieux, seigneur des choses inferieures, familier des superieures, et finalement miracle de nature. » (*Bref Discours de l'Excellence et Dignité de l'Homme* (1558), éd. Michel Simonin, Genève, Droz, 1982, p. 46-47). Boaistuau à son tour recopiait Giovan Battista Gelli, *La Circé*, trad. fr. D. Sauvage, Lyon, G. Rouillé, 1550, p. 298. Le fragment sera repris plus tard par Ambroise Paré dans *Des Animaux et de l'Excellence de l'Homme* (1579), éd. Jean Céard, Mont-de-Marsan, Éd. InterUniversitaires, 1990, p. 101.

On trouvera la bibliographie exhaustive de la littérature critique sur le thème de la dignité de l'homme dans Lionello Sozzi, *Rome n'est plus Rome. La polémique anti-italienne et autres essais sur la Renaissance ; suivis de « La dignité de l'homme »*, Paris, Champion, 2002, p. 340-341, note 3.

Pour la fortune de l'hermétisme à la Renaissance, on se reportera aux ouvrages classiques de André-Jean Festugière, *La Révélation d'Hermès Trismégiste,* 4 vol., Paris, 1950-1954 ; Frances A. Yates, *Giordano Bruno and the Hermetic Tradition,* London-Chicago, 1964. L'image d'Hermès-Mercure est analysée également par Marie-Madeleine de La Garanderie, *Mercure à la Renaissance. Actes des Journées d'Étude des 4-5 octobre 1984, Lille*, Paris, Champion, 1988 (voir notamment Jean-François Maillard, « Hermès théologien et philosophe » p. 11-14 pour une chronologie de la réception du *Corpus Hermeticum* en France au XVIe siècle).

5. Cœlius Rhodiginus, *Lectionum antiquarum* (1566), II, 17, p. 55 : « *Hominem denique ne quid praeteream sciens, pronunciat Pythagoras, esse rerum mensuram.* » C'est en fait la célèbre formule de Protagoras, que l'on trouve en tête de ses Discours terrassants (Diogène Laërce, *Vies et doctrines des philosophes illustres*, IX, 51. Sextus Empiricus, *Contre les mathématiciens*, VII, 60). Pour une analyse de cet aphorisme et de son attribution erronée à Pythagore, voir Ch. Trinkaus, « Protagoras in the Renaissance », dans *Philosophy and Humanism : Renaissance Essays in Honour of Paul Oskar Kristeller*, éd. Edward P. Mahoney, Leyde, E. J. Brill, 1976, p. 194-195 et *passim*; Luis Martinez Gomez, « El hombre "Mensura rerum" en Nicolàs de Cusa », *Pensamiento*, 21, 1965, p. 41-63.
6. Synésios de Cyrène, *Liber de insomniis*, VI, 25.
7. Cœlius Rhodiginus, *Lectionum antiquarum* (1566), II, 17, p. 55 : « *Aut cur nam Plato hominem non contentus miraculum appellasse, adjecit divinum miraculum ?* »

* Var. 1597 : rajout de l'édition de 1597.

8. Pic de la Mirandole, *De la dignité de l'homme*, p. 13 : « L'homme qui se trouve à juste titre désigné, dans les textes sacrés de Moïse et des chrétiens, tantôt par l'expression "toute chair", tantôt par l'expression "toute créature", puisque lui-même se figure, se façonne, se transforme en prenant l'aspect de n'importe quelle chair, les qualités de n'importe quelle créature. »
9. Ici encore, Du Laurens compose d'après le texte de Pic de la Mirandole, p. 9 : « Mais à l'homme naissant, le Père a donné des semences de toute sorte et les germes de toute espèce de vie. Ceux que chacun aura cultivés se développeront et fructifieront en lui : végétatifs, ils

Les autres l'ont honoré de ce beau tiltre de gouverneur universel, qui tient toutes les creatures soubs son Empire, à qui tout obeit, & pour qui tout l'univers est || créé : c'est en somme le chef d'œuvre de Dieu, & le plus noble de tous les animaux [10]. | Or ceste excellence qui le fait reluire sur tous, ne despend point de son corps, encores que ce soit le mieux formé, le plus temperé, & le mieux proportionné qui soit au monde, servant aux autres d'une reigle de Polyclete, & aux architectes comme d'un exemplaire pour tous leurs bastimens [11]. Ceste noblesse, dy-je, ne provient pas du corps qui est materiel & corruptible, son extraction vient de plus haut, c'est l'ame seule qui l'anoblit, forme du tout celeste & divine, qui ne sort pas de la puissance de la matiere, comme celle des plantes & des bestes : Elle est || créée de* Dieu, & vient du ciel, pour gouverner le corps aussi tost qu'il

[100v]

L'excellence de l'homme

[101r]

le feront devenir plante; sensibles, ils feront de lui une bête; rationnels, ils le hisseront au rang d'être céleste; intellectifs, ils feront de lui un ange et un fils de Dieu. »

10. Toute cette introduction savante et philosophique du *Discours des maladies melancholiques* est en réalité la reprise textuelle, ou presque, de la préface des *Opera anatomica* publiées par André Du Laurens l'année précédente (Lyon, J.-B. Buysson, 1593, « *Praefatio* », p. 5-6). Nous citons d'après *Toutes les œuvres de Mr André Du Laurens,* trad. fr. de Th. Gelée, Rouen, R. du Petit-Val, 1621, p. 1r-v : « L'Antiquité nous a laissé par escrit, l'homme, lequel a en soy des estincelles celestes & des semences de la Divinité, comme tesmoignent tant la Majesté gravée en sa face comme la figure de son corps qui est droicte & eslevée vers le Ciel, avoir esté appellé par les très sages Prestres d'Egypte, *Animal adorable & admirable.* Mercure surnommé trois fois grand, le nomme *Miracle grand* [*miraculum magnum*], *Animal très semblable à Dieu & truchement des Dieux.* Pythagore, *Mesure des toutes choses* [*rerum omnium mensuram*]. Platon, *Merveille des merveilles.* Theophraste, *Exemplaire & modelle de l'Univers.* Aristote, *Animal politique, nay pour la societé.* Synesius, *Orizon des choses corporelles & incorporelles.* Ciceron, *Animal Divin, plein de conseil & de raison.* Pline, *Abregé du monde,* & *les delices de Nature.* Mais ils l'ont tous appellé d'un commun consentement *Microcosme*, c'est-à-dire, *petit monde* : d'autant qu'il contient en son corps, les facultez de tous les corps, & en son ame, les puissances de toutes les choses aimées. Le très ancien Zoroaster ayant longtemps contemplé l'artifice singulier du corps humain, s'éscria enfin par admiration. *O Homme effort & image de la Nature hardie, & qui fait tout confidemment!* Le Sarrazin Abdalas estant interrogé qu'est-ce qu'il estimoit de plus admirable au monde, respondit enfin, non comme Barbare, mais comme un grand Philosophe, *Que l'homme seul surpassait toute merveille,* comme celuy qui estant l'image de ce grand monde peut en un instant se transformer en tout, comme un Prothée ou un Chameleon. Phavorin ne recognoist rien de grand en la terre hormis luy. Les Theologiens l'appellent *toute creature,* parce qu'il est en quelque façon toute chose par puissance, non point *materiellement,* comme vouloit Empedocles, mais par analogie & par la reception des especes, etc. »
Plus tard, pour son *Historia anatomica humani corporis* (Paris, M. Orry, 1600), il sollicitera les mêmes références dans un passage glosant là encore la *dignitas hominis.* Bref, il s'agit d'une composition par éléments préfabriqués, selon les méthodes d'invention et d'écriture humanistes.

11. Référence au fameux « canon » de Polyclète qu'aurait illustré la statue du *Doryphore* (le porteur de lance). Parmi les médecins, Galien déjà y fait référence dans un fragment célèbre de son traité *De la Meilleure constitution de notre corps* (Kühn, IV, 745) : Du Laurens lui emboîte le pas. Voir Jackie Pigeaud, *L'Art et le vivant,* Paris, Gallimard, 1995, chap. II « La nature du Beau ou le Canon de Polyclète », p. 29-44 et chap. VI « L'esthétique de Galien », p. 127-153.

* Var. 1597 : *par.*

Les trois puissance nobles de l'ame — *L'imagination* — [101v]

[est] [12] organisé ; ses actions nous rendent assez de preuve de sa noblesse ; | car outre la faculté vegetative & sensitive, elle a trois puissances particulieres qui l'eslevent par dessus les autres animaux : l'imagination, la raison, & la memoire. La raison est la souveraine, les deux autres pource qu'elles la servent ordinairement, l'une de rapporteur, l'autre de greffier, jouyssent des privileges de noblesse, logent dans la maison Royale, tout auprès de la raison, l'une en son antichambre, l'autre en son cabinet. | L'imagination represente à l'intellect tous les objects qu'elle a receu du || sens commun, & rapporte ce que les espions ont descouvert : Sur ce rapport l'intellect prend ses conclusions, qui sont bien souvent fausses, quand l'imagination rapporte infidelement. Et tout ainsi que les plus advisez capitaines font bien souvent de foles entreprises sur un faux advertissement ; ainsi la raison fait bien souvent de fols discours sur le faux rapport de la fantasie.

Opinion des Grecs contre la noblesse de l'imagination — [102r]

| Il y a certains philosophes Grecs qui ont voulu oster ce tiltre de noblesse à l'imagination, & se sont efforcez de la rendre aussi vile, que les autres operations sensibles, j'en ay autre fois leu deux opinions : la premiere est de ceux qui pensent que l'imagina||tion ne differe pas du sens commun [13]. L'autre est de ceux qui disent que l'imagination est aussi bien commune aux bestes qu'aux hommes, cela estant, qu'on ne la doit point appeller noble. Mais je feray voir à un chacun comme ils se sont lourdement abusez.

Erreur des Philosophes — *Difference entre l'imagination & le sens commun* — [102v]

| Tous ceux qui se sont meslez de bien philosopher, tiennent pour resolu que l'imagination est quelque chose de plus que le sens commun ou interieur, qui juge de tous les objects externes, & auquel comme au centre se rapportent toutes les especes sensibles : | car le sens commun reçoit les especes en mesme temps que les sens externes, & avec la puissance (s'il faut parler en termes || scholastiques) reale de l'object, mais l'imagination les reçoit & retient sans la presence de l'object ; L'imagination compose & joint les especes ensemble, comme de l'or & de la montagne elle feint une montagne d'or [14], ce que le sens commun ne peut faire : le sens interieur ne

12. Oubli corrigé par l'Erratum figurant à la fin de l'ouvrage (sign. Z^6).

13. Aristote, *De la Mémoire*, 450a 12. Le débat se prolonge jusque dans la scolastique médiévale quand un philosophe comme Richard Rufus de Cornwall insiste sur le fait que le sens commun ne se distingue pas de l'imagination, alors que Roger Bacon, son disciple, suivant cette fois une position d'Avicenne, distingue clairement entre les deux facultés ; voir à ce sujet Rega Wood, « Imagination and Experience in the Sensory Soul and Beyond : Richard Rufus, Roger Bacon & their Contemporaries », dans *Forming the Mind : Essays on the Internal Senses and the Mind/Body Problem from Avicenna to the Medical Enlightenment*, Henrik Lagerlund (éd.), Dordrecht, Springer, 2007, p. 27-57, notamment p. 34-39 : « 3.3 Imagination and common sense ».

14. La métaphore prend son origine dans le *Canon* d'Avicenne, « une montagne d'émeraude », où elle servait d'exemple pour les emportements hallucinatoires que peut provoquer la corruption de la faculté imaginative ; on trouvera la traduction dans Jean R. Michot, *La Destinée de l'homme selon Avicenne. Le retour à Dieu (*ma'ād*) et l'imagination*, Louvain, Peeters, 1986, p. 148. Ce *topos* de la montagne de matière précieuse (le plus souvent d'or) se retrouve chez Juan Huarte, *Examen de ingenios para las ciencias* (1575), trad. fr. Gabriel Chappuys sous le titre *Examen des esprits propres et naiz aux sciences*, Lyon, J. Didier, 1580, p. 240 : « [la chaleur de l'imagination] fait bouillir les figures, si bien qu'on découvre par ce moyen différent ce qui se peut voir ; et si

peut comprendre que ce qui est apperceu par les sens externes, mais l'imagination passe plus outre : car la brebis ayant veu le loup le fuit tout aussi tost, comme son ennemy ; ceste inimitié ne se cognoist pas par les sens, ce n'est pas un object sensible, il n'y a que l'imagination qui la cognoisse [15]. C'est doncques une puissance bien differente du sens commun, qui se
trouve || veritablement aux bestes, mais elle ne s'y trouve pas en mesme [103v]
degré de perfection qu'aux hommes. | Je veux qu'un chacun voye la dif- *Difference entre l'imagination de l'homme & celle des bestes*
ference qu'il y a entre l'imagination des bestes, & celle des hommes [16]. |
L'imagination des bestes ne leur sert que pour suivre les mouvements & *Première*
passions de l'appetit, & n'est adonnée qu'à la pratique, c'est à dire, ou à la poursuite de ce qui leur sert, ou à la fuite de ce qui leur peut nuire ;
| L'imagination de l'homme sert & à la pratique & à la contemplation. *Seconde*
L'imagination des bestes ne peut feindre aucune image, sinon entant qu'elle luy est presente ; l'homme a la liberté de concevoir ce qu'il luy plaist, &
encores qu'il n'ait d'ob||jects presens il en va prendre dans le thresor qui est [103v]
la memoire tant qu'il luy plaist. | Les bestes imaginent seulement quand *Troisième*

l'on ne peut rien trouver, l'imagination a la vertu non seulement de composer des figures des choses possibles, mais d'assembler ce qui ne se peut joindre dans l'ordre de la nature, et de se forger des montagnes d'or et des boeufs qui volent » (cité par Jackie Pigeaud, *Littérature médecine société,* 1, Nantes, Publications de l'Université de Nantes, 1979, p. 132). Plus tard, Burton recourra lui aussi à l'image de la montagne d'or pour illustrer la force de l'imagination : « Des effets semblables se produisent parfois chez des personnes éveillées : combien de chimères, de figures grotesques, de montagnes d'or et de châteaux en Espagne ne se construisent-elles pas elles-mêmes ? » *Anatomie de la mélancolie,* 1.2.3.2., « De la force de l'imagination », Faulkner, 1, p. 250-255 ; Hoepffner, p. 425-426. Burton recopie en fait Hieronymus Nymann, *Oratio de imaginatione,* Wittenberg, 1593 (repris sous le titre *De Imaginatione oratio,* par Tobias Tandler, *Dissertationes physicae-medicae,* Leuchoreid Athenis, Z. Schureri, 1613, p. 213-214).

15. Il s'agit ici d'une version simplifiée de la théorie de l'intellect élaborée par Avicenne et devenue depuis la traduction en latin de ses œuvres une véritable vulgate pour la pensée philosophique et médicale de l'Occident médiéval et humaniste. Du Laurens reprend le texte du *Traité de l'âme,* mais en attribuant à l'imagination le rôle dévolu dans l'original à la puissance estimative. À celle-ci, Avicenne donnait pour fonction d'extraire les idées ou les intentions contenues dans les choses sensibles et qui ne sont pas perçues par les sens : ainsi, exemple topique et toujours repris, la brebis « estime » et prévoit l'inimitié du loup et le fuit sans attendre que ses sens lui fournissent (trop tard) la preuve du danger : « *Deinde aliquando diiudicamus de sensibilibus per intentiones quas non sentimus, aut ideo quod in natura sua non sunt sensibiles ullo modo, aut quia sunt sensibiles sed nos non sentimus in hora iudicii. Sed quae non sunt sensibiles ex natura sua, sunt sicut inimicitiae et malitia et quae a se diffugiunt quam apprehendit ovis de forma lupi et omnino intentio quae facit eam fugere ab illo, et concordia quam apprehendit de sua socia et omnino intentio qua gratulatur cum illa : sunt res quas apprehendit anima sensibilis ita quod sensus non doceat eam aliquid de his ; ergo virtus qua haec apprehenduntur est alia virtus et vocatur aestimativa.* » (Avicenne, *Liber de anima,* éd. S. van Riet, Louvain, Éditions Orientalistes, 1968, *Quarta pars, Capitulum Primum,* p. 6-7). On verra à ce propos Abdelali Elamrani-Jamal, « De la multiplicité des modes de la prophétie chez ibn Sina », dans Jean Jolivet et Roshdi Rashed (éd.), *Études sur Avicenne,* Paris, Les Belles Lettres, 1984, p. 129 et Jean R. Michot, *La Destinée de l'homme selon Avicenne,* Louvain, Peeters, 1986, p. 147-149 et 151.
16. Recoupement de fragments célèbres d'Avicenne, *Métaphysique.* Voir Elamrani-Jamal, « De la multiplicité des modes de prophétie chez ibn Sina », p. 129 et suiv.

elles sont en exercice, & non pas hors de l'œuvre; l'homme en tout temps
Quatrième & en toute heure peut imaginer. | La beste ayant imaginé se meut tout
aussi tost, & poursuit ce à quoy son appetit l'incite; l'homme ne suit pas
toujours les mouvemens de son appetit, il a la raison qui l'arreste, & reco-
Cinquiesme gnoist bien souvent sa faute. | L'imagination des bestes ne compose point
des montagnes d'or, ne forge point de chimeres, & d'asnes volans, comme
Sixiesme fait celle de l'homme. | En fin l'imagination de l'homme semble partici-
[104r] per de quel || que discours avec l'intellect, car ayant veu un lion peint, il
recognoist qu'il n'en faut avoir peur, & se joignant en mesme instant avec
la raison se rasseure. Voila comme l'imagination de l'homme s'esleve sur
celle des bestes, & pourquoy je la mets au rang des puissances nobles de
Vertus de l'imagination l'ame. | Les Arabes l'ont tellement exaltée, qu'ils ont creu que l'ame, par la
vertu de l'imagination pouvoit faire des miracles, percer les cieux, forcer
les elements, planer les monts, & montagner les plaines [17], bref qu'elle
tenoit sujettes & sous son empire toutes les formes materielles, ils appel-
loient ces ames ennoblies : C'est donc la premiere puissance de l'ame que
[104v] l'ima||gination.

La seconde puissance de l'ame, qui est l'intellect | L'intellect suit après qui s'esveille par le rapport de l'imagination, qui
rend les choses sensibles, universelles, qui discourt & prend les conclusions,
qui procede des effects aux causes, & des commencemens, par les moyens,
Intellect passible jusques aux fins. | Les Philosophes ont distingué cet intellect au passible, & à
l'agent : le passible ou patient est celuy qui reçoit les especes toutes pures &
L'agent despouillées de leur matiere & qui est comme le suject de toutes les formes : |
l'agent est comme une lumiere qui esclaire & parfait le patient : de sorte que
La raison l'un sert comme de matiere, & l'autre de forme, & | de tous deux est faite la
[105r] raison, partie || souveraine de l'ame, particuliere à l'homme, qui peut beau-
coup sans le corps, & à qui le corps sert bien souvent d'empeschement, seule
immaterielle, impassible, immortelle, differente des sens & de toutes actions
comment la raison differe des sens corporelles, | pource que le sens se corrompt par un object excellent, comme
l'ouye par un son impetueux, le goust par une saveur extreme, la veüe par
une blancheur excessive, tesmoin en est le Tyran de Sicile, qui aveugloit par

17. Référence implicite à la théorie d'Avicenne sur la prophétie exposée dans les parties IV et V du *Traité de l'âme* et dans le chapitre X de la *Métaphysique*. La prophétie est permise, et l'homme rendu capable de « montagner les plaines », grâce à une puissance particulière de l'intellect : « si pour une certaine cause, soit par l'imagination et la réflexion, soit en raison d'une certaine configuration céleste, il arrivait qu'une forme apparût dans l'imagination tandis que l'esprit serait absent ou sans discernement, il serait possible que cette forme s'imprimât suivant cette disposition dans le sens commun lui-même. Ainsi l'on entendrait des sons et l'on verrait des couleurs dont ni l'existence, ni les causes ne seraient extérieures » (Aristote, *De l'Âme*, citation et trad. par Abdelali Elamrani-Jamal, « De la multiplicité des modes de la prophétie chez ibn Sina », p. 131-132). De la sorte, en fonction de l'intensité de l'imagination, « l'âme prophétique » pourra parvenir à « guérir les malades, et à rendre malades les méchants, à détruire certaines natures et à en édifier d'autres, à transmuer les éléments de telle sorte que ce qui n'est pas feu devienne feu, et ce qui n'est pas terre devienne terre […] » (*idem*, p. 137). Sur le pouvoir moteur des images, voir également Aristote, *De la mémoire*, 453a 19, et *Éthique à Nicomaque*, VII, 8.

cet artifice tous ses prisoniers[18]; mais l'entendement, plus l'object est excellent, plus il se rend parfait & s'ennoblit, la contemplation des choses hautes & divines le ravit, c'est son plus grand contentement, || c'est tout son souverain bien. C'est ceste seule puissance qui croist à mesure que le corps decline, qui montre sa vigueur lors que les membres defaillent, qui se tend & roidit lors que tous les sens sont laschez, qui voltige par l'air & se pourmene par l'univers lors que le corps est immobile, qui nous fait en dormant bien souvent voir quelques rayons de sa divinité, predisant les choses futures, & si elle n'est estouffée des vapeurs gourmandes, s'esleve par dessus tout le monde, & par dessus sa nature propre voit la gloire Angelique & les misteres du ciel. En fin la raison ayant voltigé par tout, discouru & conceu un million de belles idées, ne les pouvant || plus retenir | les donne en garde à la memoire, qui est sa fidelle greffiere, où sont mis comme en depos tous les plus precieux thresors de l'ame; c'est ceste riche thresorerie* qui enferme en un seul cabinet toutes les sciences, & tout ce qui s'est passé depuis la creation du monde, qui loge tout sans rien confondre, qui remarque le temps, les circonstances, & l'ordre, & qui est (comme dit Platon) un reservoir du flux perpetuel de l'entendement : ceste puissance se nomme reminiscence, & est particuliere à l'homme : car les bestes ont bien quelque espece de memoire, mais elles ne se resouviennent pas du temps de l'ordre & des circonstances, cela ne se peut || faire sans syllogisme. Voila donc l'ame de l'homme accompagnée de ces trois puissances nobles, de l'imagination, de la raison, & de la memoire, qui se sont toutes trois logées en un mesme Palais, & dans ceste tour ronde que nous appellons teste[19] : mais si c'est par tout le cerveau egalement, ou si chacune a sa chambre à part, on n'en est pas trop resolu. Je sçay bien qu'il y a une grande querelle entre les | Medecins Grecs & Arabes pour les logis

[105v] [106r] La memoire [106v] Opinions differentes touchant le siege de ces trois puissances

18. Galien, *Utilité des parties du corps*, X, 3, Daremberg, I, p. 617 : « Vous ignorez également, je pense, que Denys, tyran de Sicile, avait fait élever au-dessus de la prison et enduire de plâtre une pièce d'ailleurs très brillante et très éclatante; qu'après un long séjour au fond des cachots, il y faisait monter les prisonniers; plongés si longtemps dans d'épaisses ténèbres, et revoyant un jour brillant, ils devaient contempler la lumière avec ravissement, mais ils perdaient bientôt les yeux, ne pouvant supporter l'éclat soudain d'une lumière éblouissante. » Que la vue puisse être corrompue par une blancheur excessive était une idée très répandue à la Renaissance. Transmise par Galien après avoir été formulée par Platon dans le *Timée* (67e), elle se retrouve chez Avicenne, *Canon de la médecine*, livre I, *fann.* 2, *tract.* 2, chap. XIX. Au XVIe siècle, elle reparaît sous la forme d'un pastiche d'exposé scolastique dans le *Gargantua* de Rabelais (chap. X), puis dans le *Traité des maladies de l'œil* de Jacques Guillemeau (1585), et dans le *Discours de l'excellence de la vue* par le même Du Laurens (« une grande blancheur nuit à la veüe », p. 50v). À son tour, Burton y fera allusion : « *visibile forte destruit sensum* – la clarté excessive détruit la puissance sensitive » (*Anatomie de la mélancolie*, 1.1.2.6., Hoepffner, p. 253). Voir P. Dandrey, *Médecine et maladie*, p. 167 et suiv. Pour Denys Ier de Syracuse (430-367, av. J-C.), premier et plus important des tyrans de l'Antiquité grecque, voir la monographie de Brian Caven, *Dionysius I : war-lord of Sicily*, Yale, Yale University Press, 1990.

* Var. 1597 : « thresoriere ».

19. Ces métaphores sont autant de variations d'une première métaphore de Platon qui, dans le *Timée* (70a), avait logé la raison dans la « citadelle » qu'est la tête.

Les Grecs les logent par tout le cerveau

[107r]

Opinion des Arabes contraire

Raison I [107v]

de ces trois Princesses*, & qu'on ne les a point encores peu accorder. | Les Grecs les veulent loger par tout le cerveau ; les Arabes donnent à chacune son quartier : les Grecs soustiennent que par tout où || est la raison, l'imagination l'accompagne, & la memoire aussi, & que toutes trois sont aussi bien au devant qu'au derriere : bref, qu'elles sont toutes par tout le cerveau, & toutes en chaque partie d'iceluy. Ils alleguent pour une de leurs principales deffenses, que l'action similaire est toute par tout son subject comme la nourriture est par tout l'os egalement, & en quelque partie de l'os que ce soit tu y trouveras tousjours ces quatres facultez, l'atractrice, retentrice, concoctrice, & expultrice [20]. | Les Arabes veulent au contraire que chacune de ces puissances ait son siege particulier : il y a de fort belles raisons pour leur party [21]. | Premierement il est cer||tain qu'il y a plusieurs chambrettes dans le

* Var. 1597 : « princesse » (minuscule à l'initiale).

20. Référence aux quatre facultés nutritives de l'âme végétative qui régissent le bon fonctionnement du corps. Les deux autres facultés de l'âme végétative, outre la nutritive, sont la faculté d'accroissement et la faculté générative. Du Laurens avait déjà utilisé cette comparaison dans ses *Opera anatomica* de 1593 (cités d'après la traduction fr. dans *Toutes les œuvres* (1621), Livre X, Question 2, p. 309) : « Ainsi en une mesme particule d'os se trouvent diverses facultez : l'attractrice, la retentrice, l'assimilatrice & l'expultrice ». Voir également Constantin l'Africain/ Ishâq ibn 'Imrân dans P. Dandrey, *Anthologie de l'humeur noire*, p. 310 : « Sur ce qu'elle [la bille noire] fait dans le corps, il faut dire que la vie du corps, *i.e.*, son gouvernement et son alimentation, découle de quatre facultés : appétitive, rétentrice, digestive, expulsive ».

21. Controverse détaillée par Marcello Donati, *De Medica historia mirabili*, Mantoue, Francesco Osanna, 1586, p. 46r-v qui renvoie aux textes sources de Galien ainsi qu'à ses contradicteurs, Avicenne et Averroès, sans oublier de rappeler l'argument de Jean Fernel. C'est ainsi que, selon Galien (par le truchement de Donati), « *ubi in toto cerebri corpore, non in solis eius finibus, seu ventribus spiritum animalem multum contineri fatetur, quo certe tanquam instrumento utuntur principes animae nostrae facultates ad propria munia patranda, quare si sic Gal. dicta lib. illo intelligantur, ipsum minime pugnare patebit, secus si alio modo intellexeris. Ita quoque & Avicennae dicta fen. I. 3. tract. 4, c. 11 & Aver.2.collect. c. 20 & lib. de memoria, & reminiscentia c. 3. sunt accipienda, dum docent in variis, & distinctis cerebri partibus operationes, fieri harum principum functionum, nempe nonsolum in variis ventriculis cerebri varias hasce operationes effici a spiritus in illis contento, sed & eodem per cerebri substantiam disperso, & disseminato. Unde principes animae facultates esse sedibus distinctas necessario statuendum est. Nec obstant Fernelii argumenta, quae lib. de func. & humo. c. 15* [*Physiologie*, livre 6, chap. 15] *adducuntur ad probandum ex sola laesione unius potentiae reliquis illaesis non esse concludendum varias in cerebro sedes obtinere. Ait nanquam effici, quod una magis laedatur altera, non quod loco sint distinctae, sed quod una sit altera vegetior, vel imbecilior, unde si causa delirii fuerit laevior, potentiae validiores, & firmae magis resistent illi, & non laedentur, infirmae autem minus causae irruenti obsistent, & laedentur, at si causa delirii vehemens fuerit omnes, male afficientur, alias pari jactura alias dispari, quae tamen Fernelii sententia judicio meo parum subsistit, quinimmo ipse propriis fundamentis facile conuincitur, peterem enim ab ibso, si (ut ipse fatetur) non ex animae essentia, sed & constitutione instrumenti corporei animae facultates omnes validiores, vel imbeciliores fiunt, cum in eodem subiecto essentia principum functionum omnium sit eadem, quomodo fieri poterit, ut una altera sit vegetior, & validior, si indistincte per totum cerebri corpus operationes suas perficiunt quod ubique eodem temperamento, eademque constitutione praedium sit, certe ego hoc non video, nisi sedibus distinctas hasce statuamus, quarum una caeteris illaesis vexari, & offendi contingat* ».

Comparer avec Avicenne, *Liber de Anima, Quarta pars, capitulum primum*, tome II, éd. S. van Riet, p. 8 : « *Thesaurus autem eius quod apprehendit sensus est virtus imaginativa, cuius*

cerveau, que les Anatomistes appellent ventricules[22]; ces chambres ne sont pas inutiles, & ne peut-on penser qu'elles soient faites pour autre usage que pour loger ces trois puissances; l'imagination doit estre logée aux premieres, la raison à celle du milieu, la memoire à celle du derriere : l'apparence y est fort grande; car l'imagination reçoit tous les objects sensibles, elle doit donc estre fort pres du sens : or est-il que tous les sens sont au devant de la teste; l'imagination presente tous ces objects à la raison qui les rend immateriels & universels, il faut donc la loger de suitte. La raison s'estant quelque temps || servie de ces belles idées, les donne en garde à la memoire; il faut donc [108r]
qu'elle soit au derriere & comme dans son cabinet. | D'avantage, l'imagination se faisant par reception doit avoir son siege en la plus molle partie du cerveau, d'autant que l'impression des images se fait plus aisément en un corps mol; la memoire qui doit retenir & conserver les especes, demande

Seconde

locus est anterior pars cerebri : unde cum contingit in ea infirmitas, corrumpitur hic modus formalis, aut ex imaginatione formarum quae non sunt, aut quia difficile est ei stabilire id quod est in illa. » Plus loin, à la page 183, Avicenne indique la localisation dans les ventricules du cerveau des facultés de l'âme : « *Virtus vero formalis et sensus communis fiunt in prima parte cerebri spiritu replente ipsum ventriculum; quae omnia non fuerunt ita, nisi ut despiciant super sensus, quorum plures non derivantur nisi ex priore parte cerebri. Cogitatio vero et memoria fiunt in aliis duobus ventriculis, sed memoriae locus est posterior ideo ut spiritus cogitationis sit in medio, scilicet inter thesaurum formarum et thesaurum intentionum et spatium quod est inter utrumque est aequale, et ut illae et estimatio dominentur in toto cerebro.* »
Averroès suit la même tripartition du cerveau : « Quand la cause sera dans la proue du cerveau [cerveau antérieur], alors c'est l'imagination qui sera lésée; et quand elle sera dans la partie médiane, alors sera lésée la raison et réflexion; et quand elle sera dans la partie postérieure, alors sera lésée la mémoire et la faculté de conservation » (*Colliget*, Venise, 1514, p. 65v, d'après R. Klibansky, *Saturne et la mélancolie*, p. 155, où l'on trouvera l'histoire de cette controverse durant le Moyen Âge, p. 125 et suiv., puis p. 155-156).
Pour de plus amples éclaircissements, voir : Christopher D. Green, « Where did the ventricular localization of mental faculties come from ? », *Journal of the History of the Behavioral Sciences* 39. 2 (2003), p. 131-142; Rudolf E. Siegel, *Galen on Psychology, Psychopathology, and Function and Diseases of the Nervous System*, Bâle, 1973; Jackie Pigeaud, « La psychopathologie de Galien », dans Paola Manuli et Mario Vegetti (éd.), *Le Opere psicologiche di Galeno*, Naples, 1988, p. 153-183; Gotthard Strohmaier, « Avicennas Lehre von den *inneren Sinnen* und ihre Voraussetzungen bei Galen », *ibid.*, p. 231-242; Danielle Jacquart, « Avicenne et la nosologie galénique : l'exemple des maladies du cerveau », dans Ahmad Hasnawi, Abdelali Elamrani-Jamal et Maroun Aouad (éd.), *Perspectives arabes et médiévales sur la tradition scientifique et philosophique grecque. Actes du colloque de la Sihspai*, Paris-Louvain, Peeters – IMA, 1997, p. 217-226 (p. 220 et 222-223 en particulier).

22. André Du Laurens, *Historia anatomica* citée d'après la trad. de Th. Gelée, *Toutes les œuvres* (1621), livre X, chap. X, « De toutes les parties du cerveau », p. 305r-v : « Puis soudain ce corps calleux au mitan presques du cerveau (j'entends le mitan entre le haut & le bas) apparoist cavé de deux ventricules, l'un droit & l'autre gauche. Ce sont icy les premiers ventricules du cerveau, lesquels Galien appelle *anterieurs* : nous les nommerons plus proprement *superieurs*. Ils sont les plus grands de tous, semblables en figure, situation, magnitude, usage & toutes autres choses. Ils representent la figure d'un demy cercle ou d'un croissant : j'aimerois mieux dire qu'ils ressemblent à l'oreille exterieure de l'homme. Ils sont situez au milieu du cerveau : Car ils sont autant reculez du front que de l'occiput; & quasi autant de la base que du sommet de la teste, qui est cause qu'ils sont mieux nommez *premiers* ou *superieurs* qu'anterieurs. »

une partie plus dure, autrement l'image seroit aussi tost effacée, que tracée :
la raison comme la plus noble doit estre logée en la partie du cerveau qui
est la plus temperée. Or il n'y a point de doute que la partie anterieure du
[108v] cerveau ne soit la plus molle, celle du derriere la plus dure, & celle || du
milieu la plus temperée : il faut donc croire que l'imagination est au milieu,
& la memoire au derriere.

Troisiesme | Les Philosophes qui ont escrit de la physionomie, disent que ceux
qui ont le derriere de la teste bien eminent ont la memoire fort heureuse :
ceux qui ont le front grand, fort eslevé & comme en bosse, ont l'imaginative très belle : & ceux à qui les deux eminences deffaillent, sont stupides,
Quatriesme sans imagination & sans memoire [23]. | Si nous voulons (dit Aristote en
ses Problemes) bien imaginer, nous ridons le front & le retirons en haut;
si nous voulons nous resouvenir de quelque chose, nous baissons la teste
[109r] & nous frottons au der||riere, qui monstre bien que l'imagination est au
Cinquiéme devant, & la memoire au derriere. | On a bien souvent remarqué que le
derriere de la teste estant blessé, la memoire s'en est perduë tout a l'instant.
Sixiesme | J'adjousteray pour fortifier le party des Arabes, que la forme & capacité
des ventricules* du cerveau semble montrer au doigt le siege de ces trois
puissances. Le quatriesme ventricule** a la forme pointuë, afin que les
especes soient plus unies, & que la reflexion se puisse mieux faire au troisiesme, où est la raison : les deux premiers sont les plus capables, pource
qu'ils reçoivent les premiers objects qui ne sont pas encore purifiez : celuy
[109v] du milieu estoit le plus || propre pour la raison, d'autant qu'elle pourroit
recevoir les images des deux premiers, & les ayant oubliées les rechercher
Septiesme comme dans ces*** plus secrets archifs au dernier. | En fin ce qui a fait
opiniastrer les Arabes de soustenir que ces trois puissances avoient leur
logis à part, est qu'ils ont souvent remarqué qu'une des trois pouvoit estre
offensée, sans que l'autre le fust; l'imagination est bien souvent depravée
la raison demeurant en son entier, & au contraire; combien y a-il de phrenetiques & de melancholiques, qui discourent très bien avec leurs foles &
vaines imaginations? Galien recite deux histoires de deux phrenetiques,
[110r] l'un desquels || avoit l'imagination troublée & la raison du tout entiere,

23. Aristote, *Physiognomonica, Bartholomaei de Messana interpretatio latina*, 811b, 64 : « *Quicunque frontem parvam habent, indisciplinabiles, referuntur ad sues.* »; § 812a, 65 : « *Quicunque autem habent magnum caput, sensitivi, referentur ad canes;* » (*Scriptores Physiognomonici graeci et latini* (1893), éd. Richard Foerster, fac-similé Stuttgart, Teubner, 1994, vol. I, p. 71). Voir également *Polemonis de physiognomonia liber arabice et latine* : « *Parvitas capitis multa intelligentiae et scientiae defectum indicat. Capitis magnitudo studii sublimis, intellegentiae et sagacitatis index est* (*Scriptores Physiognomonici graeci et latini* (1893), chap. XXX « *De physiognomonia et signis capitis* », p. 234). Pour un aperçu historique sur la physiognomonie, voir Patrick Dandrey, *La Fabrique des Fables*, Paris, Klincksieck, 1991, p. 183-197; et l'ouvrage classique de Jurgis Baltrusaitis, *Aberrations : essai sur la légende des formes*, Paris, Flammarion, 1983.

* Var. 1597 : « *ventres* ».

** Var. 1597 : « *ventre* ».

*** Var. 1597 : « *ses* ».

l'autre avoit l'imagination entiere & la raison troublée[24]. Nous en voyons une infinité qui perdent du tout la memoire, & ne laissent pas de bien discourir. Thucydide raconte qu'en ceste grande peste qui depeupla quasi toute la Grece, il y en eut plus d'un million qui oublierent tout jusques à leur nom propre, & pour cela ils ne devindrent pas fols[25]. Messala Corvin sortant d'une maladie n'eut pas souvenance de son nom propre[26]. Trapezonce fut fort sçavant estant jeune, mais approchant de sa vieillesse oublia tout entierement[27]. Puis donc qu'une de ses puissances peut estre

24. Marcelo Donati, *De Medica historia mirabili* (1586), p. 43^{v}-44^{r} : « *Sed ad prioris historiae dilucidationem accedentes memoriam unam oblaesam ratione illesa mirati sumus, cum Gal. 3 de loc. aff. c.5 scriptum reliquerit laesam memoriam nobis occurrere vitiata simul quodamodo* [*sic*] *ratione, quemadmodum si ratio laedatur memoriam quoque laedi contingit, praeterea & Aetius scribit, quod viciata operatione memoratiuae facultatis, necesse est item imaginationem, & cogitationem laedi, & earum operationes corrumpi.* »

25. *Ibid.*, p. 44^{v} : « *Iam memorandi animae facultati posse accidere vitium caeteris illaesis potentiis Principibus, vel Thucydidis testimonio, in historia belli Poloponensiaci lib. 2 discere licet praeter exempla superius alata, qui nonnullos in pestillentia servatos adeo omnium quae antea nouerant, fuisse oblitos comemorat, ut non solum suos familiares non agnoscerent, sed ne se ipsos quidem; ex quibus constat unam duntaxat Principum functionum laedi posse reliquiis non vitiatis [...]* ». Même exemple chez Cristóbal de Vega, *De Arte medendi*, Lyon, Guillaume Rouillé, 1565, p. 270. François Valleriole, *Commentarii in sex Galeni libris de morbis et symptomatis*, Lyon, S. Gryphe, 1540, p. 144. Cette anecdote venait de Galien qui la mentionne à côté d'autres cas de malades qui avaient l'une ou l'autres des facultés cérébrales blessées sans que les autres soient atteintes. Galien, *Des Lieux affectés*, IV, 2, Kühn, VIII, 226-227. Jackie Pigeaud analyse tous ces cas dans « Psychopathologie de Galien », art. cité, p. 162-166. Thucydide, *La Guerre du Péloponnèse*, livre II « Deuxième invasion d'Athènes : la peste d'Athènes », 49, 8 : « Enfin, d'autres étaient victimes, au moment même de leur rétablissement, d'une amnésie complète : ils ne savaient plus qui ils étaient et ne reconnaissaient plus leurs proches. » (Éd. et trad. par Jacqueline de Romilly, Paris, Les Belles Lettres, 1967, p. 36).

26. Marcelo Donati, *De Medica historia mirabili* (1586), chap. II : « *Facultatis memoratricis admirandae affectiones* », p. 43^{r-v} :« *Admirandum profecto, quod aliquando euenisse legimus, observatum aliquibus scilicet ita memorandi facultatem abolitam, ut omnium praeteritorum obliuiscerentur. Caeteris Principibus facultatibus integris permanentibus, scribit Plinius lib. 7. Naturalis historiae, quod ex praealto tecto lapsus, matris, affinium, & propinquorum caepit oblivionem, alius vero aegrotus seruorum etiam, sui vero nominis oblitus est Messala Corvinus orator, sed & illud nos magis etiam in sui admirationem trahit, quod ibidem Plinius retulit, Ictum quendam lapide literarum tantum modum oblitum fuisse.* » Chez Cœlius Rhodiginus nous apprenons quelle avait été la maladie de ce consul romain : « *Messala Corvinus orator, ante biennium quam moreretur, ita memoriam ac sensum amisit, ut vix pauca verba coniungeret : ad extremum vero enato circa sacrum os ulcere, inedia se confecit.* » (*Lectionum antiquarum* (1566), XI, 13, p. 410).
Ce détail sur la biographie de Messala Corvin est succinctement exposé par Suétone, *De Viris illustribus, De Oratoribus*, VI [60], éd. Auguste Reifferscheid, Leipzig, Teubner, 1860 p. 83 : « *Messala Coruinus orator ante biennium quam moreretur ita memoriam ac sensum ut uix pauca uerba coniungeret : et ad extremum ulcere sibi circa sacram spinam nato inedia se confecit anno aetatis LXXII.* »

27. Marcello Donati, *De Medica historia mirabili*, p. 44^{v} : « *Georgius Trapezuntius vir doctissimus omnium literarum Graecarum, Latinarumque in senio est oblitus tradente Volaterrano lib. 21. Anthrop. ubi etiam & Franciscum Barbarum Venetum patricium ex Schola Chrysolore utraque in lingua eruditisimum, uti Hermolaus ait, literarum graecarum, quas probe tenebat omnino oblitum esse scriptum reliquit.* »

[110v] separement offensée, il|| faut croire qu'elles ont chacune leur siege particulier. | Si c'estoit à moy à vuider ceste querelle, je dirois que les Grecs ont plus subtilement philosophé, & que leur opinion est la plus veritable : mais que celle des Arabes sera tousjours la plus suivie du vulgaire pour avoir plus d'apparence. Je n'enfonceray pas ceste dispute plus avant [28], il me suffit de faire voir que l'ame a trois puissances nobles qui logent toutes dans le cerveau, qui font paroistre l'homme admirable sur toutes les creatures, qui le rendent capable de gouverner tout le monde, & qui luy donnent le tiltre d'animal sociable ou politique.

Conclusion

28. Du Laurens avait pris plus clairement le parti des médecins grecs dans ses *Œuvres anatomiques* : « [Galien] enseigne pareillement que l'un des ventricules ne peut estre blessé que toutes les facultez princesses ne soient affectées : chose que l'expérience nous monstre aussi tous les jours : car en l'épilepsie apparoit une laesion manifeste de toutes ces trois facultez & de tous les sens : & toutefois l'obstruction n'occupe pas tous les ventricules [...]. En la melancholie qui se fait par le propre vice du cerveau, laquelle n'est autre chose qu'une intemperature froide et seche de cette partie, il n'y a parfois qu'une seule faculté qui soit affectée, tantost la raison, tantost l'imagination. Dont s'ensuit que ces facultez princesses sont répanduës par tous les ventricules, & toute la substance du cerveau, [...]. » (A. Du Laurens, *Toutes les œuvres* (1621), Livre X, Question 2, p. 309.)

|| Chapitre II

[111ʳ]

QUE CEST ANIMAL PLEIN DE DIVINITÉ S'ABAISSE PAR FOIS TELLEMENT, & SE DEPRAVE PAR UNE INFINITÉ DE MALADIES, QU'IL DEVIENT COMME BESTE

Je viens d'eslever l'homme jusqu'au plus haut degré de sa gloire, le voila le plus accomply d'entre tous les animaux, ayant comme j'ay dit, en son ame gravée l'image de Dieu, & en son corps le modele de l'Univers*. | Je le veux maintenant representer le plus chetif & miserable animal du monde, despouillé de toutes ses graces, privé de jugement, de raison, & de conseil, ennemy des hommes & du Soleil, errant & vagabond par les lieux solitaires : bref tellement depravé qu'il n'a plus rien de|| l'homme, & n'en retient que le nom seul. | Ceste depravation se voit bien souvent en l'ame seule, le corps demeurant sain & sans tache, comme quand l'homme, par sa malicieuse volonté devenu apostat, efface le divin charactere, & vient avec l'ordure du peché polluer le sainct temple de Dieu, quand par un appetit desreglé il se laisse tellement transporter à ses passions, comme à la cholere, haine & gourmandise, qu'il devient plus furieux qu'un lion, plus inhumain qu'un tygre, plus ord & vilain qu'un porceau. Je n'entreprens point de corriger ceste depravation, je laisse ce discours aux Theologiens; Qu'on lise la Philosophie morale, on y|| trouvera de fort beaux enseignemens pour moderer ces foles** passions.[1] | Je viens à l'autre depravation qui est forcée, & qui peut arriver aux plus religieux, quand le corps, qui est comme le vaisseau de l'ame, est tellement alterré & corrompu, que toutes ses plus nobles puissances en sont depravées, les sens paroissent tous esgarez, les mouvemens desreglez, l'imagination troublée, les discours fols & temeraires, la memoire du tout volage. La premiere depravation merite chastiment, comme estant malicieuse & volontaire : mais celle-cy qui vient par force & est causée de la violence des maladies, merite qu'un chacun en aye compassion. | Or les maladies || qui assaillent plus vivement nostre ame, & qui la rendent prisonniere aux

Misere de l'homme

[111ᵛ]

Depravation de l'ame seule

[112ʳ]

Depravation qui vient par le vice du corps

Maladies qui attaquent l'ame

[112ʳ]

* Var. 1597 : pas de majuscule à l'initiale.

** Var. 1597 : *folles.*

1. Les médecins humanistes ne se montrent moralisateurs que très occasionnellement, laissant en général la tâche au clergé ou aux philosophes. Sur le versant moralisateur de la science médicale et pour une meilleure compréhension de la défiance du médecin et du moraliste envers croyances et superposition, voir Danielle Jacquart, *La Médecine médiévale dans le cadre parisien : XIVᵉ-XVᵉ siècle*, Paris, Fayard, 1998, p. 432-447. Il n'est pas moins vrai que lorsqu'il s'agit de décrire les souffrances de l'âme, philosophie morale et médecine se rapprochent plus facilement. Luigi Luisini, dans son *De Compescendis animi affectibus, per moralem philosophiam et medendi artem tractatus in tres libros divisus* (Bâle, Pierre Perna, 1562), propose des remèdes tant moraux que médicaux aux maladies de l'âme et le fait dans un esprit de classification systématique : stratagèmes moraux tout d'abord, stratégie médicale ensuite.

deux puissances inferieures, sont trois, la phrenesie, manie, & melancholie[2]. Contemple les actions d'un phrenetique, ou d'un maniaque, tu n'y touveras rien de l'homme; il mord, il hurle, il mugle une voix sauvage, rouë ses yeux ardens, herisse ses cheveux, se precipite par tout, & bien souvent se tuë. Regarde comme un melancholique se laisse par fois tellement abaisser, qu'il se rend compagnon des bestes, & n'aime que les lieux solitaires. Je m'envois *Belle description du melancholique* [*sic*] te le pourtraire au vif, & tu jugeras lors quel il est. | Le vray melancho- [113r] lique (j'entens celuy qui a la maladie au cer||veau) est ordinairement sans cœur, tousjours craintif & tremblottant, ayant peur de tout, & se faisant peur à soy-mesme, comme la beste qui se mire; il veut fuir & ne peut marcher, il va par tout souspirant & sanglottant avec une tristesse inseparable qui se change souvent en desespoir, il est en perpetuelle inquietude de corps & d'esprit, il a les veilles qui le consument d'un costé, & le dormir qui le bourrelle de l'autre; car s'il pense donner trève à ses passions par quelque repos, aussi tost qu'il veut fermer la paupiere le voila assailly d'un million de phantomes & spectres hydeux, de fantasques chimeres, de songes effroy- [113v] ables; s'il veut ap|| peller quelqu'un à son secours la voix s'arreste tout court, & ne peut parler qu'en begayant : il ne peut vivre en compagnie; bref c'est un animal sauvage, ombrageux, soupçonneux, solitaire, ennemy du Soleil, à qui rien ne peut plaire que le seul desplaisir qui se forge mille fausses & vaines imaginations.

Or juge maintenant si les tiltres, que j'ay donné cy devant à l'homme, l'appellant animal divin & politique, peuvent compatir avec le melancho- *Contre les Athées qui pensent l'ame mortelle* lique. | Ne pense point pour tout cela (ô Athée) conclure que nostre ame souffre quelque chose en son essence, & par consequent qu'elle soit corrup- [114r] tible : elle ne s'altere jamais, & ne peut rien|| patir, c'est son organe qui est mal disposé; Tu le pourras, si tu le veux, entendre, par la comparaison du Soleil : tout ainsi comme le Soleil ne sent jamais diminution en sa clairté, encore qu'il semble souvent s'obscurcir & s'eclipser, mais c'est ou l'espesseur* des nuës, ou la Lune qui se met entre deux : ainsi nostre ame semble souvent patir, mais c'est son instrument qui n'est pas bien disposé. Il y a un beau texte dans Hippocrate à la fin du premier livre de la diete, qui merite *Beau passage pour l'immortalité* d'estre gravé en lettres d'or. | Nostre ame (dit-il) ne se peut changer en son essence, ny par le boire, ny par le manger, ny par aucun exces, il faut rap- [114v] porter la cause de toutes ses alterations, ou|| aux esprits avec lesquels elle se mesle, ou aux vaisseaux par lesquels elle s'escoule[3]. Or l'organe de ces

2. Triptyque pathologique des plus fameuses maladies de l'esprit. La phrénésie est fébrile, les deux autres non, la manie se distinguant de la mélancolie comme sa forme violente et furieuse. Voir Jackie Pigeaud, *La Maladie de l'âme. Étude sur la relation de l'âme et du corps dans la tradition médico-philosophique antique,* Paris, Les Belles Lettres, 1981, notamment, p. 70-138.

* Var. 1597 : *l'espaisseur.*

3. Hippocrate, *Du Régime*, I, 35-36; Hippocrate y mentionne l'immobilité de l'âme (36) ainsi que les canaux et les vaisseaux par où coule l'âme. Mais il faut suspecter une contamination par interposition d'un autre auteur.

puissances nobles est le cerveau, qui est consideré du Medecin, ou comme partie similaire, & sa santé consiste en la bonne temperature; ou comme organique, & sa santé gist en la conformation louable de son corps & des cavitez[4]. | Toutes les deux sont necessaires pour l'exercice de ces trois facultez : il est vray que Galien attribue plus à la temperature qu'à la conformation, & en un livre tout entier soustient fort & ferme que les mœurs de l'ame suivent la temperature du corps, tu le verras au chapitre suivant[5]. Je ne veux pas toutesfois tant attribuer|| à la temperature ou à la conformation, qu'ils puissent du tout forcer nostre ame; | car ces mœurs qui sont naturelles & comme nées avec nous, se peuvent corriger par les mœurs que les Philosophes nomment acquises. | L'histoire de Socrate le fait assez paroistre. Zopyre grand Philosophe qui se mesloit de juger & cognoistre à la simple veüe, les mœurs d'un chacun, comme il eut un jour contemplé Socrate lisant, estant fort importuné de tous les assistans de dire ce qu'il luy en sembloit, respondit en fin qu'il l'avoit recognu pour le plus corrompu & vitieux homme du monde. Le rapport en fut soudain faict à Socrate par l'un de ses disciples,|| qui se moquoit de Zopire*. Lors Socrate par admiration s'escria, ô le grand Philosophe, il a du tout recognu mes humeurs; j'estois de mon naturel enclin à tous ces vices, mais la philosophie morale m'en a destourné[6]; Et a la verité Socrate avoit une teste fort longue & mal

Pour les actions de l'ame la temperature & la conformation sont requises

[115r]

Les mœurs naturelles se peuvent corriger par les acquises

Histoire très belle de Zopyre & de Socrate

[115v]

4. Du Laurens s'explique mieux dans son *Histoire anatomique* (*Toutes les œuvres* (1621), livre X, Question 3) : « Sçavoir si les facultez princesses dépendent de la temperature, ou de la conformation du cerveau, c'est à dire, si elles sont actions similaires ou organiques », p. 310-311. Auparavant, Pierre Pichot, médecin bordelais lu par Montaigne, avait résumé ce précepte médico-philosophique dans son *De Animorum natura, morbis, vitiis, noxis, horumque curatione, ac medela, ratione medica ac philosophica* (Bordeaux, Simon Millanges, 1574), en traduisant en même temps les concepts grecs de *eucrasie* et de *symétrie* par *temperies* et *commoderatio* : «*Sanitas corporis, quae consistit in εὐκρασία καὶ συμμετρία id est temperie & commoderatione* ».

5. « Température » au sens de « tempérament », selon un usage qui se poursuit jusqu'au XVIIe siècle. Allusion au traité galénique *Que les passions de l'âme suivent les tempéraments du corps [Quod animi mores corporis temperamenta sequantur],* Kühn, IV, p. 767-822. Éd. et trad. moderne sous le titre : *L'Âme et ses passions (Les passions et les erreurs de l'âme; Les facultés de l'âme suivent les tempéraments du corps),* éd. et trad. Vincent Barras, Terpsichore Birchler, Anne-France Morand, Paris, Les Belles Lettres, 1995.

* Var. 1597 : *Zopyre.*

6. Trait topique qui se retrouve notamment dans les *Tusculanes*, IV, 37. 80 : « Quant à ceux dont l'on dit qu'ils sont naturellement portés à la colère, ou à la pitié, ou à la jalousie, ou à quelque passion pareille, ils ont pour ainsi dire une mauvaise constitution morale, mais n'en sont pas moins guérissables, à preuve ce que l'on rapporte de Socrate. Dans une réunion, Zopyre, qui se faisait fort de reconnaître la nature de chaque individu à son type physique, ayant chargé Socrate de tous les vices, mit en gaieté l'assistance, laquelle ne retrouvait point ces vices en Socrate, et fut Socrate, l'intéressé, qui tira Zopyre d'affaire en disant que ces vices-là étaient bien innés en lui, mais que la raison l'en avait débarrassé. » (Cicéron, *Tusculanes*, tome II, éd. Georges Fohlen et trad. Jules Humbert, Paris, Les Belles Lettres, 1968, p. 97). Repris dans le *Traité du destin (De fato)*, V, 10 : « Et Socrate? N'avons-nous pas vu en quels termes le désignait Zopyre, le physionomiste, qui se vantait de reconnaître les mœurs et la nature des gens d'après leur corps, leurs yeux, leur visage et leur front; Socrate disait-il, est un homme stupide et lourd, parce que sa gorge ne se creuse pas sous le menton

figurée, le visage difforme, le nez retroussé. Ces moeurs donc naturelles qui viennent de la temperature & conformation du corps, pourveu que ces deux vices ne soient excessifs, comme aux melancholiques, peuvent estre domptées & corrigées par les mœurs que nous nous acquerons par la philosophie morale, par la lecture des beaux livres, & par la frequentation des hommes vertueux.

[…] » (trad. Émile Bréhier, dans *Les Stoïciens*, Paris, Gallimard, 1962, p. 476-477). De même chez Alexandre d'Aphrodise, *Du Destin*, 171, 11 (éd. et trad. Pierre Thillet, Paris, Les Belles Lettres, 1984, p. 11). Jacques Ferrand et Robert Burton y feront allusion dans leurs traités. Le second insistera sur la portée didactique de l'anecdote : « Socrate était mauvais par nature, envieux, revêche et lascif, comme il l'avoua au physionomiste Zopyre qui l'en accusait, mais, étant Socrate, il se corrigea de ces défauts & s'amenda. Tu es certainement méchant, envieux, avare, impatient & lascif, toutefois, comme tu es chrétien, corrige-toi et modère tes passions. » (*Anatomie de la mélancolie*, 2.3.6.1, Faulkner, II, p. 188; Hoepffner, p. 1038).

|| Chapitre III [116r]

QUI SONT CEUX QU'ON APPELLE MELANCHOLIQUES, & COMMENT ON DOIT DISTINGUER LES MELANCHOLIQUES MALADES D'AVEC LES SAINS

Tous ceux que nous appellons melancholiques ne sont pas travaillez de ceste miserable passion, qu'on appelle melancholie : il y a des complexions melancholiques qui sont dans les bornes & limites de la santé, laquelle (si nous croions les anciens) a une fort grande estendue. Il faut donc pour traicter ce subject methodiquement distinguer premierement toutes les differences des melancholiques, afin que la similitude des noms ne trouble la suitte de nostre|| discours. | C'est une chose toute resoluë en la medecine, qu'il y a quatre humeurs en nostre corps [1], le sang, le phlegme, la colere, & l'humeur melancholique, qui se trouvent en tout temps, en tout aage, & en toute saison meslées, & confuses ensemble dans les veines mais inegalement : car tout ainsi qu'on ne peut trouver un corps auquel les quatre elemens soient egalement mixtionnez, & qu'il n'y a point de temperament au monde auquel les quatre qualitez contraires soient en tout & par tout egales, mais il faut qu'il y en ait tousjours une qui surpasse : ainsi ne se peut-il voir un animal parfait auquel les quatre humeurs soient egalement|| mixtionées, | il y en a tousjours une qui domine, c'est celle qui donne le nom à la complexion : si le sang surpasse les autres on appelle ceste complexion sanguine ; si le phlegme, phlegmatique ; si la cholere, cholerique ou bilieuse ; si la melancholie, melancholique. Ces quatre humeurs si elles ne sont par trop excessives, peuvent fort aisement compatir avec la santé, car elles n'offensent pas les actions du corps sensiblement. Il est bien vray que chaque complexion produit ses effets differens, qui rendent les actions de l'ame plus vives ou plus pesantes. | Les phlegmatiques sont ordinairement stupides & lourds, ont le jugement tardif, & tou|| tes les puissances nobles de l'ame comme endormies, pource que la substance de leur cerveau est trop crasse, & les esprits qui s'y engendrent trop grossiers : ceux là ne sont point propres aux grandes charges, ny capables des belles sciences ; il ne leur faut qu'un lict & une marmite. | Les sanguins sont nais pour la societé, ils sont quasi tousjours amoureux, ayment à rire & à plaisanter : c'est la plus belle complexion pour la santé & pour vivre longuement, d'autant qu'elle a les deux principes de la vie, qui sont la chaleur & humidité, mais ils ne sont pas si capables des grandes charges, ny des hautes & difficiles

[116v] Il y a quatre humeurs en nos corps

[117r] Il y a tousjours une humeur qui domine

Effects de l'humeur phlegmatique [117v]

La complexion sanguine à quoy est propre

1. Pour l'historique de la tradition humorale dans la médecine ancienne, on consultera l'ouvrage récent de Noga Arikha, *Passions and Tempers : a History of the Humours*, New York, Ecco (Harper Collins), 2007.

[118r] entreprises, pource qu'ils sont|| impatiens, & ne peuvent s'occuper long-
temps à une chose, estans ordinairement distraits par les sens & par les
Les choleriques à quoy sont propres delices ausquelles naturellement ils sont adonnez. | Les bilieux ou cho-
leriques pour ce qu'ils sont chauds & secs, ont l'entendement subtil &
plein de gentiles inventions : mais ils ne s'enfoncent gueres aux profondes
contemplations, il ne leur faut pas mettre en main des affaires où la longueur & le travail du corps y soient requis, ils n'y sçauroient vaquer, le corps
& les esprits les empeschent : leurs esprits sont dissipables pour la tenuité,
& leurs corps debiles ne peuvent endurer longues veilles : j'adjousteray ce
[118v] que dit|| Aristote en ses Morales [2], qu'ils aiment la varieté des objects, &
pour ceste occasion ne sont pas si propres aux deliberations d'importance.
Les melancholiques ingenieux | Les melancholiques sont tenus pour les plus capables des grandes charges
& hautes entreprises. Aristote en ses Problemes escrit que les melancho-
liques sont les plus ingenieux [3], mais il faut entendre sainement ce passage,
Trois especes de melancholie | car il y a plusieurs especes de melancholie; il y en a une qui est du tout
grossiere & terrestre, froide, & seiche; il y en a une autre qui est chaude
& aduste, on la nomme *atrabilis*; il y en a encores une qui est meslée
[119v] avec un peu de sang, ayant toutesfois plus de seicheresse que d'hu||midité.
Celle qui est froide & terrestre, rend les hommes du tout grossiers & tar-
difs en toutes leur actions & du corps & de l'ame, timides, paresseux, &
sans entendement, on l'appelle melancolie asinine : celle qui est chaude &
bruslée rend les hommes furieux & incapables de toutes charges [4]. Il n'y a
donc que celle qui est meslée avec un peu de sang qui rende les hommes

2. Aristote, *Éthique à Nicomaque*, 1150b : « La première forme d'intempérance est l'impétuosité, et l'autre la faiblesse. Certains hommes, en effet, après qu'ils ont délibéré, ne persistent pas dans le résultat de leur délibération, et cela sous l'effet de la passion » (trad. fr. de Jules Tricot, Paris, Vrin, 1967, p. 352).
3. Ps. Aristote, *Problème*, XXX, 1, 953a : « Pour quelle raison tous ceux qui ont été des hommes d'exception, en ce qui regarde la philosophie, la science de l'État, la poésie ou les arts, sont-ils manifestement mélancoliques, et certains au point même d'être saisis par des maux dont la bile noire est l'origine, comme ce que racontent, parmi les récits concernant les héros, ceux qui sont consacrés à Héraclès ? » (*Problème* XXX, 1, traduction, présentation et notes de Jackie Pigeaud, sous le titre *L'Homme de génie et la mélancolie*, Paris, Rivages, « Petite Bibliothèque Rivages », 1988, p. 83). Du Laurens traduit par « ingénieux » le terme grec περιττός doté d'une étonnante polysémie. Cet adjectif désigne non seulement le démesuré, l'excessif, l'inhabituel ou le remarquable, mais aussi le superflu, le résidu (*perissôma*). Jackie Pigeaud nous enseigne, d'ailleurs, qu'il « faut penser le lien entre cette matière superflue, ce résidu de la coction, cette humeur stupide, et la créativité de génie, l'élan de l'imagination. » (*L'Homme de génie et la mélancolie*, p. 20 ; voir également, R. Klibansky, *Saturne et la mélancolie*, p. 75 et 78 pour la polysémie du terme).
4. D'après le *De Anima* de Philip Melanchton : « [...] la bile noire est triple : l'une est en quelque sorte asinine, diluée dans beaucoup de phlegme, elle apporte les maladies froides, et ne compatit pas au génie. La seconde est aduste, elle déclenche les fureurs. La troisième n'est pas dégénérée ; lorsqu'elle est abondante et mêlée au sang dans des proportions raisonnables, elle produit des élans plus vifs, plus ardents et plus tenaces. » (Cité d'après P. Dandrey, *Anthologie de l'humeur noire. Écrits sur la mélancolie d'Hippocrate à l'*Encyclopédie, Paris, Le Promeneur, 2005, p. 528-529). Melanchton reprenait à son tour un adage avicenien, *ibid.*, p. 355. Voir la note suivante.

ingenieux, & qui les face exceller sur les autres, | les raisons y sont toutes claires[5] : le cerveau de ces melancholiques n'est ny trop mol, ny trop dur, il est vray que la seicheresse y domine. Or Heraclite disoit souvent que la lumiere seiche rendoit l'ame plus sage[6] : il y a fort peu d'ex||cremens en leur cerveau, les esprits en sont plus nets, & ne se dissipent pas aisement, ils ne sont gueres destournez de leurs sens; leur imagination est fort profonde, la memoire, plus ferme, le corps robuste pour endurer le travail, & quand ceste humeur s'eschauffe par les vapeurs du sang, elle faict comme une espece de saincte fureur, qu'on appelle enthousiasme, qui fait* philosopher, poëtiser, & prophetiser : de sorte qu'elle semble avoir quelque chose de divin[7]. Voila les effects des quatre complexions, & comme elles

Pourquoy les melancholiques sont ingenieux

[120r]

5. Le calcul de dosage des humeurs était connu de tout le monde. Voici par exemple celui que Ficin estimait le meilleur pour garantir l'équilibre de la santé et l'excellence intellectuelle, sans faire courir au mélancolique le risque de la folie : « Toutefois, qu'elle ne s'embrouille pas du tout en la pituite mêmement trop froide et trop abondante, de peur qu'elle ne devienne froide. Mais bien, qu'elle soit emmêlée à la cholère et au sang, de sorte que des trois se fasse un corps, qui soit composé en proportion double du sang aux deux autres. Où il y ait huit parties pour le sang, deux pour la cholère, et deux encore pour l'humeur noire ou mélancolie. » (*De la vie* [*De Vita triplici*] (1489), trad. fr. Guy Le Fèvre de la Boderie (1582), dans P. Dandrey, *Anthologie de l'humeur noire,* p. 485-486, et n. 1).

6. Héraclite, fr. B 118 [97]: « Éclat du regard : âme sèche – la plus sage et la meilleure. » (*Fragments*, éd. Michel Conche, Paris, Presses universitaires de France, « Épiméthée », 1986, p. 340). Le fragment est conservé par Stobée, *Florilège*, III,V, 8. Cité dans le même contexte par Ficin, *De la vie,* I, 5, dans P. Dandrey, *Anthologie de l'humeur noire,* p. 486-487, puis par Giambattista Montano, *Consilia medica,* Nuremberg, Ioannis Montanus, 1559, *Consilium XVII* : « *Scitis autem dictum Heracliti : Spiritus siccus, anima prudentissima* »; repris par Burton, *Anatomie de la mélancolie,* 1.3.3.1, Hoepffner, p. 706.

* Var. 1597 : *faict.*

7. À partir des travaux de Marsile Ficin, la notion platonicienne de fureur divine fut revalorisée et comprise comme l'un des effets du génie mélancolique. Voir le *Problème* XXX,1, 954a qui faisait le rapprochement entre enthousiasme et création poétique ou divination (à partir du cas d'un poète nommé Maracus). À noter que le modèle intellectuel de l'enthousiasme créateur, défendu par Ficin, suscitera la réprobation doctrinale des démonologues des XVIe et XVIIe siècles, qui y voyaient plutôt l'intrusion du Malin esprit, ainsi que celle des médecins, qui en faisaient un symptôme de la pathologie mélancolique et non un signe d'élection : voir Michael Heyd, « The Reaction to Enthusiasm in the Seventeenth Century : Towards an Integrative Approach », *The Journal of Modern History,* 53.2, 1981, p. 270-271. Pour l'évolution et l'interdépendance des notions de « génie », « fureur » et « enthousiasme » en rapport avec le talent littéraire, la création et le tempérament mélancolique, voir Jean Lecointe, *L'Idéal et la différence. La perception de la personnalité littéraire à la Renaissance*, Genève, Droz, 1993, p. 217-374. À rapprocher du témoignage de Pontus de Tyard : « Mais il vous plaira entendre, Pasithée, que fureur (laquelle je definiz avecques vous alienation d'entendement, sans adjouster ce vice de cerveau) contient souz soy deux especes d'alienations. La premiere procedant des maladies corporelles, dont vous avez parlé, et de son vray nom l'avez bien appellée follie et vice de cerveau; la seconde, estant engendrée d'une secrette puissance divine, par laquelle l'ame raisonnable est illustrée : et la nommons, fureur divine, ou, avec les Grecs Enthousiasme. » (*Solitaire Premier*, éd. Silvio F. Baridon, Genève, Droz, 1950, p. 10 et suiv.). De même Cœlius Rhodiginus traitant des formes de l'emportement : « *Enthusiasmus est quidem mentis stupor, sed ex illustratione divina* » (*Lectionum antiquarum* (1566), XVII, 4, p. 629).

peuvent toutes quatre estre dans les limites de la santé. Ce n'est pas donc
[120r] de ces melancholiques sains que nous|| voulons parler en ce discours, nous traitterons seulement des malades, & de ceux qui sont travaillez de ceste passion, qu'on appelle melancholique, laquelle je m'en vois descrire[8].

8. Sur la polysémie du mot « mélancolie » dans le vocabulaire médical du XVIe siècle, voir Jean Céard, « Folie et démonologie au XVIe siècle », dans *Folie et déraison à la Renaissance,* Bruxelles, Éditions de l'Université de Bruxelles, 1976, p. 132-134.

Chapitre IV

DEFINITION DE LA MELANCHOLIE & TOUTES SES DIFFERENCES

Les maladies prennent communement leur nom ou de la partie qu'ils* attaquent, ou de quelque fascheux accident[1] qui les accompagne, ou de la cause qui les engendre[2]; | La melancholie est au rang de ces dernieres[3] : car ce nom luy a esté donné pource qu'elle est causée d'une humeur melancholique. Nous|| la definirons avec les bons autheurs, une espece de resverie[4] sans fievre[5], accompagnée d'une peur & tristesse ordinaire, sans aucune

D'où est-ce que la melancholie a pris son nom

[120v]

* Var. 1597 : *elles.*

1. Le mot « accident » a ici le sens de « symptôme ». Ce terme est la traduction du latin *accidens* qui signifie, entre autres, « événement malheureux, accident fâcheux » et qui traduit dans le vocabulaire médical du Moyen Âge le *το σύμπτωμα* grec. Dans les traités médicaux des humanistes se trouvent, en variation libre, *accidens* ou bien le calque du grec *symptoma.* Du Laurens fait usage des deux, sans faire de différence de nuance. Voir à ce sujet, Danielle Jacquart et Claude Thomasset, « L'amour héroïque à travers le traité d'Arnaud de Villeneuve » dans *La Folie et le corps*, études réunies par Jean Céard en collaboration avec Pierre Naudin et Michel Simonin, Paris, Presses de l'ENS, 1985, p. 146 et suiv. ; Nancy G. Siraisi, « *Disease and symptom as problematic concepts in Renaissance medicine* », dans Eckhard Kessler et Ian Maclean (éd.), Res et verba *in der Renaissance,* Wiesbaden, Harrassowitz, 2003, p. 217-240.
2. Variante simplifiée d'un passage du traité galénique *De methodo medendi* (II,1) que Du Laurens avait enseigné aux chirurgiens dans ses *Annotations sur le premier chapitre du sixiesme traitté de M. Gui de C [h]auliac*, resté inédit jusqu'à son inclusion dans le volume d'œuvres complètes que Th. Gelée édite en 1613 : « [...] ainsi la melancholie & le *cholera morbus* ont tiré leurs dénominations de leurs causes efficientes : car en la mélancolie la cause efficiente c'est l'humeur melancholique... » (*Toutes les œuvres* (1621), VI, 1, p. 2). Notons que Guy Patin, dans son édition des *Opera omnia* de Du Laurens, ajoute la référence marginale « Ex Galeno lib.2 *Meth. Med.* cap.1 ». Cf. Galien, *De Symptomatum differentiis*, Kühn, VII, p. 42 : « *Omnis igitur corporis affectus a naturali statu decedens aut morbus est, aut morbi causa, aut morbi symptoma* ». La citation galénique du *Methodo medendi* est reprise par N. G. Siraisi, « *Disease and symptom as problematic concepts in Renaissance medicine* », p. 224.
3. Galien, *De methodo medendi*, II, 2, Kühn, X, p. 82 : « *Saepenumero a causa putata, ut melancholia quidem ab omnibus* ». Pour la définition galénique des notions de maladie, symptôme, accident ou cause, voir p. 81-82 : « *Ergo affectus qui actionem laedit, morbus appelletur; hunc si quid sequitur, symptoma; quod illum efficit, causa.* [...] *His ita distinctis inspicienda diligentur est diversitas nominum, quae morbis imposuerunt ipsorum primi auctores. Passim enim a laesa parte sunt nomina* [...]. *Frequenter ab ipso symptomate* [...] *Saepe ab ambobus simul* [...] *Saepenumero a causa putata* [...] »
4. Si le français connaissait déjà le mot « délire », les médecins français préfèrent traduire les concepts grecs et latins par « resverie », plus imagé. Dans son *Nomenclator omnium rerum* (1577), le médecin hollandais Adrien de Jonge traduisait déjà « *delirium* » par « resverie » « radotement » : « *Delirium, in febrium vigore mentis alienatio e bili aut calida expiratione ad cerebrum subrepente* [...]. G. Resverie, radotement [...]. » (Adrien de Jonge [Hadrianus Junius], *Nomenclator omnium rerum propria nomina variis linguis explicata indicans*, Anvers, Christophe Plantin, 1577, p. 296, col. 1).
5. La fièvre est le résultat de l'inflammation d'une humeur corrompue. Elle peut être de deux sortes : continue ou intermittente. La fièvre (continue) est engendrée lorsqu'une « vapeur

Difference de resverie occasion apparente[6]. | La resverie tient en ceste definition le nom de genre, les Grecs l'appellent plus proprement παραφροσύνη[7], les Latins *delirium**. Or il y a deux sortes de resverie, l'une est avec fievre, l'autre sans fievre : celle qui est avec fievre, ou est continuë & travaille tousjours le malade, ou elle le reprend par intervalles : la continuë se nomme proprement phrenesie[8], qui vient ou par l'inflammation du cerveau & de ses membranes, ou par
[121r] l'inflammation du diaphragme ; c'est pourquoy les anciens Grecs|| le nommoient φρενες[9] : celle qui donne relasche arrive ordinairement aux fievres

putride, ou une chaleur contre-nature, qui s'éleve des humeurs qui pourrissent assaillit, & afflige incessamment le cœur, & y excite une chaleur continuelle, d'où aussi la chaleur de la fievre est continuellement répanduë par tout le corps [...] Quant aux intermittentes elles sont faites, lors que les mêmes vapeurs sont par certains intervalles portées au cœur. » (Lazare Riviere, *La Pratique de la medecine avec la theorie*, Lyon, Jean Certe, 1690, p. 676-677). Voir également chez Guillaume Rondelet, *Methodus curandorum omnium morborum corporis humani in tres libros distincta* : « *Definitio febris essentialis ab Avicenna tradita est, quam ex multis locis Galeni collegit, ut, Febris est calors naturalis accensus in corde, procedens per uniuersum corpus per venas, & arterias, actionem laedens.* [...] *Ignis est, ergo accendit signa. Febris igitur cordis affectio primaria, totius corporis secundaria.* [...] *Cor est fons caloris naturalis. Sed febris, mutatio est caloris naturalis, qui per universum corpus distribuitur.* » (Paris, Charles Macé, 1575, p. 54).

6. Hippocrate, *Aphorismes*, VI, 23, Littré, IV, p. 568 ; Galien, *Des Lieux affectés*, III, 7, Kühn, VIII, p. 178 ; Daremberg, II, p. 557. Pour tristesse et/ou crainte, voir P. Dandrey, *Médecine et maladie*, I, p. 468 et II, p. 113, note 1 ; *Les Tréteaux de Saturne*, Paris, Klincksieck, 2003, p. 88-94. Pour l'ajout de « sans raison apparente » à la définition de la mélancolie, voir P. Dandrey, *Médecine et maladie*, II, p. 137-138.
7. Παραφροσύνη signifie en grec déraison, folie, démence. C'est le terme général employé pour désigner toute maladie qui déclenche un quelconque égarement de la raison. Toutefois, Galien semble distinguer cette maladie (non-fébrile) de la frénésie (fébrile) : *Hippocratis Epidemiorum I et Galeni in illum commentarius*, I, 59, Kühn, XVII, p. 159. Voir Rudolph E. Siegel, *Galen on Psychology, Psychopathology, and Functions and Diseases of the Nervous System*, Bâle, Karger, 1973, p. 264-275, section « Delirium without Fever (*Paraphrosyne*) » ; Jackie Pigeaud, *La Maladie de l'âme*, p. 74 et suiv. ; *Folie et cures de la folie chez les médecins de l'Antiquité gréco-romaine. La manie*, Paris, Les Belles Lettres, 1987, p. 17-18.

* Var. 1597 : *delyrium.*

8. La phrénésie est une maladie aiguë caractérisée par des hallucinations puissantes suite à l'inflammation des méninges ou du diaphragme. Elle a fait l'objet de nombreuses études. Voir notamment : Danielle Gourevitch, *La Psychiatrie de l'Antiquité gréco-romaine*, dans Jacques Postel et Claude Quétel (éd.), *Nouvelle histoire de la psychiatrie*, Toulouse, 1983, p. 18-19 et p. 25-26. ; Jackie Pigeaud, *La Maladie de l'âme*, p. 71-100 et *Folies et cures de la folie, passim.* Sur la phrénésie chez les médecins arabo-persans : Danielle Jacquart, « Les avatars de la phrénitis chez Avicenne et Rhazès », dans *Maladie et maladies : histoire et conceptualisation. Mélanges en l'honneur de Mirko Grmek*, éd. préparée par Danielle Gourevitch, Genève, Droz, 1992, p. 181-192 ; Rudolph E. Siegel, *Galen on Psychology*, p. 270-272, section « Delirium with Fever (*Phrenitis*) ».
9. Galien, *Hippocratis prognosticum et Galeni in eum librum commentarius*, I, 24, Kühn, XVIII/2, p. 76 : « *Siquidem phrenas* (φρένας) *atque diaphragma* (διάφραγμα) *idem Graeci veteres appellabant.* » ; *Des Lieux affectés*, V, 4, Kühn, VII, p. 327-328 et 331 : « *Inferiorem autem thoracis terminum prisci omnes phrenas appellauerunt, siue simpliciter ipsis mentem venerit, siue, ut quidam augurantur, quia eo inflammato aegrotantium mens laeditur. A Platone autem diaphragma vocari incepit, qui sane et ipse aliis veteribus similiter phrenas appellauit [...] Sic enim per cerebri affectum paulatim phrenitis euenit; ab aliarum vero partium nulla*

ardentes [10] & à la vigueur des fievres tierces [11], on l'appelle παραφρενῖτις [12]. L'autre espece de resverie est sans fievre, qui est ou avec rage & furie, on la nomme manie [13] : ou avec peur & tristesse, & s'appelle melancholie. La melancholie doncques est une resverie sans fievre avec peur & tristesse. | Nous appellons resverie lors qu'une des puissances nobles de l'âme, comme l'imagination, ou la raison, sont depravées. Tous les melancholiques ont l'imagination troublée, pource qu'ils se forgent mille fantasques chimeres, & des objects qui ne sont pas, ils ont aussi bien souvent la|| raison depravée. | Il ne faut donc pas douter que la melancholie ne soit une resverie, mais elle est ordinairement sans fievre, pource que l'humeur est seiche, & a ces deux qualitez froideur & seicheresse, qui resistent du tout à la pourriture : de sorte qu'il n'en peut exhaler non plus que des cendres aucune vapeur pourrie qui puisse estre apportée au cœur pour y allumer la fievre. La peur & la tristesse sont accidents inseparables de ceste miserable passion pour les raisons que je deduiray au chapitre suyvant. Voila la melancholie descrite comme un symptome ou accident, qui se rapporte à l'action blessée, c'est à sçavoir à l'imagination & raison depravée. Cet acci|| dent est comme un effect de quelque cause, & depend immediatement d'une maladie ; car comme l'ombre suit le corps, ainsi le symptome suit & accompagne la maladie. | Tous les Medecins Grecs & Arabes pensent que la cause de cet accident est une maladie similaire, c'est à sçavoir l'intemperature froide & seiche du cerveau. | Le cerveau donc est la partie offensée, non pas en sa conformation, car il n'y a point de tumeur contre nature, ses ventres ne sont ny pressez, ny remplis comme à l'apoplexie & au haut mal, mais en sa propre substance & temperature ; son temperament est alteré, il est par trop deseiché & refroidy. | Hippocrate en ses Epidemies|| & aux Aphorismes l'a très bien remarqué. Les epileptiques (dit-il) deviennent souvent melancholiques, & les melancholiques epileptiques, selon que l'humeur melancholique occupe les ventres ou la substance du cerveau, si ceste humeur altere la temperature qu'il appelle l'ame (pource qu'il semble que les actions plus nobles de l'ame s'exercent par ceste temperature) sans

Qu'est-ce que resverie

[121v] Pourquoi la melancholie est sans fievre

[122r]

La melancholie est une maladie similaire

Le cerveau est la partie offensée en sa temperature

[122v] Comment les melancholiques deviennent epileptiques

perpetuum delirium procedit, dempto solo septo transuerso, cuius vitio excitatum delirium, parum a continuo distat, adeo ut veteres putauerint, hac parte inflammatione affecta phreniticos fieri, atque ob eandem suspicionem phrenas appellauerint, tanquam sapienti parti conferat quippiam. » Rudolf Siegel remarque, en marge de ce fragment, que le mot « phren » a la même racine que le verbe « phronein » (penser) : *Galen on the Affected Parts. Translation from the Greek Text with Explanatory Notes*, Bâle et New York, S. Karger, 1976, p. 149, n. 31.

10. Il s'agit de la fièvre continue (*causus*) caractérisée par un état fébrile intense. Voir Amédée Dechambre (éd.), *Dictionnaire encyclopédique des sciences médicales*, Paris, G. Masson, 1877, volume II, série 4, p. 180 et suiv.
11. Variété de fièvre intermittente dont les accès surviennent tous les trois jours. Depuis Hippocrate on pensait qu'elle était causée par une cacochymie d'humeur bilieuse.
12. Sur cette distinction de la frénésie en deux sous-catégories, la frénésie proprement dite et le παραφρενῖτις, voir Rudolph E. Siegel, *Galen on Psychology*, p. 272.
13. Pour la manie dans l'antiquité gréco-romaine, voir Jackie Pigeaud, *La Maladie de l'âme*, p. 100-120 ; *Folies et cures de la folie*, 2e partie : « La manie comme concept médical » p. 67-141 ; 3e partie : « Les traitements de la manie » p. 146-219.

doute il [*sic*] causera la melancholie : mais si elle se respand dans les ventres & cavitez du cerveau, fera le haut mal, d'autant que les ventres estans pressez, & l'esprit ne pouvant aller librement aux nerfs, le cerveau se retire,
[123r] & tire quant & soy sa grand queuë d'où viennent tous les|| nerfs, qui est cause de ceste contraction universelle [14]. Je croy que la definition de la melancholie est assez esclaircie par ce petit discours : venons maintenant à
Differences de la melancholie
ses differences. | Il y a trois differences de melancholie[15] : l'une vient par le

14. Hippocrate, *Épidémies*, VI, 7, 31, Littré, V, p. 355-357 : « Les mélancoliques deviennent d'ordinaire épileptiques, et les épileptiques mélancoliques; de ces deux états, ce qui détermine l'un de préférence, c'est la direction que prend la maladie : si elle se porte sur le corps, épilepsie; si sur l'intelligence [διάνοιαν], mélancolie. ». Un fragment de Galien (*Des Lieux affectés*, III, 10, Daremberg, II, 564-565) nous aide à mieux saisir ce passage : « Ainsi, les humeurs épaisses amassées dans la substance même de l'encéphale le lèsent, tantôt comme partie organique, tantôt comme partie homoïomère : comme partie organique, quand elles obstruent les conduits, comme partie homoïomère, quand elles en altèrent le tempérament. C'est pourquoi on trouve cette observation à la fin du sixième livre *Sur les épidémies* [...] En effet, puisque l'âme est un mélange des qualités actives, ou qu'elle est altérée par le mélange de ces qualités, il dit que la bile qui tourmente l'encéphale comme partie organique se tourne vers le corps, et cela se fait par obstruction, tandis que celle qui le lèse comme partie homoïomère se tourne vers l'intelligence, attendu qu'elle pervertit le tempérament du cerveau. » De même, p. 563 : « Comme l'humeur épaisse du phlegme, cette humeur épaisse atrabilaire produit parfois des épilepsies quand elle est retenue dans les canaux de sortie des ventricules de l'encéphale, le moyen ou le postérieur. Quand elle est en excès dans le corps même de l'encéphale, elle engendre la mélancolie [...] ». La partie la plus obscure du texte de Du Laurens se trouve ainsi éclairée. Ce qui posait problème était le rapport de synonymie entre âme et température. Nous avons vu que chez Hippocrate il n'y a rien de cela. Cette formulation appartient à Galien qui est la source de Du Laurens. Plus tard, Du Laurens nous fournira lui-même la clé de ce passage : « Galien appelle aussi l'ame *un accord de qualitez*, & semble qu'il ne la distingue point d'avec la température : car mesme en un autre endroit il appelle la temperie du cerveau, *l'ame*, expliquant l'Aphorisme d'Hippocrate, *Les melancholiques deviennent épileptiques & les epileptiques, melancholiques*, en cette façon. *Selon que l'humeur se glisse en cette partie cy, ou en celle-là, il se fait transformation de ces deux maladies, & transformation de l'humeur. Car si l'humeur s'épand dans la substance & les ventres du cerveau, ils deviennent épileptiques, si dans l'âme, melancholiques.* Or par *l'ame*, il entend la temperature; car la melancholie est une intemperie froide & seiche du cerveau. » (*Toutes les œuvres* (1621), livre X, question 3, p. 310v, en *italiques* dans l'original.) La référence marginale pour ce fragment nous renvoie précisement aux traités galéniques *Que les passions de l'ame suivent les tempéraments du corps* et *Commentaires* sur les *Épidémies* [6.8] et sur les *Aphorismes* [2.6] d'Hippocrate. Voir aussi le commentaire de Thomas a Vega, *Tomus Primus commentariorum in Cl. Galeni opera*, Anvers, Ch. Plantin, 1564, vol. II, p. 152 (cité par Jean Céard, « Folie et démonologie au XVIe siècle », dans *Folie et déraison à la Renaissance*, p. 139); Thomas a Vega reprenait en fait une leçon du *Liber Continens* de Rhazès (I, 1, p. a2r, col. a); voir Jean Starobinski, *Histoire du traitement de la mélancolie des origines à 1900, Acta psychosomatica*, 3, 1960, p. 4. La question est évoquée par Burton qui cite Du Laurens : *Anatomie de la mélancolie*, 1.1.3.2, Faulkner, I, p.163; Hoepffner, p. 277.
15. C'est Galien qui, dans *Des Lieux affectés*, III, 11 (Kühn, VIII, p. 195; Daremberg, II, p. 571) a explicitement posé la tripartition des maladies mélancoliques. Voir à ce sujet Jean Starobinski, *Histoire du traitement de la mélancolie*, p. 25-26 : « Galien ... fixe la description et la définition de la mélancolie qui feront autorité jusqu'au XVIIIe siècle et au-delà. La division qu'il propose servira de cadre pour tout ce qui s'écrira sur le traitement de cette maladie. » Voici par exemple la version d'Alexandre de Tralles : « Non seulement ils diffèrent

vice propre du cerveau, l'autre vient par sympathie de tout le corps, quand tout le temperament & toute l'habitude est melancholique; la derniere vient des hypochondres, c'est à dire des parties qui y sont contenuës, mais surtout de la rate, du foye, & du mesentere. La premiere s'appelle absoluëment & simplement melancholie, la derniere avec addition se nomme melancholie hypochondriaque [16] ou venteuse; la|| premiere est la plus fas- [123v]
cheuse de toutes, travaille continuellement son subject, & luy donne fort peu de relasche : l'hypochondriaque ne le trait* point du tout si rudement, elle a ses periodes, & fait bien souvent trève avec son malade. La premiere a plusieurs degrez de malice : si elle n'a rien d'extraordinaire ne changera point son nom, mais si elle devient du tout sauvage elle s'appellera lycanthropie : si elle vient de ceste rage & violente passion qu'on nomme Amour ἔρως**. L'hypochondriaque aussi a ses degres, il y en a de bien legeres, il y en a de bien violentes. Or je traicteray de toutes ces especes par ordre, commençant à celle qui a son siege dans le cerveau.

entre eux par les modifications variées qui se produisent dans les symptômes, mais encore par les organes souffrants. Chez les uns, le cerveau seul est malade; chez d'autres, c'est tout le corps; chez d'autres, c'est uniquement le ventre et les hypochondres. » (Theodor Puschmann, *Alexander von Tralles. Originaltext und Übersetzung*, Vienne, Wilhelm Braumüller, 1878-1879, fac-similé A. Hakkert, Amsterdam, 1963, vol. I, p. 591 — Trad. fr. : *Médecine et thérapeutique byzantines. Œuvres médicales d'Alexandre de Tralles*, introd. et trad. Félix Brunet, Paris, P. Geuthner, 4 vol. 1933-1937, II (1936), p. 223).

Au XVIe siècle, les médecins respectaient sans exception cette tripartition. Citons pour exemple Jason Van de Velde : « *Ad affectum ipsum properamus, cuius tres constat esse species : prima, quando universum in venis omnibus sanguinem atra bilis vitiat. Altera, quum reliqui corporis sanguis innocuus est, se dis solus temeratur, qui in cerebro continetur [...]. Tertia species ex hypochondriis male affectis oritur, etenim haec per consensum illico cerebrum labes actant, graues halitus, densosque fumos sursum in mentis regionem transmittunt.* » Jason Van de Velde [Jason Pratensis], *De Cerebri morbis : hoc est, omnibus ferme (quoniam a cerebro male affecto omnes fere qui corpus humanum infestant, morbi oriuntur) curandis liber*, Bâle, Henri Piètre, 1549, p. 268-269.

16. Les « hypochondres » constituent les cavités latérales de l'abdomen, à droite et à gauche de l'épigastre. Localisée dans la région abdominale, la mélancolie hypocondriaque s'accompagne de troubles digestifs sévères; les vapeurs de l'humeur, froides et sèches, s'élèvent au cerveau et engendrent ainsi les symptômes de la mélancolie. Chez les nosographes du XVIIIe et du début du XIXe siècle (Boissier de Sauvages, Cullen, Pinel), l'affection hypochondriaque se définit encore par l'association entre des troubles atrabilaires dans la région abdominale et un état d'anxiété immodérée du malade à propos de sa santé. Voir J. Starobinski, *Histoire du traitement de la mélancolie*, p. 26.

* Var. 1597 : *traitte.*

** Var. 1597 : *erotique.*

|| Chapitre V

[124r]

DE LA MELANCHOLIE QUI A SON PROPRE SIEGE AU CERVEAU, DE TOUS LES ACCIDENS QUI L'ACCOMPAGNENT : & D'OU VIENNENT LA PEUR, LA TRISTESSE, LES VEILLES, LES SONGES HORRIBLES & AUTRES SYMPTOMES

La melancholie qui vient par l'intemperature seiche & froide du cerveau, est ordinairement accompagnée de tant de divers & fascheux accidens, qu'elle doit esmouvoir un chacun à compassion, car le corps n'en est pas seulement transi, mais l'ame en est encores plus gehennée. | Voici tous les tyrans & bourreaux du melancholique; la peur l'accompagne tousjours, & le saisit par fois d'un tel estonnement, qu'il se fait peur a soy-mesme; la tristesse ne|| l'abandonne jamais, le soupçon le talonne de pres, les souspirs, les veilles, les songes effroyables, le silence, la solitude, la honte, & l'horreur du Soleil, sont comme accidens inseparables de ceste miserable passion. Icy nous avons un beau champ pour philosopher : je m'en vois* [*sic*] pour plaisir esgayer [*sic*] à recercher toutes les causes de ces accidens, commençant à la peur. | Les plus grands Medecins sont en dispute d'où vient ceste frayeur des melancholiques. | Galien rapporte tout à la couleur de l'humeur qui est noire, & pense que les esprits estans rendus sauvages, & la substance du cerveau comme tenebreuse, tous les objects se represent||ent hideux, l'ame est en perpetuelles tenebres [1]. Et tout ainsi comme nous voyons que la nuict apporte de soy quelque effroy, non seulement aux enfans, mais quelquefois aux plus asseurez, ainsi les melancholiques ayans dans leur cerveau une continuelle nuict, sont en crainte perpetuelle. | Averroes plus subtil Philosophe que grand Medecin, & ennemi juré de Galien, se moque de ceste raison. | La couleur (dit-il) ne peut estre cause de ceste peur, pource que la couleur ne peut alterer que l'oeil, & est seulement object de la veuë, l'ame ne peut voir sans les yeux. | Or il n'y a point d'yeux dans le cerveau; comme donc se pourra elle trou||bler de la noirceur de l'humeur melancholique, puisqu'elle ne la peut voir [2]? | J'adjousteray pour renforcer le party d'Averrhoës, que

Les accidents qui suyvent le melancholique

[124v]

Pourquoy les melancholiques ont tousjours peur

Raison de Galien

[125r]

Averrhoës se moque de Galien

La couleur n'est point cause de la peur

Raison premiere

[125v]

Seconde

* Var. 1597 : *vai.*

1. Galien, *Des Lieux affectés*, III, 9, Daremberg, II, p. 569 : « De même que les ténèbres extérieures inspirent la peur à presque tous les hommes, [...] de même la couleur de la bile noire, en obscurcissant comme le font les ténèbres, le siège de l'intelligence, engendre la crainte ». Cité par Jean Starobinski, *Histoire du traitement de la mélancolie*, p. 26.
2. Les fragments galéniques critiqués par le philosophe arabe se situent dans le *De Symptomatum causis liber*, I, 10, Kühn, VII, p. 189-193, ainsi que dans *Des Lieux affectés*, III,10, Kühn, VIII, p. 189-190, Daremberg, II, p. 569-570. Quant à l'argumentation d'Averroès, elle se

tant s'en faut que la couleur noire soit cause de ceste peur : aux melancholiques, que c'est la couleur qu'ils aiment le plus, ils sont ennemis du Soleil & de la lumiere, suyvent les tenebres par tout, recerchent les lieux umbrageux, marchent bien souvent la nuict, & avec plus d'asseu-

Troisième

rance que le jour. | D'avantage la manie est causée d'une humeur aussi noire que la melancholie, car l'humeur atrabilaire est toute noire, & luisante comme de la poix, qui peut noircir tout de mesme les esprits

[126^{r}]

& le cerveau. Or|| est-il que les maniaques ne sont nullement craintifs : ils sont hardis & furieux, n'apprehendent aucun danger, se precipitent au travers de flammes & des cousteaux [En fin si le noir nous espouvantoit, il faudroit que la couleur blanche nous rendist hardis : or est-il que ceux qui abondent en phlegmes sont ordinairement timides]*.

Opinion d'Averroes

| La couleur doncques ne peut estre la cause de ceste peur. Il faut (dit Averrhoës) que ce soit la temperature de l'humeur melancholique, qui est froide, & qui produit des effects contraires à la chaleur. Le chaud rend les hommes hardis, remuans, & precipitez en toutes leurs actions : le froid au contraire les rend timides, pesants, & mornes. Tous ceux qui sont d'un temperament froid deviennent craintifs : les vieilles gens

[126^{v}]

ordinairement sont timides, & les eunuques aussi : les fem||mes sont tousjours plus paoureuses que les hommes [*bref* [,] *les* mœurs de l'ame suivent le temperament du corps]**. Voila ces deux grands personnages

Opinion de l'auteur

bien differens en opinion ; | je pense qu'on les pourra accorder si on joint ces deux causes ensemble, la temperature de l'humeur comme la principale, & la couleur noire des esprits comme celle qui peut beaucoup aider. L'humeur melancholique estant froide rafroidit*** non seulement le cerveau, mais aussi le cœur, qui est le siege de ceste puissance courageuse, qu'on nomme irascible, & abbat son ardeur ; de la vient la crainte : la mesme humeur estant noire rend tous les esprits animaux qui doivent estre purs, subtils, clairs & lumineux, les rend,

[127^{r}]

dy-je, grossiers, obscurs,|| & comme tous enfumez : or l'esprit estant le premier & principal instrument de l'ame, s'il est noircy & rafroidy tout ensemble, trouble ses plus nobles puissances, & surtout l'imagination, luy representant tousjours des especes noires, & des visions estranges qui peuvent estre veuës de l'œil encores qu'elles soient au dedans. C'est une subtilité qu'on n'a (peut-estre) encores apperceuë,

Que nous pouvons voir quelque chose au dedans

& laquelle sert infiniment pour la deffense de Galien : | l'œil ne voit point seulement ce qui est dehors, il voit aussi ce qui est au dedans, encores qu'il le juge externe. Ceux qui ont quelque commencement de

trouve dans le *Colliget libri VII*, Venise, Giunta, 1562 [fac-similé Minerva, Francfort-sur-le-Main, 1962], livre III, chap. 40, p. 56^{r-v} ; trad. dans P. Dandrey, *Anthologie de l'humeur noire*, p. 366-368.

* Var. 1597 : argument supplémentaire ajouté par l'éd. de 1597.

** Var. 1597 : l'auteur achève l'argumentation d'inspiration averroïste par l'insertion habile de cet aphorisme galénique.

*** Var. 1597 : *refroidit*.

suffusion voyent plusieurs corps voletans comme formis, mousches & poils longs,|| ceux qui vomissent de mesme. Hippocrate & Galien entre [127v] les signes du flux de sang critique, mettent ces visions faulses[3], on voit des corps rouges par l'air, qui n'y sont pas pourtant, car un chacun les verroit ; c'est une vapeur interieure qui se represente au cristalin* selon sa propre couleur ; si elle vient du sang paroist rouge, si de la cholere, jaune : pourquoy donc la vapeur de l'humeur melancholique, & des esprits qui sont tous noirs ne se pourra-elle voir en sa propre couleur & se representer ordinairement à l'œil, & puis à l'imagination ? Le melancholique peut voir ce qui est dans son cerveau, mais c'est sous une autre espece, pour|| ce que les esprits & vapeurs noires vont conti- [128r] nuellement par les nerfs, veines & arteres du cerveau jusques à l'œil, qui luy font voir plusieurs ombres & phantosmes en l'air, de l'œil les especes sont rapportées à l'imagination, qui les ayant quasi tousjours presentes demeure tousjours en effroy. Ce qui me fait joindre la couleur noire avec la temperature est, que bien souvent le cerveau est rafroidy, & toutesfois on n'a ny ceste peur, ny ces spectres hydeux. Le phlegme est encores plus froid que l'humeur melancholique, & cependant il ne trouble pas l'imagination, pource que sa blancheur a quelque similitude avec la substance du cerveau, & avec|| la couleur & clairté des [128v] esprits ; mais l'humeur melancholique en est du tout ennemie. | Nos esprits ont la froideur & les tenebres pour adversaires, sentans le froid ils se retirent au dedans, & comme les tenebres arrivent s'enfuyent en leur citadelle, abandonnent les extremitez, & nous font dormir ; l'humeur melancholique a tous les deux, elle est froide & tenebreuse ; il ne

L'humeur melancholique du tout contraire à nos esprits

3. La suffusion est parfois synonyme de la cataracte (définie comme une affection de l'humeur aqueuse en sa « qualité » provoquée par un surplus humoral venu l'alourdir et la troubler) ou d'une forme précoce de celle-ci (« [...] lors que la maladie commence, en laquelle il n'arrive qu'un certain leger obscurcissement de la veüe, ils l'appellent *Suffusion.* », d'après Lazare Rivière, *La Pratique de medecine avec la théorie*, Paris, Jean Certe, 1690, tome I, p. 242). Ici, toutefois, il semblerait que Du Laurens fait référence à une autre maladie, semblable à la suffusion sans que pour autant elle en ait la même étiologie. Citons Galien par l'entremise de Lazare Rivière qui le traduit librement : « On établit pourtant une autre Suffusion bâtarde, qui est faite des vapeurs qui s'élevent aux yeux, de l'estomac, & des autres parties [...] outre que tous les malades de la suffusion [bâtarde] rapportent qu'ils voyent certains petits corps qui voltigent en l'air comme des moucherons, des mouches, des poils, des toiles d'aragnées & semblables, qui ne viennent que des vapeurs grossieres transportées à l'œil, & qui s'y remuent. » (Lazare Rivière, *La Pratique de medecine avec la théorie* (1690), tome I, p. 242-243, d'après Galien, *Hippocratis prognosticum et Galeni in eum librum commentarius*, I, 23, Kühn, XVIII/2, p. 73 et *De symptomatum causis*, I, 2, Kühn, VII, p. 95-97 ; cf. avec *Des lieux affectés*, IV, 2, Kühn, VIII, p. 221-223). Pour l'époque de la Renaissance, consulter Girolamo Mercuriale, *Responsorum et consultationum medicinalium tomus alter*, Venise, apud Jolitos, 1589, *Consultatio XXVIII* « *De Imaginibus oculis observantibus, & lachrymis salsis* », p. 64-65. À remarquer que ces hallucinations sont provoquées pendant les crises fiévreuses d'une maladie aiguë, comme la frénésie ; lire à ce sujet l'ouvrage fondamental de Rudolf Siegel, *Galen on the Affected Parts. Translation from the Greek Text with Explanatory Notes*, Bâle-New York, S. Karger, 1976, p. 157-164 (p. 159 notamment).

* Var. 1597 : *crystalin.*

se faut donc pas estonner si elle trouble les puissances nobles de l'ame ; puisqu'elle infecte & noircit son principal organe qui est l'esprit, lequel allant du cerveau à l'œil, & de l'œil au cerveau, peut faire ces visions [129r] noires & les representer tousjours à l'ame [4]. Voila le premier ac||cident des melancholiques : ils ont tousjours peur, craignent tout, mesme ce qui est le plus asseuré, sont sans cœur, honorent leurs ennemis & abusent de leurs amis, apprehendent la mort, & toutesfois (ce qui est estrange) la desirent souvent, jusques à se precipiter eux mesmes ; mais c'est lors que la crainte se tourne en desespoir, il est vray que cela n'arrive point si souvent aux melancholiques comme aux maniaques. Les maniaques se tuent plus souvent que les melancholiques | Nous avons fort peu d'exemples des vrais melancholiques qui se soient tuez, mais des furieux il s'en trouve beaucoup, & des plus grands personnages. Exemples | Empedocle Agrigentin devenu maniaque se precipita dans [129v] les flammes|| du mont Æthna [5]. Ajax Telamonien devenu forcené pour

4. L'hypothèse « ténébreuse » de Galien, concernant la cause de la peur des mélancoliques eut une longue destinée tourmentée dans l'histoire des idées et des préceptes médicaux. Avant d'être critiquée par Averroès, elle avait été reprise à la lettre par Avicenne : « On appelle mélancolie un changement des opinions et des pensées [allant] contre le cours naturel vers l'altération, la crainte et l'affliction, à cause d'une complexion mélancolique qui rend l'esprit [situé] à l'intérieur du cerveau peureux ou attristé et qui lui fait peur par ses propres ténèbres, tout comme les ténèbres extérieures provoquent tourment et crainte […] » (*Canon de la médecine*, p. 204r, cité d'après P. Dandrey, *Anthologie de l'humeur noire*, p. 343). Mais Averroès employa son talent incisif à la démonter. Malgré lui, elle survivra et parviendra à influencer, au XVIe siècle encore, des médecins soucieux de trouver une explication « naturaliste » au symptôme de peur observé chez les mélancoliques.
Jason Van de Velde, l'une des sources secondaires de notre texte, en traite ainsi (en citant de près Averroès) : « *Sic et atrae bilis color tenebris est similis, quum cogitationis, & imaginationis locum obscurat, & inumbrat, pauorem adducit. Hanc opinionem plane irridet Averrhous (philosophus quidem celebris) & aduersam fortiter tuetur. Cuius verba sunt in tertio Colliget, expressio scilicet timoris fit in anima propter obscuritatem complexionis melancholicae. Sed nigredo non est causa huius, sicut dicunt medici, quia color non est causa substantialis ad corrumpendas virtutes animae : sed haec causa prouenit ab una specie malae complexionis, sicut & aliae aegritudines. Et tu scis, quia habitus animae sequitur complexionem corporis in hac coniunctione : & qui dicunt, quod anima terretur propter humorem melancholicum nigrum, sicut terretur homo in obscuro, dicunt verba cantionum : quia anima non videt in corpore, ut possit dicere, quod sentiat terrorem nigredinis. Sed de natura istius humoris melancholici est, ut ipsum sequantur haec accidentia, sicut de natura sanguinis est, ut ipsum sequatur gaudium […].* » (*De Cerebri morbis* (1549), p. 266-267).
Du Laurens ne tranchera pas non plus ; en humaniste révérencieux des autorités du passé, il formulera cette explication qui donne une part de raison et à Galien et à Averroès. Voir P. Dandrey, *Médecine et maladie*, II, p. 166-167.

5. Il s'agit vraisemblablement, à notre sens, d'une traduction de Jason Van de Velde, *De Cerebri morbis* (1549), chap. XVII « De Mania », p. 215 : « *Empedocles furore percitus in Aetnae voraginem insiliit.* » La fable était connue par un fragment de Diogène Laërce (VIII, 69) : « Hippobote dit que, s'étant levé, il s'était dirigé vers l'Etna, et que parvenu au bord des cratères de feu, il s'y était élancé et avait disparu, voulant renforcer les bruits qui couraient à son propos, selon lesquels il était devenu un dieu ; mais ensuite on l'a su, car une de ses sandales a été rejetée par le souffle – en effet, il avait coutume de chausser des sandales de bronze. » Suite au *Problème* XXX, 1, 953a, Empédocle entra dans la galerie des personnages tourmentés par l'excès de bile noire.

ce qu'on luy avoit refusé les armes d'Achille, & qu'on les avoit adjugées à Ulysse, passa une partie de sa rage sur tout le bestail qu'il trouvoit, pensant tuer Ulysse & tous ses compagnons [6]. Cleamenes insensé se tua de son propre glaive [7]. Orestes ayant tué sa mere Clytemnestra, fut tellement agité de sa manie, que si son ami Pylades ne l'eust soigneusement gardé il se fust cent fois precipité [8]. Il arrive donc plus souvent aux maniaques qu'aux melancholiques de se tuer.

Pourquoy les melancholiques sont tristes

| Le second accident qui n'abandonne gueres les melancholiques est la tristesse, ils pleurent & ne sçavent de quoy :|| je croy que l'intemperature de l'humeur en est cause : car comme la joye vient de chaleur & d'humidité temperées, ainsi la tristesse vient des deux qualitez contraires qui se trouvent en ceste humeur. Les sanguins ordinairement sont joyeux, pource qu'ils ont de l'humide meslé avec le chaud; les choleres sont chagrins & fascheux, pource que leur chaleur est seiche, & a comme une pointe; les melancholiques sont tristes & refroignez, pource qu'ils sont froids & secs [9]. Ainsi ce pauvre Bellerophon qui est si bien descrit dans Homere alloit errant par les deserts se lamentant & plaignant tousjours [10]. Et le Philosophe Ephesien nommé Heraclite|| vivoit en perpetuelles pleurs [130r] [130v]

6. On sait qu'Ajax se suicida après cet accès de folie meurtrière (*Odyssée*, XI, 543-564) ; Eschyle dans une tragédie perdue aurait porté à la scène cet épisode. Mais nous avons conservé le long développement consacré par Sophocle à cet épisode dans *Ajax*, v. 268-308. L'épisode est analysé dans le célèbre essai critique « L'épée d'Ajax », de Jean Starobinski, *Trois Fureurs*, Paris, Gallimard,1974, p. 11-71.
7. Cléomène I († 491 av. J.-C.), roi de Sparte (v. 519-491 av. J.-C.). L'épisode avait été brièvement rappelé par Jason Van de Velde, *De Cerebri morbis* (1549), p. 229. Voir la note suivante.
8. Avec une infime variation (Oreste passe devant Cléomène) la même succession d'événements était donnée par Jason Van De Velde, *De Cerebri morbis* (1549), chap. XVII « De Mania », p. 229 : « *Ajax Telamonis filius ex Hesione Laomedontis filia, Achille occiso, quum illius arma peteret, & Ulysses eloquentia sua illa a judicibus accepisset, Ajax prae ira et indignatione insaniuit, et pecora trucidauit, credens se Ulyssem cum sociis occidere, mox et seipsum confodit, de cuius cruore (quod ait Ovidius) hiacynthus* [sic] *creuit. Orestes quum matrem Clytemnestram, & Pyrrhum Achillis filium interemisset, furiosus factus à Pilade custodiebatur. Cleomenes Anaxandridae filius, quum ei probro daretur violata iurisiurandi fides, prae dolore in dementiam versus, sibi corpus gladiolo fodit, ac incidit a talis usque ad vitalia loca, & ridens, oreque diducto vitam finiit.* »
9. Le froid et le sec sont des qualités contraires à la joie. La joie de vivre des sanguins vient du fait que la chaleur est atténuée par l'humide, tandis que les cholériques, au contraire, s'emportent à l'extrême, le feu étant entretenu par la sécheresse. Chez les mélancoliques, si la sècheresse promet un comportement d'exception (voir *supra*, chap. III, p. 21), la froideur ne fait qu'amener la tristesse.
10. Jason Van de Velde, *De Cerebri morbis* (1549), p. 269 : « *A sonitu frondis ventulo agitatae diffugiunt, perpetuo lugent, plangunt, queritantur, amicos, & familiares aversantur, cunctos odiunt, solitudines captant, qualem Bellerophontem Homerus describit : Postquam autem invisus superis est factus, in agro/ Errabat miser ipse suo, solusque dolorem/ Consumens animi, atque hominum vestigia vitans.* »
La version latine donnée par Jason Van de Velde semble être, à son tour, redevable à la version de Cicéron dans les *Tusculanes*, *Disp.* III, 26, 23 : « *Qui miser in campis maerens errabat Aleïs/ Ipse suum cor edens hominum uestigia uitans.* »

pource (dit Theophraste) qu'il estoit melancholique : Ses escrits tous confus & noircis d'obscurité le tesmoignent assez [11].

Pourquoy les melancholiques sont soupçonneux

| Le soupçon suit ces deux accidens de près, le melancholique est tousjours soupçonneux, s'il voit deux ou trois qui parlent ensemble, il pense que c'est de luy. La cause du soupçon vient de la crainte, & du discours oblique : car ayant tousjours peur il croit qu'on luy dresse des embuscades, & qu'on le veut tuer. Les melancholiques (dit Aristote) s'abusent ordinairement aux choses qui dependent de l'eslection, pource qu'ils oublient bien
[131r] souvent les proportions universel|| les, ausquelles consiste l'honneste, & suivent plustost les mouvemens de leur folle imagination[12].

Pourquoy ils sont en inquietude

| Ils sont en perpetuelle inquietude & de corps & d'esprit, ils ne peuvent respondre estans interrogez, & changent souvent d'un genre en l'autre. L'inquietude vient de la diversité des objects qu'ils se proposent, car recevant toutes les especes & les imprimant en forme de desplaisir, ils sont contrains de changer souvent & d'en rechercher de nouvelles, lesquelles ne leur estant pas plus agreables que les premieres, les entretiennent en ceste inquietude.

L'origine se trouve dans Homère, *Iliade*, VI, 200-202 : « En revanche, du jour où Bellérophon eut encouru à son tour la haine de tous les dieux et où il allait, seul, errant par la plaine Aléienne, rongeant son cœur et fuyant la route des hommes… » (éd. et trad. Paul Mazon, Paris, Les Belles Lettres, 1987, tome I, p. 160). Bellérophon est présent dans la suite de personnages mélancoliques mentionnée dans le *Problème XXX, 1,* 953a. Voir l'introduction de Jackie Pigeaud à sa traduction du *Problème XXX,1* (*L'Homme de génie et la mélancolie*, p. 9-14). Van de Velde introduit cette citation lorsqu'il est amené à décrire les symptômes de la mélancolie hypocondriaque. À noter que Du Laurens ne reprendra pas ces détails aux chapitres consacrés à la mélancolie hypocondriaque. (Peut-être pour ménager sa protectrice, la duchesse d'Uzès, qui, souffrant du mal, aurait pu être troublée de trouver le triste Bellérophon parmi les hypocondriaques comme elle.)

11. Jason Van de Velde, *De Cerebri morbis* (1549), p. 269 : « *Heraclitus Ephesius totus erat in lachrymis, miserias & calamitates hominum iugi planctu seniculus deplorabat : solitudines amabat, impuro, sordidoque victu degebat. Melancholicum fuisse Theophrastus est opinatus, quod obscura, & confusanea conscripsisset, hydropicus factus interiit.* » ; cf. avec Ph. Melanchton, *De Anima*, cité par P. Dandrey, *Anthologie de l'humeur noire*, p. 526. Le motif de l'Héraclite skoteinos (i. e. « obscur », l'épithète se retrouvant dans le copieux index des *Lectionum antiquarum* de Cœlius Rhodiginus) a été souvent mis en vers, ou intégré aux argumentations médicales les plus variées : les larmes d'Héraclite, de pair avec le rire de Démocrite, forment un adage préféré de toute la littérature médico-morale de la Renaissance. Pour ce qui est de la mention du style ténébreux d'Héraclite dans la tradition antique, elle remonte au *Banquet* de Platon (187a) ; nous la retrouvons ensuite chez Aristote, Cicéron, Sénèque ou Plotin. Diogène Laërce, IX, 6 (*Héraclite*, IX, 1-17) la détaille comme suit : « Théophraste attribue à une disposition mélancolique le fait qu'il a laissé certaines parties de son livre à moitié achevé, et d'autres qui font l'objet de réécritures » (*Vies et doctrines des philosophes illustres*, Paris, Librairie Générale Française, 1999, p. 1051). Sur la fortune des fragments d'Héraclite à la Renaissance, on lira Françoise Joukovski, *Le Feu et le Fleuve, Héraclite et la Renaissance française*, Genève, Droz, 1991 (pour la mélancolie du philosophe et l'influence de celle-ci sur son style obscur, voir p. 115-128). Le *Dictionnaire des Philosophes antiques* donne une liste exhaustive de références au style obscur d'Héraclite (voir tome III, Paris, CNRS éditions, p. 600-601, rubrique 3 « Style et obscurité du livre selon les Anciens »).
12. Cf. Aristote, *De la mémoire*, 453a 15-19.

| Les melancholiques souspirent ordinairement, pour|| ce que l'ame estant occupée à la varieté des phantosmes, ne se resouvient pas de respirer, de façon que la nature est contrainte de tirer en un coup autant d'air qu'elle faisoit en deux, ou trois; & ceste grande respiration s'appelle souspir, qui est comme un redoublement d'haleine. Autant en arrive-il aux amoureux, & à tous ceux qui sont attentifs à quelque profonde contemplation; les badaux mesme qui s'amusent à voir quelque belle peinture, sont contraints de jetter un grand souspir, ayant leur volonté (qui est la cause efficiente de la respiration [13]) du tout distraicte & occupée à ceste image [14].

Pourquoy les melancholiques souspirent souvent [131v]

| Il y a un accident bien fas||cheux qui consomme les pauvres melancholiques, les veilles continuelles. J'en ay veu qui ont demeuré trois mois entiers sans dormir. Or les causes de ces veilles seront assez aisées à entendre, si nous sçavons ce qui nous faict dormir. | On remarque au sommeil la cause materielle, finale, formelle & instrumentaire. La matiere du dormir est une vapeur douce, qui est eslevée de la premiere & seconde digestion, laquelle venant par sa moiteur à lascher* tous les nerfs fait que tout sentiment & mouvement cesse [15]. La cause finale est la reparation

Pourquoy ils veillent & ne peuvent dormir [132r]

Les causes du sommeil

13. D'après Ramus, *Dialectique* (1555), la « cause efficiente est la cause par laquelle la chose est faite. Platon, au *Philèbe* et à l'*Hippias Majeur*, dit que tout ce qui est fait est fait pour quelque cause. Aristote l'appelle tantôt principe de mouvement et du repos, comme au premier de la *Philosophie* et deuxième de la *Physique*, tantôt cause efficiente, comme au deuxième de la *Démonstration* et aux *Topiques*. » (éd. modernisée par Nelly Bruyère, Paris, Vrin, 1996, p. 20).
14. Du Laurens va à l'essentiel pour expliquer le fonctionnement du soupir, un symptôme crucial pour le rapprochement de la pathologie mélancolique à la souffrance d'amour. Occupée à la contemplation de l'objet aimé, l'âme attire vers elle tous les esprits qui assuraient le bon fonctionnement du corps (en ce cas, le fonctionnement de la respiration). Lorsque les muscles responsables de la respiration n'assurent plus leur fonction, faute d'esprits, le cœur envoie un signal d'alerte à l'âme : sans oxygène, le cœur est rapidement inondé d'excréments. Le soupir est ainsi une réaction soudaine provoquée par l'âme afin de « nettoyer » le cœur. Voir Giovan Battista Fregoso, *L'Antéros ou contramour de Messire Baptiste Fulgose*, trad. fr. par Thomas Sébillet, Paris, M. Le Jeune, 1581, p. 11-12. L'origine est dans Alexandre d'Aphrodise, *Problemata*, éd. de Paris, 1534, livre I, nos 21 et 85, rééd. I. L. Iedeler, Berlin, 1841-1842 (Fac-similé A. Hakkert, Amsterdam, 1963). P. Dandrey, *Médecine et maladie*, I, p. 493. Ferrand, éd. Beecher-Ciavolella, p. 452, n. 4. Le disciple de Du Laurens, Jean Aubéry (*L'Antidote d'amour*, p. 32r), allait jusqu'à citer les *Amours* de Ronsard pour marquer le malheur de l'amoureux soupirant : « Las! Je plains de mille, mille et mille/ Souspirs qu'en vain des flancs je vais tirant » (*Amours*, I, 34).

* Var. 1597 : reslacher & boucher.

15. Aristote, *Du sommeil et de la veille*, 456b : « Cependant, comme nous l'avons dit, le sommeil n'est pas toute impuissance de la faculté sensible, mais cette affection provient de l'exhalaison qui accompagne la nutrition. Il est nécessaire, en effet, que ce qui s'est exhalé soit poussé vers l'avant jusqu'à un certain point, puis fasse demi-tour et change de direction comme l'eau dans un détroit. Or, en tout animal, la chaleur se porte naturellement vers le haut, mais, quand elle est parvenue dans les lieux supérieurs, elle fait à nouveau demi-tour en masse et redescend. C'est pourquoi les phases de sommeil se produisent principalement après absorption de nourriture, car la matière, aussi bien liquide que solide, se porte en masse vers le haut. Ainsi, une fois stabilisée, elle alourdit et provoque l'assoupissement, et lorsqu'elle est redescendue et qu'elle a repoussé la chaleur en faisant demi-tour, alors se

des esprits, & le repos de toutes les facultez animales, lesquelles estans
[132v] lassées par un continuel exerci||ce demandent un peu de relasche : ceste
fin ne se peut obtenir si l'ame qui exerce toutes les actions ne jouit de
quelque tranquilité : ainsi la pauvre Didon toute troublée, ne pouvoit voir
la nuict ny des yeux, ny de la poictrine [16]. La forme du dormir consiste en
la retraicte des esprits & de la chaleur naturelle du dehors au dedans, & de
toute la circonference au centre. La cause instrumentaire est le cerveau, qui
doit estre bien temperée, car s'il est trop chaud, comme aux phrenetiques,
ou sec, comme aux vieillards, le dormir ne sera jamais paisible [17]. Aux
melancholiques la matiere defaut, l'ame n'est point en repos, le cerveau est
[133r] mal disposé, la matiere est|| une humeur melancholique, seiche comme la
cendre, de laquelle ne se peut eslever aucune vapeur douce, le cerveau est
intemperé & du tout desseiché, l'ame est en perpetuelle inquietude ; car la
peur qu'ils ont leur represente tousjours des fascheux objects qui les ron-
gent & les empeschent de dormir. Que si par-fois il arrive qu'ils soient surpris de quelque sommeil, c'est un dormir fascheux, accompagné de mille
phantosmes hideux & de songes si effroyables, que les veilles leur sont plus
La cause des songes hideux agreables. | La cause de tous ces songes se rapporte à la proprieté de l'hu-
meur : car comme le phlegmatique songe ordinairement un ravage d'eaux,
[133v] le choleri||que un embrasement ; ainsi le melancholique ne songe que de
morts, de sepulchres, & toutes choses funestes, pource qu'il se presente à
l'imagination une espece semblable à l'humeur qui domine, de laquelle la
memoire vient à s'esveiller, ou pource que les esprits estans comme sauvages, & tous noircis, voltigeans par tout le cerveau, & se pourmenans
jusques à l'œil, representent à l'imagination toutes choses obscures [18].

produit le sommeil, et l'animal s'endort [...]. Et c'est surtout après les repas, que se produit ce type de sommeil, car l'exhalaison consécutive aux repas est abondante » (*Petits traités d'histoire naturelle*, éd. Pierre-Marie Morel, Paris, Garnier-Flammarion, 2000, p. 132-133).

16. Virgile, *Énéide*, IV 529-531 : « *At non infelix animi Phœnissa neque umquam/ solvitur in somnos oculisve aut pectore noctem/ accipit* — Tout repose ; mais non le cœur infortuné de la Phénicienne : elle ne connaît plus la détente du sommeil ; il n'y a plus de nuit pour ses yeux ni pour son âme » (trad. André Bellessort, Paris, Les Belles Lettres, 1925).

17. Nous savons depuis Empédocle par l'intermédiaire d'Ætius quelle est la cause du sommeil : « Empédocle déclare que le sommeil provient d'un refroidissement modéré de la chaleur qui est dans le sang et la mort d'un refroidissement complet » (Ætius, *Opinions*, V, XXIV, 2, dans *Les Présocratiques*, éd. Jean-Paul Dumont, Paris, Gallimard, 1988, p. 362). Scipion Dupleix propose un long excursus scolaire sur les causes médicales du sommeil (*Les Causes de la veille et du sommeil, des songes et de la vie et de la mort*, Paris, Laurent Sonnius, 1613, chap. III « D'où est-ce que procède le sommeil », p. 20r-24r. On trouvera une synthèse de ces questions dans P. Dandrey, « La médecine du songe », *Revue des Sciences humaines*, 211, 1988, « Rêver en France au XVIIe siècle », textes recueillis par Jean-Luc Gautier, p. 69-101 ; Florence Dumora, *L'Œuvre nocturne. Songe et représentation au XVIIe siècle*, Paris, Honoré Champion, 2005, Ire partie, chap. I « La pluralité des songes », p. 26-38 et chap. II « L'atelier onirique », p. 41-57 (« les étiologies du songe »).

18. Voir Mario Equicola, *Libro de natura de amore* : « Avicenne dit que la melancholie fait voir, en dormant, avec un fort mouvement, les sepulchres, choses noires, & diformes. Sinesius escrit doctement que les visions se diversifient, selon les complexions : le sanguin a coustume de voir choses vermeilles & joieuses : le coleric, obscures, le feu & fouldres : le phlegmatic, l'eau

| Les melancholiques sont aussi ennemis du Soleil, & fuyent la lumiere, pource qu'ils ont leurs esprits & humeurs du tout contraires à la lumière. Le Soleil est clair & chaud, l'humeur melancholique est noire & froide [Ils aiment la solitude, pource qu'estans occupez & attentifs à leur imagination, craignent d'en estre distraitz par la presence des autres & les fuyent ; or ce qui les rend atentifs est qu'ils ont les esprits grossiers & comme immobiles] *. Pourquoy ils aiment les tenebres

|| Ils ont les yeux fixes & comme immobiles pour la froideur & secheresse de l'organe, ils ont un sifflement d'oreilles, endurent par fois le vertige : | & comme remarque Galien, aiment infiniment le silence, & bien souvent ne peuvent parler, non pas par le vice de la langue, mais plustost par je ne sçay quelle opiniastreté : en fin ils se forgent tousjours quelque imagination estrange, & ont quasi tous un object particulier qui ne se peut effacer qu'avec le temps. [134r] La cause de leur silence

& semblables choses » (Venise, L. Lorio da Portes, 1525, trad. fr. par Gabriel Chappuys : *De la nature d'amour, tant humain que divin, et de toutes les differences d'iceluy*, Paris, Jacques Housé, 1584, livre IV, p. 238r-238v). Voir F. Dumora, *L'œuvre nocturne*, p. 103-104 pour une synthèse des motifs typiques de « l'onirocritique humorale ».

* Var. 1597 : rajout de l'édition de 1597.

Chapitre VI

D'OU VIENT QUE LES MELANCHOLIQUES ONT DES PARTICULIERS OBJECTS TOUS DIFFERENS, SUR LESQUELS ILS RESVENT

L'imagination des melancholiques, selon|| la diversité des subjects produit des effects si differens, qu'il ne s'en trouvera pas cinq ou six parmy dix mille, qui resvent de mesme façon; | de sorte que les anciens ont très bien comparé ceste humeur au vin : Car tout ainsi que le vin (selon le temperament & les mœurs de ceux qui le boivent) produit des effects differens, fait rire les uns & pleurer les autres; rend les uns assopis & lourds, les autres trop esveillez & furieux : Ainsi ceste humeur trouble en diverses façons l'imagination [1]. | Ceste diversité vient ou de la disposition du corps, ou de la façon de vivre, & de l'estude auquel on s'applique le plus, ou de quelque autre cause occul|| té. La disposition du corps represente les objects du tout semblables, ou qui en approchent de bien pres, pourveu que l'occasion, c'est à dire, quelque cause externe, s'y joigne. | Ceux qui seront d'un temperament extremement sec, & auront le cerveau fort aride; s'ils voyent ordinairement une cruche ou un verre (qui sont objects assez frequens) penseront estre devenus cruches ou verres. Ceux qui auront des vers en l'estomach ou aux intestins, s'imprimeront fort aisément, s'ils sont melancholiques, qu'ils ont un serpent, une vipere, ou quelque autre animal dans le ventre : ceux qui sont pleins de vents penseront bien souvent voler en l'air, & estre|| transformez en oiseaux : ceux qui abondent en semence deviendront enragez après les femmes, & auront tousjours cet object devant leurs yeux. Toutes ces imaginations suivent la disposition du corps, & comme nous voyons qu'en dormant il nous arrive souvent de songer mille choses estranges qui suivent la temperature du corps, & le naturel de l'humeur qui domine (c'est pourquoy on appelle ces songes, naturels) ainsi les melancholiques peuvent & en dormant & en veillant s'imprimer mille phantosmes qui suivent la proprieté de l'humeur. Il y a toutesfois difference au moyen de l'impression, car les spectres, qui se representent aux sains en|| dormant, s'escoulent & n'ont point d'arrest, pource que la disposition est legere; mais aux melancholiques le cerveau semble desja

[134v] Comparaison du vin avec l'humeur melancholique D'où vient la diversité de ces spectres [135r] Premiere cause [135v] [136r]

1. C'est dans le *Problème XXX,1* (953a et suiv.) que la mélancolie a été associée pour la première fois au vin. Comme le vin, l'humeur noire avait cette propriété de pouvoir influencer la disposition de l'âme, pouvant produire une variété très grande d'effets émotifs allant de la tristesse suicidaire jusqu'aux emportements furieux et criminels. Une propriété essentielle distingue toutefois l'humeur noire du vin : l'ivresse du mélancolique devient souvent chronique et maladie incurable, alors que l'ivresse est un bouleversement passager de l'esprit. Voir, R. Klibanksy, *Saturne et la mélancolie*, p. 76-77.

avoir aquis une habitude, & puis l'humeur qui est seche & terestre ayant en un corps dur gravé son image, ne la laisse pas aisément effacer.

Seconde cause de ces imaginations diverses

| Il y a d'autres imaginations aux melancholiques qui ne viennent pas de la disposition du corps, mais de la façon de vivre, & de l'estude auquel ils se sont le plus adonnez. Toutes les conditions des hommes & toutes leurs mœurs ne sont pas semblables, l'un se nourrit à l'avarice, l'autre à l'ambition; l'amour plaist à cestuy-cy, la devotion à celuy-la. Ceste hu||meur [136v] doncques imprimera aux melancholiques des objects conformes à leur condition, & à leurs actions ordinaires. S'il arrive qu'un ambitieux devienne melancholique, il s'imaginera qu'il est Roy, Empereur, Monarque : Si c'est un avaricieux, toute sa folie se tournera vers les richesses : si la devotion luy plaisoit, il ne fera que barbotter, & n'abandonnera jamais les temples : Si c'est un amoureux, il n'aura que ses amours en idée, il courra après son ombre; autant en pourra-on dire de ceux qui aiment les procez, ou de ceux qui en santé s'estoient passionnez à quelque suject particulier.

Troisiesme cause [137r]

| En fin nous remarquons en certains melancholiques|| d'imaginations si estranges, qu'on ne les peut raporter, n'y à la complexion du corps, n'y à la condition de leur vie, la cause en est incogneuë, il semble qu'il y ait quelque mystere caché. Les anciens ont creu qu'il y avoit en ceste humeur δεῖον τὶ [,] quelque chose de divin [2]. Rhazis & Trallian escrivent avoir veu plusieurs melancholiques qui ont souvent predit ce qui estoit depuis advenu [3]. | Il y a un Medecin Arabe qui compare les melancholiques aux bons veneurs. Tout ainsi (dit-il) qu'un bon veneur avant que lascher son coup & desbander son arc s'asseure de voir la beste par terre : ainsi le melancholique par la precipitation de son imagination|| voit souvent ce qui doit advenir, comme [137v] s'il luy estoit present [4]. Nous lisons qu'un Marcus & un autre Melanthius Syracusain [5] devindrent bons Poëtes après leur melancholie. Avicenne

Comparaison du melancholique au bon veneur

2. Cœlius Rhodiginus, *Lectionum antiquarum* (1566), XVII, 1, p. 625 : « *Proinde M. Tullius : Aristoteles, inquit, eos etiam qui valetudinis vitio furerent, & melancholici dicerentur, censebat habere aliquid in animis praesagiens, atque divinum* ». Voir Cicéron, *Tusculanes* I, 33, 80; et *De divinatione* I, 81, pour la réfutation de la thèse du *Problème XXX, 1* : « Aristote pensait que ceux aussi qui délirent sous l'effet d'un défaut de santé et qu'on appelle mélancoliques, ont dans leur âme une faculté de pressentiment et de divination. » Or l'excellence ne peut s'installer que dans l'esprit sain : « La divination est le fait d'un esprit sain, non pas d'un corps malade ».

3. Rhazès recopiait un passage d'Alexandre de Tralles, éd. F. Brunet (1936), p. 223 : « Quelques autres se forgent certaines idées et croient qu'ils prédisent l'avenir ».

4. Cette comparaison avait plu à Cœlius Rhodiginus qui la reproduit dans ses *Lectionum antiquarum* (1566), XXVII, 12, p. 1034 : « *Melancholici vero prae naturae suae vehementia similes venatoribus videntur. Ut enim illi & coniectatione ac telo quasi feram possident ante quam accedant, manuque tollant : ita melancholici, pernicitate animi rapienda, praecipites quasi anticipant, & anteuortunt futura.* » Nous remercions M. Jean Céard qui a eu l'amabilité de nous aider à retrouver plusieurs de ces passages illustratifs des *Lectionum antiquarum* de Cœlius Rhodiginus.

5. Marcus, pour Maracus le Syracusain qui, selon le Ps. Aristote, « était encore meilleur poète dans ses accès de folie » (*Problème XXX*, 1, 954a., trad. J. Pigeaud, *L'Homme de génie et la mélancolie*, p. 97). Le médecin padouan Antonio Guaineri († v. 1440) refusait d'accepter une

remarque que les melancholiques font par fois des choses si estranges que le vulgaire pense qu'ils soient possedez d'un demon [6]. Combien y a-il en

causalité possible entre maladie mélancolique et inspiration poétique. Le cas de « Marchus » est rappelé à ce sujet dans le *De Egritudinibus capitis*, éd. de Lyon, Constantini Fradiun, 1525, chap. « *Quare illiterati quidam melancolici literati facti sunt, et qualiter etiam ex his aliqui futura praedicunt*? », p. 43r. Toutefois, la vision « aristotélicienne » sur la mélancolie allait devenir célèbre par l'avènement de la médecine astrale (imprégnée désormais d'éléments d'astrologie et de spéculations magiques) prônée par Marsile Ficin dans son *De Vita triplici*, ainsi que par Giovanni Pontano, Paracelse ou Agrippa de Nettesheim. Chez Cœlius Rhodiginus le cas de Maracus est devenu adage au lieu d'un sujet polémique : « *Marcus ciuis Syracusanus poeta, etiam praestantior erat, dum mente alienaretur* » (*Lectionum antiquarum* (1566), XVII, 1, p. 625). Voir R. Klibansky, *Saturne et la mélancolie*, p. 159-163.
Pour l'association de Maracus à Melanthius, la source secondaire nous a, jusqu'ici, échappé. Nous pouvons seulement noter qu'il s'agit vraisemblablement de Melanthios d'Athènes et non de Syracuse, un poète tragique mineur, souvent ridiculisé par Aristophane : « Mélanthios, dont j'ouis la voix si aigre lorsqu'ils obtinrent un chœur tragique, lui et son frère, tous deux Gorgones goinfres [...] » (*La Paix*, trad. Hilaire Van Daele, Paris, Les Belles Lettres, 1925, v. 805 et suiv. ; voir également v. 1009 ; *Les Guêpes*, v. 151). Charles Estienne, *Dictionarium historicum ac pœticum* (1581) : « *Melanthus fuit pœta Elegiographus, Cimonis ducis Atheniensium familiaris.* »)

6. La source première concernant les mélancoliques possédés par le diable, mentionnée par Du Laurens, se trouve dans le *Canon* d'Avicenne, livre III, *fann.* I, *tract.* IV, chap. XVIII, p. 204v : « Certains médecins ont cru que la mélancolie était le produit d'un démon. Mais nous ne nous soucions pas, lorsque nous enseignons la médecine, si c'est le produit d'un démon ou pas, dès lors que nous disons que, si elle est un produit d'un démon, elle est alors produite de manière à changer la complexion en bile noire et de manière à ce que sa cause soit voisine de la bile noire ; [nous dirons] ensuite si les démons en sont la cause ou pas. » (cité d'après P. Dandrey, *Anthologie de l'humeur noire*, p. 348-349) De même Girolamo Mercuriale, *Responsorum et consultationum medicinalium* (1589), « *Consultatio CI* », p. 247 : « *Iam vero quicunque varios melancholiae mores expendere diligenter vult, absque labore cognoscit, eum instar Prothei cuiusdam mille formas habere, milleque admirandos effectus in humanis corporibus producere, qui non temere, ut perhibent Hippocrates, & Avicennas à populo rerum naturae ignaro in Demonas referuntur* ». Relevons l'allusion métaphorique à Protée, dont Du Laurens s'est servi dans son premier chapitre. Le caractère protéiforme de la mélancolie décrit ici par Mercuriale sera repris par Burton, voir *supra* note 2 du chapitre 1er. Au XVIe siècle, Liévin Lemmens fut parmi les premiers à agréer l'idée que l'accusation de possession pourrait être remplacée par l'hypothèse de la maladie : « Les melancoliques, manyaques, frenetiques, & qui par quelque autre cause sont esmeus de fureur, parler [*sic*] quelquefois un langage estrange qu'ils n'ont jamais aprins, sans toutefois estre demoniaques » (titre du chap. II, livre II, des *Occultes merveilles et secretz de nature* (1567) ; version latine citée par Anglo Sydney, « Melancholia and Witchcraft : the Debate between Wier, Bodin, and Scot », dans *Folie et déraison à la Renaissance*, p. 209). Les « visions faulses » dont parle Du Laurens, avaient également attiré l'attention de Pietro Pomponazzi, *Tractatus de immortalitate animae*, Bologne, Giustiniano da Rubiera, 1516. Il y suggère que c'est la maladie mélancolique qui cause ces hallucinations et non le Diable (voir Anglo Sydney, *idem*, p. 209). Pour le débat entre possession et sorcellerie nous renvoyons à Jean Céard (« Folie et démonologie au XVIe siècle », dans *Folie et déraison à la Renaissance* (1976), citation d'Avicenne à la p. 130) et à P. Dandrey (*Tréteaux de Saturne*, chap. VII « Mélancolie, sorcellerie et possession. La psychogenèse de l'autosuggestion », p. 223-262). Enfin, pour ce qui est des vastes territoires de l'imaginaire démoniaque à la Renaissance, il est impossible et inutile de donner ici une bibliographie extensive. Nous nous contentons de renvoyer à l'ouvrage de Marianne Closson, *L'Imaginaire démoniaque en France (1550-1650)*, Genève, Droz, 2000.

nostre temps de grands personnages qui font difficulté de condamner ces vieilles sorcieres, & qui croient que ce n'est qu'une humeur melancholique, qui deprave leur imagination, & leur imprime toutes ces vanitez? Je ne veux point m'enfoncer plus avant en ce discours, le subject meriteroit un plus grand loi||sir. | Concluons donc que la diversité des objects qu'un melancholique s'imprime, vient ou de la disposition du corps, ou de la condition de sa vie, ou de quelque autre cause qui est par dessus la nature. Ceux qui n'ont peu du premier coup comprendre toutes ces raisons, les entendront (à mon advis) s'ils ont la patience de lire ce petit discours, qui servira infiniment pour esclaircir ce subject, & ne sera point hors de propos. Il arrive tout de mesme aux melancholiques comme à ceux qui songent, & autant remarquons nous de causes aux uns qu'aux autres : le songe se rapporte aussi bien à l'imagination que la melancholie. | Or nous fai||sons trois sortes de songes [7] ; les uns sont naturels ; les autres animaux ; les derniers sont par dessus ces deux. | Les naturels suivent la nature de l'humeur qui domine [8] ; Celuy qui est cholere ne songe que de feux, de batailles, d'embrasemens : le phlegmatique pense tousjours estre dans les eaux. La cognoisance de ces songes est necessaire au bon Medecin pour cognoistre la complexion & temperament de son malade. Hippocrate en a fait un petit livret [9], qui a esté commenté par ce grand personnage Jule

[138r] Conclusion

Trois differences des songes

[138v]

Songes naturels

7. Nous donnons le classement systématique des différentes typologies des songes d'après Scipion Dupleix, *Les Causes de la veille et du sommeil* (1613), p. 82r, chap. V « Des diverses causes des songes » (*nous soulignons*) : « La diversité des songes nous peut aisément faire remarquer qu'ils procedent aussi de diverses causes : [...] Il est donc ainsi que tous les songes en gros & en general procedent de certaines causes interieures ou exterieures./ Les causes interieures sont celles qui se trouvent en nous memes qui songeons : & se subdivisent en naturelles ou animales./ *Les naturelles sont celles qui dependent des diverses complexions ou humeurs predominantes au corps.* Car suivant la diverse complexion & constitution des humeurs, nous avons diverses songes, ainsi que je diray particulierement ci-après. *Les causes animales des songes sont les habitudes que nous avons à certaines choses, & les divers objets que les sens exterieurs ont perceus en veillant.* Car volontiers nous songeons la nuict ce à quoy nous avons vaqué & nous sommes occupés le jour precedent [...]/ Les causes exterieures sont celles qui procedent d'ailleurs que de nous mesmes qui songeons : & se subdivisent en celles qui sont spirituelles, & celles qui sont corporelles./ *Les sprituels sont Dieu & les demons.* Dieu nous envoye des revelations en songe immediatement & de soy-mesme sans aucun ministere de ses Anges, ce qui est très rare : ou bien mediatement par le ministere de quelque bon Ange : & les unes & les autres tendent tousjours à nostre salut. Les demons envoyent aussi, ou nous suggerent des visions & illusions en songe soit qu'elles partent nuement de leur malice, soit qu'ils les meslent subtilement avec les fictions de nostre phantasie : lesquels (lors que Dieu leur permet de nous tenter) ils aggravent ou deguisent frauduleusement pour travailler nostre ame, ou la porter à quelque damnable superstition. »

8. Glose de Guy Patin, Du Laurens, *Opera omnia*, 1628 : « *De insomniis quam multa pulcherrima vide apud Georgium Raguseium* [Giorgio Raguseo][,] lib. 2 *De Divinatione, Epist.* 10. [Gaspar] Peuceru[s] *De divinatione ex insomniis*, & [Bartholomaeus] Keckermannum [,] lib. 3. *Physic.* Cap. 29. G.P. »

9. Le texte hippocratique mentionné par Du Laurens est intégré au volume consacré au régime ; Hippocrate, *Du Régime*, « Livre quatrième ou des songes », 86-93, Littré, VI, p. 641-661. Dans ce texte, Hippocrate identifie deux types de songes : naturels et divins. Les rêves divins

Cesar de la Scale [10]. Galien en a fait un autre, auquel il enseigne que par ces songes naturels on peut predire l'evenement des maladies [11]. Ceux, dit-il,
qui doivent|| suer, songent ordinairement qu'ils sont dans un bain d'eau [139r]
tiede, ou dans une riviere. Il y en eut un qui songea que sa cuisse estoit devenuë de pierre, & comme il fut esveillé, la mesme cuisse tomba en para-
lysie. | Le second genre des songes est de ceux qu'on appelle animaux, qui Songes animaux
viennent de quelque perturbation de l'ame; On definit ce songe une representation de ce qui a passé le jour, ou par les sens ou par l'entendement; ce sont quasi les plus frequens : car si nous avons veu, ou pensé, ou discouru le jour de quelque chose avec beaucoup d'affection, la nuict le mesme object se representera. Le pescheur, dit Theocrite, songe ordinairement
de poissons, de|| rivieres, de reths [12] : le soldat des alarmes, des surprises [139v]
des villes, de trompettes, l'amoureux ne resve la nuict qu'à ses amours.
| Le dernier genre des songes est par dessus la nature, par dessus tous les Songes supernaturels
sens, & par dessus l'entendement humain[13] : ces songes ou sont divins ou
dia||boliques; | les divins viennent de Dieu, qui nous advertit bien sou- [140r] Songes divins
vent de ce qui nous doit arriver, & nous envoye des revelations pleines de grands mysteres. Tels ont esté au vieil Testament les songes d'Abraham, Jacob, Joseph, Salomon, Nabuchodonosor, Pharaon, Daniel, Mardochée : & au nouveau de sainct Joseph, des trois Rois d'Orient, de saint Paul [14].
| Les songes diaboliques arrivent souvent par l'astuce du malin esprit qui Songes diaboliques
va tousjours tournoyant à l'entour de nous, & tasche de nous attraper en

comprennent ceux qui allaient être plus tard repartis entre songes insufflés par Dieu et songes diaboliques.

10. Édition consultée : Jules-César Scaliger, *In librum de Insomniis Hippocratis commentarius, auctus nunc & recognitus*, éd. Robert Constantin, Genève, Jean Crespin, 1561.
11. Galien, *De dignotione ex insomniis*, Kühn, VI, 832-835. Voir Simon Price sur ce texte pseudo-galénique : « The Future of Dreams : From Freud to Artemidorus », *Past and Present*, 113, 1986, p. 23 et n. 44-45.
12. Théocrite, *Idylle XXI*, « Les Pêcheurs », v. 39-62 : « Asphalion – Je m'étais endormi hier soir après nos fatigues marines sans être chargé de nourriture; [...] je me vis installé sur un rocher; j'étais assis, je guettais les poissons, j'agitais au bout de ma ligne une amorce trompeuse; un vint y mordre, un gros; même en rêvant, tous les chiens flairent le pain; moi, de même, le poisson; – il était pris à l'hameçon, le sang coulait... » (*Bucoliques grecs*, éd. et trad. par Philippe-Ernest Legrand, Paris, Les Belles Lettres, 1972, tome II, p. 52).
13. Glose de Guy Patin (1628) : « *An quaedam somnia sint divina, & a Deo inspirentur, vide* [Johann] Magiru[s], [*Physiologia peripatetica*], lib. 6 [,] *Physica* ca[p]. 15, [Francfort-sur-le-Main, 1616, p. 599] ». En effet, l'humaniste allemand Johann Magirus consacrait un chapitre à la typologie des songes « outre-nature » qui peuvent être divins ou diaboliques (*somnia hyperphysica : vel Divina, vel Diabolica*).
14. Pour les songes de Daniel (*Dan. 7,1-28; 8,1-27*), Joseph (*Gen. 37,5-11*) et Nabuchodonosor (*Dan. 2,1-47*) voir : II. 2. « Les songes symboliques », col.1495-1506; pour les songes de Salomon (*Rois, I, 3,6-15*), Jacob (*Gen. 28,10-16; 31,10-13 ; 35,1-14 ; 46,2-4*), Abraham (*Gen. 15,1-5.*), voir col. 1440-1544. et II.3. « Les songes-messages », col. 1506-1516 (Louis Pirot *et alii.*, *Supplément au dictionnaire de la Bible*, tome XII, article « Songe »). Pour les songes de Salomon, Pharaon, Mordekhaï, saint Joseph, les trois rois mages, saint Paul : *Rois, I, 3,6-15, Genèse. 41,1-7, Esther(grec)*, 1, *Matthieu, 1,19-25, Matthieu. 2,1-12, Actes des Apôtres. 9,1-16; 16,9-10.*

veillant ou en dormant. Il nous represente donc bien souvent des choses estranges, & nous descouvre en dormant des secrets, qui semblent estre cachez à la nature mesme, il trouble nostre imagination par une infinité de vaines illusions [15]. Voila toutes les causes des songes. Autant en pouvons nous dire des melancholiques. | Leur imagination est troublée en trois façons seulement : par la nature, c'est à dire par la complexion du corps, par l'ame, c'est à dire par quelque violente passion à laquelle ils s'estoient adon||nez, & par l'entremise des malins demons, qui les font bien souvent predire & imaginer des choses estranges.

L'imagination des melancholiques troublée en trois façons

[140v]

15. Selon l'opinion de Jean Bodin et de la plupart des démonologues de la Renaissance, les songes des sorcières attestent l'intrusion du Diable, contredisant ainsi le médecin Jean Wier. Voir Terence Cave, *Pré-histoires. Textes troublés au seuil de la modernité*, Genève, Droz, 1999, p. 59 et suiv; et Jean Céard, *La Nature et les prodiges*, Genève, Droz, 1996, p. 352 et suiv. Pour la différence entre songe divin ou diabolique, voir Martine Dulaey, *Le Songe chez Saint Augustin*, Paris, Les Études Augustiniennes, 1975, *passim*.

Chapitre VII

HISTOIRES DE CERTAINS MELANCHOLIQUES QUI ONT EU D'ESTRANGES IMAGINATIONS

J'ay assez amplement descrit tous les accidens qui accompagnent les vrais melancholiques, & ay recerché les causes de toutes ces varietez : il faut maintenant qu'en ce chapitre, pour donner du plaisir au lecteur, je propose quelques exemples de ceux qui ont eu des plus bizarres & foles imaginations : | j'en emprunteray des Grecs, des Arabes, des Latins, & en adjousteray de celles que j'ay veu. | Galien au|| troisieme livre des parties malades en recite trois ou quatre assez remarquables [1].

Histoires estranges

Premiere [141r]

| Il y avoit un melancholique qui pensait estre devenu cruche, & prioit tous ceux qui le venoient voir de n'approcher de luy, de peur qu'on ne le cassast. Un autre s'estoit imaginé qu'il estoit transformé en coq, il chantoit oyant chanter les coqs & se frappoit de ses bras, comme les coqs se battent de leurs ailes. | Un autre melancholique estoit en une peine extreme craignant qu'Athlas ne se lassast en fin de soustenir le monde*, & qu'il ne le laissast tomber sur luy [2]. | Aëce fait mention d'un qui croyoit n'avoir point de teste, & publioit par tout qu'on la luy avoit cou||pée pour ses tyrannies, il fut guary fort subtilement par l'artifice d'un Medecin nommé Philotime. Car il luy fit mettre un bonnet de fer bien pesant sur sa teste, & lors s'escriant que la teste luy faisoit mal : fut tout soudain relevé de

Seconde

Troisiesme

Quatriesme

[141v]

1. Sur la fortune de ces fables et leur passage progressif dans l'univers de la fiction littéraire, lire P. Dandrey, *Les Tréteaux de Saturne,* chap. V « La cure du délire. D'un théâtre d'ombres », p. 163-196. Elles trouvent leur origine dans les textes fondateurs de la tradition mélancolique, le traité perdu de Rufus, les chapitres d'Arétée de Cappadoce consacrés à la manie et à la mélancolie (*Des Causes et des signes des maladies chroniques*, III, v et vi), ainsi que le chapitre X du livre III des *Lieux affectés* de Galien.

* Var. 1597 : *monde.*

2. Les anecdotes se retrouvent, distribuées dans le même ordre, chez Marcello Donati, *De Medica historia mirabili* (1586), p. 35r-v : « *Alter Gallos cantare audiens, ut hi alarum ante cantum, sic ille brachiorum plausu latera quatiens animantium sonum imitatus est : Fuit & alter timens, ne Atlas, qui mundum sustinere dicitur, gravatus sub tanto onere illud a se excuteret, unde ipse collideretur, atque nos una periremus.* » Cette sélection de cas prend son origine dans le fragment célèbre de Galien évoqué dans la note précédente : « Les mélancoliques sont toujours en proie à des craintes; mais les images fantastiques ne se présentent pas toujours à eux sous la même forme. Ainsi l'un s'imaginait être fait de coquilles, et en conséquence évitait tous les passants de peur d'être broyé.– Un autre, voyant chanter des coqs qui battaient des ailes avant de chanter, imitait la voix de ces animaux et se frappait les côtés avec ses bras. – Un autre redoutait qu'Atlas, fatigué du poids du monde qu'il supporte, ne vînt à secouer son fardeau, et de cette façon ne s'écrasât lui-même en même temps qu'il nous ferait tous périr. Mille idées semblables leur traversent l'esprit. » (*Des Lieux affectés*, III, 10, Kühn, VIII, p. 190, Daremberg, II, p. 569 ; P. Dandrey, *Anthologie de l'humeur noire*, p. 166).

tous les assistans qui s'escrierent : Vous avez donc une teste ; par ce moyen
Cinquiesme il se recogneut, & fut delivré de ceste fausse imagination [3]. | Trallian escrit avoit veu une femme qui pensoit avoir devoré un serpent, il la guarit en la faisant vomir, & jettant quant & quant un serpent qu'il tenoit tout prest,
Sixiesme dans le bassin [4]. | J'ay leu qu'un jeune escholier estant en son estude fut
[142r] surprins d'une estrange imagination, il se mit en fantasie|| que son nez estoit tellement grossi & allongé qu'il n'osoit bouger d'une place, de peur qu'il ne heurtast en quelque lieu : tant plus on le pensoit dissuader, tant plus il s'opiniastroit. En fin le Medecin ayant pris un grand morceau de chair & le tenant caché, l'asseura qu'il le guariroit sur le champ, & qu'il luy fallait oster ce grand nez : & soudain pressant un peu son nez, & coupant ceste chair qu'il avoit, luy fit croire que ce gros nez estoit couppé [5].
Septiesme | Arthemidore Grammairien ayant veu un crocodile, fust surpris d'une telle frayeur, qu'il oublia tout ce qu'il avoit jamais sceu, & s'imprima si fort
[142v] ceste opinion d'avoir perdu un bras & une jambe, qu'on|| ne la luy peut
Huictiesme jamais effacer [6]. | Il s'est veu plusieurs melancholiques qui pensoient estre mors, & ne vouloient point manger : les Medecins usoient de cet artifice

3. Ce cas, raconté par Rufus d'Éphèse et repris par Arétée de Cappadoce, puis par Galien, passe ensuite chez les médecins byzantins, Ætius d'Amida [Flavius Ætius] et Alexandre de Tralles. Ainsi chez Ætius, nous lisons : « *Quidamne omnino caput se habere putauit, ad quem excogitasse dicitur Philotimus supra reliquam curationem plumbeum pileum, a quo grauatus caput se habere intelligeret.* » (*Tetrabiblos*, Lyon, G. et M. Berigorum, 1549, livre II, *sermo* 2, chap. IX « *De melancholia, Ex Galeno & Rufo* », p. 302). Cf. avec Ætius, *De Melancholia* dans Galien, Kühn, XIX, p. 701 (chez Kühn, le texte est collationné d'après le *De Re Medica*, VI, 9, dans l'édition de Giambattista Montano, Bâle, Froben, 1535, tome I, p. 242-243). Philotime, serait, d'après Félix Brunet, un médecin chirurgien, élève de Proxagoras, contemporain d'Érasistrate (voir Alexandre de Tralles, *Œuvres médicales*, éd. et trad par Félix Brunet, Paris, Librairie Orientaliste Paul Geuthner, 1936, p. 231, reprise dans P. Dandrey, *Anthologie de l'humeur noire*, p. 244).
4. Cette anecdote, topique au XVIe siècle, parcourt toute la littérature médicale pour être ensuite récupérée dans les ouvrages les plus divers : par exemple, chez P. Boaistuau, *Théâtre du monde*, p. 191. Sa source première est Alexandre de Tralles : « Une femme fut guérie de la façon suivante : sous l'influence de la bile noire, elle pensait avoir avalé un serpent ; on provoqua le vomissement et on plaça dans ce qu'elle avait rejeté un petit reptile ressemblant en tous points à celui qu'elle imaginait et qu'elle avait décrit dans sa folle illusion. La maladie s'évanouit ainsi sous l'influence d'une brusque et éclatante apparition venant, contre toute attente, dissiper le chagrin qu'elle ressentait de ce qu'elle croyait. » (*Œuvres médicales*, éd. F. Brunet, tome II, livre I, chap. XVII « De l'état atrabilaire (mélancolie) » p. 231-232). Reprise dans P. Dandrey, *Anthologie de l'humeur noire*, p. 261.
5. Une histoire semblable est rapportée par Marcello Donati, *De Medica historia mirabili* (1586), p. 34[r] : « *Alius nares se ingentis magnitudinis habere affirmabat, accersito chyrurgo aegrotum parentes, & serui valide compraehendunt, chyrurgus nouacula naribus arreptis eas minuere fingit, carnisque frustra ostendit, quo pluries repetito aeger ab insania liberatur* ».
6. Cælius Aurélien, *Maladies aiguës, maladies chroniques* consulté d'après la trad. de Lyon, Guillaume Rouillé, 1567, livre I, chap. V « *De furore sive insania, quam Graeci maniam vocant* », p. 299 : « *Sic denique Artemidorum grammaticum Apollonius memorat nitente gressu crocodilum in harena iacentem expauisse, atque eius motu percussa mente, credidisse sibi sinistrum crus atque manum a serpente comestam ; & literarum memoria caruisse oblivione possessum. Item melancholiam inquit speciem furoris esse nuncupandam.* »

pour les faire manger. Ils faisoient coucher quelque valet tout auprès du malade, & l'ayant instruit de faindre le mort, & ne laisser pas d'avaller lors qu'on luy mettroit de la viande à la bouche, persuadoient par ceste ruse au melancholique, que les morts mangeoient aussi bien que les vifs[7]. | Il s'est veu n'y a pas long temps un melancholique, qui se disoit le plus miserable du monde, pource qu'il n'estoit rien. | Il y a eu n'agueres un grand seigneur qui pensoit estre de verre, & n'avoit son imagina||tion troublée qu'en ce seul object, car de tout* autre chose il en discouroit merveilleusement bien : Il estoit ordinairement assis, & prenoit grand plaisir que ses amis le visitassent, mais il les pryoit qu'ils n'approchassent de luy. | Il y a encore un tres honneste homme, & des meilleurs Poëtes François de ce Royaume, qui est tombé depuis quelques années en une bizarre apprehension. Estant travaillé d'une fievre continuë accompagnée de grandes veilles, les Medecins luy ordonnarent un unguent narcotique, qu'on nomme *populeum*[8], & luy en frottoient le nez, le front, & les tempes : Il eut dès l'heure le *populeum* en telle haine, que depuis il s'est|| imaginé que tous ceux qui approchent de luy le sentent : on ne peut parler à luy que de loin, si on touche à ses accoustremens, il les gette & ne les porte plus : au reste il discourt très bien, & ne laisse pas de composer. On a tasché par tous les artifices du monde de luy oster ceste folle impression, on luy a fait voir la description de l'onguent, pour l'asseurer qu'il n'y entre rien de dangereux : il le sçait, il l'accorde, mais cet object est tellement gravé qu'on ne l'a sceu encore effacer[9].

Neufiesme

Dixiesme

[143r]

Onziesme

[143v]

* Var. 1597 : *toute.*

7. Marcello Donati, *De Medica historia mirabili* (1586), p. 34r : « *Quidam qui se mortuum putabat, & cibum aspernabatur, socii comitate qui cum eo se in sepulchro mortuum esse asserebat, & quod ipse mortuus cibum caperet, ad escam capescendam persuasus fuit referente Holerio lib. 1 de morb. int. c. 15 libet hoc loco non nulla deprauatarum imaginationum exempla affere ; [...]* ». En effet, Jacques Houllier rapporte l'histoire du bourgeois parisien qui se croyait mort jusqu'à ce qu'on « pr[î]t l'excellente initiative de lui produire un feint cadavre attablé, à l'exemple duquel il s'alimenta » (Jacques Houllier, *De Morbis internis*, Paris, Ch. Macé, 1577, livre I, chap. XVII « *De melancholia* » et « *Eiusdem Hollerii Scholia* », p. 63, trad. dans P. Dandrey, *Tréteaux de Saturne*, p. 169). Cette tactique de contention du délire par sa réalisation fictive à but thérapeutique (le valet jouant le mort invite le malade à prendre part à cette comédie) fait partie de l'arsenal des méthodes curatives par la ruse souvent alléguées par la médecine humaniste. Voir P. Dandrey, *Tréteaux de Saturne*, p. 190-191 et Jackie Pigeaud, *Folie et cures de la folie*, p. 180-181.
8. Populeum, ou « populéon » : onguent analgésique à base de bourgeons de peuplier, de graisse de porc et de feuilles de pavot. Cet onguent avait une odeur si forte qu'il était parfois rapproché de la potion pestilentielle des sorciers. Andrés Laguna, *Pedacio Dioscorides Anazarbeo acerca de la materia medicinal y de los veneros mortiferos*, Salamanca, 1566, p. 421 (cité par Yvonne David-Peyre, « Les remèdes et leur influence sur les esprits ou du mauvais usage des médicaments », *Littérature, Médecine, Société*, 2, 1980, p. 129) évoque « [une marmite] à moitié remplie d'un onguent vert comme l'onguent de populéon dont ils s'oignaient et dont l'odeur était si lourde et si forte qu'elle en révélait la composition : des herbes froides au dernier degré et soporifiques, telles que la ciguë, la jusquiame et la mandragore ».
9. Il s'agit d'Amadis Jamyn (1540-1593), ami et disciple de Ronsard, lecteur ordinaire de la chambre du roi Charles IX (1571), puis secrétaire du roi (1573). Avant sa mort, le poète

Add. 1597 Douzième [140r] | *[Aretée au premier livre des longues maladies dit avoir veu un melancholique qui pensoit estre de brique, & ne vouloit point boire|| craignant d'estre destrempé.[10]

Trezieme | Un autre s'imaginoit avoir les pieds de verre, & n'osoit cheminer de peur de les casser.

Quatorzième | Un boulanger s'estoit imprimé qu'il estoit de beurre, & ne le pouvoit-on faire approcher du feu ny de son four, tant il avoit peur de se fondre[11].

Quinzième | La plus plaisante resverie que j'aye jamais leu est d'un gentilhomme Sienois qui s'estoit resolu de ne pisser point & de mourir plustot, pource qu'il s'estoit imaginé qu'aussi tost qu'il pisseroit toute sa ville seroit inondée. Les Medecins lui representans que tout son corps & cent mille comme le sien n'estoient capables de noyer la moindre maison de la ville, ne le pouvoient [140v] divertir|| de ceste folle imagination. En fin voians son opiniastreté & le danger de sa vie trouvent une plaisante invention. Ils font mettre le feu à la plus proche maison, font sonner toutes les cloches de la ville, attirent plusieurs valets qui crient au feu, au feu, & envoient les plus apparens de la ville qui demandent secours, & remonstrent au gentilhomme qu'il n'y a qu'un moyen de sauver sa ville, qu'il faut que promptement il pisse pour

aurait rédigé lui même son *Tombeau* où il faisait mention de l'obsession provoquée par le *populeum* : « Tombeau d'Amadis Jamin, secretaire et lecteur ordinaire du roy, fait par luy mesme ... peu avant son deceds, le communiquant à peu de personnes d'autant qu'il croyoit que ceux qui l'approchoient sentoient l'odeur d'un unguent nommé Populeum qu'il avoit à contrecœur [...] : Icy Jamin laissa la vie/ Oubliant l'art de poesie/ Et de bastir d'excellents vers/ D'arguments et suicte divers.// Une fureur de fantaisie/ Tenoit tant sons ame saisie/ Que jamais ne fut assez fort/ Pour la dompter que par la mort. » (Ms BnF Moreau 850, p. 71r, voir Théodosia Graur, *Un disciple de Ronsard. Amadis Jamyn (1540?-1593) : sa vie, son œuvre, son temps*, Genève, Slatkine, 1981 (1929), p. 313 et p. 340 ; Amadis Jamyn, *Les Œuvres poétiques*, Genève, Droz, 1973, tome I, p. 27). L'origine médicale de cette histoire se trouve dans la traduction de Constantin l'Africain du *Livre de la mélancolie* d'Ishâq ibn 'Imrân : « D'autres sentent toutes les choses fétides qui ont une odeur corrompue » (cité d'après P. Dandrey, *Anthologie de l'humeur noire*, p. 312).

* Les trois alinéas suivants, mis entre crochets, représentent un ajout de l'édition de 1597. Pour ces quatre anecdotes supplémentaires, les séparateurs de page et les manchettes suivent cette édition.

10. Ce dérèglement de l'imagination est rapporté par Jourdain Guibelet à la nature « terrestre » de l'humeur noire : « Cela provient [...] des qualitez de l'humeur qui retient du naturel de la terre. Au moyen dequoy plusieurs melancholiques en leurs réveries ont pensé estre l'un de brique, l'autre une peau, un vaisseau de terre ou choses semblables par ce que l'humeur imprime ces qualitez en la fantaisie » (Jourdain Guibelet, *Discours philosophique de l'humeur noire*, p. 251r). L'anecdote de l'homme de brique avait été utilisée par Marcello Donati, *De Medica historia mirabili* (1586), p. 34v. Arétée de Cappadoce, « Des maladies chroniques », livre I, chap. VI, « De la Manie », p. 90 : « Il y en a d'autres dont la folie roule sur certaines idées extravagantes, comme celui qui s'imaginant être de brique, n'osait boire de peur de se détremper » (*Traité des signes, des causes et de la cure des maladies aiguës et chroniques*, éd. Maximilien Renaud, Paris, Lagny, 1834. Autre traduction par René-Théophile-Hyacinthe Laennec, édité par Mirko Grmek, Genève, Droz, 2000, p. 78).

11. Marcello Donati, *De Medica historia mirabili*, p. 34v : « *Ferrariensis pistor, se ex butiro compaginatum iure iurando affirmabat, nulloque pacto igni, vel clibano appropinquare volebat, expauescens futuram corporis liquationem* ».

estaindre le feu. Lors ce pauvre melancholique qui se retenoit de pisser de peur de perdre sa ville, la croiant en ce peril [,] pissa & vuida tout ce qu'il avoit dans sa vescie, & fut par ce moyen saulvé [12]|| . *Fin add. 1597*

Pour le regard de ceux qui pensent estre Rois, Empereurs, Papes, Cardinaux [13], telles folies sont assez communes, j'ay voulu seulement alleguer les plus rares.|| Et voila quant à la melancholie qui a son siege dans le cerveau, qui est causée d'une intemperature froide & seiche, ou sans matiere, ou avec matiere. Elle suit quelquefois les maladies chaudes du cerveau, comme frenesies & fievres ardantes, & lors le visage paroist rouge. Avicenne remarque que les begues & ceux qui ont les yeux mobiles, qui sont velus & noirs [14], qui ont les veines amples, les leures grosses, sont plus subjects à ceste melancholie [15] : La tristesse, la peur, les profondes medi- [144r]

12. Marcello Donati, *De Medica historia mirabili*, p. 34v : « *Senensius nullo modo persuaderi poterat, ut urinam redderet, aiebat enim si minxisset totam urbem diluuio perituram, quem ad lotium ex cernendum eleganti commento astantes perduxerunt, nanque pulsantibus campanis ad insanientem accurrunt, magnum incendium Urbem conflagrare nuntiantes, enixeque rogantes, ut reddita urina ciuitati semiconcrematae opem feret flammis cuncta vastantibus lotii copia extinctis.* » Reprise par Robert Burton, *Anatomie de la mélancolie*, 1.3.1.3, Hoepffner, p. 667. Pour d'autres occurrences de l'anecdote, surtout en milieu anglo-saxon, nous renvoyons à Winfried Schleiner, *Melancholy, Genius, and Utopia in the Renaissance*, Wiesbaden, Otto Harrassowitz, 1991, p. 145-147, section : « The Laughable Psychotic ». On retiendra surtout le rapprochement avec un chapitre fameux de *Gargantua* (chap. XVI) de Rabelais et son écho dans les *Gulliver's Travels* de Jonathan Swift. L'anecdote est commentée par P. Dandrey, *Médecine et maladie*, I, p. 648, et dans *Les Tréteaux de Saturne*, p. 176.
13. Même ordre d'exposition chez Guillaume Rondelet : « *Alii se reges, imperatores, Papas, Cardinales existimant.* » Ce fragment fait partie d'une énumération des délires dus à la mélancolie qui commence ainsi : « *Infinitæ vero sunt melancholicorum imaginationes. Aliquando enim dementia sequitur corporis dispositionem : aliquando studium, quo maxime delectabatur, qui ea correptus est.* [...] *Sunt qui avaritiae inhiantes, de pecuniis congerendis perpetuo cogitant. Alii perdite amant, & nihil nisi de amore loquuntur.* » (*Methodus curandorum omnium morborum corporis humani in tres libros distincta*, Paris, Charles Macé, 1575, p. 109r).
14. Ces caractères du mélancolique se trouvaient déjà chez Rufus d'Éphèse et repris par Ætius, *Tetrabiblos*, 2.2.29 [VI, 9] puis chez Alexandre de Tralles, *Œuvres*, éd. F. Brunet (1936), p. 224 : « Nous savons, en effet, que les hommes velus, noirs de peau et de constitution frêle, sont plus facilement attaqués de ce mal que ceux au corps blanc et robuste ; y sont aussi plus enclins les sujets dans la fleur et la jeunesse de l'âge ; ceux dont l'alimentation est trop légère ; ce qui sont portés à la colère, remplis de soucis et ont passé une longue période de leur existence dans les chagrins et la tristesse. Interrogez aussi les malades pour savoir s'ils n'ont subi quelque arrêt d'un écoulement habituel : chez les hommes, des hémorrohoïdes ; chez les femmes, du flux menstruel. Le corps entier est-il accablé par une véritable sensation de pesanteur ? On doit regarder la figure et considérer si elle est beaucoup plus rouge qu'auparavant, si les veines sont plus turgescentes et tendues. »
15. Avicenne, *Canon de la médecine* : « Parmi ceux qui y sont prédisposés, il y a les bègues et ceux qui répètent souvent une syllabe avant de produire une parole, ceux qui sont d'une nature piquante et facilement irascible, ceux qui ont la langue prompte et sillent abondamment, ceux dont le visage est intensément rouge, brun et pileux, et, en particulier, ceux qui ont sur le torse des poils noirs et épais, ceux dont les veines sont larges et les lèvres épaisses, puisque ce sont là des signes, pour certains, de la chaleur du cœur, pour certains, de l'humidité du cerveau » (cité d'après la trad. nouvelle de Clara Domingues dans P. Dandrey, *Anthologie de l'humeur noire*, p. 350-351). Les caractères physiologiques annonçant la mélancolie

tations, l'usage des viandes grossieres & melancholiques causent souvent ceste maladie.

allaient être soigneusement répertoriés par Robert Burton dans son *Anatomie de la mélancolie,* 1.2.1.4, Faulkner, I, p. 202, Hoepffner, p. 344-345. Robert Burton cite tour à tour : Grataroli, *De physiognomia* VII : « ceux qui ont les sourcils épais et joints au dessus du nez sont sujets à la mélancolie » ; Montalto, *Archipathologia,* IV 22 : « *Sunt porro prae caeteris atro humori cumulando aptissimi macri, nigri, hirsuti, latisque venis praediti.* – Ceux qui sont minces, noirs, poilus et ayant des veines amples sont susceptibles d'être prédisposés à l'accumulation de l'humeur noire » ; Ætius, *Tetrabiblos,* 2.2.29 [VI, 9] : « *facile incidunt in Melancholiam rubicundi.* – les gens rubiconds tombent facilement en proie à la mélancolie » ; Aristote, *Physiognomica,* 6 (812ᵃ8) : « petite tête, couleur sanguine ». Voir P. Dandrey, *Médecine et maladie,* II, p. 133-134. L'ampleur des veines peut s'expliquer également comme un symptôme de mélancolie et non comme élément prédisposant à la maladie : c'est la nature aérienne de l'humeur noire (πνευματώδης) qui faisait que la peau soit tendue et les veines gonflées. Voir R. Klibansky, *Saturne et la mélancolie,* p. 77.

|| Chapitre VIII

[144v]

REGIME DE VIVRE POUR LES MELANCHOLIQUES QUI ONT LE CERVEAU MALADE

| Il me semble avoir autresfois leu dans Aretée [1] qu'aux maladies inveterées, & qui ont prins quelque habitude, la façon de vivre sert plus que tout ce qu'on pourroit tirer des plus precieuses boëttes de l'apothicaire. Le Prince des Arabes Avicenne nous advertit que la façon de vivre estant mesprisée, peut corrompre la meilleure habitude du monde, & au contraire estant soigneusement observée peut corriger la plus mauvaise. Je commenceray donc la curation des melancholiques par ce regime [2].

Combien sert le regime aux vieilles maladies

| || Il faut choisir un air qui soit temperé en ses qualitez actives, & aux passives qui soit humide [3]. On le pourra rendre tel par arti-

L'air [145r]

1. Arétée de Cappadoce, « Des maladies chroniques », p. 394 : « Après avoir fait un essai convenable de remèdes, on aura recours au régime analeptique ; car il arrive souvent que pendant l'administration des remèdes, la maladie, quoique affaiblie et très ébranlée, subsiste néanmoins toujours et ne se dissipe entièrement que lorsque le malade repris ses forces et son embonpoint ».
2. Utilisant les mêmes termes, mais avec davantage de précisions, Du Laurens avait déjà exposé les principes du régime dans le *Discours de l'excellence de la vue :* « La façon de vivre tient tousjours le premier rang [de la thérapeutique], & a esté jugée des anciens la plus noble partie, d'autant qu'elle est amie & familiere de nature, ne l'altere en aucune façon, & ne luy apporte aucun trouble, comme font les medicamens & les operations manuelles. Ceste façon de vivre ne consiste pas seulement au boire & au manger, comme le vulgaire pense, mais en l'administration de six choses, que les Medecins appellent non naturelles [...] » (p. 78-79 de l'éd. de 1597). On comprend donc que le traitement curatif du mélancolique, comme de toute autre malade, doit passer par plusieurs étapes. Le médecin s'applique à corriger le régime de vie, avant de faire recours à la médication proprement dite ; il tâchera, en ce sens, de réguler les « six choses non-naturelles » (dites non-naturelles parce qu'elles n'ont pas de lien naturel ou organique avec la physiologie humaine). Tout un arsenal psycho-curatif avait été mis au point au Moyen Âge par les compilateurs et les traducteurs des traités de médecine arabe. Constantin l'Africain donnait une liste des six choses non-naturelles, qui sera, par la suite, reprise, émendée et complétée jusqu'à l'aube de notre modernité : 1) l'air, 2) les aliments et les boissons, 3) la rétention et l'expulsion, 4) l'exercice et le repos, 5) le sommeil et la veille, 6) les passions de l'âme (liste reprise d'après J. Starobinski, *Histoire du traitemenet de la mélancolie*, p. 36). P. Dandrey en fait l'historique dans son *Anthologie de l'humeur noire*, p. 298-299, note 3.
3. Dans le *Discours de l'excellence de la vue*, Du Laurens insistait sur l'importance de l'air dans l'économie de la santé : « Je commenceray mon regime par l'air, d'autant que l'animal ne s'en peut passer un seul moment, & qu'il a une puissance incroyable à changer & alterer tout soudain nos corps : il s'en va par le nez droit au cerveau, par la bouche droit au cœur, par les pores du cuir & par le mouvement des arteres il perce tout le corps : il fournit de matiere & d'aliment à nos esprits. C'est pourquoy le divin Hippocrate remarque très bien que de la constitution de l'air despend entierement la bonne & mauvaise disposition des esprits & des humeurs. A l'air nous devons remarquer ces premieres & secondes qualitez ; les premieres

fice [4], jettant dans la chambre force fleurs de roses, violes, de nenupahr, ou bien on aura un grand vaisseau plein d'eau tiede qui humectera continuellement l'air; il faudra parfumer la chambre avec des fleurs d'orange, escorces de citron, & un peu de storax [5]. La chambre doit estre claire & tournée vers le Levant [6] : l'air grossier, obscur, tenebreux, puant y est fort contraire, encores que les melancholiques le suyvent par tout. Il est bon de leur faire voir de* couleurs rouges, jaunes, vertes [7], blanches [8].|| | Pour le regard des viandes, toutes celles qui sont grossieres, visqueuses, venteuses, melancholiques, & de difficile digestion, nuisent infiniment. | Il faut avoir du pain de bon froment, bien net, & purgé de son, sans sel, & qui soit (s'il est possible) paistri avec d'eau de pluye ou de fontaine [9].

Les viandes [145v]

Le pain

sont *chaleur, froideur, humidité, secheresse.* Desquelles les deux premieres se nomment *actives,* les deux dernieres *passives* : les qualitez secondes sont quand l'air est gros, espois, subtil, pur, obscur, lumineux; [...] » (p. 78r-v de l'éd. 1597, *nous soulignons*).

4. Du Laurens travaille ici avec le *Canon* d'Avicenne : « Que le malade séjourne dans des lieux tempérés, que l'air de son logement soit humidifié et qu'on le parfume en y diffusant des parfums; et généralement, il faut qu'il sente toujours de bonnes odeurs et des fleurs de bonne odeur » (*Canon de la médecine*, p. 205r, trad. dans P. Dandrey, *Anthologie de l'humeur noire*, p. 356).
5. Marsile Ficin recommande également les odeurs « tempérées [...] de roses, violettes, myrte, camphre, blance ou santal, eau rose, qui sont toutes choses froides [...], de cannelle, citron, d'orange, clous de girofle, menthe, mélisse, safran, bois d'aloès, d'ambre, de musc, qui sont choses chaudes » (*De la vie*, I, 10, dans P. Dandrey, *Anthologie de l'humeur noire,* p. 497).
6. Constantin l'Africain recommandait ce positionement de la chambre (*Opera*, Bâle, 1536, cité par J. Starobinski, *Histoire du traitement de la mélancolie*, p. 41). De manière générale, il s'agit d'un souvenir du traité hippocratique *Airs, eaux, lieux*, V.1 qui considère les cités tournées vers le Levant comme étant les plus salubres et leurs habitants les moins sujets à des maladies : « [Les cités] qui sont situées face aux levers de soleil sont normalement plus salubres que celles qui sont orientées face aux Ourses [...]. Les habitants ont de belles couleurs et un teint fleuri, [...] ont la voix claire, et, pour le caractère de l'intelligence, ils sont mieux doués que ceux qui sont face au borée [...] » (trad. Jacques Jouanna, Paris, Les Belles Lettres, 1996, p. 196-197). Voir également *supra*, p. 15 où Du Laurens montrait que le mélancolique était l'ennemi du soleil et de la lumière. Pour le soigner, il faut donc contraindre le patient à recevoir de la lumière afin de lui faire oublier les ténèbres dont l'humeur noire assombrit son esprit.

* Var. 1597 *: de* est corrigé en *des.*

7. Marsile Ficin, *De la vie*, I, 10 : « Nous louons le fréquent regard d'une eau claire et nette, la couleur verte et rouge » (*De la vie* [*De Vita triplici*] (1489), trad. fr. Guy Le Fèvre de la Boderie (1582), dans P. Dandrey, *Anthologie de l'humeur noire,* p. 498).
8. Cette forme de chromothérapie avant la lettre trouve sa justification dans la puissance de la couleur de « dissiper les ténèbres de ses esprits » comme allait écrire Molière (*Monsieur de Pourceaugnac*, acte I, scène 8). La couleur blanche, d'après Rabelais « nous induit entendre joie et liesse » (*Gargantua*, chap. X; citations commentées par P. Dandrey, *Médecine et maladie*, II, p. 165-170).
9. Galien, *Des Lieux affectés*, III, 10 : les pains « dits de son » engendrent du sang atrabilaire. (Daremberg, II, 566; P. Dandrey, *Anthologie de l'humeur noire*, p. 163). Nous remarquons que le mélancolique a toujours droit aux meilleurs ingrédients : le pain à base de froment était, depuis le Moyen Âge, le plus recherché, surtout lorsqu'il était dépourvu de son. Voir Françoise Desportes, *Le Pain au Moyen Âge,* Paris, Olivier Orban, 1987.

| Le chairs les plus jeunes sont les meilleures, & entre autres celles de veau, chevreau, mouton, poulets, perdrix : au contraire les vieilles, & qui ont un gros suc : comme celles de bœuf, pourceau, lievre [10], des oyseaux de riviere, & de toutes bestes sauvages, comme sangliers [11], cerfs [12], sont du tout contraires. Galien condamne les chairs de bouc, de taureau, d'asne,|| de chien, de chameau, de renard : mais il n'avoit que faire de les defendre, car on ne les mangera jamais pour friandise [13]. Les Arabes recommandent pour la melancholie les cerveaux des animaux par je ne sçay quelle proprieté : mais je pense qu'ils n'y sont pas trop propres, estans ennemis de l'estomach, & croy qu'ils ont esté superstitieux en une infinité de choses.

Les chairs

[146r]

| Les poissons des estangs, & ceux aussi de la mer qui ont la chair grossiere & melancholique : comme les tons, dauphins, baleine, veaux marins, & tous ceux qui ont escaille, sont contraires à ceste maladie. On pourra user des poissons qui se tiennent dans les eaux bien claires & coulan||tes [14]. Les poissons salez ne valent rien [15].

Les poissons

[146v]

Les oeufs frais, mollets, & pochez, avec la vinette ou le verjus, sont très bons.

| L'usage des potages & bouillons est très necessaire, car ceste humeur qui est seiche, doit estre humectée. On mettra ordinairement dans les potages

Les potages

10. Michel Le Long, commentateur et traducteur des fameux préceptes salernitains, s'attarde sur le danger de manger trop souvent de la viande de lièvre, parce que c'est un « animal triste, timide, de courage lasche, melancholic, & qui se plaist à la solitude, ce qui luy fait engendrer un sang terrestre et noirastre, argument certain de la mauvaise nourriture qu'il donne à ceux qui en mangent trop souvent [...] » (*Le Regime de santé de l'escole de Salerne*, Paris, N. et I. de La Coste, 1637, p. 59).
11. Galien, *Des lieux affectés*, III, 10 (Daremberg, II, p. 566, P. Dandrey, *Anthologie de l'humeur noire*, p. 163).
12. On pensait que le cerf se nourrissait de serpents. La viande de cerf, faute d'une bonne digestion, risquait ainsi d'être imprégnée de venin : « [...] aussi venant à estre tué lors qu'il [le cerf] n'a pas encore digeré ce qu'il a pris, & que consequemment la qualité veneneuse de ces animaux mangez n'est pas encore domptée, il est à craindre que la chair imbuë de quelque vapeur en cette coction esbauchée ne soit participante de venin » (Michel Le Long, *Le Regime de santé de l'escole de Salerne*, Paris, N. et I. de La Coste, 1637, p. 61).
13. Galien, *Des lieux affectés*, III, 10 : « Le sang atrabilaire est engendré par la chair de chèvres et de bœufs, plus encore par celle des boucs et des taureaux, plus encore par celle des ânes et des chameaux dont quelques personnes font usage, comme aussi par celle des renards et des chiens. » (Daremberg, II, p. 566, P. Dandrey, *Anthologie de l'humeur noire*, p. 163).
14. Les poissons de roche, plus actifs et plus vivaces que ceux des lacs et de la mer, pourront aider le corps à lutter contre la maladie : « Ordonner des aliments générateurs de sang louable, comme les poissons de roche [...] » (Avicenne, *Canon de la médecine*, p. 206r, cité d'après P. Dandrey, *Anthologie de l'humeur noire*, p. 358).
15. « [...] les vieux poissons et surtout ceux qui restent dans le sel tout une nuit (ou deux) embarrassent » (Contantin l'Africain (Ishâq ibn 'Imrân) dans P. Dandrey, *Anthologie de l'humeur noire*, p. 299). De manière générale, les viandes salées ne conviennent pas aux patients mélancoliques. La salaison enlève l'humidité des mets et leur ôte ainsi une caractéristique qui aurait pu être utile dans le traitement de la mélancolie, humeur froide et sèche. Voir Michel Le Long, *Le Regime de santé de l'escole de Salerne*, Paris, N. et I. de La Coste, 1637, p. 59.

de la borrage*, buglose [16], pimpernelle, endive, cichoree, du houbelon, & un peu de melisse; on se gardera bien d'y mettre des choux, des blettes, de la roquette, du nasitort, des naveaux, pourreaux & des herbes trop ameres & trop piquantes : Les orges mondez, les amandes, & la boullie, serviront
[147r] infiniment pour envoyer des vapeurs douces au|| cerveau.

Fruicts | On se doit abstenir de tous legumes, comme pois, feves, & lentilles [17]. Pour le regard des fruicts nous permettons [18] les prunes, poires, grenades douces, amandes, raisins, pignons, citrons, melons, & surtout les pommes qui ont une merveilleuse proprieté pour l'humeur melancholique : nous deffendons les figues seiches, les mesles, forbes, chastaignes, noix, artichaux, cardes, & le formage [*sic*] vieux [19].

Le boire | Quant au boire, il y a quelque differend entre les Medecins, les uns accordent le vin, les autres le deffendent. Je pense qu'aux maniaques & à
[147v] ceux qui ont beaucoup de chaleur aux hypochondres, ou|| au cerveau, le vin est extremement contraire : mais aux melancholiques qui sont froids, & secs, comme ceux que nous traictons icy, un petit vin blanc ou clairet qui ne soit ny doux, ny trop gros, mediocrement trempé, est fort bon [20]. Zeno

16. La buglose et la « borrage » ou bourrache (appelée également buglose « des jardins ») sont fréquemment recommandées pour le traitement de la mélancolie. Selon Jean Fernel la buglose déterge le corps de l'humeur noire, elle amène le sommeil et « remplit nostre esprit de joye et d'allegresse, & dissipe les fantasques imaginations des melancholiques » (*Les Sept livres de la therapeutique universelle*, trad. fr. par Bernard Du Teil, Paris, Jean Guignard, 1655, p. 352).

* Var. 1597 : *bourrage.*

17. On pensait que les légumes comme haricots, petits pois et fèves avaient des vertus aérophagiques et qu'elles provoquaient ensuite dans le corps des flatulences et des vapeurs pouvant opresser le cerveau. Cf. Robert Burton, 1.2.2.1, Hoepffner, p. 369. Mais l'interdit médical est probablement lié à celui qu'avait prononcé Pythagore sur la consommation de la fève, que l'on croyait avoir des propriétés anthropomorphiques : « *Plinius existimat ob id a Pythagora damnatam fabam, quod hebetet sensus, & pariat insomnia, vel quod animae mortuorum sint in ea qua de causa & in parentalibus assumitur.* » (Erasme, *Adagia*, Paris, Michel Sonnier, 1579, livre I. 1.1.,1, p. 15). Sur la mythologie de la fève dans le monde grec, voir Armand Delatte, « Faba Pythagorae cognata », *Serta Leodiensia*, Liège-Paris, H. Vaillant-Carmanne et Édouard Champion, 1930, p. 35-57, notamment, p. 42 pour la croyance ancienne sur la puissance de métamorphose de la fève en une tête humaine.

18. Du Laurens s'est-il autorisé une originalité en permettant au mélancolique de consommer autant de fruits? D'après Robert Burton, le traité aurait été critiqué par d'autres médecins : « Du Laurens, dans son traité sur la mélancolie, lequel est critiqué par certains auteurs, est favorable à un grand nombre de fruits et surtout aux pommes [...] » (*Anatomie de la mélancolie,* 1.2.2.1, Hoepffner, 368).

19. Galien, *Des Lieux affectés,* III, 10 : « Les vieux fromages aussi engendrent très facilement une semblable humeur [...] » (Daremberg, II, 566, P. Dandrey, *Anthologie de l'humeur noire*, p. 163). Le fromage sera déconseillé, par la suite, par les moines salernitains : « [Le fromage] simplement parlant, est de mauvaise nourriture, pource qu'il est trop terrestre, & se digere mal-aisémenent ». Il peut néanmoins être donné à « ceux qui jouissent d'une santé parfaite, pourveu qu'il soit bien choisi : le choix est tel : qu'il ne soit trop recent ny trop vieil, soit salé mediocrement, d'un bon goust [...] » (Michel Le Long, *Le Regime de santé de l'escole de Salerne* (1637), p. 57).

20. Le vin pour Girolamo Mercuriale doit être « *mediocre, modice austerum, gustui gratum, nec generosum, quippe quo vires debiles feriri, & ratio, & experientia monstrant* » (*Responsorum et*

disoit souvent que le vin adoucissoit les moeurs des hommes, comme l'eau les lupins [21] : & Averrhoës escrit que le vin resjouyt l'ame & les esprits [22]. | On pourra faire au temps des vendanges un vin artificiel avec la bourrage & bouglose, qui est très singulier pour toutes maladies melancholiques, & en boira-on tousjours le premier traict, soit au disner, soit au soupper [23]. Si on craint ceste senteur, on jettera seulement|| un bouquet de fleurs de bourrage [24], & de l'herbe mesme dans le vin qu'on boit ordinairement.

Vin artificiel

[148r]

| Les vieilles [*sic*]* sont du tout ennemies de ceste passion, il faudra par tous les artifices qu'on pourra provoquer le dormir, tu en verras les moyens au chapitre suyvant.

Les veilles

| Les exercices moderez peuvent servir beaucoup, mais il faut que ce soit en lieux plaisans & delicieux : comme jardins, prairies, vergers, où il y ait plusieurs fontaines, ou quelques rivieres ; on ne se doit jamais lasser en cet exercice, il faut se reposer souvent.

L'exercice

| Les melancholiques ne doivent jamais estre seuls, il leur faut tousjours laisser compagnie qui leur soit agreable, il|| les faut parfois flatter, & leur accorder une partie de ce qu'ils veulent, de peur que ceste humeur, qui

Les passions de l'ame

[148v]

consultationum medicinalium (1589), *Consultatio VI*, p. 20). Cf. avec Avicenne qui recommande un « vin blanc coupé, mais ni vieux ni fort » (*Canon de la médecine*, p. 206r, repris dans P. Dandrey, *Anthologie de l'humeur noire*, p. 358) ; et avec Ficin, *De la vie*, I, 10 : « Or n'y a-t-il rien meilleur à l'encontre de telle peste qu'un vin clair pur, léger, doux, odoreux, fort propre pour engendrer des esprits plus clairs et luisants que les autres » (*De la vie* [*De Vita triplici*] (1489), dans P. Dandrey, *Anthologie de l'humeur noire*, p. 497).

21. Plante qui « n'est suffoqué par aucune mauvaise plante que ce soit : au contraire il tue toutes les meschantes herbes qui croissent alentour de lui [...]. Le lupin est d'une dure et terrestre substance. D'où nécessairement il s'ensuit qu'il est de dure digestion, & engendre grosses humeurs, lesquelles mal digerées aus veines, font un amas d'humeurs proptement apelées crues & indigestes. » (Mattioli 1572, p. 282).
22. Girolamo Mercuriale, *Responsorum et consultationum medicinalium* (1589), *Consultatio XXV*, p. 59 : « *Quia, et si Zeno dixerit, vino dulcere hominum ingenia, ut aqua lupinos, atque Averrois scribit vinum laetificare animum, id tamen potius de melancholia, quae à frigido, & sicco succo, quàm de ferina cuiusmodi haec esse videtur intelligendum est.* » Il est intéressant de remarquer que Mercuriale introduit la référence à Zénon comme contre-exemple, et qu'il défend aux mélancoliques de boire du vin. À la même page il déclarait : « *Et quia victos ratio maximam partem in huiusmodi curatione habere solet, in ea quoque quanto diligentius fieri potest pergat consulo, presertim vero ab omni vini usu abstineatur oportet.* » Néanmoins, Du Laurens emprunte son exemple pour justifier l'usage du vin. Cet apophtegme de Zénon de Kition est rapporté par Diogène Laërce, *Vies et doctrines des philosophes illustres*, VII, 26 : « Comme on lui demandait [...] pourquoi, alors qu'il était austère, il se laissait aller dans les banquets, il dit : "Les lupins aussi, bien qu'ils soient amers, s'adoucissent quand ils sont humectés" ».
23. Ce « vin artificiel » est en fait le « *vinum buglossatum* » décrit par Arnaud de Villeneuve dans son *De Vinis*. À la Renaissance, la recette de cette préparation à base de bourrache, de buglose et de cannelle avait été reprise, avant Du Laurens, par Antoine Mizauld (*Artificiosa methodus comparandorum hortensium fructuum, olerum, radicum, vuarum, vinorum, carnium & iusculorum, quae corpus & iusculorum*, Paris, Frédéric Morel, 1575, p. 27r-v « *Vinum mirabile pro melancholicis* » et « *Vinum buglossatum* »).
24. A. Mizauld (*ibid.*) recommandait en fait de mélanger le vin avec du jus de bourrache.

* Var. 1597 : mot corrigé à partir de cette édition.

est de sa nature rebelle & opiniastre, ne s'effarouche; parfois il les faut tanser de leurs foles imaginations, leur reprocher & faire honte de leur coüardise, les asseurer le plus qu'on pourra, loüer leurs actions : & s'ils ont autrefois fait quelque chose digne de loüange, leur remettre souvent en memoire, les entretenir de plaisans contes : on ne doit point leur proposer aucun subject de crainte, ny leur apporter des fascheuses nouvelles. Bref on doit les divertir le plus qu'on pourra, & chasser de leur entendement
[149r] toutes les passions de l'ame, sur tout|| la cholere, la peur, & la tristesse [25] : car comme dit Platon au Charmides, la plus grande partie des maux que le corps endure viennent de l'ame [26]. | Les anciens recommandent entre autres choses à toutes maladies melancholiques, soit chaudes, soit froides, la musique. Les Arcades [27] adoucissoient les mœurs de ceux qui les avoient rudes, par la musique [28]. Empedocle Agrigentin remit un jeune adolescent qui estoit devenu furieux avec la douceur de son chant [29]. Clinias musi-

La musique fort propre aux melancholiques

25. Du Laurens rapproche ici les deux modèles philosophiques, celui de la consolation stoïcienne et celui de la diversion épicurienne. À noter que la diversion de l'esprit était recommandée par les stoïciens également. Ainsi Sénèque, *De la tranquillité de l'âme*, XVII, 4 : « Il ne faut pas non plus maintenir l'esprit dans une tension continuelle; il faut qu'il condescende à se divertir » (trad. par Émile Bréhier dans *Les Stoïciens*, Paris, Gallimard, 1962, p. 689). Voir Jackie Pigeaud, *La Maladie de l'âme*, p. 533; Jeremy Schmidt, « Melancholy and the Therapeutic Language of Moral Philosophy in Seventeenth-Century Thought », *Journal of the History of Ideas*, 65.4, 2004, p. 588; Jean Starobinski, *Histoire du traitement de la mélancolie*, p. 28-30.
26. Lieu commun fréquemment employé dans les traités de médecine de la Renaissance; nous renvoyons à Girolamo Mercuriale, *Responsorum et consultationum medicinalium* (1589), p. 33, *Consultatio* XI : « *Dicebat enim Plato in Charmide, omnia pene mala huic nostro corpori ab animo accedere, & ab Hippocrate in libro primo de Dieta ita scriptum invenitur* [...] » ; autre mention chez Mercuriale, p. 20, *Consultatio VI* « *De Melancholia Hypocondriaca* ». Le texte source se trouve dans Platon, *Charmide*, 156e-157a : « Il [Zalmoxis] disait que l'âme est la source d'où découlent pour le corps et pour l'homme entier tous les biens et tous les maux, comme la tête l'est pour les yeux; » (Platon, *Œuvres complètes*, éd. et trad. Alfred Croiset, Paris, Les Belles Lettres, 1956, tome II, p. 57).
27. Il s'agit, évidemment, des Arcadiens. Du Laurens francise d'après la forme latine (*arcades, -um*).
28. Selon Polybe, la musique aidait les Arcadiens à combattre leur tempérament mélancolique dû à la froideur de l'air de leur pays montagneux (*Histoire*, IV, 5).
29. Ce détail de la biographie du philosophe est conté par Jamblique (*Vie de Pythagore*, 113) : « Alors qu'un jeune homme avait déjà tiré son épée contre son hôte Anchitos, parce que ce dernier, qui était juge, avait au nom de l'État condamné à mort le père du jeune homme, et alors même que le jeune homme, qui était sous le coup de la rage et de la colère, se précipitait l'épée à la main pour frapper Anchitos comme si c'était un meurtrier, parce qu'il avait condamné son père, sans bouger, Empédocle changea l'harmonie de sa lyre et se mit à interpréter une mélodie apaisante et calmante, attaquant aussitôt "celle qui calme la douleur et la colère, et fait oublier/ tous les maux", comme dit le Poète, et ainsi il sauva de la mort son hôte Anchitos, et de l'homicide le jeune homme. » (trad. Luc Brisson et A. Ph. Segonds, Paris, Les Belles Lettres, 1996, p. 64-65). Les vers cités par Jamblique sont issus de l'*Odyssée*, IV, 221. Il est intéressant de remarquer que dans ces vers il est question d'une potion lénifiante et tranquillisante : « Soudain, elle jeta une drogue au cratère où l'on puisait à boire : cette drogue, calmant la douleur, la colère, dissolvait tous les maux; une dose au cratère empêchait tout le jour quiconque en avait bu de verser une larme, quand bien même il

cien[30], aussi tost qu'il se voyoit assailly de sa passion melancholique prenoit sa lyre, & retenoit par ce moyen les mouvements de ceste humeur. David avec sa harpe lors que le malin esprit sai||sissoit Saül [,]* le resjouyssoit, & il sentoit de l'allegement[31]. [149v]

| Le ventre doit estre tousjours lasche en toute maladie melancholique, il faudra donc le solliciter avec tout l'artifice qu'on pourra. Le ventre dois estre lasche

aurait perdu ses père et mère [...] » (*Odyssée*, IV, v. 220 et suiv., trad. Victor Berard, Paris, Les Belles Lettres, 1989 (1924)). L'histoire est reprise au Moyen Âge par Boèce (*Traité de la musique*, éd. Christian Meyer, Turnhout, Brepols, 2004).

30. Clinias de Tarente (IVe siècle av. J.-C.), philosophe pythagoricien. Voir Charles Estienne, Dictionarium historicum ac pœticum (1581), article « Clinias » : « *Clinias musicus, & philosophus sectae Pythagoreae, si quando ad iram provocaretur, sumpta statim cithara, motus animi leniebat. Aelianus de Varia Historia.* »

* Var. 1597 : l'absence de cette virgule est corrigée.

31. Ce passage est une traduction allégée de Jason Van de Velde, *De Cerebri morbis* (1549), chap. XVII « *De mania* », p. 235-236 : « *Atheneus libro decimoquarto, quos usus habeat in vita fusissime scripsit* [manchette : *Arcades musica mores componebant*] *: Arcades, inquit, vita & moribus asperrimi, musicam tamen à sua republica non excludebant, nequaquam luxus, nec deliciarum gratia, sed ut vitae ac morum duritiem emollirent, quam sane in aspero cœlo contraxerant. Empedocles Agrigentinus furibundum adolescentem (qui ipsius hospitem damnati patris delatorem gladio adoriretur) cantu reuocauit, & pacatum, mansuetumque reddidit. Sic Clinias musicus si quando ad iram prouocaretur, sumpta statim lyra gliscentes animi motus compescebat. In sacris quoque literis quandocunque spiritus domini malus arripiebat Saulem, David tollebat citharam, & percutiebat manu sua, & refocillabatur Saul, leviusque habebat, recedebat enim ab eo spiritus malus.* »
Pour l'Arcadie et la thérapeutique par la musique, voir Cœlius Rhodiginus, *Lectionum antiquarum* (1566), IX, 9, « *Arcadum studia in musicis* [...] » p. 322 : « *Musicam, si veram expendas atque legitimam, uniuersis hominibus conferre plurimum, constans bene sentientium opinio est. Arcadibus vero, inquit Polybius, & necessaria maxime.* » On trouvera d'autres citations concernant l'effet curatif de la musique dans P. Dandrey, *Médecine et maladie*, I, p. 640-642. Sur la fortune de l'Arcadie, on se reportera à Erwin Panofsky, *L'Œuvre d'art et ses significations. Essais sur les « arts visuels »*, trad. de l'anglais par Marthe et Bernard Teyssèdre, Paris, Gallimard, 1969, p. 280 et suiv.

Chapitre IX

COMME IL FAUT GUARIR LES MELANCHOLIQUES QUI ONT LA MALADIE GRAVÉE AU CERVEAU

| L'experience nous fait tous les jours paroistre que toutes les maladies melancholiques sont rebelles, longues, & très difficiles à guarir, la raison y est assez apparente : car l'humeur melancholique est terrestre & grossiere, ennemie de la lumiere, contraire aux deux principes de nostre vie, qui|| sont chaleur & humidité, opiniastre aux remedes, qui ne veut ouyr conseil, ny obeir aux preceptes de medecine, c'est en somme un vray fleau & tourment des Medecins[1]. Aristote au septiesme de ses Ethiques dit, que les melancholiques ont tousjours quelque chose qui les mord[2] : c'est pourquoy ils courent toujours après le Medecin, & ne les doit-on laisser sans remede. Je descriray en ce chapitre les plus propres remedes que j'ay peu remaquer, & la methode avec laquelle il faut traicter ces melancholiques.

Maladies melancholiques toutes rebelles

[150r]

| Il me semble que pour la curation de la melancholie nous avons besoin de trois genres de remedes, sçavoir est|| des evacuatifs, des alteratifs, & des confortatifs.[3] Les evacuatifs sont les seignées* & la purgation. | Pour

Trois sortes de remedes pour les melancholiques [150v]

L'évacuation

1. La difficulté de guérir la mélancolie était un lieu commun de la médecine. Pour preuve, citons la formule aphoristique trouvée par Ishâq ibn 'Imrân et tournée en latin par Constantin l'Africain : « *Omnis melancholia ad sanandum est dura* » (Constantin l'Africain, *Opera*, Bâle, Henri Piètre, 1536, p. 394).
2. Girolamo Mercuriale, *Responsorum et consultationum medicinalium* (1589), *Consultatio* XXV, p. 59 : « *Verum tamen quia scimus nonnullos etiam ab hac calamitate assiduis remediis fuisse vindicatos, etiam atque etiam hortamur, ne in remediis adhibendis unquam desistatur, siquidem Arist. quoque in fine septimo Ethicorum dicere solebat melancholicos esse continua medicatione tractandos, quod semper eorum mordeantur corpora.* »
Aristote, *Éthique à Nicomaque*, VII, 9, 1150b : « Ce sont surtout les hommes d'humeur vive et les hommes de tempérament excitable [μελαγχολικός, tempérament *atrabilaire, excitable, nerveux*] qui sont sujets à l'intempérance sous sa forme d'impétuosité : les premiers par leur précipitation, et les seconds par leur violence n'ont pas la patience d'attendre la raison, enclins qu'ils sont à suivre leur imagination. » (Éd. et trad. J. Tricot, Paris, Vrin, 1967, p. 353 et n. 1) Ce passage est analysé par Philip J. Van der Eijk, *Medicine and Philosophy in Classical Antiquity*, Cambridge, Cambridge University Press, 2005, p. 148 et suiv.
3. Triade de remèdes qui se retrouve chez Avicenne, *Canon de la médecine*, p. 205r-v : « Si la matière mélancolique est affermie dans le cerveau, alors le trésor de son traitement se constitue de trois choses. La première d'entre elles est l'évacuation de la matière [...] La deuxième est de s'occuper assidûment, en même temps que de l'évacuation, de l'humectation à l'aide d'embrocations et d'huiles chaudes [...] La troisième est de s'occuper de fortifier le cœur [...] » (repris d'après P. Dandrey, *Anthologie de l'humeur noire*, p. 357-358). Voir P. Dandrey, *Médecine et maladie*, I, p. 637 et Jean Starobinski, *Histoire du traitement de la mélancolie*, p. 40-41. Se reporter à l'index pharmacologique pour davantage de précisions sur ces remèdes.

* Var 1597 : *seignée* devient *saignée*.

La saignée universelle

Les saignées particulieres

[151r]

La purgation

le regard de la seignée universelle, Galien l'ordonne à la melancholie qui a son siege dans les veines| , & par toute l'habitude du corps, & veut que si le sang qu'on tire paroist beau & subtil, qu'on l'arreste quant & quant : mais à la melancholie qui a son siege dans le cerveau, & qui vient d'une intemperature froide & seiche, il la deffend très expressément [4]. | Les Arabes recommandent à ceste melancholie les seignées particulieres, pour évacuer la cause prochaine [5] : il ouvrent les veines du front, du nez, & des oreilles, appliquent des ventouses|| aux espaules avec scarification, mettent des sangsuës sur la teste, & en toute melancholie, soit idiopatique, soit sympathique, font ouvrir les veines hemorrhoïdales [6], ayant pour fondement l'Aphorisme onzieme du livre sixiesme qui dit, qu'aux melancholiques & maniaques les varices & hemorrhoïdes survenans les guerissent [7]; mais toutes ces saignées particulieres n'ont point de lieu au commencement de ceste maladie. | Il faut commencer par l'autre genre d'evacuation, qui est la purgation [8]. Elle se peut faire par clysteres frequents, breuvages, syrops, opiates ; la forme d'un clystere ordinaire pour les melancholiques sera telle ;

4. Galien, *Des Lieux affectés*, III, 10 : « [...] lorsque le corps tout entier a un sang atrabilaire, il convient de commencer le traitement par une saignée. Quand le sang de l'encéphale seul est dans ce cas, le patient n'a pas besoin d'être saigné » (Daremberg, II, 565, P. Dandrey, *Anthologie de l'humeur noire*, p. 162).
5. Dans la chaîne causale, la cause prochaine se trouve le plus près de l'effet, en étant le déterminant physique ou matériel. Dans ce cas, la cause prochaine du mal est l'humeur noire localisée dans une partie du corps. Il faut donc supprimer la cause qui engendre directement le mal en évacuant le sang atrabilaire des organes où il stagne, et vider les veines de leur résidu peccant. Au XIXe siècle, Claude Bernard, fondateur de la médecine expérimentale, allait définir ainsi la cause prochaine : « [...] la cause prochaine d'un phénomène n'est rien autre chose que la condition physique et matérielle de son existence ou de sa manifestation. Le but de la méthode expérimentale ou le terme de toute recherche scientifique [...] consiste à trouver les relations qui rattachent un phénomène quelconque à sa cause prochaine, ou autrement dit, à déterminer les conditions nécessaires à la manifestation de ce phénomène » (*Introduction à l'étude de la médecine expérimentale*, Paris, J. B. Baillère, 1865, p. 112).
6. Avicenne, *Canon de la médecine*, p. 204v.
7. Hippocrate, *Aphorismes*, VI, 11, Littré, IV, p. 567 : « Dans la mélancolie et dans les maladies des reins, l'apparition d'hémorroïdes est favorable ». Citation topique chez les médecins humanistes. Cf. Jason Van de Velde, *De Cerebri morbis* (1549), chap. XVIII « *De Melancholia* », p. 283 : « *Hippocrates ille omniscius ait : Atra bile vexatis haemorrhoides si superueniant, bonum.* » Il se trouve que l'évacuation de sang par les hémorroïdes est salutaire pour la santé, car une rapide décroissance du niveau de fer dans l'organisme est utile pour combattre des infections variées. Voir à ce sujet Peter Brain, *Galen on Bloodletting : a Study of the Origins, Development and Validity of his Opinions, with a Translation of the Three Works*, Cambridge, Cambridge University Press, 1986, p. 158-172, et l'article « Fevers », William F. Bynum et Roy Porter (éd.), *Companion Encyclopedia of the History of Medecine*, Londres, Routledge, 1993, tome I, p. 393-394.
8. Dans la logique curative de l'ancienne médecine, la purgation avait pour rôle de déclencher, par l'administration de substances diurétiques ou plus souvent laxatives, l'élimination de la pléthore humorale. L'art de l'apothicaire consiste en la fabrication d'une potion qui puisse provoquer une élimination sélective et qui hâte ainsi l'issue de la maladie par un rejet soudain des superfluités. Lire P. Dandrey, *Tréteaux de Saturne*, p. 181-195 et Jackie Pigeaud, *Folie et cures de la folie chez les médecins de l'Antiquité gréco-romaine. La manie*, Paris, Les Belles Lettres, 1987, p. 163-183.

| Prenez racines de|| guimauve une once, feuilles de mauve, mercuriale, violette[9], houbelon, de chacune une grande poignée; semences d'anis & de lin, de chacune deux dragmes; une douzaine de pruneaux de damas, de fleurs de bourrage, de violes, & d'orge une poignée, faictes bouillir le tout en eau claire, & coulez-le; adjoustez y après une once[10] de casse, demy once de catholicum[11], deux onces d'huile violat, & autant de miel rosat, faictes-en un clystere ordinaire. Clystere [151ᵛ]

Les Arabes usent à la melancholie, de pilules d'aloë, de hiere[12] & du lapis lazuli, mais je n'approuve pas tant ceste forme que la liquide : il vaudra donc mieux user de breuvages. Ceste potion pour||ra servir au commencement de minoratif[13]. [152ʳ]

| Prenez demy once de reguilisse, trois dragmes de polypode de chesne, demy poignée de bourrage, buglose, melisse, houbelon, une dragme d'anis, & de semence de citron; trois dragmes de sené de levant, une petite poingee de trois fleurs cordiales, faictes le tout bouillir : prenez de ceste decoction quatre onces, & y faites infuser une dragme & demie de rhubarbe; après l'expression dissolvez y une once de syrop rosat & autant de celuy de pommes, faictes en un breuvage qu'il faudra prendre le matin & garder la chambre. Potion servant de minoratif

9. La violette est « aqueuse & ramollissante » et elle « tempere les humeurs chauffées & mordicantes, adoucit & oste la bile seche & aduste, appaise les douleurs de teste qui en provienent, fait dormir, & chasse les maux de cœur » (J. Fernel, *Therapeutique universelle* (1655), p. 351). Se reporter à l'index pharmacologique pour davantage de précisions.
10. L'once est faite de huit dragmes. Une dragme correspond à trois scrupules. Pour dragme et once, unités de mesure qui connaissent plusieurs variantes à la Renaissance, on se reportera à l'index pharmacologique. Ces unités de mesure sont décrites par Jean Fernel, *Therapeutique universelle* (1655), livre IV, chap. 6, p. 2532-256. À ce sujet, Guillaume Bouchet est moqueur : « Mais aussi, répliqua un de la serée, qui n'usait que d'une seule médecine, qui est de n'en prendre point, j'ai grand peur que vous mettiez une de vos notes pour l'autre, principalement à propos du caractère qui dénote une once, qui est fait ainsi [℥], et à celui qu'on met pour une dragme, qui s'écrit comme celui-ci [ʒ], car il ne faut qu'une jambe et trait de plume de trop ou peu, pour conduire un homme jusques au lendemain de la Toussaint. » (Guillaume Bouchet, *Les Serées : Des médecins et de la médecine* (1584), éd. Huguette Arcier, Ayssènes, Alexitère, 1991, p. 42-43). On remarquera que les symboles redoutés par le convive de Bouchet ne sont pas employés dans le texte de Du Laurens, précisément par souci de simplification et de vulgarisation bénignes.
11. Le catholicon est un électuaire à base de séné et de rhubarbe ayant des propriétés purgatives universelles. Largement utilisée à la Renaissance, cette panacée attire aussi des moqueries et des railleries contre les médecins qui « ne sont jamais sans ordonnances & receptes : qui sont bonnes, & indifférentes à toutes maladies, ce disent-ils, comme leurs clysteres, leur Catholicon, eau beniste de la Médecine » (Guillaume Bouchet, *Les Séréees*, p. 16).
12. L'hiere est un célèbre électuaire contenant pas moins de trente ingrédients, parmi lesquels l'aloès cité précédemment par Du Laurens (l'aloès le rendait amer, d'où le nom d'hière picre ou amère). Laurent Joubert met en garde contre la violence laxative de cette préparation : « Entre tous les medicamens laxatifs, cestui-ci [hiera logadion] est le plus violent, estant composé de tous les simples les plus forts, aussi a-t-on de coustume d'en user és maladies estremes, ou fort rebelles & mal-aisées à guerir » (*La Pharmacopée*, Lyon, Antoine de Harsy, 1581, p. 113). Voir l'index pharmacologique pour davantage de précisions.
13. Composition purgative qui aurait été inventée par les médecins arabes; voir l'index pharmacologique.

[152v] Il y en a qui prennent demy once de sené dans un|| bouillon de poulet : les autres une once de casse, ou bien l'infusion & expression de dix dragmes de catholicum.

Preparation de l'humeur melancholique

| Ceste legere purgation ayant precedé[,] le reste de l'humeur doit estre preparée : car de penser l'arracher tout du premier coup par force, comme font les Empiriques [14], c'est ruïner le malade : il la faut attenuer, ramollir, destremper, & suivre le commandement de ce grand Hippocrate qui dit en ses Aphorismes, que lors qu'on voudra bien purger un corps, il le faut rendre fluide [15]. | A ceste preparation serviront les aposemes & juleps. Prenez racines de buglose, de enula campana, d'escorce de racines de cappres, & de tamaris, de chacune une|| once, de feuilles de bourrage, houbelon, cichoree, fumeterre, *capilli veneris*, summitez de thin, & de melisse, de chacune une poignée, semences d'anis, fenouil, & citron, chacune deux dragmes ; des trois fleurs cordiales, fleurs d'orange & d'epithime, de chacune une petite poignée : faites bouillir le tout en eau de fontaine, & après en avoir coulé une livre & demie adjoustez-y deux onces de syrop

Aposeme

[153r]

14. Les « Empiriques » favorisaient une thérapeutique fondée sur l'observation et sur la prise de décisions rapides et brutales pour le patient. De pair avec les « Méthodiques » et les « Dogmatiques » ils s'étaient attirés la critique de Galien qui démonta leur philosophie médicale dans son livre *De la Méthode thérapeutique, à Glaucon* (Galien reprenait en fait une polémique ouverte par Celse, *De medicina*). Cette vision fut perpétuée jusqu'aux médecins de la Renaissance qui ne se lassent de critiquer Empiriques et Méthodiques suivant le schéma de Galien. Dans un ouvrage de vulgarisation, Fuchs expliquait : « [les Empiriques] n'ont esgard à la force du patient, ou à sa nature, ou à sa disposition ou à la coustume : mais mesprisans tout ce que dessus afferment qu'il suffit d'avoir l'indication, ou demonstrance de l'affection ou passion, & sus ce fonder leur remede. Et en toutes choses ne mettent point de limitations, ou specialitez, ains seulement comprennent toutes choses en bloc, & en tourbe universellement. » (Léon Fuchs [Leonhart Fuchs] et Jehan Goy, *Le Thrésor de médecine*, Lyon, B. Rigaud, 1578, p. 24. Cette édition reprend une traduction plus ancienne, Leonhart Fuchs, *Methode ou brieve introduction, pour parvenir à la cognoissance de la vraye & solide Medecine*, trad. du latin par Guillaume Paradin, Lyon, Jean de Tournes, 1552). On trouvera une description de ces sectes dans Danielle Gourevitch, *Les Voies de la connaissance : la médecine dans le monde romain* dans Mirko D. Grmek, *Histoire de la pensée médicale en Occident*, Paris, Seuil, 1995, tome I, p. 95-110 (p. 99-100 sur la secte empirique). Sur l'illustration dans le corpus galénique on lira notamment « Le débat des écoles médicales sur la médecine et le savoir médical », p. 32-55 de l'introduction de Pierre Pellegrin à Galien, *Traités philosophiques et logiques*, trad. par Catherine Dalimier, Jean-Pierre Levet, Pierre Pellegrin, Paris, Flammarion, 1988 et l'introduction de Michael Frede dans Galien, *Three Treatises on the Nature of Science. On the Sect of Beginners, An Outline of Empiricism, On Medical Experience*, trad en anglais par Richard Walzer et Michael Frede, Indianapolis, Hackett, 1985, p. 20-22.
La méthode thérapeutique à Glaucon fut rééditée plusieurs fois à la Renaissance. Consultée d'après la traduction et les commentaires de Martin Sans-Malice dit Akakia, *Claudii Galeni Pergameni de Ratione Curandi ad Glauconem libri duo, interprete Martino Acakia Catalaunensi, doctore Medico. Eiusdem interpretis in eosdem libros Commentarii*, Paris, Simon de Colines, 1538.
15. Hippocrate, *Aphorismes*, IV, 13, Littré, IV, p. 505-507 : « Dans l'administration de l'ellébore, il faut, chez ceux qui n'évacuent pas facilement par le haut, rendre, avant de le faire boire, le corps humide par une nourriture plus abondante et par le repos. »

d'houbelon & autant de celuy de fumeterre, & en faites une aposeme clarifiée & aromatisée, avec une dragme de poudre de canelle, ou de l'electuaire de gemmis [16] : il en faudra prendre quatre matins de suite.

L'humeur estant ainsi pre||parée on pourra repurger le corps avec la mesme potion ordonnée, à laquelle on adjoustera du catholicum, ou bien de la confection hamech qui purge très bien l'humeur melancholique : ou si on veut on preparera une aposeme qui purgera alternativement : ceste mesme qui est jà descrite servira si on y fait bouillir du sené de Levant & du polypode. | Si ceste humeur est trop rebelle, & qu'elle ne se puisse evacuer par ces remedes benins, on sera contraint de venir aux plus violens. Le Roy Ptolomee usoit aux melancholiques rebelles du hieralogadium [17], mais la hiere deseiche trop. Les Arabes recommandent les pilules du lapis lazuli des Indes,|| celles de fumeterre, & celles du lapis armenus. Il y en a qui font une poudre pour les melancholiques qui est excellente. | Prenez une once de lapis lazuli bien lavé en eau de violes, deux onces de sené de Levant, une once & demie de bon polypode, demy dragme de semence d'anis & citron, trois onces de succre candi, deux dragmes des quatre semences froides, trois dragmes de fleur de sureau; faictes en une poudre; il en faut prendre le poids de deux escus. | Tous les Medecins Grecs & Arabes ordonnent aux melancholiques inveterrées & opiniastres l'hellebore : il est vray qu'il y faut aller avec discretion, & ne le donner pas en substance, il le faut|| prendre en decoction ou en infusion, & faut qu'il soit du noir bien choisi, car les apothicaires vendent bien souvent de l'hellebore noir, qui est une espece d'aconit très pernitieuse*, le blanc ne vaut rien icy; il faut aussi se garder de ne mesler rien avec l'hellebore, qui ait astriction, comme les mirabolans, de peur que cela ne le retienne trop tongtemps à l'estomach. Les anciens Poëtes ont recognu ceste proprieté de l'hellebore pour les melancholiques, car ils les renvoyent ordinairement en Anticyre où croist le bon hellebore [18]; & dans Homere à la seconde Odyssée, Melampus grand Medecin guarit avec l'hellebore les quatre filles du Roy Prœtus qui s'estoient voulu|| esgaler à Juno en beauté, & pour punition estoient devenues foles [19]. | Il y en a

[153v]

Medicamens plus forts pour repurger ceste humeur

[154r]

Poudre purgative

Usage de l'hellebore

[154v]

[155r]

Antimoine

16. Électuaire à base de pierres précieuses. Laurent Joubert reprend l'ordonnance d'une poudre de Mesué (pouvant être facilement tournée en électuaire par l'ajout du miel) dont les ingrédients principaux sont les perles et les saphirs : « *accipe Margaritarum albarum, Fragmentorum Sapphiri* [...] » (*La Pharmacopée*, p. 197).

17. Électuaire de la famille des hières, contenant de l'ellébore noir et blanc, du miel et de l'aloès. Voir l'index pharmacologique.

* Var. 1597 : *pernicieuse.*

18. L'Anticyre était une ville de Phocide sur le golfe de Crissa, fameuse pour l'ellébore qu'on recueillait dans les montagnes rocheuses des environs (Pausanias, *Description de la Grèce*, X, 36.7). Du Laurens fait ici référence au célèbre dicton latin « *naviget Anticyram* » qui était en fait la version latine de l'expression grecque « πλεύσειν εἰς Ἀντικυρας » (Horace, *Satires*, II, 3). Guy Patin, traducteur et éditeur des œuvres complètes de Du Laurens donnera, en marge de ce fragment, une fameuse citation ovidienne : « *Quidquid & in tota nascitur Anticyra* » (*Pontiques*, IV, 3, 54.)

19. Hippocrate, Littré, IX, p. 347 : « Aussi les purgations par les ellébores sont-elles plus sûres, celles dont on raconte que Mélampe se servit pour les filles de Proëtus et Anticyrée pour

qui usent de l'antimoine[20] preparée; mais tous ces violens remedes doivent estre ordonnez bien à propos & avec discretion. J'aimerois mieux user des plus benins & les reiterer souvent, comme d'un bon syrop magistral, ou de quelque opiate. | Le syrop se pourra composer des sucs de bourrage, de buglose, & de pommes avec le sené : ou bien on usera du syrop de pommes du Roy Sabor[21]. L'opiate se pourra faire en ceste façon.

Syrop magistral

Prenez une once & demie de bonne casse tirée en la vapeur de la decoction des mauves : ou si tu veux qu'elle ait de la force davantage, en la va||peur de la decoction de l'hellebore noir, car elle retiendra un peu de sa vertu : après prens une once de tamaris, six dragmes de catholicum, demy once de sené, & autant d'epithyme, trois dragmes de bonne rhubarbe

[155v]

Hercule ». Melampous ou Mélampe est l'un des plus célèbres prophètes de la Grèce antique. Les filles du roi Proetos avaient été maudites par Juno (ou Dyonisos selon d'autres versions du mythe) et couraient les champs comme des vaches folles. Quand la folie atteignit d'autres femmes d'Argos, Proetos accepta de donner à Melampous un tiers de son royaume en échange de la guérison. Les femmes folles d'Argos sont les ancêtres des religieuses de Loudun, dans l'un des premiers cas d'épidémie de folie. Mais contrairement à la référence donnée par Du Laurens, ce mythe n'est pas raconté dans le deuxième livre de l'*Odyssée* homérique. Les sources de la fable sont plutôt la *Bibliothèque* d'Apollodore (I, 9 et II, 5), Diodore de Sicile (IV, 68) et Virgile (*Églogues*, VI, 48). Au temps de Du Laurens, *le Dictionnaire historique et poétique* (1581) de Charles Estienne rappelait brièvement cet épisode, article « Melampus » : « *Filias quoque Prœti furiis agitatas, sanitati mentis restituit* ». Voir également Paulos Ntafoulis *et al.*, « Historical Note : Melampous : a psychiatrist before psychiatry », *History of Psychiatry*, 19.2 (2008), p. 242-246.

20. L'antimoine ($_{51}$Sb) est un élément chimique de couleur blanche argentée (au XVIIe siècle, on l'appelait parfois « écume d'argent ») apparenté à l'arsenic ($_{33}$As). La légende dit que le moine Basile Valentin « qui cherchoit la Pierre Philosophale, ayant jetté aux pourceaux de l'antimoine dont il se servoit pour avancer la fonte des metaux, reconnut que les pourceaux qui en avoient mangé, après avoir été pourgez très violemment, en étoient devenus bien plus gras : ce qui luy fit penser qu'en purgeant de la même sorte ses Confreres, ils s'en porteroient mieux. Mais cet essay luy reussit si mal, qu'ils en moururent tous. Cela fut cause qu'on appella ce mineral Antimoine, comme on diroit, Contraire aux Moines » (Furetière, 1690). Suite à cet incident, les médecins cherchèrent à estomper ses effets néfastes par des infinies préparations et alliances : « On vit ainsi fleurir vins, sirops, poudres, sel, huile, tartre, beurre, mercure, teinture, nitre, chaux ou cristaux d'antimoine, pourvus de vertus astringentes, émétiques, diaphorétiques ou prophylactiques. » (P. Dandrey, *Médecine et maladie*, I, p. 218).
21. Il s'agit de Shâhpuhr I, roi de Perse († v. 272). La recette du sirop se trouve dans Johannis Mésué, *Mesue cum expositione Mondini super Canones universales*, Lyon, Gilb. de Villers sumpt. Vinc. de Portonariis de Tridino, 1519. Elle est ensuite reprise dans toutes les pharmacopées de la Renaissance. Voir, par exemple, la *Pharmacopée* de Laurent Joubert (Lyon, Antoine de Harsy, 1581, p. 32). À part le jus de pommes, ce sirop contenait du jus de buglose, du saffran, du sené et du sucre. Cette célèbre composition allait faire l'objet d'un livre entier par Gabriel Droyn, *Le Royal sirop de pommes, antidote des passions mélancoliques*, Paris, Jean Moreau, 1615. Ce médecin parisien, héritier du sytle de Tomaso Garzoni et de l'optique de Juan Huarte, se sert d'un prétexte médico-pharmaceutique pour écrire un livre railleur sur la société française du début du XVIIe siècle. Notons enfin que le sirop de pommes du roi Shapuhr figurait également parmi les remèdes prescrits par Robert Burton, mais il était considéré par celui-ci comme « obsolète » (*Anatomie de la mélancolie*, 2.4.1.5, Hoepffner, p. 1103).

arrosée de l'eau d'endive, jusques à ce qu'elle s'amollisse : incorpore le tout & le mesle bien avec le syrop violat ou de pommes, & en fais une opiate : de laquelle [tu] prendras tous les quinze jours en forme de bolus la quantité d'une once plus ou moins selon l'effect que tu en verras. Et voila quant aux purgatifs.

| Le second genre des remedes est de ceux qui alterent l'humeur melancholique, c'est à dire, qui ostent son intem||perature. Ceste humeur peche en froideur & seicheresse, mais plus en seicheresse, & c'est ceste qualité qui la rend ainsi rebelle & opiniastre : son alteration, donc consistera en l'humectation. | Galien au troisiesme livre des parties malades & Trallian font plus de cas de ces remedes alteratifs que des evacuatifs, & asseurent avoir plus gary de melancholiques en les humectant qu'en les purgeant [22]. L'humectation se fera par remedes internes & externes : les internes sont les bouillons, aposemes, syrops. | J'ay autrefois fait user à un melancholique fort longtemps d'un bouillon de poulet avec la bourrage, buglose, cichorée, pimpernelle, & y faisois adjouster un peu de|| sassafras & de santal : il s'en trouvoit extremement bien. | Les syrops de pommes, de buglose, de houbelon, violat, destrempent fort ceste humeur. On pourra preparer une aposeme avec les mesmes herbes que j'ay descrites cy dessus. L'usage du petit laict & du laict de chevre ou d'asnesse servira pour humecter.

Remedes alteratifs

[156r]

L'humectation sert plus que la purgation

Bouillons

[156v]

Syrops

| Les remedes externes sont ou universels, ou particuliers [23]; les universels sont les bains. | Galien se vante d'avoir guary plusieurs melancholiques par le seul usage du bain d'eau tiede [24] : ou bien on pourra, si tout le corps est extremement sec, & que la peau soit fort rude, en faire un artificiel avec les racines|| de guimauve, feuilles de mauve, violettes, laictuës, cichorée, semences de melon, de courges, d'orge, fleurs de violes : on

Remedes externes

Le bain

[157r]

22. Galien, *Des lieux affectés*, III, X; Alexandre de Tralles, éd. Brunet (1936), p. 227-228 : « Quand, d'après les signes que nous venons d'indiquer, vous soupçonnez que la bile s'est mêlée an sang dans les vaisseaux, il faut recourir aussitôt aux moyens capables de faire disparaître ce genre d'humeur. Vous obtiendrez parfaitement ce résultat et vous aurez une évacuation convenable si vous administrez au sujet, après l'avoir mis quelques jours à une alimentation tempérée et humectante, un médicament cholagogue. De cette façon, l'humeur nocive cédera facilement sous l'action du purgatif, étant déjà plutôt vaincue que capable de lutter contre la force du remède [...]. Il est préférable dans des cas semblables de purger légèrement avec des remèdes plus doux, incapables d'échauffer, et également, de modifier l'ensemble de l'organisme par une alimentation humectante. Vous avez, certes, connu comme moi beaucoup de gens souffrant de la sorte, guéris plutôt par le régime que par les drogues. »

23. Un remède est « universel » dans la mesure où il s'adresse à tout le corps (« le bain »), et se distingue du remède « particulier » qui ne concerne qu'une partie du corps (par exemple, les « applications sur la teste »).

24. Galien, *Des Lieux affectés*, III, 10 : « Je veux citer le fait suivant, dont mes amis ont été témoins : j'ai guéri, à l'aide de bains nombreux et d'un régime succulent et humide, une semblable mélancolie, sans autre remède, lorsque l'humeur incommode, n'ayant pas séjourné longtemps, n'était pas difficile à évacuer. » (Daremberg, II, p. 570; P. Dandrey, *Anthologie de l'humeur noire*, p. 167-168).

se baignera bien souvent, & doit-on demeurer long temps dans le bain [25] sans provoquer les sueurs. Estant dans le bain on pourra avoir deux sachets remplis d'amandes douces & ameres pilées grossierement, & de semence de melon, & s'en frotter toute la peau. Si tu veux bien faire ton bain il faut jetter le soir l'eau chaude dans ta cuve, & la laisser fumer toute la nuict, puis le matin tu t'y mettras dedans. Il y a plusieurs praticiens qui font des bains du seul laict, comme on fait souvent aux ectiques [26]. | Au sortir du bain il en a qui font|| oindre tout le corps d'huile d'amandes douces, violat, ou de beurre frais. | Les remedes [particuliers] s'appliquent sur la teste, qui est la partie la plus malade, il la faut humecter par lavemens, embrocations, ou d'eau tiede, & des mesmes decoctions, ou des huiles de semence de courge, d'amandes douces, violat & du laict.

Onctions universelles

[157v]

Applications sur la teste

| Le troisieme genre des remedes propres pour la melancholie, est de ceux qui fortifient & resjouissent les esprits, qui sont comme dit Avicenne, rendus sauvages & tenebreux [27]. Il faut donc fortifier le cerveau & rejouir le cœur : ce que nous ferons par remedes internes & externes ; | les internes sont syrops, opiates, tablettes, poudres :|| les externes sont epithemes, sachets, unguens. Je t'en donneray une forme de chacun.

Remedes confortatifs

Les internes

[158r]

| Le syrop le plus propre que j'aye trouvé pour resjouir & humecter ensemble les melancholiques, est celui que je vois descrire, qui est de l'invention de Monsieur Castellan mon oncle, qui a esté des plus grands & des plus heureux Medecins de son temps, employé ordinairement au service des Roys & des Roynes [28].

Syrop excellent

25. « [...] l'usage des bains d'eau douce est aussi utile que n'importe quel autre remède. [...] Les malades y resteront assez longtemps ; il est nécessaire qu'ils soient plongés complètement dans l'eau chaude et qu'ils y séjournent si c'est l'été » (Alexandre de Tralles, *Les Douze livres de médecine*, I, 17, trad. F. Brunet (1936) reprise dans P. Dandrey, *Anthologie de l'humeur noire*, p. 258).

26. La maigreur, l'exténuation et la sécheresse provoquées par l'humeur noire sont des symptômes que les mélancoliques partagent avec les hectiques (ou étiques). C'est ainsi que s'explique ce rapprochement thérapeutique : dans les deux cas, le bain de lait conforte, renforce et nourrit le corps amaigri et asseiché.

27. Voir Avicenne, *De medicinis cordialibus* : « *Habentis autem complexionem melancholicam qui est tenebrosi spiritus, durat tristitia propter id quod est oppositum istis causis* » (dans *Liber de anima seu Sextus de naturalibus IV-V*, éd. S. van Riet, Louvain, Éditions Orientalistes, 1968, p. 198).

28. Honoré Castellan, oncle d'André Du Laurens. Voir *supra*, notre introduction, p. XIV-XV. Honoré Castellan fut nommé, sans concours, et dans des circonstances étranges, professeur à l'Université de Montpellier (1557-1569). Mais il n'y enseigna point parce qu'il fut désigné premier médecin de Cathérine de Médicis. Ce poste lui valut une place à la cour et le privilège d'être appelé à soigner, au long de sa vie, Henri II, François II et Charles IX. Grâce à la position privilégiée de ce médecin à la cour, ses confrères à l'Université de Montpellier bénéficièrent d'une hausse de leurs gages sous le règne de Charles IX. La stèle qui fut érigée à son honneur par Laurent Joubert, le chancellier de l'Université, porte l'inscription suivante : « *Dis Manibus Honoratus Castellanus Barbentanensis, Henrici II, Francisci II et Caroli IX Galliae regum, consiliariis et medicus ordinarius necnon Catharinae de Medicis, illius coniugis et horum matris, archiatros longe gratissimus, Montispessulani Academiae regius professor clarissimus, praeter infinita in hanc beneficia, regiorum professorum stipendia M CC libris*

Prenez une livre & demie des sucs de bourrage & buglose, une livre de suc de pommes bien douces, demi once de suc de melisse, trois dragmes de graine d'escarlatte[29] infusée longtemps en ces sucs, & puis fort exprimée, demy|| dragme de saffran, deux livres de succre fin : faites en un syrop parfaitement cuit, & aromatizez-le [*sic*] avec une dragme & demie de poudre de diamargaritum froid, & quatre scrupules de poudre de diambre ; il en faut prendre & le matin & le soir deux ou trois cuillerees. [158v]

| Des opiates il y en a de plusieurs façons ; je me contenterai de mettre ceste-cy. Prenez conserve de racines de buglose, & de fleur de bourrage, une once de chacune, conserve de mirabolans, & d'escorce de citron confit demie once de chacune, trois dragmes de confection alkermes, poudres de diamargaritum, & de l'electuaire des pierres precieuses, une dragme de|| chacune avec le syrop de pommes : faictes en une opiate, de laquelle faut prendre un petit le matin, beuvant après du vin clairet trempé en eau de buglose. Je descriray la forme des tablettes & des poudres au chapitre de l'hypocondriaque. Opiates [159r]

| Les remedes externes s'appliquent sur le cerveau & sur le cœur. Sur le cerveau on met des poudres & des bonnets. Mais pource que la plus part de ces choses aromatiques sont chaudes & seiches, il n'en faut guere user. Sur le cœur on pourra plus hardiment appliquer des epithemes, sachets, unguents. | Prenez des eaux de bourrage & de buglose demi livre de chacune, des eaux de melisse & de|| scabieuse, quatre onces de chacune, deux onces de bon vin blanc, une dragme & demie de poudre de diamargaritum froid, trois dragmes de confection alkermes, semence de melisse & de graine d'escarlatte de chacune une dragme : meslez le tout ensemble & en faictes des epithemes qu'appliquerez sur le cœur avec une piece d'escarlatte. Si les epithemes liquides vous faschent, en ferez une solide avec les conserves cordiales, ou bien porterez des sachets sur le cœur ; la forme desquels je mettray au chapitre de l'hypocondriaque, où ils seront mieux à propos, d'autant que les melancholiques hypocondriaques ont quasi tousjours un battement de cœur. Voila|| les trois genres des remedes qui sont à mon advis necessaires pour la curation de la melancholie qui a son siege au cerveau, les purgatifs, alteratifs, & confortatifs. Remedes externes pour resjouir Epitheme pour le cœur [159v] [160r]

| Il nous reste un fascheux accident à combattre, qui sont les veilles, lesquelles tourmentent par fois si cruellement les melancholiques, qu'elles en ont mis plusieurs en desespoir. Je m'en vois descrire tous les artifices qu'on peut inventer pour leur soulagement. Comment on remediera aux veilles

Nous provoquerons le dormir avec remedes internes & externes. | Des internes nous en aurons de plusieurs façons, pource que les melancho- Remedes internes pour faire dormir

augenda curavit. Obiit in regis castris, ad Sanctum Joanem Angeli, anno Domini MDLXIX, die IIII novembris. L. Joubertus cancellarius, privatorum etiam beneficiorum memor, illius sacrae et immortali memoriae monumentum non posuit, finiente anno MDLXXIIII » (voir Dulieu, p. 330, col. 1-2).

29. L'écarlate est une plante aux vertus astringentes. On en utilisait surtout les graines.

[160v] liques aiment fort la varieté[30]. Nous leur ferons un orge|| mondé dormitif,
un condit, une opiate, une tartre, un restaurant, une potion, un bolus, &
Orge mondé des pillules. | L'orge mondé se fera avec la farine d'orge preparée comme
il faut, avec les amandes qui auront infusé en eau de roses avec les quatre
semences froides, la semence de pavot, & le succre rosat.

Condit | La forme du condit sera telle : Prenez conserves de fleurs de bourrage,
& de buglose de chacunes trois dragmes, de chair de courge confite, &
d'escorce de citron de chacune deux dragmes, semences de pavot blanc &
de melon une dragme de chacune, de succre rosat ce qu'il faudra : faictes
[161r] en un condit, duquel on prendra le soir|| deux ou trois cuillerees.

Opiate | L'opiate se fera de ceste façon : Prenez conserves de chair de courge,
& de racine de laictuë de chacune une once, conserves de roses, & de
nenuphar de chacune demy once, poudre de diamargaritum froid une
dragme, semence de pavot deux scrupules avec le syrop violat : faictes
en une opiate, de laquelle faudra prendre le soir la grosseur d'une bonne
chastaigne.

Massepain | Pour diversifier on pourra faire un massepin : Prenez des amandes
douces pelées, lavées en eau chaude, & puis infusées en eau rose une livre
& demie, semence de pavot blanc bien recente & mondée trois onces,
[161v] deux li||vres de succre fin : faictes en une paste, & avec l'eau de roses for-
mez en un massepain, duquel prendrez à l'heure du dormir.

Resumptif | Il se fait aussi des resumptifs ou restaurans liquides : Prenez le blanc
d'un bon chapon, des eaux de roses & de nenuphar un quarteron de chacune, des eaux de buglose, pourpier & ozeille quatre onces de chacune,
deux dragmes de poudre de diamargaritum froid : faictes distiller tout cela
au bain Marie.

Potion | La potion se peut ordonner ainsi : Prenez du syrop violat, de pommes
& de pavot de chacun demy once, de poudre de diamargaritum un scru-
[162r] pule, avec une decoction|| de laictue & d'endive : faictes en une potion.

Bolus | Si tu aimes mieux un bolus voicy la forme : Prenez trois dragmes de
conserve de roses, une dragme de requies de Nicolaus[31], & avec un peu de
succre faictes un bolus; ou bien : Prenez deux dragmes de la conserve des
fleurs de pavot rouge, une dragme de theriaque recente, & avec un peu de
succre formez en un bolus[32].

30. Depuis le *Problème XXX,1,* 955a, le caractère changeant et capricieux de la folie mélancolique est devenu un lieu commun pour médecins et philosophes : « Donc pour résumer, parce que la puissance de la bile noire est inconstante, inconstants sont les mélancoliques » (*Problème* XXX, 1, traduction, présentation et notes de Jackie Pigeaud, sous le titre *L'homme de génie et la mélancolie*, Paris, Rivages, « Petite Bibliothèque Rivages », 1988, p. 107).

31. Opiat somnifère à base de violettes, de roses et de pavot autrefois recommandé par Nicolas Myrepsos, auteur byzantin d'une compilation pharmacologique transmise durant le Moyen Âge et rééditée à la Renaissance par Leonhart Fuchs. Voir l'index pharmacologique pour davantage de précisions à ce sujet.

32. Note marginale de Guy Patin dans Du Laurens, *Opera Omnia*, 1628, p. 79 : « *Theriaca recens vi pollet narcotica usque ad annum quartum, idque ab Opio. G. P.* »

Pilules

| S'ils veulent des pilules, celles cy serviront. Prenez un scrupule des pilules de cynoglosse ou de styrax, & malaxes [*sic*] le avec le syrop de pommes. Les Chymistes font d'un laudanum. Or en l'usage de tous ces medicamens narcotiques internes, il faut s'y|| [162v] comporter avec beaucoup de jugement, de peur qu'en voulant donner du repos au pauvre melancholique, nous ne le facions dormir perpetuellement.

Remedes externes pour faire dormir

| Les remedes externes ne sont pas du tout si dangereux, nous en composerons de dix ou douze façons : nous ferons des poudres capitales, frontaux, sachets, emplastres, unguents, epithemes, bouquets, pommes de senteur, lavemens de jambes[33].

Poudre

| Prenez des fleurs de pavot rouge, & de roses rouges, de chacune trois dragmes, semence de laictue, pourpier, & du pavot blanc, de chacune deux dragmes, santal rouge, & semence de coriandre preparée, de chacune une|| [163r] dragme & demie; faictes en une poudre que jetterez sur toute la teste ayant rasé le poil. | De ceste mesme poudre on pourra faire un frontal, y adjoustant des fleurs de nenuphar, & un peu de marjolaine.

Frontal

Sachets

| On peut faire de grands sachets en forme d'oreillers, qui seront remplis de fleurs de roses, de feuilles, & semences du blanc josquiame.

Epitheme

| On appliquera sur la teste ceste epitheme. Prenez des eaux distillées de laictuë, ozeille, & de roses de chacune trois onces, une dragme de poudre diamargaritum froid, deux scrupules de roses rouges, & du santal rouge, faictes en une epitheme.

Unguent

| La forme de l'unguent se|| [163v] ra telle. Prenez du populeum demy once, de l'unguent de Galien, qui se nomme refrigerans autant, une once d'huille rosat, meslez le tout ensemble avec un peu de vinaigre, & en oignez la teste, le front, & le nez.

Emplastre

| On pourra aussi faire cest emplastre. Prenez du castoreum une dragme & demie, de l'opium demy scrupule, meslez le avec un peu d'eau de vie, & en faictes deux petits emplastres qu'appliquerez aux temples.

Bouquets

| On fera des bouquets des fleurs de violes, roses, du saule avec un peu de marjolaine, & les faudra tremper dans le vinaigre rosat & dans le jus de laictuë & de pavot, avec un peu d'opium & de cam|| [164r] phre : | ou bien prenez deux testes de pavot concassées & enfermées dans trois noüets, puis ayez de storax trois dragmes, & six onces d'eau rose avec un peu d'opium, trempez ces noüets dans ceste liqueur & les approchez souvent du nez.

Noüets

Pomme à sentir

| Il se peut faire une pomme qu'on sentira. Prenez semence de Josquiame, escorce de racine de mandragore, semence de ciguë, de chacune une dragme, un scrupule d'opium, un peu d'huile de mandragore, meslez tout cela avec les sucs de fumeterre, & de semper-viva, & en faictes une pomme : laquelle si vous sentez vous fera quant & quant dormir; adjoustez y pour la correction un peu d'ambre & de|| [164v] musc. | Il y en a qui appliquent avec un heureux succez des sangsues derriere les aureilles,

Sangsues

33. Se reporter à l'index pharmacologique pour les définitions et les descriptions de ces remèdes.

& ayant osté les sangsues mettent quant & quant sur la playe un grain d'opium.

Lavement des jambes

| Les lavements des jambes servent beaucoup pour faire dormir. Prenez des feuilles d'oranger & de marjolaine de chacune une bonne poignée, deux testes de pavot blanc, de roses, fleurs de nenuphar, & camomille, de chacune une petite poignée, faictes bouillir le tout en deux parts d'eau & une de vin blanc ; il en faudra laver le soir cuisses & jambes du malade chaudement : je croy qu'avec cet artifice on fera dormir le plus esveillé
[165r] melancholique du monde. Il est vray que pour|| ce que ces medicaments rafroidissent trop, de peur d'esteindre ce peu de chaleur naturelle qui leur reste, il faudra leur faire par fois user du syrop cordial, ou des opiates confortatives. Et voila la curation de la melancholie qui a son propre siege au cerveau : celle qui vient par l'intemperature seiche de tout le corps, se guarira quasi avec mesmes remedes. Je viens donc à l'hypochondriaque, mais pource qu'il y a une espece de ceste melancholie idiopathique qui vient par une rage & folie d'amour, & qu'elle demande une curation particuliere, j'en feray un petit discours.

|| Chapitre X

[165v]

D'UNE AUTRE ESPECE DE MELANCHOLIE, QUI VIENT DE LA FURIE D'AMOUR

Les noms de la mélancholie amoureuse[1]

| Il y a une espece de melancholie assez frequente, que les Medecins Grecs appellent erotique, pource qu'elle vient d'une rage & furie d'amour, les Arabes la nomment *iliscus*[2], le vulgaire, passion divine, comme venant de ce petit dieu que les Poëtes ont tant chanté. Cadmus Milesien[3] (si nous croyons Suidas) en a escrit quatorze grands livres, qui ne se voyent point aujourd'huy, j'en feray seulement deux petits chapitres, à l'un je descriray la maladie, & à l'autre les remedes. Je ne veux point icy recercher l'e||thimologie d'amour, & pourquoy ce nom d'Eros lui a esté donné ; je n'entreprens pas de la definir ; trop de grands personnages s'en sont meslez, & n'en ont sceu venir à bout : je ne veux pas aussi examiner toutes ces differences ny ces genealogies : qu'on lise ce que Platon, Plotin, Marcile Ficin, Jean Picus Comte de la Mirandole, [Mario Equicola]*, & Leon Hebrieu[4] en ont escrit : je me contenteray de faire voir un de ses effects parmy cent [166r]

1. Ce chapitre propose une synthèse des deux théories essentielles s'occupant de l'amour dans l'ancienne médecine. Pour replacer ces pages dans l'histoire de la maladie mélancolique jusqu'au temps de Du Laurens, nous renvoyons principalement à l'étude de P. Dandrey, *Médecine et maladie*, I, Deuxième partie : « La mélancolie érotique et l'amour médecin », Chapitres 2 et 3, p. 457-671 (p. 532-534 pour Du Laurens) et à l'introduction de Donald Beecher et Massimo Ciavolella à l'édition en anglais du traité de Jacques Ferrand (traduite sous le titre, *A Treatise on Lovesickness*, Syracuse, Syracuse University Press, 1990). Plus généralement, l'histoire antérieure du modèle a été balisée par Massimo Ciavolella, *La « Malattia d'amore » dall'Antichità al Medioevo*, Rome, Bulzoni, « Strumenti di Ricerca », 1976.
2. Nous retrouvons le terme *iliscus* – latinisation du mot arabe *al-'isq*, signifiant passion érotique – dans la traduction de Gérard de Crémone du *Canon* d'Avicenne, livre I, *fann.* 1, *tract.* 5, chap. XXIII : « *De illischi id [est] Amantibus* » (Avicenne, *Canon de la médecine*, p. 206v).
3. *Suidae Lexicon* [la Souda], éd. Godofredus Bernhardy, Halle et Brunsvigae, sumptibus Schwetschkiorum, 1853, vol. II, p. 9 [Ada Adler, *Suidae lexicon*, Teubner, Leipzig, 1933, tome III, n° 23] : « Κάδμος, *Cadmus, Archelai F. Milesius, historicus iunior. [...] Scripsit Collectionem rerum amatoriarum, libris IV. item Historias Atticas, libris XIV.* ». Cadmus de Milet est considéré comme le plus ancien historien grec à avoir écrit en prose. Voir Michaud, VI, 1812, p. 456.
   Quant à l'hypothèse de l'existence d'un personnage nommé « Souidas », celle-ci a été infirmée par les historiens. La Souda représente, en fait, un recueil encyclopédique de citations antiques compilé autour de la seconde moitié du Xe siècle par un ou plusieurs savants byzantins. Voir à ce sujet Paul Lemerle, *Le Premier Humanisme byzantin*, Paris, Presses universitaires de France, 1971, p. 297-299. La Souda est actuellement en cours de traduction et de mise en ligne sur l'Internet par une importante équipe internationale de chercheurs (*Suda On Line : Byzantine Lexicography* accessible à l'adresse suivante : http://www.stoa.org/sol).

* Var. 1597 : le nom du philosophe-médecin italien est ajouté à partir de cette édition.

4. Nous donnons ici une liste d'ouvrages et de quelques passages essentiels où les auteurs mentionnés par Du Laurens traitent d'une problématique liée à l'éros.

mille qu'elle produit. Je veux qu'un chacun cognoisse par la description de ceste melancholie combien peut une amour violente, & sur les corps & sur les ames [5].

Comme l'amour s'engendre [166v]

| L'amour doncques ayant abusé les yeux, comme vrais|| espions & portiers de l'ame, se laisse tout doucement glisser par des canaux, & cheminant insensiblement par les veines jusques au foye, imprime soudain un desir ardent de la chose qui est, ou paroist aimable, allume ceste concupiscence, & commence par ce desir toute la sedition : mais craignant d'estre trop foible pour renverser la raison, partie souveraine de l'ame, s'en va droit gaigner le cœur, duquel s'estant une fois asseurée comme de la plus forte place, attaque après si vivement la raison & toutes ses puissances nobles, qu'elle se les laisse* assubjettit [*sic*], & rend du tout esclaves [6]. |Tout est

Effects de l'amour violente

Pour l'étymologie du mot *eros* dans Platon voir surtout *Cratyle*, 420b ; pour la conception des deux Éros, l'un céleste et l'autre terrestre, voir *Le Banquet*, 186a-b. Se rapporter ensuite à P. Dandrey, *Médecine et maladie*, I, 476-477. Sur le statut de l'amour dans l'imagination médico-philsophique lire le précieux ouvrage de Ioan Peter Couliano, *Éros et magie à la Renaissance. 1484*, Paris, Flammarion, 1984, préface de Mircea Eliade ; voir notamment : p. 40-45, sur les souffrances provoquées par l'amour, et p. 53-58 sur « la psychologie empirique de l'éros », ainsi que sur le fonctionnement de la contagion oculaire chez Marsile Ficin, p. 53-58.
Plotin, *Ennéades, Traité 9 (VI,9)* [*Du Bien ou de l'Un*], trad. et notes Pierre Hadot, Paris, Les Éditions du Cerf, 1994, voir notamment : 9.9, 24-55.
Marsile Ficin, *Commentaire sur « Le Banquet » de Platon, de l'amour* (dans *Platonis Opera*, Florence,1484), texte établi, présenté et annoté par Pierre Laurens, Paris, Les Belles Lettres, 2002.
Jean Pic de la Mirandole, édition moderne (inachevée) sous la direction de Eugenio Garin : tome I (*De hominis dignitate, Heptaplus, De ente et uno, Commento sopra una Canzone d'amore*) Florence, Edizione Nazionale dei Classici del Pensiero italiano, 1942 ; tome II *(Disputationes adversus astrologiam divinatricem*) livres I-V, *ibid.*, 1946 ; livres VI-XII, *ibid.*, 1952. Trad. française de référence : *Œuvres philosophiques*, trad. fr. Olivier Boulnois et Giuseppe Tognon, Paris, Presses universiataires de France, 1993.
Mario Equicola, *Libro de natura de amore*, Venise, L. Lorio da Portes, 1525, trad. en français par Gabriel Chappuys sous le titre *De la nature d'amour, tant humain que divin, et de toutes les differences d'iceluy*, Paris, I. Housé, 1584.
Léon l'Hébreu [Don Jehudah ben Isahq Abravanel], *Dialoghi d'Amore di Maestro Leone Medico Hebreo* (1502-1505), Rome, Antonio Blado d'Asola, 1535, trad. en français par Pontus de Tyard sous le titre *De l'Amour*, Lyon, J. de Tournes, 1551.

5. C'est à Rhazès que l'histoire de la médecine doit cette optique radicale sur l'amour. L'auteur arabe fut le premier à rapprocher la passion amoureuse de la plus violente forme de mélancolie, la lycanthropie. Voir l'historique proposé par Massimo Ciavolella, La *« Malattia d'amore » dall' Antichità al Mediœvo*, p. 55 : « *Rhazes si stacca nettamente dai medici che lo precedettero, e nella sua opera intitolata* Al-Hawi *(*Liber Continens*) egli identifica la malattia d'amore con la più acuta forma di malincolia, la terribile licantropia, una specie di follia che spinge chi ne è colpito a comportarsi come un lupo [...]* ». Avicenne avait consacré un chapitre entier à la folie louvière (*Canon de la médecine,* p. 206r-v, trad. dans P. Dandrey, *Anthologie de l'humeur noire*, p. 358-360). Sur la folie louvière en général, voir Jean Clair, Aut deus aut daemon. *La mélancolie et la folie louvière,* Jean Clair (éd.), *Mélancolie : génie et folie en Occident*, Paris, Gallimard, 2005, p. 120-128.

* Var. 1597 : l'indicatif *laisse* est enlevé afin que la phrase soit correcte.

6. Du Laurens parvient à fournir une synthèse du mécanisme de la *fascinatio* érigée en modèle médical et littéraire de la contagion oculaire, suite au *Commentaire* de Ficin au *Banquet*

perdu pour lors, c'est faict de l'homme, les sens sont esga||rez, la raison est troublée, l'imagination depravée, les discours sont fols, le pauvre amoureux ne se represente plus rien que son idole : toutes les actions du corps sont pareillement perverties, il devient palle, maigre, transi, sans appetit, ayant les yeux caves & enfoncez, & ne peut (comme dit le Poëte) voir la nuict, ny des yeux, ny de la poictrine[7] : | Tu le verras pleurant, sanglottant, & souspirant coup sur coup, & en une perpetuelle inquietude, fuyant toutes les compagnies, aymant la solitude pour entretenir ses pensées; la crainte, le combat d'un costé, & le desespoir bien souvent de l'autre, il est (comme dit Plaute[8]) là où il n'est pas, ores il est tout plein|| de flammes, & en un instant il se trouve plus froid que glace[9] : Son cœur va tousjours tremblottant, il n'y a plus de mesure à son pouls, il est petit, inegal, frequent, & se change soudain, non seulement à la veüe, mais au seul nom de l'object qui le passionne[10]. | Par tous ces signes ce grand Medecin Erasistrate recogneut

[167r]

Signes du mélancholique amoureux

[167v]

Histoire d'Erasistrate

de Platon. En une seule construction il superpose contagion oculaire et théorie des trois âmes et ouvre la discussion vers la description du malade d'amour. En tant qu'admirateur et protecteur fervent de la théorie humorale et du galénisme le plus pur, il est surprenant que Du Laurens oublie pour un instant la théorie galénique-aristotélicienne et se fie aux charmes du texte ficinien. Avant lui, un autre médecin, François Valleriole, l'avait fait dans ses *Observationum medicinalium libri sex*, Lyon, A. le Blanc, 1588, « *Observatio VII* », p. 184. Pour le rôle des yeux à l'origine de la maladie d'amour, voir p. 196-205.
Les citations qui constituent ici la source de Du Laurens sont dans Marsile Ficin, *Commentaire sur le* Banquet *de Platon*, De l'Amour, éd. Pierre Laurens, discours VII, chapitres 4, 5 et 10, p. 216-226, puis p. 232-233.

7. Virgile, *Énéide*, IV 530-531 : « *soluitur in somnos oculisue aut pectorem noctem/ accipit.* [...] ». Même référence aux souffrances de Didon qu'au cinquième chapitre ci-dessus : « ainsi la pauvre Didon toute troublée, ne pouvoit voir la nuict ny des yeux, ny de la poictrine » (voir *supra*, p. 36).
8. Plaute, *Cistellaria*, *La Cassette*, II, 1, v. 211 : « *Ubi sum, ibi non sum* ».
9. C'est déjà le « transir et brûler » de Phèdre (Racine, *Phèdre*, v. 276) : « Je le vis, je rougis, je pâlis à sa vue ;/ Un trouble s'éleva dans mon âme éperdue ;/ Mes yeux ne voyaient plus, je ne pouvais parler ;/ Je sentis tout mon corps et transir et brûler ;/ Je reconnus Vénus et ses feux redoutables,/ D'un sang qu'elle poursuit tourments inévitables » (v. 273-278).
10. La question du pouls amoureux est objet de controverse médicale depuis l'Antiquité. Érasistrate et Galien (voir les notes suivantes) découvrent par ce moyen l'intensité de la passion amoureuse chez leurs patients, mais comprennent par le même moyen que leur mal ne nécessite pas d'intervention médicale mais plutôt une consolation morale. Chez Galien, le pouls fait partie des trois méthodes d'analyse médicale qui impliquent le toucher (l'analyse du pouls, la prise de la température et la palpation de l'abdomen). Voir Charles Reginald Schiller Harris, *The Heart and the Vascular System in Ancient Greek Medicine, from Alcmaeon to Galen*, Oxford, Clarendon Press, 1973 ; Vivian Nutton, « Galen at the bedside : the methods of a medical detective », dans William F. Bynum et Roy Porter (éd.), *Medicine and the five senses*, Cambridge University Press, 1993, p. 11-13 ; Galien, *De differentia pulsuum*, Kühn, VIII, *De causis pulsuum* ; *De praesagitione ex pulsu*, Kühn, IX ; *De praenotione ad posthumum*, Kühn, XIV et trad. dans la coll. *Corpus Medicorum Graecorum* (CMG), V 8,1 Vivian Nutton (éd.), *On Prognosis*, Berlin, Akademie-Verlag, 1979.
Voici ce qu'en dit le montpelliérain Bernard de Gordon, dans une réédition de son *Lilium medicinae* : « *De passionibus capitis* », particula II, chap. XX « *De amore qui herœs dicitur* », p. 211 : « *Pulsus eorum est diversus & inordinatus, sed est velox, frequens, & altus, si mulier*

la passion d'Antiochus fils du Roy Seleucus, qui s'en alloit mourant de l'amour de Stratonique[11] sa belle mere, car le voyant rougir, pallir, redoubler ses souspirs, & changer si souvent de pouls à la seule veüe de Stratonique, jugea qu'il avoit ceste passion erotique, & en advertit le pere[12]. Galien avec

quam diligit nominetur, aut si transeat coram ipso » (Bernard de Gordon, *Opus lilium medicinae inscriptum de morborum propre omnium curatione, septem particulis distributum* (1305). Éd. consultée : Lyon, G. Rouillé, 1550, p. 211).

Au XVIe siècle le médecin Jean Eusèbe écrivait un ouvrage en langue vulgaire où il construisait avec rigueur et méthode sa thèse sur la médecine du pouls : *La Science du poulx, le meilleur et plus certain moyen de juger des maladies*, Lyon, J. Saugrain, 1568. On y trouvera, en deux parties, la description de ces différents types de pouls, ainsi que la manière de les interpréter (le « pronostic »).

Pour le plaisir de la lecture nous donnons l'exemple d'une mise en œuvre plus littéraire du même contenu médical : « Demonstrant manifestement, que l'Amour engendre continuellement douleur, & tourment sans remission : dont droit se peut appeller maladie : ce qu'Apulée en ses transformations conferme, disant : "O grossiers & ignares esprits de medecins, que veut dire ce poux frequent ? quoy ceste difficile & courte haleine ? qouy ces costez s'eslevans l'un apres l'autre, comme les soufflets d'une fournaise ; & élançans ces longs & profonds souspirs ? bon Dieu ! combien est-il aisé, je ne dy pas à un sçavant & expert en medecin, mais à chacun, pour peur qu'il soit connoissant, de descouvrir la Venerique affection : ne fut-ce qu'en voyant une personne brulante, sans fievre ou chaleur desmesurée." Toutes lesquelles choses adviennent aux amoureux par le moyen de ce fol Amour ; & je croy que vous les jugez vrayes, comme ayant fait espreuve. » (Giovan Battista Fregoso, *Contramours. L'Antéros ou contramour de Messire Baptiste Fulgose*, trad. fr. par Thomas Sébillet, Paris, M. Le Jeune, 1581, p. 13).

11. Nous trouvons la même expression chez Giovan Battista Fregoso, *Contramours* (1581), p. 13 : « Entre les anciens exemples, on lit ceste maladie estre adevnüe a Antioche, amoureux de sa belle-mere : lequel celant son amour, vint a telle extremité de maladie, que si le prudent medecine Erasistrate ne s'en fust en fin advisé : & par bonne pourvoyance, jointe à cauteleux conseil, n'y eust donné prompt remede [,] le miserable jeune homme *s'en aloit mourir d'Amour.* » (nous soulignons).

12. La trace de cette légende peut être suivie jusqu'à Valère-Maxime (*Faits et dits mémorables*, V, 7, 1 texte établi et trad. par Robert Combès, Paris, Les Belles Lettres, 1997, tome II) et Plutarque (« Vie de Démétrios », 38, dans *Vie des hommes illustres*, éd. et trad. par Robert Flacelière et Émile Chambry, *Les Vies parallèles*, Paris, Les Belles Lettres, 1977, tome XIII, chap. XXXVIII, p. 60-61).

Pour d'autres références, nous renvoyons à la copieuse bibliographie qu'en donne Zacuto Lusitano : *De medicorum principium historia*, Lyon, Ioannis-Antonii Huguetan, 1642, « *Historia XL Galeni, De Melancholia ex amore* », p. 80[a-b], reproduite par P. Dandrey, *Médecine et maladie*, I, p. 579.

L'appétit des humanistes pour la belle Stratonice avait été ouvert par Pétrarque qui en fait mention au second livre du *Triomphe de l'amour.* Elle est contée peu de temps avant Du Laurens dans les *Serées* de Guillaume Bouchet qui affirme à tort la tenir de Galien : « [...] bien souvent les maladies viennent de l'esprit, et que les bons médecins, bien expérimentés, ont accoutoumé de conjecturer et connaître les affections des malades, comme Galien l'a décrit en son traité pour guérir les maladies de l'esprit. Et il ajoutait qu'en cette façon Érasistrate médecin découvrit l'abominable amour dont Antiochos était épris à l'endroit de sa marâtre Stratonice... » (éd. Huguette Arcier, Ayssènes, Alexitère, 1991, p. 52). Galien était lui-même reputé avoir reconnu de la même manière le cas semblable de Justa. En même temps, il avait décelé que ce n'était pas une mélancolie et que l'affection ne relevait pas de son art. Pour Galien, c'était une passion imitant fallacieusement l'apparence mélancolique. Il fallait donc s'en méfier et s'en défier – notamment les jeunes médecins

la mesme ruse descouvrit la maladie de Ju||sta femme de Boëce Consul de Rome, qui bruloit de l'amor de Pylades [13]. Voila les effects de ceste passion, & tous les accidens qui accompagnent ceste melancholie amoureuse. Qu'on ne l'appelle donc plus passion divine ou sacrée, si ce n'est qu'on veuille par ce nom representer sa grandeur [14]; car les anciens Poëtes appelloient les grands poissons sacrez, & les Medecins ont donné ce nom à l'os [168r]

inexpérimentés. C'est ce même statut de quiproquo qui se rencontre chez les historiens d'Antiochus et Stratonice. La confusion entre cette passion et la mélancolie s'installe avec Avicenne chez qui l'amour est une *« sollicitudo melancholica similis melancholiae »*. L'amour est donc une affection (*aegritudo*) qui est similaire à la mélancolie. Du Laurens, comme tous les autres médecins de son temps, utilise l'ambiguïté du *Canon* d'Avicenne pour assimiler l'eros à une maladie de type mélancolique; et c'est par le truchement arabe que le médecin humaniste se permet de faire un usage fallacieux des sources antiques et du témoignage galénique. Voir P. Dandrey, *Médecine et maladie*, I, p. 489 et suiv. Pour des études modernes traitant de la fable d'Antiochus et Stratonice et de ses sources, voir notamment : P. Dandrey, *Médecine et maladie*, I, 2e partie, chap. III, sect. 1 « La dramaturgie de l'amour malade » p. 579-581; Marie-Paule Duminil, « La mélancolie amoureuse dans l'Antiquité, *La Folie et le corps*, études réunies par Jean Céard en collaboration avec Pierre Naudin et Michel Simonin, Paris, Presses de l'ENS, 1985, p. 91-109. Dans un article plus ancien Wolfgang Stechow avait exploré l'iconographie que cette fable avait inspirée dans l'Occident ancien : Wolfgang Stechow, « The Love of Antiochus with Faire Stratonica », *Art Bulletin*, 27 (1945), p. 221-237.

13. Galien, *De praenotione ad posthumum*, Kühn, XIV, 5-6, p. 630-635; voir également *In Hippocratis prognosticum commentaria*, Kühn, XVIII-B.
14. Comprendre : « sauf si l'on veut par ce nom representer sa grandeur ». Du Laurens tente de résoudre une vieille confusion créée par le sens du mot « sacré » en grec qui indiquait tantôt la provenance (l'Amour serait une passion divine, sacrée), tantôt la valeur (l'Amour est une passion grande). Voir Ficin, I, 2 « Règle à suivre pour louer Amour. Sa dignité et sa grandeur » : « C'est pourquoi notre Phèdre, ayant en vue l'excellence présente de l'Amour, l'a nommé *grand dieu* [*magnum deum*]. Et il ajoute : *digne de l'admiration des dieux et des hommes*. À juste titre, car nous admirons précisément ce qui est grand, or celui-là est vraiment grand, dont l'empire s'étend, dit-on, sur les hommes et sur les dieux [...] » (éd. Pierre Laurens, Les Belles Lettres, 2002, p. 8). La même épithète de « sacrée » était associée à l'épilepsie, connue sous le nom de *maladie sacrée*. Refusant l'idée d'une intervention des Dieux dans cette maladie, Cælius Aurélien nous explique : *« siue ob magnitudinem passionis : maiora enim uulgus sacra uocauit. Inde sacrum dictum mare & sacra domus, uelut tragicus pœta sacram noctem, hoc est magnam appelavit. »* (*Maladies chroniques*, I, 4, « *De Epilepsia* », cité par Jackie Pigeaud, *Folie et cures de la folie*, p. 48). Chez Arétée la part de la divinité ou du démon n'est pas entièrement occultée. Voir le *Traité des signes, des causes et de la cure des maladies aiguës et chroniques*, trad. et notes par M. L. Renaud, Paris, Lagny, 1834, p. 71 : « Mais ce nom peut venir encore soit de la grandeur du mal (car ce qui est grand est dit sacré), soit de l'insuffisance de la médecine humaine et de la nécessité d'une intervention divine pour la guérir, soit de l'espèce d'influence démoniaque sous laquelle semble être l'homme qui en est atteint, soit enfin de toutes ces choses à la fois ». Cf. également les *Moralia* de Plutarque, ainsi que notre note suivante : « [...] mais surtout est admirable le naturel de celuy qui se nomme le Barbier, lequel Homere appelle le poisson sacré : combien que les uns veulent dire, que sacré en ce lieu là signifie grand, comme quand on dit l'os sacré, c'est à dire le grand, & le mal caduc, qui est une grande maladie, on l'appelle aussi la maladie sacrée [...]. » (Plutarque, *Œuvres Morales*, trad. Jacques Amyot, Paris, Michel de Vascosan, 1572, p. 521r).

sacrum, pource que c'est la plus grande vertebre du corps [15]. Qu'on ne luy donne plus ce tiltre de passion douce, veu que c'est la plus miserable des miserables, & telle que toutes les gehennes des plus ingenieux tyrans n'en surpasserent jamais la cruauté [16]. | Le|| Philosophe Thianée le sceut bien dire à ce Roy de Babylone, qui le prioit d'inventer quelque cruel tourment pour chastier un gentilhomme qu'il avoit trouvé couché avec sa favorite : Donne luy la vie (dit-il) & ses amours le puniront assez avec le temps [17]. | Les Poëtes nous ont très bien representé la cruauté de ceste passion par la fable de Titye : car pour avoir trop aimé la deesse Latone, son foye est ordinairement rongé par deux vautours, & ses fibres renaissent tousjours [18].

La cruauté d'amour [168v]

Titye

15. Du Laurens avait utilisé déjà ces références à Homère et à Hippocrate dans le même contexte. Voir *Opera anatomica*, Lyon, Jean Baptiste Buysson, 1593, livre V, sect. « *Osteologia* », chap. XVI « *De osse sacro et coccyge* », p. 827 ; cf. avec la trad. de Th. Gelée, *Toutes les œuvres*, (1621), p. 57v : « L'os sacrum ainsi nommé, non point pource qu'il contient en soy (comme aucuns ont dit) quelque chose de sainct & de secret, mais à raison de sa grandeur ; car c'est le plus grand de tous les os de l'espine. Ainsi Homère appelle les grands poissons, *sacrez*, & Hippocrate, pour la même raison, appelle l'*os sacrum* grande vertebre [...] ». Le médecin Jason Van de Velde, lorsqu'il fait la « nosologie » de l'épilepsie, rappelle le passage homérique concernant les grands poissons. Voir *De Cerebri morbis* (1549), chap. XXII, « *De notitia Comitialis* », p. 347 : « *Ast alii malum hoc existimant sacrum, quod in capite nascatur, domicilio ac sede divinae mentis. Nec desunt, qui hanc appellationem in affectus magnitudinem reiiciant : Quemadmodum Homero, piscis sacer dicitur, & Vergilio auri sacra fames, medicis quoque sacer ignis, & in posteriore homine os sacrum, quod sub spina magnum incipit, qua parte vertebrae finiunt.* » Les divers sens du mot « sacré » sont relevés par Cœlius Rhodiginus, *Lectionum antiquarum* (1566), XII, 12, « *Sacri epitheton varie adiici rebus. De sacro pisce [...]* », p. 448. La citation homérique est tirée de l'*Iliade*, chant XVI, v. 407. Pour celle d'Hippocrate nous renvoyons aux *Épidémies*, II, 4, 2, Littré, V, p. 127 : « [les cordons, *i.e.* les nerfs] ont communiqué, du reste, aux vertèbres, comme les veines, jusqu'à ce qu'ils se soient dépensés, ayant parcouru tout l'os sacré ». On trouvera une mention de l'*os sacrum* chez Galien, Kühn, IV, 13,7, p. 108 ; Daremberg, II, 70.

16 La « passion douce » traduit le « *dulcis amor* » des Latins que Du Laurens contraste avec le vocabulaire pénitentiaire de la passion malheureuse. Ce rapprochement était devenu topique depuis le Moyen Âge.

17. Philostrate, *Vie d'Apollonius de Tyane*, I, 37 (éd. Guy Rachet, Paris, Sand, 1995, p. 46-47). Mais Du Laurens, ici encore, a sous les yeux ou en mémoire le *Théâtre du monde* de Boaistuau : « Ce que le grand Philosophe Apollone Thianée confirma au Roy de Babilone, lequel avec instance et importunité le pria luy enseigner le plus grief et cruel de tous les tourmens qu'il pourroit inventer par tous les secretz de sa philosophie, pour punir et chastier un jeune gentilhomme qu'il avoit trouvé couché avec une sienne damoiselle favorite et affectionnée. Le plus grand tourment (dit le philosophe) que je te puis enseigner ou inventer pour le punir, est que tu luy laisses la vie saulve : car tu voirras que petit à petit le cuisant feu d'amour gaignera tant sur luy (ainsi qu'il a jà commencé) que le tourment qu'il endurera sera si grand, qu'il ne se peut concevoir ou imaginer : et se trouvera tellement esmeu et agité de divers pensemens là dedans, qu'il se bruslera et consommera en ceste flamme comme le papillon faict à la chandelle. De sorte que sa vie ne sera plus vie : mais une vraye mort plus cruelle, qui si elle passoit par les mains de tous les bourreaux et tyrans du monde. » (Pierre Boaistuau, *Le Théâtre du monde*, éd. Michel Simonin, Genève, Droz, 1981, p. 220).

18. Les sources pour la fable de Tytius sont abondantes. Poètes, médecins ou philosophes se sont plu à l'employer à satiété. Pour les « poëtes » voir Homère, *Odyssée*, XI, 567-581 ; II, 576-579. Pindare, *Pythiques*, IV, 46. Ovide, *Métamorphoses*, IV, 457-458. Galien rappelle les malheurs de Tytius lorsqu'il définit les sièges des trois âmes : « Quant à la croyance générale,

| Mais comment n'appellerons nous ceste passion miserable, puis qu'elle en a conduit plusieurs à ceste extremité, & à ce desespoir de se tuer ? Le Poëte Lucrece qui avoit escrit des|| remedes d'amour, en devint si enragé qu'il se tua soymesme [19]. Cephalus esperdu de l'amour de Piarole [20] se precipita du plus haut d'un rocher*. Iphis desesperé pour l'amour d'Anaxerete, se pendit [21]. Un noble juvenceau [*sic*] d'Athenes devint si amoureux d'une statuë de marbre merveilleusement bien elaborée, que l'ayant demandé au Senat pour l'acheter à quelque prix que ce fust, & le refus luy estant fait, avec deffense expresse d'en approcher, pource que ses folastres amours scandalisoient tout le peuple, vaincu de desespoir se tua [22]. Voila comme

Ceux qui de sont tuez par l'amour

[168r]

que l'âme raisonnable réside dans l'encéphale, l'âme virile et irascible dans le cœur, l'âme concupiscible dans le foie, c'est ce qu'on peut apprendre chaque jour, en entendant dire d'un fou qu'il est sans cervelle, d'un être pusillanime et lâche, qu'il est sans cœur. Le foie du géant Tityas rongé par un aigle n'est pas seulement décrit par les poètes, mais encore représenté par les sculpteurs et par les peintres. » (*Des Lieux affectés*, III, 5, Daremberg, II, p. 554).

19. Ce détail de la biographie légendaire de Lucrèce est passé dans la vulgate occidentale par des écrits de saint Jérôme. À son tour, celui-ci s'était inspiré de Suétone, *De viris illustribus. De Pœtis*, XIV [20], éd. A. Reifferscheid, p. 38-39 : « *Titus Lucretius pœta nascitur : qui postea amatorio poculo in furorem uersus cum aliquot libros per interualla insaniae conscripsisset, quos postea Cicero emendauit, propria se manu interfecit anno aetatis XLIV* – Jeté dans la folie par un philtre d'amour, après avoir écrit dans les intervalles de sa folie quelques livres que Cicéron corrigea, il se tua de sa propre main à l'âge de 44 ans ». Jason Van de Velde reprenait la légende, avant de citer Lucrèce : « *Lucretius Epicureus philosophus, omnium amantium infelicissimus (hic amore primum, deinde insania vexatus mortem sibi consciuit) nimisquam eleganter cecinit libro quarto :* [...] [suit la citation des vers 1084-1109 du livre IV] » (*De Cerebri morbis* (1549), p. 307). Van de Velde reprennait, à son tour, le *Commentaire sur le « Banquet »* de Ficin, où Lucrèce était décrit comme « le plus malheureux des amants [*amantium omnium infelicissimus*] » (*Commentaire sur « Le Banquet » de Platon, de l'amour*, VII, 6, éd. Pierre Laurens, 2002, p. 226). Voir aussi, Cœlius Rhodiginus, *Lectionum antiquarum* (1566), XVII, 2, p. 626 : « *T. Lucretium in libro Temporum, legimus, amatorio quidem poculo in delirium abiisse : verum ita, aut interuallata intersectaque insania carminibus concinnandis librisque, spatium daret.* »
20. Voir chez Peter Van Foreest (Forestus) : « *Et Cephalus ob amorem Piarolae Degeniti filiae ex praerupto saxo se dedit.* » (*Observationum et curationum medicinalium* (1584), Rouen, Jean & David Berthelin, 1653, tome 1, p. 445, *Observatio* XXIX « *De furore ex vesano amore* »).

* Var 1597 : Du Laurens supprime l'histoire de Cephalus et de Procris. Elle avait été rapportée, entre autres, par Ovide (*Métamorphoses*, VII, 394 et suiv ; *L'Art d'aimer*, III, 685 et suiv.). Le suicide de Cephalus est mentionné par Strabon, *Géographie*, X, 2, 1.

21. Le malheur d'Iphis est conté par Jason Van de Velde, *De Cerebri morbis* (1549), chap. XIX « *De Amantibus* », p. 317 : « *Iphis puer liberali admodum specie, quum Anaxaretem puellam incredibili amore prosequeretur, neque eam in obsequium flectere posset, laqueo collum implicuit, atque onus infelix elisa fauce pependit.* »
   Cette histoire fait partie des lieux communs les plus prisés par les humanistes. Voici la synthèse qu'en donne Charles Estienne dans son *Dictionarium historicum ac poeticum*, Lyon, Ioannam Iacobi Iuntae, 1581, p. 450 : « *Iphis, puer formae venustate conspicuus, qui cùm Anaxereten puellam impotenter adamaret, neque illa eius amori responderet, impatientia repulsae vitam laqueo finivit. Cumque iam ad sepulturam efferretur. Anaxarete e fenestra prospiciens, immotisque oculis funus aspiciens, in saxum mutata est.* » L'origine antique est Ovide, *Métamorphoses*, XIV, v. 698-771.
22. Cette anecdote est très souvent reprise à l'époque, et elle a pu avoir été fournie à Du Laurens par *Le Théâtre du monde* de Pierre Boaistuau (éd. M. Simonin, Genève, Droz, 1981,

l'amour deprave l'imagination, & peult estre cause d'une melancholie ou
[169v] d'une manie, car travaillant|| & l'ame & le corps, rend les humeurs si seiches, que la temperature universelle, & principalement celle du cerveau, en est corrompue.

Autre espece de melancholie amoureuse

| Il y a une autre façon de melancholie amoureuse qui est bien plus plaisante, quand l'imagination est tellement depravée, que le melancholique pense tousjours voir ce qu'il ayme, il court tousjours après, il baise ceste idole en l'air [23], la caresse comme si elle y estoit : & ce qui est estrange, encores que le subject qu'il ayme soit laid, il se le represente comme le plus beau du monde : | il est tousjours après à descrire la perfection de ceste beauté, il luy semble voir des cheveux longs & dorez, mignonement
[170r] frisez, & en||tortillez en mille crespillons, un front vouté, ressemblant au ciel esclaircy, blanc & poly comme albastre, deux astres bien clairs à fleur de teste, & assez fendus, qui dardent avec une douceur mille rayons amoureux, qui sont autant de fleches, les sourcils d'hebene, petits & en forme d'arc, les joües blanches & vermeilles comme lis pourprez de roses, monstrans aux costez une double fossette, la bouche de corail, dans laquelle se voyent deux rangees de petites perles Orientales, blanches, & bien unies, d'où sort une vapeur plus suave que l'ambre & le musc, plus fleurante que toutes les odeurs du Liban : le menton rondement fosselu, le teint

Description d'une parfaite beauté

p. 219-220) : « Mais encores est ce peu au regard de ce que j'ay leu en plusieurs histoires que la chose est venue à telle desolation, que lorsque cette folle frenaisie s'ensaisine et empare de noz esprits, elle nous rend brutault et insensez, comme il est evidemment monstré en un jeune enfant de l'une des plus riches maisons d'Athenes, et bien cogneu de tous les citoyens de la ville, lequel ayant par plusieurs fois contemplé une statue de marbre fort excellemment elabourée qui estoit en un lieu public d'Athenes, il en fut tellement espris et amoureux, qu'il ne la pouvoit perdre de veüe, et se tenoit tousjours près d'elle, et l'embrassoit et caressoit, ainsi qu'il eust faict quelque creature animée, et incontinent qu'il estoit distraict ou esloigné d'elle, il ploroit et lamentoit si amerement, qu'il eust esmeu les plus constans à pitié. Et à la fin ceste passion gaigna tant sur luy, et fut reduict à telle extremité, qu'il pria messieurs du Senat de la luy vendre à tel pris qu'ils voudroient, à fin qu'il luy fust loisible de l'emporter chez luy, ce qu'ils ne luy voulurent accorder, pour ce que c'estoit un œuvre publique, et que leur puissance ne s'estendoit jusques à là : de quoy le jeune enfant indigné feit faire une riche couronne d'or, avec autres aornemens sumptueux, et s'en alla vers la statue, mist la couronne sur son chef, et l'aorna de precieux vestemens : puis commença à la contempler et adorer avec telle obstination et pertinacité, que le vulgaire estant scandalizé de ses amours folastres et ridicules, luy feist faire defense de n'en plus approcher. De quoy l'enfant indigné, se voyant privé de ce qu'il avoit plus cher que sa propre vie, vaincu de douleur se tua, et meurdrit soy mesme. » L'histoire avait été contée, avant Boaistuau, par Pedro Mexía (*Les Diverses leçons*, trad. C. Gruget, Paris, V. Sertenas, 1556, IIIe partie, chap. XIII, p. 511-512) qui reprennait Athénée, *Les Deipnosophistes*, XIII, 29.
Dans la littérature médicale de la Renaissance elle se retrouve, par exemple, chez Marcello Donati, *De Medica historia mirabili* (1586), livre III, chap. XIII « *Animi passionum miri effectus* », p. 101v. Suite au succès du discours d'André Du Laurens, nous retrouverons le « noble juvenceau » chez Ferrand, *Traité de l'essence et guérison de l'amour ou de la mélancolie érotique (1610)*, éd. Gérard Jaquin et Éric Foulon, Paris, Anthropos, 2001, p. 16. Trad. anglaise de l'édition de 1623 par Donald Beecher et Massimo Ciavolella sous le titre *A Treatise on Lovesickness*, Syracuse, Syracuse University Press, 1990, p. 229.

23. Comprendre : une image qui n'a pas plus de consistance que l'air.

uny, de|| lié, & poly comme du satin blanc, le col de laict, la gorge de neige, & dans le sein tout plein d'œillets, deux petites pommes d'alabastre rondelettes, qui s'enflent par petites secousses, & s'abbaissent tout quant & quant, represantant le flux & reflux de la mer, au milieu desquelles on voit deux boutons verdelets & incarnadins, & entre ce mont jumelet une large valee : la peau de tout le corps comme jaspe ou porphyre, à travers de laquelle paroissent les petites veines [24] : Bref ce pauvre melancholique s'en va tousjours imaginant les trente six beautez qui sont requises à la perfection [25], & la grace qui est par dessus tout, resve tousjours à cet object,|| court après son ombre, & n'est jamais en repos. J'ay veu il y a quelques années un jeune gentilhomme travaillé de ceste espece de melancholie, il parloit tout seul à son ombre, il l'appelloit, la caressoit, la baisottoit, couroit tousjours après, & nous demandoit si nous avions jamais rien veu de si beau : la maladie le tint plus de trois mois, mais enfin il guarit. Aristote fait mention d'un jeune homme nommé Antiphon, qui voyoit tousjours son image devant ses yeux [26] : Quelques uns ont voulu rapporter cela à la

[170v] [171r]

24. De telles descriptions de la femme idéale sont très appréciées à cette époque. Écoutons Pierre Boaistuau dans *Le Théâtre du monde*, éd. M. Simonin, p. 217 : « Et s'il advient qu'il veuille exalter ce qu'il ayme, ce n'est plus qu'or traict de ses cheveux, ses sourcils arches et voultes d'Ebene, ses yeux astres jumeaux, ses regards esclairs, sa bouche coral, ses dents perles d'Orient, son aleine basme, ambres, et musc, sa gorge de neige, son col de laict, ses montaignes qu'elle a sur l'estomac, pommes d'albastre. » Dans la tradition antique, c'est Lucrèce qui donna le ton par quelques vers célèbres (1152-1172) du quatrième livre de son *De rerum natura*. Lire la savoureuse digression qu'en offre Robert Burton, *Anatomie de la mélancolie*, 3.2.2.2, Hoepffner, p. 1298-1308. Pour une analyse de ce passage, voir notre introduction, p. LXXI.

25. Faut-il voir ici une référence oiseuse aux trente-six « points de beauté » de la femme, recherchés depuis le Moyen Âge à travers des jeux de langage, puis démultipliés et systématisés à la Renaissance ? Jean Névizain démultiplie en trente (devenus ensuite trente-six par association avec le chiffre utilisé couramment pour désigner un nombre indéterminé ?) les neuf points de Jacob Alighieri (« jeunesse, peau blanche, cheveux blonds, bras et jambes dessinés [...] ») auxquels Cholières ou Brantôme feront référence. Voir Georges Vigarello, *Histoire de la beauté. Le corps et l'art d'embellir de la Renaissance à nos jours*, Paris, Seuil, 2004, p. 41 ; Michel Emmanuel Rodocanachi, *La Femme italienne à l'époque de la Renaissance*, Paris, Hachette, 1907, p. 91 ; Nicolas de Cholières, « Des laides et belles femmes. S'il faut mieux prendre à femme une laide qu'une belle », *Les Matinées* (1585), *Œuvres*, Paris, 1889, tome I, p. 182. Brantôme, *Recueil des dames*, *Œuvres complètes*, Paris, 1873, p. 404.

26. L'anecdote peut avoir été fournie par Pontus de Tyard, *L'univers ou Discours des parties et de la nature du monde*, Lyon, Jean de Tournes, 1557, p. 78 : « comme Aristote recite estre avenu à un nommé, ainsi que j'ay lù ailleurs, Antiphon, qui voyait toujours son image devant soy en l'air, pource que les raiz debiles de ses yeux, impuissans d'outrepercer l'air opposé, se regettoient contre lui, & lui rapportaient comme d'un miroir son propre simulacre ». Redevable sans doute à Pontus de Tyard (ou à la source alléguée par celui-ci ?), Du Laurens écrit « Antiphon » pour « Antipheron » qui figure chez Aristote et chez tous ses commentateurs. Notons également que Du Laurens écrivait déjà « Antiphon » dans *Discours de l'excellence de la vue* (p. 49r, de l'éd. 1597) et « *Antiphonti* » dans les *Opera anatomica* (Lyon, Jean-Baptiste Buysson, 1593, p. 707-708).
L'origine se trouve dans Aristote, *Météorologiques*, III, 4, 373a-b : « Les rayons visuels se réfléchissent manifestement sur toutes les surfaces lisses, parmi lesquelles figurent l'air et l'eau. Cette réflexion se produit à partir de l'air quand celui-ci se trouve condensé. Mais en

reflexion des rayons qui sortoient de ses yeux, mais je croy que son imagination estoit troublée[27].

cas de faiblesse du flux visuel, il se produit souvent une réflexion sans qu'il y ait condensation de l'air. C'est ce qui arrivait naguère à quelqu'un dont la vue était faible et peu perçante. Il lui semblait qu'une image le précédait constamment quand il marchait et que cette image le regardait en face. Cette impression était due à ce que son flux visuel était réfléchi vers lui. Car la maladie rendait ses rayons visuels si faibles et si fins que même l'air qui était tout près de lui faisait office de miroir – ce qui est normalement dévolu à l'air éloigné et dense – et qu'il ne pouvait le repousser. » (éd. Pierre Louis, Paris, Les Belles Lettres, 1982, p. 12-13). Aristote mentionne le nom « Antiphéron d'Oréos » dans *De la mémoire*, 451a : « [...] comme c'est arrivé à Antiphéron d'Oréos et d'autres esprits dérangés, qui parlaient des images comme d'événements s'étant effectivement produits et comme s'ils s'en souvenaient. » (*Petits traités d'histoire naturelle*, trad. Pierre-Marie Morel, Paris, Garnier Flammarion, 2001, p. 110-111). Le commentateur d'Aristote, Alexandre d'Aphrodise, lui donne le même nom; voir *Commentaire sur les Météores d'Aristote*, trad. latine par G. de Mœrbeke, éd. A. J. Smet, Louvain, Publications universitaires de Louvain, 1968, p. 233. Le médecin Marcello Donati disserte longuement sur la maladie d'Antipheron dans son *De medica historia mirabili* (1586), p. 35r.

27. Du Laurens fait ici écho à une dispute médico-philosophique qu'il s'était appliqué à exposer plusieurs fois. Depuis Théophraste on comprenait l'acte visuel de la manière suivante : l'œil émet des rayons qui rencontrent les *eidôla* (latinisé en *simulacra*) ; les simulacres détachés de l'objet forment ainsi l'image par une condensation de l'air. C'est cette condensation qui s'imprime ensuite sur le cristallin. Nous voyons que cette théorie visuelle, élaborée par Démocrite et reprise ensuite par Théophraste (*Du Sens,* 50), favorisait la présence de tout un univers d'images-simulacres voltigeant dans l'air et pouvant être prises pour des halucinations. Les Abdéritains avaient reproché à Démocrite de voir des simulacres partout à cause de sa prétendue folie... Voir à ce sujet *Lettres Hippocratiques,* trad. par Yves Hersant sous le titre *Sur le rire et la folie,* Paris, Rivages, 1989, p. 38 et note 5.
Tout ceci n'empêcha pas Du Laurens de formuler une opinion s'opposant à la tradition qui faisait de l'œil un organe à la fois récepteur et émetteur : « la veuë se fait par la seule reception, & que rien n'est envoyé hors de l'œil à l'obiect qui puisse servir à la veuë, c'est-à-dire, qu'il ne sort rien de l'œil, ny rayon ny lumiere, ny esprit [...] Nous nions qu'on puisse ensorceler par le regard seul, si ce n'est par art magique. Le basilic & la femme qui a ses fleurs n'infectent point par leur regard, mais par quelque vapeur maligne & venemeuse, laquelle leur sortant par la bouche, les yeux, le nez & autres parties [,] infecte l'air; & est par la continuation d'iceluy portée jusques à nous. Ce qu'ils objectent des loups est ridicule. Tibere n'épouventa pas le soldat par les rayons sortans de ses yeux, mais par un regard horrible & affreux. Antipheron [« *Antiphonti* » dans l'édition latine de 1593], à ce qu'on dit, estoit fol : le vice n'estoit donc pas aux yeux, mais au cerveau. » (André Du Laurens, *Opera anatomica* (1593), p. 707-708 cité d'après l'édition des œuvres complètes établie par Théophile Gelée, *Toutes les œuvres* (1621), p. 332). La dispute avait été longuement exposée puis tranchée dans le *Discours de l'excellence de la vue*, où Du Laurens citait une nouvelle fois l'exemple « d'Antiphon » : voir chapitre X « Comme la veüe se faict; si c'est par emission ou par reception », p. 48r-61r de l'édition de 1597.

|| Chapitre XI

[171v]

LE MOYEN DE GUARIR LES FOLS & MELANCHOLIQUES D'AMOUR

| Il y a deux moyens de guarir ceste melancholie amoureuse : Le premier est la jouyssance de la chose aimée, l'autre depend de l'artifice & industrie d'un bon Medecin. | Quant au premier, il est certain qu'ostant la cause principale du mal, qui est cet ardent desir, le malade se trouvera infiniment allegé, encores qu'il reste quelque impression au corps. | Ainsi Erasistrate ayant descouvert à Seleuque la passion d'Antioque qui mouroit pour l'amour de sa belle mere, sauva la vie à ce jouvenceau : car le pere ayant compassion de son|| fils, & le voyant en extreme danger de sa vie, luy permit, comme payen, de joyir de sa femme propre. | Diogene aiant un fils forcené & enragé d'amour, fut contrainct après avoir consulté l'oracle d'Apollon, de luy permettre la jouyssance de ses amours, & le guarit par ce moyen. | J'ay autrefois leu une plaisante histoire d'un jouvenceau d'Egypte, qui estoit extremement passionné de l'amour d'une courtisane qu'on nommoit Theognides : elle n'en faisoit cas, & luy demandoit une somme excessive d'argent. Il arrive que ce pauvre amoureux songea une nuict qu'il tenoit sa maistresse entre ses bras, & qu'elle estoit du tout en sa puissance : Com||me il fut esveillé il sentit ceste ardeur qui l'alloit consumant du tout refroidie, & ne recercha plus la courtisane, laquelle en estant advertie fit appeller le jeune homme en justice, demandant son salaire, & alleguoit pour toute raison, qu'elle l'avoit guary. Le juge Bochor ordonne sur le champ, que le jeune homme apporteroit une bourse pleine d'escus, & qu'il la verseroit dans un bassin, & que la courtisane se payeroit du son & de la couleur des escus, comme le jeune homme s'estoit contenté de la seule imagination. Ce jugement fut approuvé de tous, horsmis de ceste grande courtisane Lamie, laquelle remonstra à Demetrius son amy, que le son||ge avoit esteint & osté du tout le desir au jeune homme, mais que la veüe de l'or l'avoit allumé & augmenté davantage à Theognide, & qu'en cela on luy avoit fait injustice[1]. J'ay voulu alleguer ces trois histoires,

Deux moyens de guarir ceste maladie

Le premier

Histoires Première

[172r]

Seconde

Troisiesme histoire plaisante

[172v]

[173r]

1. De nouveau, Du Laurens traduit Jason Van de Velde, *De Cerebri morbis* (1549), p. 313 : « *Huius rei fidem facit, quod adolescens quidam in Aegypto Theognidem amicam efflictim deperibat. Illa quum ab homine (quem sui amore irretitum videbat) multum auri quotidie peteret : forte euenit, quum adolescenti visum in somnio esset, cum ea muliere commisceri, omnis illa cupiditas, qua antea vexabatur, extincta penitus euanuit. Quod quidem ubi animaduertit Teognides, ob libidinem eius expletam, ab illo praesentem mercedem poposcit. Quam quum pertinaciter negaret, nec vellet annumerare, adolescentem in judicium traxit. Audita controversia Bocchores judex, subito iussit hominem numerati auri, quantum illa poposcerat, in vase quodam afferre, atque deinde suis manibus spectante muliere aurum hinc inde versari. Debere enim censuit, quemadmodum adolescens concupitae rei opinionem habuerat, sic mulierem exoptati auri fulgorem, imaginemque referre. Hoc judicium Bocchoris, quum plures comprobassent, ut*

pour faire voir que ceste rage & furie erotique se pouvoit moderer par la jouyssance de ce qu'on ayme : | Mais ce moyen ne se devant ny pouvant tousjours executer, comme contraire aux loix divines & humaines, il faut recourir à l'autre qui depend de l'industrie[2] d'un bon Medecin. S'il arrive donc qu'un Medecin rencontre quelqu'un de ces melancholiques passionnez & forcenez d'amour, il doit premierement tascher de le distraire|| avec belles paroles de ces foles imaginations, luy remonstrer le danger auquel il se precipite, luy proposer des exemples de ceux qui se sont ruinez, & qui en perdant la vie ont aussi perdu l'ame; | Si tout cela ne sert de rien, il faut avec une autre ruse, & par l'entremise de plusieurs personnes, luy faire hair ce qui le va tourmentant, en dire du mal, appeller sa maistresse legere, inconstante, folle, qui n'aime que le changement, qui ne fait que se rire & moquer de sa passion, qui ne recognoist point ses merites, qui aime mieux un valet pour assouvir son appetit brutal, que de conserver un honneste amour : & à mesure qu'on blasmera sa maistresse, il faut louer le|| melancholique, publier l'excellence de son entendement, & la valeur de ses merites[3]. Si les paroles n'ont assez de pouvoir de guarir ce charme, comme à la verité elles peuvent bien peu à l'endroit des melancholiques opiniastres, il faudra inventer d'autres moyens : | La fuitte, c'est à dire le changement d'air, est un des plus singuliers remedes, il le faut esloigner & depaïser du tout : car la veüe de sa maistresse luy r'allume tousjours son desir, & le recit du nom seulement sert comme d'amorce à ses ardeurs : il le faudra loger aux champs ou en quelque maison plaisante, | le pourmener souvent, l'occuper à toute heure à quelque jeu plaisant, luy proposer cent|| & cent differens objects, afin qu'il n'aye loisir de penser à ses amours, le mener à la chasse, à l'escrime, l'entretenir par fois de belles histoires & graves, parfois de fables plaisantes, avoir de la musique joyeuse : il ne faut pas le nourrir trop grassement, de peur que le sang venant à s'échauffer ne resveille la chair & renouvelle ses flammes. Ostez l'oysiveté, ostez Bacchus & Ceres, sans doute Venus se refroidira[4]. Les Poëtes chantent par tout que Venus n'a jamais peu attraper avec toutes ses ruses ces trois Déesses,

Le second moyen pour guarir les melancholiques amoureux

[173v]

Les paroles

[174r]

Le changement d'air

Les exercices

[174v]

injustum atque iniquum ea ratione damnasse Lamiam Demetrii scortum perhibent. Quia quum somnium illud adolescentis desyderium sustulisset, non tamen auri fulgor Theognidis cupiditatem restinxerat. » L'origine de la fable est dans Plutarque, *Vie de Démétrios*, 35.

2. L'ambiguïté de sens de ce mot qui recouvre indifféremment ruse et zèle, ouvre bien des perspectives sur les thérapies possibles du mal mélancolique. Voir notre Introduction, p. LXVII.
3. La source de toute cette liste est le second livre des *Remèdes d'amour* d'Ovide (notamment les v. 323-325 pour le dénigrement de la femme) qui a exercé une influence constante sur la littérature médico-morale de l'époque hellénistique jusqu'à la Renaissance.
4. Térence, *L'Eunuque*, IV, 5, v. 732 : « *Sine Cerere et Libero [Baccho] friget Venus* ». Jason Van de Velde se souvenait de cet adage : « *Balneis, & sudationibus crebro utatur, sanguinem saepe minuat, Vinum fugiat. Vetus est cantio : Sine Cerere et Baccho friget Venus.* » (*De Cerebri morbis* (1549), p. 316). Voir Erasme, *Adagia*, 297 (2.3.97) « *Sine Cerere et Baccho friget Venus* ». Par ce rapprochement entre fuite et changement d'air, Du Laurens réalise une heureuse conjonction entre les remèdes ovidiens de l'amour (« la fuite ») et les recommandations hippocratiques du traité *Airs, eaux, lieux* (le changement d'air).

Pallas, Diane, & Vesta[5]. Pallas represente la guerre, Diane la chasse, Vesta le jeusne & austerité de vie. Si tous ces artifices &|| une infinité d'autres que Nigide, Samocrate & Ovide[6] ont descrit en leurs livres des remedes d'amour sont vains, & que le corps soit devenu en telle extremité qu'il force l'ame à suivre son temperament[7] : | il faudra pour lors traicter ces amoureux comme les melancholiques que j'ay descrits au chapitre precedent, & quasi avec les mesmes remedes ; faudra purger par intervalle & doucement ceste humeur qui a gravé au cerveau une habitude seiche, la faudra humecter par bains universels, & par appliquations particulieres, par un regime fort humectant ; on le nourrira de bons bouillons, de laict d'amande, d'orges mondez, de la boullie & du laict de chevre.|| Si les veilles le travaillent on choisira des remedes que j'ay descrits. Il faudra aussi parfois resjouir le cœur & les esprits avec quelque opiate cordiale ; | Il y a certains remedes, que les anciens ont proposé pour guarir ceste passion erotique, mais ils sont diaboliques, & les Chrestiens n'en doivent user : Ils font boire du sang de celuy ou de celle qui a causé le mal, & asseurent que la passion est tout incontinent amortie. | J'ay leu dans Iule Capitolin[8],

[175r]

Les amoureux doivent estre traittez comme les vrais melancholiques

[175v]

Remedes diaboliques & deffendus

Histoire de Faustine bien estrange

5. Le premier poète est Homère. Voir Jason Van de Velde, *De Cerebri morbis* (1549), p. 314-315 : « *Homerus in hymno Veneri dicato* [manchette : *Tres deae amori inuictae*] : *Tres, inquit, sunt deae, quarum animum flectere, suaque fraude conuellere haud quaquam potis est, nempe Cesiam, Mineruam, Iouis filiam. Non enim illi aureae Veneris placuere opera, sed bella semper, ac Martis opera grata sunt, praeliaque & pugnae, ac res tractare splendidas. Neque unquam venatoriam, atque aureo insignem arcu Dianam in in amore domat, ridens Venus, etenim hanc iuuat arcus, montesque ferarum caede inficere, & cytharae, choreaeque, atque sublati clamores, & opaca nemora. Nec unquam venerandae nympheae Vestae opera Veneris accepta fuere. Magnum enim iurauit iusjurandum, quod sane perfectum est, Iovis patris caput tangens, ut perpetua virginitate frueretur diua dearum. Harum seducere animum non potest, ac in suam transdare sententiam Venus.* »
6. De cette triade d'auteurs qui auraient composé des « remèdes d'amour », seul Ovide est connu à l'époque pour avoir touché à ce sujet. Ici, comme avant, Du Laurens reprend *Le Théâtre du monde*, p. 218, où nous trouvons un fragment dont la ressemblance est manifeste. Reste à découvrir la source de Boaistuau, qui nous demeure inconnue, et à savoir si ont existé des relais entre lui et Du Laurens : « Samocrate, Nigide, et Ovide ont escrit plusieurs gros tomes et volumes du remede d'amour, par lesquels ils enseignent les remedes pour les autres [...]. » Selon le *Dictionnaire historique* de Pierre Bayle (tome 3, p. 508), il s'agirait de Nigidius Figulus (98-45 av. J.-C.), préteur romain et ami de Cicéron. Bayle rapporte, mais sans approuver, qu'un « certain auteur assez inconnu lui attribue un *Traité des Remedes de l'Amour* » (tome 3, p. 510 de l'édition de 1740, numérisée par le projet ARTFL et disponible en ligne à l'adresse : http://artfl-project.uchicago.edu/node/74).
7. Nouvelle allusion au titre du traité de Galien, *Que les passions de l'ame suivent les tempéraments du corps* [*Quod animi mores corporis temperamenta sequantur*], Kühn, IV, 767-822.
8. Julius Capitolinus est l'auteur présumé de plusieurs vies d'empereurs romains incluses dans un recueil qui allait être connu notamment par l'édition donnée par Isaac Casaubon en 1603 sous le nom d'*Histoire Auguste.* Du Laurens avait pu travailler avec l'édition établie par l'humaniste Friedrich Sylburg (deux tomes in-folio parus en 1588 et 1590 chez André Wechel à Francfort). Le fragment cité par Du Laurens se trouve dans la *Vie de Marc Antonin le Philosophe,* 19, 1-7 : « Certains prétendent, ce qui paraît très vraisemblable, que Commode Antonin, son successeur et fils, n'était pas de son sang mais était un enfant adultérin, en s'appuyant sur cette petite histoire qui courait parmi le peuple : la fille de Pius, Faustine, épouse de Marc, voyant un jour défiler des gladiateurs, se prit de passion pour l'un

que Faustine femme de Marc Aurele, fut tellement esprise de l'amour d'un jeune gladiateur, qu'elle s'en alloit mourant; Marc Aurele recognoissant sa passion, fit assembler tous les Chaldéens, Magiciens & Philosophes du
[176r] païs, pour|| avoir un remede prompt & asseuré pour ceste maladie; ils luy conseillerent en fin de faire tuer secrettement l'escrimeur, de faire boire à sa femme de ce sang, & de coucher le soir mesme avec elle. Cela fut executé, l'ardeur de Faustine fut estainte, mais de cest embrassement fut engendré Antonin Commode, qui fut un des plus sanguinaires & cruels Empereurs de Rome, qui ressembloit plus au gladiateur qu'à son pere, & ne bougeoit jamais d'avec les escrimeurs [9]. Voila comme Satan use tousjours de ses malicieuses ruses, & comme une infinité d'imposteurs & affronteurs vont abusant le monde.

d'eux; elle en conçut un long tourment et se décida à avouer son amour à son mari. Marc consulta les astrologues chaldéens qui furent d'avis qu'il fallait tuer le gladiateur, après quoi Faustine prendrait un bain de siège dans son sang et en cet état coucherait avec son mari. Ainsi fut fait; la passion de Faustine s'évanouit, mais elle mit au monde Commode, qui fut moins un empereur qu'un gladiateur, puisqu'au cours de son règne il prit part sous les yeux du peuple à près de mille combats publics de gladiateurs, comme on le rappellera dans la Vie qui lui sera consacrée. » (*Histoire Auguste*, éd. André Chastagnol, Paris, Robert Laffont, 1994, p. 145).

9. Même leçon chez Pierre Boaistuau : « L'Empereur Marc Aurelle congnoissant que Faustine sa femme estoit enamourée d'un escrimeur, de telle sorte qu'elle perdoit patience, et estoit en peril de mort pour l'effrené desir qu'elle avoit de l'avoir en sa possession, congregea un grand nombre de gens doctes en toutes facultez et sciences pour luy donner conseil à estaindre le feu qui la consommoit peu à peu : Mais après plusieurs résolutions, quelques Empiriques conseillerent à l'Empereur qu'il feist tuer celuy qu'elle aymoit, et que secrettement on luy donnast du sang du mort à boire, ce qui fut promptement exectué [Notons la différence, suivie par Du Laurens, par rapport au texte de l'*Histoire Auguste* d'après lequel Faustina doit se laver avec le sang du gladiateur]. Ce remede fut grand, car l'affection fust esteincte : mais encores ne peut il estre de si grande efficace, comme Jules Capitolin escrit, qu'Antonin Commode qu'ils engendrerent après ne fust sanguinaire et cruel, et ressembloit plus à l'escrimeur qu'au pere, et mesmes conversoit ordinairement avec les escrimeurs, et se delectoit plus de leur compagnie que des autres, de sorte qu'il sembloit que la passion de la mere fust transferée en l'enfant. » (*Le Théâtre du monde*, p. 218-219).

|| Chapitre XII

[176v]

DE LA TROISIESME ESPECE DE MELANCHOLIE QU'ON APPELLE HYPOCHONDRIAQUE, & SES DIFFERENCES [1]

Il y a une troisiesme espece de melancholie qui est la plus legere, & la moins dangereuse de toutes, mais la plus difficile a estre bien recognuë : car les plus grands Medecins sont en doute de son essence, de ses causes & de la partie malade; | on l'appelle comunement hypochondriaque & venteuse; hypochondriaque pource qu'elle a son siege aux hypochondres [2] : venteuse, d'autant qu'elle est tousjours accompagnée de vents. | Diocles a pensé que c'estoit une inflamma||tion du pylore, qui est l'orifice inferieur du ventricule [3], d'autant que le malade sent une oppression grande en ceste partie, une douleur & tension extreme dans l'estomach, une ardeur & comme embrasement par tout le ventre, plusieurs vents qui s'en eslevent avec une serosité qui sort ordinairement par la bouche, comme si c'estoit une humeur decoulante du cerveau [4]. | Galien au troisiesme livre des parties malades semble approuver ceste opinion [5], toutesfois il a esté reprins

Nom de l'hypochondriaque

Opinion de Diocles

[177r]

Opinion de Galien

1. Pour l'étiologie, le diagnostic et le traitement de la mélancolie hypocondriaque, se rapporter à la seule étude spécifique qui lui ait été consacrée dans l'histoire des idées médicales : P. Dandrey, *Médecine et maladie*, II; voir notamment la Ire partie, Chap II « Pourceaugnac hypochondre malgré lui » p. 103 et suiv.
2. Les hypocondres sont les cavités latérales de l'abdomen à droite et à gauche de l'épigastre. (voir *supra*, p. 27, n. 16).
3. C'est-à-dire l'estomac : « Le ventricule [...] est le receptacle du boire & du manger, & la grande marmite où se fait la première coction [...] ». Il dispose de deux orifices : l'orifice supérieur est appelé par les Grecs *stomachos* (*stoma* signifie « bouche ») et l'inférieur s'appele *pylore*. Celui-ci est le « portier » qui empêche la nourriture de s'échapper du ventricule avant la fin de la digestion, ou la chylification (A. Du Laurens, *Toutes les œuvres* (1621), Livre VI, Chap. XVII, p. 188v et 189r). La définition qu'en donne Antoine Furetière dans son *Dictionnaire universel* (1690) est en fait un resumé de Du Laurens : « Terme de Medecine. C'est la même chose que l'*estomac*. Le *ventricule* est un organe creux, rond & membraneux, destiné à recevoir les viandes, & pour faire le chyle. Il est longuet comme une citrouille, ou cornemuse de Berger. » Ne pas confondre avec les autres ventricules, *i.e.* les « deux cavitez qui sont dans le cœur, & [les] quatre cavitez qui sont dans le cerveau ».
4. Cette dernière observation et la comparaison que Du Laurens prend soin de faire avec les sérosités et mucosités venues de la tête peuvent constituer une cause de confusion avec la mélancolie cérébrale, et prouvent il n'est pas toujours aisé d'identifier la variété hypocondriaque du mal, comme Du Laurens l'avait déclaré au début de ce chapitre : « Il y a une troisiesme espece de melancholie qui est la plus legere, & la moins dangereuse de toutes, mais la plus difficile a estre bien recognuë. »
5. Galien, *Des Lieux affectés*, III, 10, Kühn, VIII, p. 185-187. De même Guillaume Rondelet, *Methodus curandorum* (1575), p. 117r : « *Dioclem citat Gal. liber 3 de locis affectis, qui ait os ventriculi inflammari, ac propter inflammationem ipsum obstrui, & prohibere, ne alimenta statuto tempore ad intestinum descendant. Quaobrem diutius manentia in ventriculo, quam par*

de tous les Medecins nouveaux[6] : d'autant que s'il y avoit inflammation à l'estomach, elle seroit accompagnée d'une fievre continuë, & la maladie
[177v] seroit aiguë : or nous voyons le|| contraire, car l'hypochondriaque est une
Opinion de Theophile maladie cronique[7], & le plus souvent sans fievre[8]. | Theophile pense que c'est une inflammation du foye & des intestins[9] : s'il entend que ce soit une inflammation seiche qu'on appelle φλόγωσις[10], son opinion est recevable,

est, & tumores, & æstus & reliqua, quæ prædicta sunt, efficiunt. Hæc sunt, quæ Diocles literis prodidit, quæ Gal. non reprehendit, sed in eadem est sententia. »
Sur Diocles, en général, voir Werner Jaeger, *Diokles von Karystos*, Berlin, 1938 ; pour la vision de ce médecin sur la mélancolie telle qu'elle nous est transmise par quelques fragments du corpus galénique, voir Helmut Flashar, *Melancholie und Melancholiker in den medizinischen Theorien der Antike*, Berlin, Walter de Gruyter & Co, 1966, chap. III, p. 50-59.

6. Par cette unanimité affichée et proclamée, Du Laurens entend indiquer que la cause est entendue et l'erreur des Anciens sur ce point avérée et corrigée. C'est un signe de modernité intellectuelle : une attitude humaniste aurait consisté à opposer les arguments et à choisir avec une certaine discrétion et sans récuser la position rejetée comme une erreur du plus grand des médecins anciens « repris » comme un jeune clerc par les médecins « nouveaux » devenus ses aînés. Le renversement d'âge implicitement suggéré par le verbe sera caractéristique de la position des Modernes dans la querelle bien connue : les Anciens ne sont plus les aïeux des savants modernes placés en situation de filiation par rapport à eux, ils sont les contemporains d'un temps où le monde était encore en partie dans l'enfance avant de prendre de l'âge.
7. Les maladies aiguës s'opposent aux chroniques ; elles se caractérisent par une grande intensité dans l'évolution des symptômes qui mènent à la crise finale. Les attributs principaux des maladies aiguës sont l'état fébrile et la contagion, exclus du tableau nosologico-pathologique de la mélancolie hypocondriaque. Voir Arétée de Cappadoce, *Des causes et des signes des maladies aiguës et chroniques*, trad. René-Théophile-Hyacinthe Laennec, éd. Mirko Grmek, Genève, Droz, 2000 ; l'article « Aiguë (maladie) » dans le *Dictionnaire encyclopédique des sciences médicales*, Paris, 1865, tome II, série 1, p. 203 et suiv.
8. Reprise d'un passage célèbre du *Colliget* d'Averroès : « [...] si la cause de la maladie venait d'un apostème [*i.e.* une inflamation tumorale – voir les notes suivantes] chaud dans ces parties du corps, il s'ensuivrait nécessairement de la fièvre ; or nous voyons que dans cette maladie, il n'y a pas de fièvre » (*Colliget libri VII*, Venise, Giunta, 1562 [fac-similé Minerva, Francfort-sur-le-Main, 1962], livre III, chap. 40, p. 56v, cité d'après la trad. de Caroline Petit dans P. Dandrey, *Anthologie de l'humeur noire,* p. 370).
9. Theophilos Protospatharios, médecin byzantin mal connu, auteur d'un traité sur la constitution de l'homme, qui est en réalité un commentaire du *De Usu partium* de Galien. Le nom de Théophile apparaît chez Rhazès et chez Avicenne dans des passages liés à l'affection hypocondriaque. Toutesfois, des éditions humanistes du *Canon* d'Avicenne proposent de remplacer Théophile (« celui qui aime Dieu ») par Dioclès (« celui qui glorifie Dieu »). Voir P. Dandrey, *Anthologie de l'humeur noire*, p. 648, pour une note détaillée faisant le tour de la question.
10. Du Laurens opère ici une distinction essentielle entre l'inflammation sèche appelée φλόγωσις et une tumeur contre nature ou phlegmon. Le φλόγωσις, cette forme d'inflammation souvent assimilée par la médecine grecque au phlegmon – et attestée déjà par Galien : « *Quum autem veteres phlogosin saepe phlegmonen appellent* » (*Methodus medendi*, XIII, 1, Kühn, X. 875) – est en fait une inflammation *praeter naturam* (une partie similaire ou homoïomère s'enflamme par suite d'une dyscrasie devenue chronique) et non *contra naturam* (la dyscrasie force l'apparition d'une excroissance tumorale). En revanche, le phlegmon ou apostème peut représenter une tumeur contre nature et peut provoquer ainsi une affection fébrile de la famille des maladies aiguës ; lesquelles se terminent en général par un accès ou crise, alors que le *phlogosis* est défini de manière originale par Du Laurens comme une inflammation

mais s'il veut prendre l'inflammation pour un phlegmon qui est une tumeur contre nature, on luy fera le mesme reproche qu'à Galien, pource que tout phlegmon du foye & des intestins est au rang des maladies aiguës [11]. | Les plus doctes Medecins de nostre temps ont definy l'hypochondriaque, une intemperature seiche & chaude des venes du mesentere [12], du foye, & de la ratte causée par une|| obstruction des humeurs grosses, lesquelles venant à s'echauffer envoyent plusieurs vapeurs qui causent tous les accidens que nous descrirons au chapitre suivant [13]. Ceste definition comprend toute l'essence de l'hypochondriaque, puis qu'elle demonstre les parties malades, & la cause de leur maladie. | Les parties où s'engendre l'hypochondriaque sont le mesentere, le foye, & la ratte : le mesentere a une fort grande estendue, car il contient un million de venes, un nombre infiny de glandes qui les accompagnent, & ce grand corps tout rouge qu'on appelle pancreas : | ce mesentere est comme un magazin ordinaire d'un million de maladies, & sur tout de fievres|| intermitentes. Là se peut arrester & eschauffer l'humeur qui fait l'hypochondriaque, & non seulement dans les veines, mais bien souvent dans le corps du pancreas qui est fort proche de l'estomach, & qui est couché sur le premier intestin appellé *duodenum* ou *pylorus* : & en cela pourroit on excuser Diocles & Galien qui ont prins le pylore pour le pancreas, d'autant que ces deux parties se touchent [14]. | L'autre partie qui fait l'hypochondriaque est le foye, quand il est trop eschauffé, & qu'il

Definition de l'hypochondriaque

[178r]

Les parties malades en ceste affection

Le mesentere

[178v]

Le foye

sèche, c'est-à-dire sans putréfaction cacochyme ni abcès. Pour la différence entre *praeter naturam* et *contra naturam*, Du Laurens semble être en accord avec Jean Fernel, *Universa Medicina, De morborum differentiis*, I, 2, p. 347-348 : « *Omnis porro corporis constitutio atque affectus, aut naturalis aut non naturalis existit : atque non naturalis alius praeter naturam, alius contra naturam. Praeter naturam, qui tametsi ex naturae praescripto non est, illi tamen nullam vim infert : eiusmodi est fœdus icteriorum color, & qui solis ardore contrahitur(...) Contra naturam affectus est, qui non modo naturae limites excessit, sed & illi uim infert, eiusque vires & functiones manifeste interturbat, atque id modo proxime, modo alterius interiectu facit.* »

11. Galien, *Des lieux affectés*, III, 10, Daremberg II, p. 567 et suiv.; Kühn VIII, p. 187 et suiv. Un exemple de réfutation de ce détail étiologique se trouve chez le montpellerain Guillaume Rondelet, *Methodus curandorum* (1575), p. 117r-v : « *Neque probo Dioclis & Gal [eni] opinionem, qui dicunt os ventriculi, quod intestinis continuatur, inflammari. Si enim inflammaretur, & in tumorem eleuaretur, febris continua esset, ut in aliis inflammationibus internis, ac morbus acutus esset. At in hoc affectus, neque febris adest, neque morbus acutus, sed qui in multos menses producitur* ».
12. Dans les *Opera omnia* (1628) Guy Patin introduit une manchette attestant l'importance donnée par les pathologues français au mésentère comme siège de la mélancolie hypocondriaque : « *Morborum diuturnorum & contumacium causas in Mesenterio delitescere primus omnium obseruauit eruditissimus noster Fernelius, lib. 6 Pathologiae cap. 6 [.] G.P* » (Du Laurens, *Opera omnia*, Paris, 1628, tome II, p. 87).
13. Une définition similaire se trouve chez Guillaume Rondelet, *Methodus curandorum* p. 117r : « *Hypochondriaca affectio fit vitio splenis, mesenterii, & intestinorum. Aliquando est sola intemperies in principio, sed tandem urit calidos humores. Alimenta coctu difficilia non concoquuntur, hinc cruditates, & flatus multi gignuntur.* »
14. Nous avons ici un indice des progrès que la dissection humaine avait permis à la science anatomique : c'est un jugement d'anatomiste qui sait les difficultés de l'observation des organes ; et une attitude ici encore de *magister* excusant avec indulgence l'erreur des Anciens.

La ratte est le plus souvent le siege des cette maladie

[179r]

attire de l'estomach les viandes à demy cuittes, ou qu'il brusle par trop les humeurs & les retient dans ses veines : | mais celle qui engendre le plus souvent l'hypochondriaque est|| la ratte, d'autant que nature l'a faicte pour l'expurgation du suc melancholique ; de sorte que si elle ne fait son devoir ou de l'attirer comme il faut, ou de le purifier pour sa nourriture, ou d'en chasser le superflu : il ne faut pas douter que ce suc grossier regorgeant par toutes les veines voisines ne s'y eschauffe, & face un merveilleux trouble en toute l'œconomie naturelle [15]. Voila donc les parties malades en l'hypochondriaque, le mesentere, le foye & la ratte. | La cause de leur maladie est une obstruction, car les veines de ces parties sont farcies & remplies de quelque humeur. Ceste humeur parfois est simple, comme une humeur melancholique n'a|| turelle, ou une humeur aduste & atrabilaire, ou une humeur phlegmatique & cruë, par fois elle est meslée de deux ou trois ensemble, ce qui arrive bien plus souvent, mais il faut tousjours que ceste humeur s'eschauffe pour faire l'hypochondriaque : si elle est bilieuse ou aduste il luy sera fort aisé de s'embrazer promptement, si elle est froide de sa nature, comme est la melancholie & le phlegme, le long sejour & la transpiration empeschée la pourront eschauffer, ou bien il ne faudra qu'un peu de levain qui sera fourny d'une portion de cholere aduste, pour allumer tout le feu : ceste ardeur a esté appellée des anciens φλόγωσις, de sorte que|| nous pourrons definir l'hypochondriaque une inflammation seiche des veines du mesentere, du foye, & de la ratte, causée par la suppression [*sic*] [16] de quelques humeurs grossiers [17].

La cause de l'hypochondriaque

[179v]

[180r]

Differences de l'hypochondriaque

| De ceste definition nous recuillerons [*sic*] toutes les defferences [*sic*] de l'hypochondriaque : lesquelles sont prises ou de la partie malade, ou de la matiere, ou des accidens. Si nous avons esgard aux parties malades il y aura trois especes de l'hypochondriaque ; l'hepatique, l'esplenique, & la mesenterique. | L'hepatique vient par le vice du foye, qui attire par sa chaleur excessive trop grande quantité de cruditez de l'estomach, & engendre par la mesme intem||perature des humeurs trop chaudes, lesquelles, ou

L'hepatique

[180v]

15. L'on savait depuis Platon que la fonction principale de la rate était de purifier le bas-ventre des impuretés qui auraient été produites par le foie. Ainsi, au *Timée* 72c : « Lorsque les impuretés se produisent dans le foie [...], la porosité de la rate les purifie en les recevant toutes » ; Aristote, *Les Parties des animaux*, 669b-670a : « La rate, en effet, attire hors du ventre les humeurs superflues, et comme elle est sanguine elle peut contribuer à leur coction [...]. Mais si la sécrétion est trop abondante ou si la rate n'a que peu de chaleur, la santé devient mauvaise par excès de nourriture ».
16. Du Laurens écrit « suppression », mais sans doute faut-il comprendre compression d'humeurs au sens « d'obstruction » (cf. sa définition de la mélancolie hypocondriaque comme l'effet d'une « obstruction des humeurs grosses »).
17. La maladie hypocondriaque résume en une synthèse éblouissante tous les mécanismes complexes de génération de la pathologie mélancolique à partir des divers états de la bile noire : naturelle et dégénérée, par inflammation ou par pourrissement. Le système médical fonctionne ici à plein, dans toute son efficacité (trompeuse, certes) qui enchante l'esprit du médecin : la définition condensée et pleine à laquelle il parvient sonne comme un triomphe de l'explication rationnelle et synthétique. Sur la clarté définitionnelle de Du Laurens, voir notre Introduction, p. LI.

il retient dans ses veines, qui sont en si grand nombre qu'on ne les peut descrire, ou les respand par tous les rameaux de la porte [18]. | L'esplenique vient par le vice de la ratte, quand elle ne peut attirer, purifier, & chasser l'humeur melancholique. Cela arrive lors qu'elle est trop grosse, ou trop petite : estant enflée ne peut attirer ny contenir tout l'excrement ; de sorte qu'il faut qu'il regorge, & que tout le corps en amaigrisse. Ce qu'a très bien remarqué Hippocrate en ses Epidemies quand il dit que ceux à qui la ratte fleurit, le corps devient maigre [19] : & l'Empereur Trajan avoit accoustumé de com||parer la ratte au fisc : car tout ainsi que l'augmentation du fisc est la ruine & apauvrissement du peuple [20] ; ainsi la grosseur de la ratte extenuë le corps : la petitesse aussi qui vient du vice de la conformation peut estre

L'esplenique

[181r]

18. La *veine porte* a une importance majeure dans la transmission de la maladie hypocondriaque : principale veine du foie, c'est à travers elle qu'il attire le chyle insuffisamment digéré. Les humeurs peccamineuses qui s'y engendrent sont ensuite repoussées vers la ratte (par le rameau « splenique ») et vers le mesentère (à travers le rameau « mesenterique » de la veine porte). Voir André Du Laurens, *Toutes les œuvres* (1621), livre IV, chap. IV., p. 78 : la veine porte « naît de la partie cave du foye » et elle est « comme le tronc de toutes les veines qui s'épandent en la vésicule, au ventricule, en la ratte, aux boyaux, & en l'epiplon : quelquesfois aussi qu'il [Galien] la nomme, *la veine qui est aux portes.* Le vulgaire la nomme *la veine porte, portiere*; *huissiere, ou veine de la porte* : Il y en a qui l'appellent la *main du foye*, parce qu'il s'en sert comme d'une main pour attirer le chyle. [...] La distribution de cette veine ressemble totalement aux divisions des arbres : car comme les racines d'un arbre respandës dans la terre par une infinité de racinettes & filamens s'assemblent en un tronc, lequel sortant un peu dehors se fend en deux gros rameaux dissemblables : & ces deux-cy se divisent derechef en d'autres, & ces autres encore en d'autres jusques à ce que finalement ils se perdent en des scions très-menus. Ainsi les racines de la veine porte respanduës par un nombre infini de petits scions dans toute la chair du foye, se terminent par un tronc, lequel aussi tost quasi qu'il est sorti du foye se fend comme en deux gros rameaux, desquels l'un est nommé, *splenique*, & l'autre, *mesenterique* [...] ».
19. Galien, *Des Facultés naturelles*, II, 9 : « Cependant chez toutes les personnes dont la santé est florissante, dit Hippocrate, la rate devient petite [...]. Au contraire, chez les personnes dont la rate devient grande et suppure intérieurement, le corps s'amaigrit et devient cacochyme » (Kühn, II, p. 133 ; Daremberg, II, p. 279 ; P. Dandrey, *Anthologie de l'humeur noire,* p. 147). Sentence reprise dans le *Canon* d'Avicenne : « Quand la rate devient grande, le corps et le foie s'amaigrissent [...] » (citée d'après les *Trois traités d'anatomie arabes par Muhammed ibn Zakariyya Al-Razi, Ali ibn al-Abbas, Ali ibn Sina*, trad. P. de Koning, Leyde, E. J. Brill, 1903, p. 720).
20. Du Laurens reprend des lieux communs exploités dans ses *Opera Anatomica* (1593) et que nous reproduisons d'après la traduction française de Théophile Gelée : « Hippocrate l'accompare à la plante du pied. Elle n'est point en tous de pareille grandeur, ny d'une mesme couleur ; & toutefois la grandeur de cette partie, est en general pire que la petitesse, & ceux à qui le corps fleurit & se porte bien, la ratte diminue, & au contraire, elle croist & grossit à ceux à qui le corps amaigrit. D'où l'Empereur Trajan l'appelloit assez bien *le fisc* : car comme la ratte croisant le reste du corps diminue, ainsi le fisc s'enrichissant le peuple s'appauvrit. » (Du Laurens, *Toutes les œuvres* (1621), p. 200r). Du Laurens a pu lire la référence à Trajan dans Cœlius Rhodiginus, *Lectionum antiquarum* (1566), IV, 18, p. 143 : « *Elegantissimum est & illud quod in Iuliano Sextus Aurelius prodidit : Traianum exactiones improbantem detestantemque solitum dicere, Fiscum esse veluti lienem, quod eo excrescente, artus reliqui contabescerent.* » L'anecdote prend son origine dans Sextus Aurélius Victor, *Epitome de Caesaribus,* XLII, 21.

cause de cet accident, car ne pouvant attirer ny contenir tout ce qu'il faut d'humeur melancholique, il est contraint de regorger & de se respandre par tout le mesentere. Il y a une certaine famille fort noble [21] qui est subjette à ceste hypochondriaque, ils en sont morts trois ou quatre à l'aage de trente cinq ans, on n'y a sceu recognoistre autre cause que la petitesse de la
[181v] ratte, car elle estoit si petite & estroite qu'elle ne pouvoit faire|| son office.

La mesenterique

| La derniere hypochondriaque est la mesenterique, qui se fait au pancreas, aux glandes & aux veines mesenteriques. Hippocrate & plusieurs autres Medecins recognoissent une hypochondriaque hysterique, qui vient de la matrice par la retention des mois [22], ou de quelque autre matiere [:] elle produit mesmes effects que les autres, & est bien souvent plus furieuse pour la merveilleuse sympathie qu'a la matrice avec toutes les parties du corps.

Seconde difference

| La seconde difference de l'hypochondriaque est prinse de la matiere : il y en a une qui se fait de melancholie froide naturelle, laquelle se retenant
[182r] dans les veines & y estant pres||sée s'eschauffe après : l'autre se fait d'une humeur aduste & bruslée; l'autre de gros phlegme & de cruditez avec un peu de cholere qui s'y entremesle.

La derniere difference

|La derniere difference est prinse des accidens : il y a une hypochondriaque legere comme celle de Madame la Duchesse d'Uzez, qui la tratte si doucement, qu'elle en voudrait estre aussi longemps travaillée comme elle a desja esté, car il y a plus de quarante ans qu'elle en a eu les commencemens *. Il y en a une autre plus violente. Il y en a une qui commence, & une autre qui est formée.

21. Nous ignorons à quelle famille Du Laurens fait référence, mais il pourrait s'agir d'une famille soignée par le médecin, peut-être même celle de la duchesse d'Uzès. Il y a là comme un effet allusif qui signe une connivence possible entre l'auteur et sa destinataire. Sinon pourquoi cette référence dont la pudeur annule l'effet et dont le renchérissement sur l'origine « *fort* noble » de cette mystérieuse race ressemble à une déférence?

22. Hippocrate, *Des Maladies des femmes,* I, 7 et II, 125-126, Littré, VIII, p. 33 et 269-273. Du Laurens résume l'une des plus prolixes confusions de l'histoire de l'ancienne médecine. L'hystérie, par superposition de symptômes (les vapeurs malsains, engendrés par l'utérus, s'élèvent à travers le corps et empoisonnent le cerveau), ou par simple voisinage dans le basventre, avait été rapprochée de l'affection hypocondriaque. L'hystérie serait la contrepartie féminine de la mélancolie hypocondriaque de l'homme. Voir P. Dandrey, *Médecine et maladie*, I, p. 380-409 et en particulier p. 394 et suiv. À l'horizon de cette confusion se profilent les traités de Willis et de Sydenham sur l'assimilation progressive de l'hystérie à une maladie de l'esprit, par la transition que lui ménage cette mélancolie encore sise au ventre. Voir Jackie Pigeaud « Délires de métamorphoses [Deliria of metamorphosis] », dans Claire Crignon-De Oliveira et Mariana Saad (éd.), *Melancholy and Material Unity of Man, 17th-18th Centuries/ La mélancolie et l'unité matérielle de l'homme – XVIIe et XVIIIe siècles, Gesnerus*, vol. 63, 1&2, 2006, p. 73-89 ; P. Dandrey, *Médecine et maladie*, I, p. 433 et suiv.

* Var. 1597 : la séquence « comme celle de Madame la Duchesse d'Uzez, qui la tratte si doucement, qu'elle en voudrait estre aussi longemps travaillée comme elle a desja esté, car il y a plus de quarante ans qu'elle en a eu les commencemens » devient superflue après la mort de la duchesse et elle disparaîtra à partir de l'édition de 1597.

|| Chapitre XIII

[182v]

LES SIGNES DE L'HYPOCHONDRIAQUE & D'OÙ VIENNENT TOUS LES ACCIDENS QUI L'ACCOMPAGNENT

L'hypochondriaque bien formée est ordinairement accompagnée d'une infinité de fascheux accidens qui tiennent par fois les malades en telle angoisse qu'ils pensent à tous coups estre morts : | car outre la peur & la tristesse, qui sont accidens communs à toute melancholie, ils sentent une ardeur aux hypochondres, oyent toujours un bruit & tintamarre par tout le ventre, poussent les vents de tous costez, ont une oppression en la poictrine qui les contraint de redoubler leur respiration avec un sen||timent de douleur, crachent souvent une eau subtile & claire, ont une fluctuation en l'estomach, comme s'il nageoit tout en eau, sentent un mouvement violent & extraordinaire du cœur qu'on appelle palpitation, & sur le costé de la ratte, il y a quelque chose qui les mord & qui bat tousjours, ont des petites sueurs froides accompagnées par fois d'une legere defaillance, la face leur rougit bien souvent, & leur semble que c'est un feu volage ou comme une flamme qui passe, leur pouls se change & devient petit & frequent, sentent une lassitude & foiblesse universelle, & sur tout aux jambes, leur ventre n'est jamais lasche [;] en fin ils amaigrissent peu à|| peu. Tous ces accidents despendent de ceste cause generale que j'ay descrite, mais il en faut ici recercher les particulieres.| |L'ardeur qu'ils sentent du costé de la ratte, du foye & de tout le mesentere vient de l'embrasement de ceste grosse humeur, soit phlegmatique, soit atrabilaire, laquelle venant comme à bouillonner s'enfle, & envoye ses vapeurs par toutes les parties voisines. | Le bruit qu'on oit par tout le ventre vient de vents qui courent par tout, & accompagnent si bien ceste melancholie que les anciens l'ont appellée venteuse[1] : nous remarquerons à la generation de ces vents | la cause materielle & efficiente; la matiere est une humeur|| grosse, atrabilaire, ou pituiteuse. Ces deux humeurs sont quasi tousjours meslées en ceste maladie, pource que le foye estant trop chaud (comme il est ordinairement aux hypochondriaques) attire & ravit de l'estomach, qui est son voisin fort proche, la

Accidens de l'hypochondriaque formée

[183r]

[183v]

Causes particuliere de tous ces accidens — D'où vient l'ardeur

Cause des vents

La cause materielle

[184r]

1. Arétée de Cappadoce, « Maladies chroniques », I, 5, p. 81-82 : « […] mais si elle [la bile noire] remonte vers l'orifice de l'estomac et aux environs des hypocondres, elle engendre la Mélancolie; car alors elle cause des flatulences par haut et des éructations fétides, d'une odeur de poisson pourri, et inférieurement des vents qui sortent avec beaucoup de bruit, en même temps qu'elle affecte et aliène l'esprit. C'est pour cette raison que les anciens appelaient indifféremment mélancoliques ou venteux ceux qui sont attaqués de cette maladie. » (*Traité des signes, des causes et de la cure des maladies aiguës et chroniques*, Maximilien Renaud (éd.), Paris, Lagny, 1834) ; Galien, *Des lieux affectés*, III, 10, Daremberg II, p. 567; Kühn VIII, p. 187; P. Dandrey, *Anthologie de l'humeur noire*, p. 164.

viande qui n'est qu'à demy cuitte [2] : il se fait donc un amas de cruditez [3] dans les veines par l'attraction du foye : il se fait aussi une generation des humeurs chaudes & bruslées par l'intemperature de ce viscere ; de façon qu'il y a tousjours dans les veines & du crud & du trop cuit : le crud y a esté attiré trop tost, le bruslé s'y est engendré.

La cause efficiente des vents [184v]

| La chaleur debile est la cause efficiente des vents, elle|| meut & agite la matiere, mais n'a pas le pouvoir de la dissiper du tout, & encore que l'agent de soy-mesme soit assez fort, toutefois n'estant point proportionné à la matière, peut estre appellé debile.

D'où vient l'oppression

|L'opression qu'ils sentent à la poictrine vient ou des vents ou des vapeurs grossieres, lesquelles pressent le diaphragme, principal instrument de la respiration, ou se mettent entre les espaces des muscles intercostaux, ou bien entre les tuniques tant internes qu'externes, de la viennent ces grandes douleurs qui montent jusques aux espaules, & vont bien souvent aux bras par la continuation des membranes, & sympathie des muscles [4].

D'où viennent les eaux et la fluctuation [185r]

|Ceste eau que les melan||choliques jettent ordinairement par la bouche est une des plus asseurez signes de l'hypochondriaque, si nous voulons croire Diocles [5] : la cause se doit rapporter au rafroidissement de l'estomach

2. Le principe actif de la digestion est la chaleur. Lorsque le foie a une température supérieure à celle de l'estomac, il attire comme un aimant le chyle non encore digéré ou « cuit » et empêche ainsi l'estomac d'achever son labeur.
3. Crudités au sens d'aliments insuffisamment digérés. Au lieu d'être transformé en sang nourrissant, une partie du chyle reste à l'état cru.
4. Synonyme de membrane. Les membranes « couvrent & revestent, comme un habillement [,] les parties, d'où elles sont nommées *tuniques* ». Par « tunique externe » Du Laurens entend la peau, tandis que les « tuniques internes » désignent les membranes nerveuses couvrant les organes internes. Les vapeurs qui s'élèvent des hypocondres pressent sur les membranes internes et provoquent ainsi une douleur rayonnante : « L'office commun des membranes, est *de servir d'organe au sens de l'attouchement, comme l'œil au sens de la veue* [...]. C'est la membrane seule, qui doit estre tenue pour l'organe du sentiment, & si on depoille les parties de leurs membranes, on les privera de tout sentiment. Ainsi la chair du foye, des poulmons, de la ratte, & des visceres est insensible. Or comme le sentiment est dissus par le corps, parce qu'il est partout necessaire ; aussi sont les membranes respandues par toutes les parties, tant externes, qu'internes. » (Du Laurens, *Toutes les œuvres* (1621), p. 106).
5. Voir Du Laurens *Historia Anatomica*, Livre 6, Question 27, p. 203r : « L'authorite, la raison & l'experience prouvent que tous les splenitiques & melancoliques abondent en serositez : Hippocrate appelle par tout l'humeur melancolique *hydor*, c'est à dire eau, comme quand il dit, *Tant la femme comme l'homme ont quatre especes d'humiditez, le sang la colère, l'eau & la pituite.* Et aileurs ; *Il y a quatre sortes d'humiditez, le sang, la bile, l'eau & la pituite* [1.4. de morb./ 1. de genit.]. Par *l'eau*, tous les Interpretes entendent l'humeur melancolique, d'autant qu'elle abonde en serositez : car elle est froide, & pourtant elle resoult & affoiblit par sa presence la chaleur naturelle de la ratte, du ventricule, du foye & des parties voisines : d'où se fait un très-grand amas de cruditez & d'eaux. Mais l'experience nous monstre aussi journellement le mesme : car ceux qui ont la fievre quarte suent & pissent beaucoup, & les melancoliques sont quasi tous grands cracheurs : Ce qui a meu Galien de mettre, selon l'opionon de Diocles, *le cracher frequent, comme principal entre les signes de l'hypochondriaque.* Concluons donc quel les splenitiques abondent en serositez. Or qu'ils soient purgez par les urines, Hippocrate, Galien, Avicenne, Paul & Rhasis l'enseignent, nous l'experimentons

qui engendre tout plein de cruditez [6]. Ceste froideur arrive par la chaleur excessive du foye qui attire le chile* tout crud, qui consomme toute la graisse de l'estomach, qui ravit comme goulu toute la chaleur des parties voisines : J'adjousteray aussi que l'ebulition de l'humeur venant à se faire, le plus crud regorge souvent dans l'estomach, & le rafroidit ; de sorte que nous y remarquons les deux froids, le privatif & le positif (ainsi qu'ont accoustumé|| de parler les Philosophes) [7]. | Le mouvement extraordinaire du cœur & de toutes les arteres vient de la vapeur qui s'esfleuve de ceste matiere agitée, laquelle attaquant assez vivement le cœur, & le deffiant comme au combat luy fait redoubler ses pas, mais il en perd bien souvent la cadence, & ceste belle mesure qui doit estre au pouls defaut quelque fois. | Les rougeurs qu'on voit au visage, les palpitations universelles & ces chatouillemens qu'on sent par tout comme petis fourmis, viennent ou des vents plus subtils, ou des vapeurs eslevées d'en bas. | Les sueurs froides arrivent lors que les vapeurs sortans des hypochondres comme d'une four||naise abordent à la peau qui est beaucoup plus froide, & là s'espaississent. | La lassitude qu'ils sentent par tous les membres, vient en partie des vapeurs qui courent parmy les espaces des muscles, & se meslans dans la substance des nerfs les rendent plus lasches, & font comme une stupeur, en partie des cruditez & serositez qui sont avec le sang.

[185v] D'où vient la palpitation

D'où viennent les rougeurs

La cause des sueurs froides

[186r]

D'où vient la lassitude

| L'amaigrissement vient, pource qu'il n'y a pas assez de sang louable. Le ventre est dur pour la chaleur excessive du foye qui consume toute l'humidité des excremens.

D'où vient l'amaigrissement

tous les jours en faisant la Medecine. Hippocrate escrit que les medicaments qu'on ordonne aux splenitiques doivent purger par les urines. »

6. Indigestions, parties mal ou insuffisamment digérées par l'estomac.

* Var 1597 : *chyle.*

7. Positif et privatif sont des notions de logique aristotélicienne (voir Aristote, *Catégories*, X, 11-12 et *Métaphysique*, 1004b). Privatif marque l'absence d'une caractéristique habituellement présente à un être ou objet (l'aveuglement est la privation de la vue). De la sorte, on comprendra que dans la médecine de Du Laurens, l'estomac peut se refroidir par deux procédés opposés : d'un côté le foie attire vers lui le chyle encore cru (comprendre insuffisamment digéré ou concocté) et refroidit l'estomac. Le foie prive ainsi l'estomac de la chaleur dont il disposait, il lui enlève une propriété intrinsèque : c'est le froid privatif ; de l'autre côté, l'estomac reçoit des humeurs crues, des résidus produits après l'adustion d'humeurs. Ceux-ci se refroidissent et contribuent davantage à la perte de chaleur de l'estomac : c'est le froid positif. Au sujet du froid privatif et positif en médecine, voir Guillaume de Baillou, *Épidémies et éphémérides* (Paris, 1640), trad. et notes par Prosper Yvaren, Paris, J-B. Baillère et fils, 1858, p. 181 et 187.

|| Chapitre XIV [186v]

HISTOIRES FORT REMARQUABLES DE DEUX HYPOCHONDRIAQUES

Il se trouve par fois des maladies si estranges en leur espece, que les plus habiles Medecins y perdent le jugement. J'ay veu deux hypochondriaques si furieuses, que l'antiquité n'en a jamais remarqué de semblables, & la posterité peut estre n'en verra de long temps de telles. | Il y avoit à Montpelier un honneste citoyen d'habitude melancholique, & d'un temperament atrabilaire, lequel ayant esté travaillé par l'espace de deux ou trois années d'une legere hypochondriaque, laissa tellement accroistre le mal, qu'il se vit en||fin reduit à ceste extremité; Il sentoit deux ou trois fois le jour un leger mouvement par tout le ventre, & principalement sur le costé de la ratte : le bruit s'en esmouvoit si grand, que non seulement le malade, mais tous les assistans l'oyoient : Ce tintamarre duroit environ un demy quart d'heure, & après tout soudain la vapeur, ou le vent gaignant le diaphragme & la poictrine luy causoit une opression si grande avec une toux seiche, que tous l'eussent pensé astmatique. Cet accident estant un peu remis, tout le reste du corps estoit tellement esbranlé qu'on l'eust jugé semblable à un navire qui est agité de la plus furieuse tempeste : il s'advançoit, il|| reculoit, on voyoit les deux bras se mouvoir comme s'ils eussent enduré des convulsions. En fin ces vents ayans couru par tout le corps & fait un ravage universel, sortoient avec si grande impetuosité par la bouche, que tous les assistans en estoient effrayez, lors l'accez finissoit, & le malade se sentoit allegé. Ce n'est pas encores tout, deux ou trois mois avant qu'il mourust il avoit tous les jours deux ou trois petites syncopes, le cœur luy defailloit, avec une envie extreme de pisser, & comme il avoit pissé il revenoit à soy : la violence du mal fut si grande que l'ame fut en fin contrainte d'abandonner son logis. Je fus appellé à l'ouver||ture du corps, pource que je l'avois assisté oridinairement en sa maladie avec un de mes collegues monsieur Hucher Chancelier [1] de nostre université, que j'ay bien voulu nommer par honneur, comme le cognoissant un des plus doctes & plus experimentez Medecins de nostre temps. Je trouvay la poictrine à demy pleine d'une eau noirastre & puante, le senestre ventricule du cœur en estoit tout remply, & dans le tronc de la grosse artere on y voyoit la mesme

Histoire premiere

[187r]

[188v]

[188r]

1. Jean Hucher (v. 1538-1603), médecin et professeur royal à Montpellier (3e régence : 1570-1603). Il succède par concours à Honoré Castellan. À sa mort survenue en 1603, André Du Laurens hérite de sa charge « honorable » de chancelier de l'Université. Que ces deux médecins soient en très bons termes est prouvé par le fait que Jean Hucher est responsable de la réussite de Du Laurens dans ses vœux de devenir professeur royal à Montpellier. Voir notre introduction (p. XV) pour les conditions particulières de ce concours; consulter également Dulieu, p. 43 *et passim*.

couleur. Lors me resouvenant d'un beau passage qui est dans Galien au sixiesme livre des parties malades, je remonstray à la compagnie que la [188v] cause de ces defaillemens, & de l'envie frequente|| de pisser, venoit de ceste humeur maligne, laquelle traversant le cœur s'en alloit par les arteres aux Belle observation pour la defense de Galien reins, & de là à la vessie. | J'ay voulu noter cecy en passant pour defendre Galien de la calomnie des nouveaux Medecins, qui pensent que le pus des empyiques & des pleuretiques ne se peut purger par le cœur ou par les arteres. J'ay plus amplement traicté ce subject au troisiesme livre de mes œuvres anatomiques[2].

Seconde histoire | L'autre histoire est bien aussi estrange, je l'ay remarquée cet hyver à Tours, & ay esté appellé en conseil avec messieurs d'Anselineau, Faleseau, & Vertunian, Medecins très doctes & fort experimentez[3]. Un jeune sei- [189r] gneur de||puis huit ou neuf ans est travaillé de ceste hypochondriaque : il oit tous les jours environ les neuf heures du matin un petit bruit du costé de la ratte : après il sent eslever une vapeur qui rougit toute la poictrine, toute la face, & gaigne le plus hault de la teste, les arteres des temples battent bien fort, les veines du visage sont enflées, & au bout du front, où les veines finissent, il sent une douleur extreme qui n'a que la largeur d'un sol, la rougeur court par tout le bras gauche jusqu'au bout des doigts, & represente un feu volage en un erisipele, le costé droit en est du tout exempt. [189v] Durant l'accez il est si abbatu qu'il ne peut sonner mot, les lar||mes luy decoulent en abondence, & luy sort de la bouche une quantité incroyable d'eaux, le dehors bruslé, & le dedans est comme glacé : la jambe gauche est toute pleine de varices, & ce que je trouve de plus estrange à l'os gauche de la teste, qu'on appelle parietal, il y a une piece d'os emportée sans qu'il ait precedé aucune cause apparente, comme coup ou cheute, & ne peut endurer qu'on le touche en cet endroit : la maladie a esté si rebelle que tous les remedes que les plus doctes Medecins luy ont ordonné ne l'ont jamais sceu abbatre. Il fut resolu en nostre conseil qu'on la combattroit

2. Du Laurens, *Opera Anatomica* (1593), livre III, « *Controversiae anatomicae. Quaestio VII. De vena, azygo & iugularibus contra Vesalium* », p. 483-485, cité ci-après d'après la traduction de Théophile Gelée, *Toutes les œuvres* (1621), livre IV, question VI, p. 92r : « Chassons donc des escoles cette nouvelle opinion touchant la saignée en la pleuresie, laquelle n'est appuyée d'aucunes raisons, & suivans les vestiges des Grecs, saignons tousjours en la pleuresie du mesme costé, non point toute veine indifferemment, mais comme Hippocrate commande *la basilique,* laquelle il appelle *veine interne*, & ce pour faire évacuation, revulsion & derivation. » Du Laurens revient sur le sujet au livre IX, question XII, p. 309r et suiv. : « A sçavoir si le pus des empyiques peut estre purgé par le ventre gauche du cœur [...] ». D'ailleurs, l'histoire de l'hypochondriaque de Montpellier y figure également (p. 310v).

3. Cette consultation peut avoir eu lieu pendant l'hiver de 1593-1594 quand Du Laurens accompagnait la duchesse d'Uzès qui s'était retirée à l'Abbaye de Marmoutier, non loin de Tours. Les trois médecins mentionnés par Du Laurens (Jean Asselineau, Charles Falaiseau et François de Saint-Vertunien) sont effectivement présents à Tours à cette date. Voir également Laurence Augereau, *La Vie intellectuelle à Tours pendant la Ligue,* Thèse de l'Université de Tours, 2003, tome I, p. 80.

par remedes extraordinaires, & par alexipharma||ques[4] : nous n'en avons pas encores sceu le succez. Voila comme ces grosses humeurs bruslées & melancholiques sejournans dans les veines du foye, de la ratte, & du mesentere, peuvent exciter une infinité d'accidens estranges, & sont cause d'une sedition bien grande en toute l'œconomie du corps. [190r]

4. « Alexipharmaque » est un terme générique désignant un antidote, ou « preservatif contre poison ». Plus spécifiquement, il se réfère aux antidotes « pris au dedans » et s'oppose alors aux antidotes « *Alexiteres* » qui sont « appliquez au dehors » (Thomas Corneille, *Dictionnaire des arts et des sciences,* 1694). Voir Adrien de Jonge, *Nomenclator omnium rerum* (1577), p. 318, col. 1.

Chapitre XV

LA CURATION DE L'HYPOCHONDRIAQUE

Pour la curation de l'hypochondriaque, nous avons besoin de deux sortes de remedes ; les uns s'ordonnent hors de l'acces, & sont appellez preservatifs : les autres sont propres au temps de l'accez, &|| lors que le malade [190v] est travaillé de tous ces accidents : je commenceray aux premiers. | La preservation se fera par trois genres de remedes, qui sont les evacuatifs, les alteratifs, & ceux qui fortifient : | Les evacuatifs sont la saignée & la purgation : la saignée universelle peut servir pour corriger l'intemperature chaude du foye, & pour vuider une portion du sang melancholique ; elle se fera de la veine basilique [1], que les Arabes appellent noire ; les saignées particulieres des veines hemorrhoidales sont mises au rang des plus grands & asseurez remedes pour l'hypochondriaque, d'autant qu'elles evacuent la ratte & tout le mesentere. Il y en a qui louent|| l'ouverture de ceste veine qui va au [191r] petit doigt de la main gauche, qu'on nomme salvatella [2]. | L'autre evacua-

Preservation de l'hypochondriaque

Remedes evacuatifs

Purgation

1. L'on trouvera un exposé synthétique à ce sujet dans Michel Savonarole, *Practica major* : « *Utrum in omni melancholia competat phlebotomia. Dicendum quodin sanguinea consentiente aetate, virtute, aut ex humore sanguini commixto competit &c. Et hanc conclusionem voluit Avic. dum dixit de cura eius, imo oportet secundum dispositionem eius ut incipias a phlebotomia, & Mesue, si sanguis exuberat in toto, & venae plenae sunt euacua ex vena nigra, & post istam ex basilica, & hoc in inclinatione.* » (*Practica major*, Venise, Giunta, 1547, p. 75r, coll. b).
   Pour la localisation et la description de la veine basilique, voir Du Laurens, *Historia Anatomica*, Livre IV « Des veines », Chap. VII, p. 118 : « Du rameau axillaire naissent trois veines, *la thoracique, la basilique & la cephalique.* [...] La *basilique* se divise en *profonde* & *superficielle.* [...] La *superficielle* descend du long de la peau [...], elle se divise en deux rameaux, desquels l'un porté à la partie interne du coulde, se joint & unit avec un rameau de la *cephalique*, de cette union naist une veine commune, que le vulgaire nomme *la medianne*, & les Arabes, *veine noire.* »
2. D'après les descriptions anatomiques faites par Du Laurens lui-même dans son *Histoire anatomique*, la *salvatelle* est la prolongation de l'un des deux rameaux de la veine *cephalique.* L'un de ces rameaux avait formé la veine noire et l'autre « plus grand, descend du long du rayon, quasi jusques au milieu d'iceluy, d'où se trainant obliquement au carpe, il arrouse quasi tout le dehors de la main, & se termine par un rameau apparent, entre le petit doigt & l'annulaire. Les Arabes le nomment la *salvatelle*, l'ouvrent fort heureusement aux affections melancholiques, aux oppilations de ratte, & aux fievres quartes » (citation d'après la trad. de Th. Gelée, *Toutes les œuvres* (1621), p. 119). En marge de sa traduction latine du *Discours* de Du Laurens, Guy Patin nous enseigne que l'on trouve dans les *Controverses* de Francisco Vallés un exemple de saignée par la *salvatelle* : « *Venae sectio. De superstitiosa illa salvatellae sectione vide Valesium*, lib. 7 Controvers. V & Augenium lib. 9 de sang. miss. cap. 6 & lib. 8 epistol. 4. tom. 1. G.P. » (Du Laurens, *Opera omnia*, Paris, 1628, tome 2, p. 93).
   En effet, Rhazès recommandait la saignée par cet endroit pour les pacients atteints de mélancolie hypocondriaque. Voir Rhazès, *Al Masuri*, livre IX « *Ad regem Mansorem liber nonus* », trad. André Vésale, Bâle, Henri Piètre [Henricum Petri], 1544, p. 221 : « Si la mélancolie est accompagnée d'une douleur et d'un gonflement du ventre, d'un teint funeste et d'une

tion se fera par la purgation, laquelle ne doit point estre violente, de peur que ceste humeur ne s'effarouche davantage, il faudra doncques purger tout doucement & par intervalles. Les purgatifs seront phlegmagoges & melanagoges [3], pource que ce sont les deux humeurs qui pechent le plus : le senné [4] & l'agaric [5] tiennent le premier rang. J'ay descrit au chapitre de la première melancholie les formes de plusieurs purgatifs qui pourroient ici servir, mais d'autant que l'humeur qui fait l'hypocondriaque est meslée,
[191ᵛ] il en faudra descrire d'une autre|| façon. J'approuve fort l'usage des syrops magistrals & des opiates, qu'on pourra composer en ceste façon.

Syrop magistral | Prenez racines de buglose & d'asperge, escorces de racines de cappres & de tamaris, de chacune une once, racines & feuilles de cichoree, bourage, buglose, houbelon, fumeterre, ceterach, capilli veneris, de chacune une poignée, d'absynthe pontic [6], de la melisse une petite poignée, de reguilisse, & de raisins de Corinthe lavez en eau tiede, de chacune une once, semences de citron, de chardon benit, d'endive, de chacune deux dragmes, des trois fleurs cordiales, des fleurs de cichorée, des sommitez
[192ʳ] du thin, & de l'epithime, de chacune une|| petite poignée, faites cuire le tout en suffisante quantité d'eau claire, & l'ayant bien coulé prenez en deux livres, ausquelles adjousterez l'expression de quatre onces de sené de levant*, qui auront infusé en la susdite decoction, avec une dragme de girofle, l'expression d'une once & demy d'agaric qui aura infusé en l'eau de menthe, avec un scrupule de zingembre, & avec suffisante quantité de succre, faictes cuire le tout en un syrop parfaict, lequel garderez pour l'usage ordinaire. Il en faudra prendre deux onces une fois le mois, ou deux, avec un bouillon de poulet dans lequel on aura fait cuire de la bour-
[192ᵛ] rage, buglose, houbelon, & des|| capilaires. On pourra faire un syrop avec les sucs des mesmes herbes, & y mettre les mesmes laxatifs.

L'opiate que j'ay desja descrite pourra servir icy, mais il s'en peut faire d'une autre façon, qui purge fort doucement.

corruption de la digestion, de vomissements acides, d'abondantes excrétions, il faut commencer le traitement par une saignée à la veine basilique, ou à la salvatelle de la main gauche. Et si on voit que le sang est noir, qu'on le fasse sortir en grande quantité. » (cité d'après la trad. de Caroline Petit dans P. Dandrey, *Anthologie de l'humeur noire*, p. 330-331).

3. Médicaments capables d'évacuer le phlegme ou l'humeur noire. En fonction de leur propriétés, les plantes médicinales peuvent purger de manière sélective. Si le médicament ordonné contient les bons ingrédients, il pourra sortir hors du corps l'humeur superflue ou peccante, sans nuire aux autres. Voir Jean Fernel, *Thérapeutique universelle* (1655), p. 361 et suiv.
4. Voir Jean Fernel *Thérapeutique universelle* (1655), p. 369, et notre index pharmacologique.
5. *Id.*, p. 371, et notre index pharmacologique.
6. Voir Jason Van de Velde, *De Cerebri morbis* (1549), p. 92 : « *Neminem fugiat, absinthii plures quum sint species, non aliud intelligimus, quam quod Romanum plerisque dicitur, id Galenus (nisi fallor) ponticum appellat, & post Dioscoridem, libro undecimo de medendi methodo, singulari eulogio dignatur : Absynthium, inquit, ponticum, tum folio, tum flore est, quam caetera absinthia, minore : odor quoque huic non modo non insuauis, verum etiam quid aromaticum praeferens, reliquis quidem omnibus plane fœdus : haec fugere conueniet, uti autem semper pontico.* »

* Var. 1597 : *Levant.*

Opiate

| Prenez du suc de la mercuriale bien depuré, ce qu'il en faudra, faictes y infuser par l'espace de vingt-quatre heures deux onces de senné de levant, & faictes les bouillir, après exprimez-le bien fort & ce qui sera coulé faictes le cuire avec le succre en forme d'electuaire, auquel adjousterez deux onces de casse recentement tirée de son canon, demy once d'epithime, deux dragmes de girofle conquassé,|| [193r] & meslant bien le tout ensemble en formerez une opiate, de laquelle on pourra prendre demy once ou plus.

Ceux qui ne peuvent user des breuvages ny des opiates prendront des pilules qu'on fera avec l'extraction du senné, de l'agaric, & de la rhubarbe, car les autres pilules ne sont pas trop propres en ceste maladie.

Extraction de sené pour en former de pilules

| Prenez quatre onces de bon polypode, racines & feuilles de cichorée, buglose, fumeterre, houbelon, de chacune une poignée, une douzaine de raisins de damas, une poignée de trois fleurs cordiales, faictes une decoction jusques à une livre, dans laquelle ferez bouillir deux onces & demie de sené, six dragmes|| [193v] d'epithyme, demy once de bon agaric. Tout cela ayant infusé une nuict entiere le coulerez & exprimerez bien fort, adjoustant demy once de bonne rhubarbe, qui aura infusé en la susdite decoction avec un peu de canelle. Vous mettrez après tout cela ensemble sur les cendres chaudes, le ferez seicher jusques à ce qu'il ait une consistence assez espaisse, & y adjoustant trois dragmes d'epithyme, ferez une masse de pilules qui purgera fort doucement, à la dose de quatre scrupules. Voila les plus doux purgatifs, en adjoustant les clysteres frequens, qui peuvent servir à l'hypochondriaque. Mais d'autant que ceste humeur est grosse, & bien souvent ca||[194r]chée dans les plus profondes vienes, il est mal aisé de la bien evacuer, si premierent elle n'est preparée : | [Remedes alteratifs internes] il faudra donc venir au second genre des remedes que nous avons appellé alteratifs. L'alteration consiste en l'humectation de ceste humeur & en l'attenuation : elle se pourra faire par remedes internes & externes; les internes sont les | [Apozemes] apozemes, qui doivent estre mediocrement aperitives[7] à cause des obstructions, & se faut bien garder d'eschauffer trop. Les herbes hepatiques & spleniques y seront fort propres, & ne faut pas oublier l'absynthe : car tous les bons practiciens asseurent que la decoction seule d'absynthe a preservé une infinité de per||[194v]sonnes de l'hypochondriaque. | [Usage de la squine] Il ne sera pas mauvais pour destremeper ces grosses humeurs, & pour desboucher les conduits, de faire user d'une decoction de l'esquine avec un peu de sassafras l'espace de douze ou quinze jours. | [Bouillons] Les bouillons humectans & alteratifs, la façon de vivre, & le laict, serviront infiniment pour la preparation & humettation [*sic*] de ceste humeur seiche. | [Remedes alteratifs externes] Quand aux remedes externes, les bains universels tiennent le premier lieu : on fera aussi des fomentations sur la ratte & sur tout le mesenterre, des onctions, des liniments. Les fomentations seront remollitives, mediocrement aperitives, attenuantes, & y faudra mesler|| [195r] quelque chose qui dissipe les vents, les formes en sont assez communes. Les huiles de

7. « Apéritif » au sens de « purgatif ».

capres [,] d'amandes ameres, de genest, le sambucin, de lis, de camomille [& des graines d'hieble]* sont les plus propres.

Remedes confortatifs

| Le dernier genre des remedes est de ceux qui fortifient : car il y a ordinairement en l'hypochondriaque plusieurs parties affoiblies qui reçoivent l'impression de ceste humeur : comme le cœur, l'estomach, le cerveau. La foiblesse du cœur est cause des palpitations & des legeres defaillances, l'estomach debile engendre tout plein de cruditez, le cerveau affoibli est cause que l'imagination & la raison sont bien souvent troublées en ceste maladie. Il faudra|| donc avoir esgard à ces parties. | Le cœur se fortifiera par remedes internes & externes : les internes sont opiates, condits, tablettes.

[195v] Moyens pour fortifier le cœur

Opiate

| Prenez conserve de racine de buglose & de fleur de bourrage, de chacune une once, de chairs de mirabolan & d'escorces de citron confites, de chacune demy once, deux dragmes de confection alkermes, des perles & de la poudre de liesse, une dragme de chacune, avec le syrop de pommes, faictes en une opiate, de laquelle faudra prendre deux ou trois fois la semaine, avec un peu d'eau de buglose.

Tablettes

[196r]

| Prenez de la poudre de l'electuaire de gemmis & de liesse une dragme de chacune, de confection alkermes demy|| dragme, de perles & d'esmeraude bien pulverisées, un scrupule de chacune [8], du succre dissoult avec l'eau de buglose ou de melisse tant qu'il en faudra, faictes en des tablettes du pois de trois dragmes, il en faudra prendre le matin & le soir deux ou trois fois la semaine.

Muscadins

| Pour les delicats & plus friands on fait des muscardins : Prenez le tiers d'une noix muscade confite, trois dragmes d'escorce de citron & autant de mirabolan confit, demy dragme d'ambre gris & autant de musc, du succre le double de tout, & avec le mussilage de la gomme tragacant tirée en eau de buglose, faictes en de[s] muscardins. Il ne faut pas trop souvent|| user de ces remedes chauds à l'hypochondriaque, de peur d'irriter & effaroucher l'humeur.

[196v]

Remedes externes

| Les remedes externes pour fortifier le cœur font epithemes liquides, solides, huiles, unguents, & sachets.

Epithemes liquides

| Prenez eaux de buglose, melisse, & de rose, de chacune quatre onces, du vin blanc une once & demie, de graine d'escarlate, des fleurs cordiales, de chacune une dragme, de poudre de diamargariton* & diambre, de chacune demi dragme, demy scrupule de saffran, meslez le tout & en faictes des epithemes qu'appliquerez sur le cœur.

* Add. 1597.

8. La duchesse d'Uzès est mélancolique, l'abondance de pierres précieuses nous le re-confirme ! De tels remèdes, faits d'ingrédients infinis et d'innombrables petits bijoux nous amènent à comprendre que le traitement de la mélancolie était un luxe. Le faste voluptueux consistant à avaler des pierres précieuses donne une allure poétique à ces recettes interminables.

** Var. 1597 : *diamargaritum*.

| Prenez de* conserve de fleurs de bourage, de rose & de melisse, de chacune deux on||ces, de la confection alkermes & de jacinthe**, de chacune deux dragmes, de la poudre de gemmes & de liesse, de chacune demy dragme, avec l'eau de melisse ou de fleur d'orange, faictes en une epitheme solide en forme de cataplasme, qu'estendrez sur une piece d'escarlate, & appliquerez sur le cœur. Epithemes solides [197r]

| Prenez huile de jasmin & du costus une once, trois grains d'ambre gris, frottez en la region du cœur, ou ayez du baume naturel. Huiles

| Prenez des fleurs de camomille, de romarin & d'oranger, de chacune deux dragmes, du bois d'aloës, du santal muscatelin, de chacun une dragme, d'huile de jasmin, & du baume naturel, de cha||cun une once, six ou sept grains d'ambre & de musc, & avec un peu de cire blanche, faictes en un unguent duquel oindrez le cœur [.] Unguent [197v]

| Prenez de feuilles de melisse, de fleurs de bourrage, buglose, de chacun une demy poignée, d'escorce de citron, & de sa semence deux dragmes, semence de melisse, & du basilic girofle, de chacune une dragme, des poudres de perles, esmeraudes, & jacinthes, demy dragme de chacune, de l'os du cœur de cerf une dragme, du santal rouge, & citrin une dragme, quatre ou cinq grains de bon ambre, conquassez tout cela & en faictes un sachet de taffetas rouge bien entrepointé, ayant la forme du cœur,|| & portez le ordinairement sur le cœur. Sachet [198r]

Voila les plus propres remedes tant internes qu'externes pour fortifier le cœur, & pour empescher les foiblesses qui arrivent ordinairement aux hypochondriaques.

| L'autre partie qu'il faut fortifier est l'estomach, on usera de poudres digestives pour empescher qu'il n'engendre pas tant de cruditez, & si on l'oindra par dehors de quelques huiles propres : La poudre digestive ne doit point estre trop chaude. Remedes pour fortifier l'estomach

| Prenez de l'anis & fenoil confit de chacun trois dragmes, escorce de citron confite une dragme, de perles preparées, du corail rouge, de chacune une demy dragme,|| deux scrupules de fine canelle, de succre rosat quatre onces : faictes*** une poudre, de laquelle on prendra une cuillere après chaque repas. Poudre digestive [198v]

| On pourra par dehors fortifier l'estomach avec l'onction des huiles de muscade, nardin, & d'absynthe, ou avec quelque sachet fait avec l'absynthe, la melisse, girofle, macis, canelle, roses rouges, & semblables poudres ; il est vray qu'il se faut bien garder de les appliquer sur le foye, d'autant que l'intemperature chaude de ceste partie est ordinairement la source de toutes les hypochondriaques. On pourra pour ceste occasion oindre le foye avec l'onguent rosat & santalin, bien lavez en eau de cichorée,|| ou bien on Remedes externes pour l'estomach [199r]

* Var. 1597 : *de* est supprimé
** Var. 1597 : *hyacinthe*
*** Var. 1597 : *faictes-en*

appliquera des epithemes des eaux de cichorée, endive, ozeille, semences d'endive, fleurs cordiales, du santal rouge.

Quant au cerveau qui est debile, de peur qu'il ne reçoive si grande quantité de vapeurs, on le pourra fortifier avec poudres capitales & legers parfums.

Et voila quant aux remedes preservatifs, qui se peuvent ordonner hors de l'acces, & qui empescheront sans doute que l'acces ne viendra point. Car ostant la cause des accidens, il faut necessairement que les effects cessent.

Remedes pour l'acces de l'hypochondriaque [199v]

| Mais quand l'accez de l'hypochondriaque travaillera le malade, il faut user d'autres remedes, lesquels le Medecin|| diversifiera selon l'accident qui pressera le plus. | Si c'est la foiblesse, on laissera tout pour fortifier le cœur, on employera des remedes que j'ay descrits cy dessus : on prendra de l'alkermes, du pain trempé dans le vin, des tablettes, & opiates cordiales, d'escorce de citron ; on appliquera sur le cœur des epithemes liquides & seiches, d'huiles, baumes, onguents, sachets. | Si l'oppression, qui est le plus commun accident de l'hypochondriaque, & qui vient de ces grosses vapeurs, ou des vents qui pressent le diaphragme, & les membranes, travaille bien fort ; il faudra faire de[s] frictions legeres aux cuisses & aux
[200r] jambes, donner un clystere carminatif, appliquer des gran|| des ventouses sur la ratte, sur le nombril, & sur tout le ventre : & si la douleur de ces vents est fort grande, on pourra prendre une cuillerée d'eau clairette, ou d'eau de canelle distillée, ou d'eau celeste, ou bien deux ou trois gouttes d'essence d'anis dans un peu de bouillon bien chaud, ou un peu de theriaque & de mithridat : si les vents s'opiniastrent par trop, & ne veulent bouger de la poictrine, on les fera desloger avec quelques sachets bien chauds appliquez, qui seront faits de fleurs de camomille, & de melilot, de sommitez d'aneth, du millet & de l'avoine fricassée.

Comme il faut remedier à la foiblesse

Remedes pour les vents qui pressent

On pourra aussi sur la region de la ratte appliquer des fomentations qui
[200v] resoudront|| & dissiperont une partie de ces grosses vapeurs. Voila les trois especes de melancholie que les anciens nous ont descrites, celle qui a son siege au cerveau, celle qui vient par sympathie de tout le corps, & celle qui s'esleve ordinairement des hypochondres, qui est la plus commune, & si frequente en ce miserable temps, qu'il se trouve fort peu de gens qui n'en ressentent quelque attaque. Je viens à la troisiesme maladie de Madame la Duchesse d'Uzez, qui est le catarrhe.

Fin du second Discours

Index médico-pharmacologique

Dans l'index qui suit nous avons sélectionné à partir de plusieurs sources botaniques et pharmacologiques de l'époque les plus importantes propriétés thérapeutiques des plantes, des ingrédients et des remèdes dont Du Laurens recommande l'utilisation dans les deux chapitres (IX et XV) consacrés à la guérison de la mélancolie cérébrale et hypocondriaque. Notre intention n'a pas été de constituer un répertoire exhaustif de la pharmacie du mélancolique.

C'est un index qui a un but illustratif plus qu'une vocation scientifique ou philologique. En effet, il est pratiquement impossible de retracer l'origine de toutes les ordonnances prescrites par Du Laurens : la médecine humaniste s'était fait un renom de la démultiplication d'ingrédients et de composants salutaires. C'était, en quelque sorte, un chapitre où la science autorisait l'originalité créatrice : chaque médecin y ajoutait du sien dans la préparation d'opiats ou d'électuaires mélanagogues, suivant une logique de l'accumulation et de l'addition. C'est ainsi que l'on trouve des remèdes faits de jusqu'à 95 ingrédients [1].

Certaines ordonnances de Du Laurens sont de seconde main, parfois « empruntées » à ses confrères ou maîtres. C'est le cas notamment du sirop de pommes inventé autrefois par son oncle Honoré Castellan, médecin célèbre à la cour de Charles IX. Le faire figurer dans le *Discours des maladies mélancoliques* est une manière de rendre hommage à celui qui avait joué un rôle essentiel dans l'évolution de la carrière médicale de Du Laurens. Si notre auteur ne détaille pas la composition du sirop de pommes du roi Sabor, célèbre préparation transmise depuis des siècles, mais en train de sortir de mode [2], il ordonne celle de son oncle, plus d'actualité et peut-être mieux adaptée au goût de la duchesse d'Uzès. D'autres opiats, juleps ou apozèmes sont ses propres adaptations des conseils canoniques, un scrupule de poudre de saphirs venant s'ajouter à l'ordonnance recopiée depuis

1. Jean Starobinksi avait trouvé chez Francesco Gerosa une préparation faite de presque cent ingrédients (*Histoire du traitement de la mélancolie*, *op. cit.*, p. 41)
2. Pour Robert Burton le sirop de pommes était « obsolète » (voir *supra*, p. 64, n. 21).

l'*Antidotaire* d'un Mesué ou d'un Myrepsos. Pour corriger le régime de vie des mélancoliques, Marsile Ficin recommandait (suivant – à son tour! – des conseils du *Canon* d'Avicenne) le parfum d'orange, de citron ou de roses. Du Laurens reprend ces fleurs, mais leur ajoute le nénuphar. Avait-il retrouvé le nénuphar chez un autre médecin, ou le recommande-t-il simplement parce que la plante était réputée pour ses propriétés narcotiques?

Notons également que les auteurs que nous citons dans l'index se réfèrent souvent aux degrés de chaleur ou de froideur des plantes.

Les simples médicinaux avaient été placés par Galien sur une échelle de mesure qui sera reprise par les médecins arabes et compilés par leurs traducteurs latins. Cette échelle était constituée d'un point neutre ou tempéré et de quatre degrés qui mesuraient l'intensité du médicament. Un médicament temperé n'avait pratiquement aucun effet sur le corps. Un médicament froid ou chaud, sec ou humide au premier degré avait un effet presque imperceptible; au deuxième degré l'effet était déjà considérable; le troisième degré marquait une influence puissante sur le corps et les remèdes de quatrième degré étaient si puissants qu'ils pouvaient entraîner la mort et ne devaient être utilisés qu'en petites quantités. Par exemple, l'aconit – nous met en garde Rembert Dodoens – est « chaud & sec jusques au quatriesme degré, & fort nuisible à la nature de l'homme , & faict tuer la personne ». Ce système de mesure est décrit par Galien dans le *De complexionibus* et le *De simplici medicina* (Kühn, XI) ; il est repris dans le *Liber graduum* que Constantin l'Africain compose au Moyen Âge à partir de traductions et d'interprétations arabes de Galien [3].

Même si ce détail n'est pas précisé par Du Laurens (peut-être parce qu'il faisait partie des choses communes et connues de tout le monde à l'époque?), nous avons souvent choisi de le mentionner parce qu'il peut donner une clé supplémentaire pour comprendre l'utilité de l'ingrédient dans la pharmacie du mélancolique, ainsi que l'attention avec laquelle le médecin devait en choisir le bon dosage.

***

Précédé par une table des mesures et des poids utilisés par Du Laurens, l'index comprend deux parties, la première réservée aux ingrédients (végétaux et minéraux) et la deuxième aux remèdes composés. Le lecteur pourra

3. Voir Mary Wack, « Alī ibn al-'Abbās al-Maǧūsī and Constantine on love, and the evolution of the *Practica Pantegni* », Charles Burnett et Danielle Jacquart (éd.), *Constantine the African and Alī ibn al-'Abbās al-Maǧūsī*, Leyde, Brill, 1994, p. 181 et suiv. Le *Liber graduum* sera inclus souvent dans les éditions humanistes des œuvres complètes de Galien. Voir Arnaud de Villeneuve, *Opera omnia II : Aphorismi de gradibus*, Michael Rogers McVaugh (éd.), Barcelone, Publicacions de la Universidad de Barcelona, 1975, p. 4-8 de « l'Introduction ». Lynn Thorndike, « Three texts on degrees of medicines (*De gradibus*) », *Bulletin of the History of Medicine*, 38, 1964, p. 533-537.

s'y référer pour retrouver les particularités thérapeutiques d'une plante ou d'une préparation, mais aussi pour retrouver rapidement le contexte dans lequel Du Laurens en avait recommandé l'usage.

Plusieurs ouvrages de médecine, de pharmacie et de botanique ont été consultés pour l'établissement de cet index. Les références à ces ouvrages sont données de manière succinte sous la forme, « Mattioli (1572), p. 293 » ou « Furetière (1690) ». Le lecteur en trouvera les références complètes dans la bibliographie.

Table des mesures et des poids utilisés dans le *Discours*

Par rapport à ses contemporains, Du Laurens simplifie considérablement la présentation de ses ordonnances. Nous ne trouvons plus chez lui les symboles utilisés pour signifier le dragme ou le scrupule, le gros ou l'once[4]. Une difficulté demeure néanmoins, pour le lecteur d'aujourd'hui, dans la traduction de ces unités de mesure. D'autant plus que le système de mesure n'était pas unifié à l'époque et que plusieurs étalons étaient utilisés en fonction de l'endroit (le livre de Turin n'avait pas le même poids que celui d'Avignon, par exemple), ou de la profession (le livre médical n'a pas le même poids que le livre marchand).

Dans sa *Thérapeutique*, Jean Fernel considérait le grain comme la plus petite unité de mesure du poids :

> Il faut donc que le grain sur lequel comme sur une base s'appuyent les autres poids, soit constant & reglé, & qu'il ne soit ny d'orge, ny de froment, ny de pois, ny d'aucun fruit ou legume, parce qu'il n'y a rien de tout cela dont le poids soit egal par tout le monde. Mais la plus petite de toutes les monnoyes que les orphevres appellent grain, & qui se peut dire en latin *momentum*, est constamment la mesme chez toutes les nations : ce que la detestable faim d'or, & l'envie furieuse des richesses gardent inviolablement & incorruptiblement.[5]

Converti en système international SI, un grain équivaut à environ 0.054 grammes[6]. Par ordre croissant, nous avons ainsi le grain, le scrupule, le dragme (ou le gros), l'once, le marc et le livre (marchand ou médical) :

4. Voir p. XXXVIII de l'Introduction.
5. Jean Fernel, *Les Sept livres de la therapeutique universelle*, trad. fr par Bernard Du Teil, Paris, Jean Guignard, 1655, p. 254.
6. Voir Ernest Wickersheimer, *La médecine et les médecins en France à l'époque de la Renaissance : curiosités et singularités médicales*, Paris, Maloine, 1906, p. 590 ; Noël Étienne Henry et Nicolas Jean-Baptiste Guibourt, *Pharmacopée raisonnée ou Traité de pharmacie pratique et théorique*, Paris, Méquignon-Marvis, 1841, p. 79.

Unité de mesure	Composition	Poids approximatif en grammes
le grain		0,05 g
le scrupule	24 grains	1,30 g
le dragme (drachme) ou le gros	3 scrupules ou 72 grains	3,90 g
l'once	8 dragmes	31,00 g
le marc	8 onces	250,00 g
le livre médical (1 marc et demi ou 12 onces)	1 marc et demi ou 12 onces	375,00 g
le livre marchand (2 marcs ou 16 onces)	2 marcs ou 16 onces	500,00 g

Principaux ouvrages utilisés pour l'établissement de l'index

Acosta, Cristóbal, *Tractado de las drogas, y medicinas de las Indias orientales, con sus plantas debuxadas al biuo por Christoual Acosta ... En el qual se verifica mucho de lo que escriuio el doctor Garcia de Orta*, Burgos, M. de Victoria, 1578.

André, Jacques, *Les Noms des plantes dans la Rome antique*, Paris, Les Belles Lettres, 1985.

Barlet, Annibal, *Le vray et methodique cours de la physique resolutive, vulgairement dite chymie*, Paris, N. Charles, 1657.

Bentley, Robert et Trimen, Henry, *Medicinal Plants : being descriptions with original figures of the principal plants employed in medicine and an account of the characters, properties and uses of their parts and products of medicinal value*, Londres, J. & A. Churchill, 1880.

Bulliard, Pierre, *Flora Parisiensis ou descriptions et figures des plantes qui croissent aux environs de Paris*, Paris, P.F. Didot, 1783.

Charas, Moyse, *Pharmacopée royale galenique et chymique*, 2 tomes, Paris, D'Houry, 1681.

Corneille, Thomas, *Dictionnaire des arts et des sciences*, Paris, J.B. Coignard, 1694.

De Meuve, *Dictionnaire pharmaceutique ou apparat de medecine, pharmacie et chymie*, Lyon, CL. Rey, 1695.

Dodoens, Rembert, *Histoire des plantes*, trad. fr. Charles de l'Escluse, Anvers, Jean Loë [Jan van der Loë], 1557.

Fernel, Jean, *Les Sept Livres de la therapeutique universelle*, trad. fr. par Bernard Du Teil, Paris, Jean Guignard, 1655.

Fuchs, Leonhart, *Commentaires très excellens de l'hystoire des plantes*, Paris, J. Gazeau, 1549.

Furetière, Antoine, *Dictionaire universel, contenant generalement tous les mots françois tant vieux que modernes, & les termes de toutes les sciences et des arts*, La Haye, Arnout & Reinier Leers, 1690.

Joubert, Laurent, *La Pharmacopée*, Lyon, Antoine de Harsy, 1581.

Mattioli, Pietro Andrea, *Commentaires de M. Pierre André Matthiole medecin senois, sur les six livres de Ped. Dioscor. Anazarbeen de la matiere Medecinale*, Lyon, Guillaume Rouillé, 1572.

Opsomer, Carmélia, *Index de la pharmacopée du Ier au Xe siècle*, Hildesheim, Georg Olms, 1989.

Richelet, Pierre, *Dictionnaire françois, contenant les mots et les choses, plusieurs nouvelles remarques sur la langue françoise ... avec les termes les plus connus des arts & des sciences*, Genève, Jean Herman Widehold, 1680.

Stirling, Iohannes, *Lexicon nominum herbarum arborum fruticumque linguae latinae. Ex fontibus Latinitatis ante seculum XVII scriptis collegit et descriptionibus botanicis illustravit*, Budapest, Ex Aedibus Domus Editoriae « Encyclopaedia », 1995-1998.

Présentation schématique des chapitres IX et XV

Afin de donner une image synthétique de la partie thérapeutique du *Discours des maladies mélancoliques*, et pour faciliter la consultation de l'index, nous avons transposé graphiquement, sur la page suivante, la matière des chapitres IX et XV.

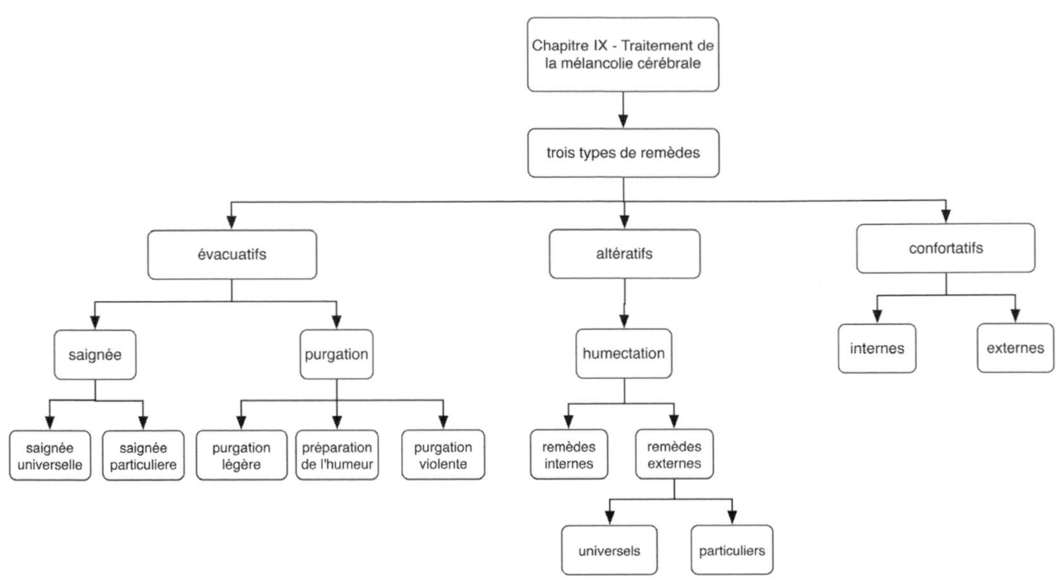
Chapitre IX - Traitement de la mélancolie cérébrale
trois types de remèdes
évacuatifs
altératifs
confortatifs
saignée
purgation
humectation
internes
externes
saignée universelle
saignée particuliere
purgation légère
préparation de l'humeur
purgation violente
remèdes internes
remèdes externes
universels
particuliers

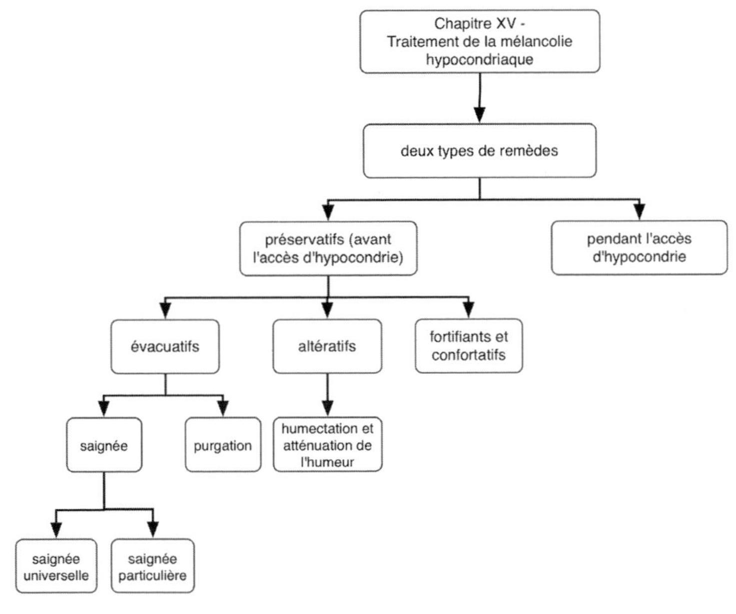
Chapitre XV - Traitement de la mélancolie hypocondriaque
deux types de remèdes
préservatifs (avant l'accès d'hypocondrie)
pendant l'accès d'hypocondrie
évacuatifs
altératifs
fortifiants et confortatifs
saignée
purgation
humectation et atténuation de l'humeur
saignée universelle
saignée particulière

Ingrédients

Absynthe (Alvine, Aluyne)

Dodoens, p. 4; Mattioli, p. 397; Stirling, I, p. 6-8; André, p. 1; Fuchs, Chap. I

Définition et propriétés thérapeutiques

Plante aromatique. La variété mentionnée par Du Laurens (l'*Absinthium Ponticum* ou *Romanum*) était prescrite à la Renaissance contre « la douleur d'estomach chargé d'humeurs bilieuses et chaudes. Car elle les pousse par bas & les faict sortir par l'urine, outre ce, elle conforte l'estomach [...]. Elle est utile contre ventosités & inflations du ventre, & contre douleurs, appetit de vomir & rotz d'estomach [...] En somme l'Aluyne Romaine est singuliere contre toute inflamation d'estomach & du foye, surmontant en cela toutes les autres especes d'Aluyne [...]. » (Dodoens, p. 4)

« L'aluine, qu'aucuns apellent Bathypicron, est une herbe assez conneuë. Le meilleur croist en Ponte, & Cappadoce, au mont Taurus. Il a vertu d'échauffer & restraindre. Il purge la cholere qui tient contre l'estomac & le ventre : il fait uriner, & prins à jeun garde d'enyvrer [...]. » (Mattioli, p. 397)

Contexte chez Du Laurens

XV : Remède interne > Purgation > Syrop magistral ;

XV : Remède externe > Sachet cordial avec de l'absynthe

Aconit

Dodoens, p. 289; Furetière, 1690; Stirling, I, p. 14-15; André, p. 4; Mattioli, p. 582

Définition et propriétés thérapeutiques

Plante vénéneuse (famille des Renonculacées) dont la tige aurait une ressemblance avec la queue du Scorpion :

« L'Aconit est chaud & sec jusques au quatriesme degré, & fort nuisible à la nature de l'homme, & faict tuer la personne. On dit que si on approche ceste herbe du Scorpion qu'il pert sa force, & le resout, & demeure en tel etat, jusques à ce qu'il aye touché les feuilles d'Hellebore blanc, par lesquelles il reprend ses forces. » (Dodoens, p. 289)

« L'aconit ne fait pas mourir, quand il trouve quelque autre poison dans le corps, parce qu'alors il se combat. La marque de ce poison est de faire venir les larmes aux yeux, de causer une grande pesanteur d'estomac, & de faire peter souvent. » (Furetière, 1690)

Contexte chez Du Laurens

IX : Usage de l'hellebore > decoction ; infusion (hellebore noire)

Agaric

Furetière, 1690 ; Dodoens, p. 546 ; André, p. 7

Définition et propriétés thérapeutiques

Genre de champignons propres aux lieux humides. « C'est une excroissance qui naist comme un potiron sur le tronc & sur les grosses branches de divers arbres quand ils sont vieux [...] Il en vient des Alpes & du Levant, & c'est un medicament qui purge avec violence. L'*agaric noir*, ou boule noire pris en breuvage, cause des vomissemens & flux de ventre dangereux. » (Furetière, 1690)

« Agaric prins environ au poids d'une drachme purge par le ventre phlegmes froides & visqueuses, & autres humeurs grosses & crues qui chargent ou oppilent le cerveau, nerfs, poulmons, thorax, estomach, foye, ratelle [...] » (Dodoens, p. 546)

Contexte chez Du Laurens

XV : Evacuatifs > Purgation légère > Syrop magistral ; Pilules (à base d'extraction de senné, d'agaric, & de rhubarbe)

Aloë

Furetière, 1690; Dodoens, p. 239; Stirling, I, p. 37; André, p. 11

Définition et propriétés thérapeutiques

Plante grasse exotique (famille des liliacées) : « on la masche, & on se lave la bouche de sa decoction pour avoir l'haleine bonne [...]. Les Indiens jettent de ce bois dans les buchers où ils bruslent les corps, pour les faire sentir bon [...]. » (Furetière, 1690)

« Le jus d'Aloë qui est brun & de couleur de foye, qui est clair & bien net, lasche le ventre en purgeant les humeurs froides, phlegmatiques & bilieuses, signamment celles desquelles l'estomach est chargé. Elle est seule entre toutes autres medecines (qui pour la plus part gastent l'estomach) fort singuliere & propre pour l'estomach, le confortant, mondifiant, sechant, & chassant hors toutes humeurs superflues, si on le prend avec eauë à la quantité de deux drachmes [...]. Brief icelle appliquée par dehors, est une medecine fort propre à consolider, arrestant tout flux de sang, & mondifiant & nettoyant toute ordure. » (Dodoens, p. 239)

Contexte chez Du Laurens

IX : Evacuatifs > purgation > pilules;

XV : Préservatifs > Remedes externes pour fortifier le cœur > Unguent

Aneth

Furetière, 1690; Dodoens, p. 190; Fuchs, Chap. IX; Stirling, I, 58-59; André, p. 17

Définition et propriétés thérapeutiques

« Herbe qui ressemble au fenouil, qui a comme luy des fleurs jaunes en bouquet, dont la semence est platte & odoriferante, dont les tiges sont hautes d'une coudée & demie, & branchuës, & dont la racine n'est gueres longue & peu cheveluë. On en faisoit autrefois des chapeaux dans les festins. » (Furetière, 1690)

« Il chasse les ventosités, il appaise les inflations & trenchées de ventre, il arreste le vomissement & flux de ventre [...]. » (Dodoens, p. 190)

« Il profitte contre enflures provenantes de grosses humeurs & espesses. Certes aulcuns on dict qu'il est fort bon pour l'estomach. Les aultres ont dict le contraire. Les premiers ont regardé à la chaleur d'iceluy & vertu, laquelle peult digerer l'humidité superflue, & dissouldre les ventz qui sont en l'estomach. Les seconds ont pris garde à la consistence d'iceluy, qui est fort espoisse, malaisée à digerer, & qui faict envie de vomir. [...] Il dissoult les ventositez & enflures d'estomach. » (Fuchs, Chap. IX)

Contexte chez Du Laurens

XV : Remedes pendant l'acces de l'hypochondriaque > Remedes pour les vents qui pressent > Sachets

Anis

Furetière, 1690; Dodoens, p. 191; Stirling, I, p. 60-61

Définition et propriétés thérapeutiques

« C'est une plante qui a une tige ronde haute d'une coudée, & fort branchuë, qui porte un bouquet blanc ayant une odeur de miel, d'où sort une graine semblable à l'ache, qui est longuette, & d'un goust entremeslé de doux, de picquant & d'amer. Cette semence est chaude, & sert à chasser les vents. On en met dans les medecines, & c'est un des correctifs du sené. » (Furetière, 1690)

« La semence d'Anis resout les ventosités, & sert aux roucts & inflations de l'estomach, & des boyaux : & appaise douleur, & torsions de ventre [...] [L']Anis mangé en abondance incite au jeu d'amour [...] » (Dodoens, p. 191)

Contexte chez Du Laurens

IX : Purgation > Clystere; Potion servant de minoratif;
IX : Purgation > Preparation de l'humeur melancholique > Aposeme;
IX : Medicamens plus forts pour repurger ceste humeur > Poudre purgative;
XV : Confortatifs > Remedes pour fortifier l'estomach > Poudre digestive;
XV : Remedes pour l'acces de l'hypochondriaque > Remedes pour les vents qui pressent

Antimoine

Mattioli, p. 713; Furetière, 1690

Définition et propriétés thérapeutiques

L'antimoine ($_{51}$Sb) est un élement chimique de couleur blanche argentée (au XVIIe siècle, on l'appelait parfois « écume d'argent ») apparenté à l'arsenic ($_{33}$As). La légende dit que le moine Basile Valentin « qui cherchoit la Pierre Philosophale, ayant jetté aux pourceaux de l'antimoine dont il se servoit pour avancer la fonte des metaux, reconnut que les pourceaux qui en avoient mangé, après avoir été pourgez très violemment, en étoient devenus bien plus gras : ce qui luy fit penser qu'en purgeant de la même sorte ses Confreres, ils s'en porteroient beaucoup mieux. Mais cet essay luy reüssit si mal, qu'ils en moururent tous. Cela fut cause qu'on appella ce mineral *Antimoine*, comme on diroit, *Contraire aux Moines.* » (Furetière 1690)

« [...] l'antimoine a une très grande vertu laxative : ce que pas un des anciens, ni des modernes n'a écrit, hormis Theophrastus Paracelsius. [...] Davantage l'antimoine est fort bon à toutes maladies qui procedent d'humeur melancholique, principalement celles qui font enfler les hypochondres. Certainement j'ai vu à Prague ville de Boheme un Curé melancholic hors du sens, & disant de grandes folies. On lui fit prendre douze grains d'antimoine. Peu après il vuida par le ventre grande qualité d'humeur melancholique, parmi lesquelle estoient (je le puis testifier, comme l'aiant veu, apelé [*sic*] à ce comme pour veoir un miracle) des lopins comme de chair, qui resembloient à des grosses varices taillées en pieces. Car ces excremens representoient plustost un sang très noir, que pas un des autres humeurs. Cette medecine tellement lui profita, que le lendemain il eut aussi bon sens que jamais. » (Mattioli, p. 713)

Contexte chez Du Laurens

IX : Purgation violente > Medicamens plus forts pour repurger ceste humeur > Antimoine

Asperge

Dodoens, p. 429 ; André, p. 28 ; Stirling, I., p. 92-93

Définition et propriétés thérapeutiques

« Les Asperges, signamment les racines, sont temperées en chaleur & froideur, & participans de quelque secheresse. Les nouvelles tiges d'Asperge sourboulies & mangées avec huile & vinaigre, provoquent à uriner, & servent contre difficulté d'urine, & ramollissent le ventre. » (Dodoens, p. 429)

Contexte chez Du Laurens

XV : Purgation > Syrop magistral

Basilic

Dodoens, p. 168 ; Mattioli, p. 323 ; Striling, I, p. 115 ; André, p. 34-35

Définition et propriétés thérapeutiques

« Les Medecins modernes disent qu'il fortifie le cueur & le cerveau, resjouyt & recrée, & profitte contre tristesse & melancholie [...] » (Dodoens, p. 168)

« Sa graine est bonne en breuvage à ceus qui engendrent humeur melancholique, à la difficulté d'urine, & à ceus qui sont pleins de ventosités [...] Les Africains disent que les piqueures des scorpions ne font aucun mal à ceus qui auroient auparavant mangé du basilic » (Mattioli, p. 323).

Mattioli atteste (en reprennant Mesué et ses commentateurs médiévaux) la vertu bénéfique pour le cœur de la troisième variété de basilic, celui que l'on appelait basilic girofle : « il n'y a point de doute qu'il [le basilic giroflé] ne soit plus propre & meilleur à fortifier le cœur, aussi est-il mis en cet electuaire [de pierres précieuses] » (Mattioli, p. 323).

Contexte chez Du Laurens

XV : Confortatifs > Remedes externes pour fortifier le cœur > Sachet (basilic giroflé)

Bourrache

Dodoens, p. 9; Mattioli, p. 627; Stirling, I, p. 131

Définition et propriétés thérapeutiques

« La Bourrache a les feuilles aspres, espineuses ou piquantes, larges, noiratres, se baissans vers terre, & resemblans à la langue d'un bœuf ou d'une vache [...]. Elle est chaude & humide [...]. On trouve par escript que si on jette la Bourrache, ou ses fleurs au vin, puis on le boyve, elle faict les gens gaillars & joyeux, & chasse toute tristesse, facherie & melancholie. » (Dodoens, p. 9)

« La borrache & la vulgaire buglosse sont de merveilleuse vertu contre les defaillances de cœur, & autres passions d'icelui, contre la maladie nommée melancholie, principalement la decoction d'icelles faite en vin ou eau. » (Mattioli, p. 627)

Contexte chez Du Laurens

VIII : Combien sert le regime aux vieilles maladies > Vin artificiel;
IX : La purgation > Clystere;
IX : Purgation > Potion servant de minoratif;
IX : Purgation > Preparation de l'humeur melancholique > Aposeme;
IX : Purgation violente > Syrop magistral;
IX : Alteratifs > Humectation > Bouillons;
IX : Confortatifs > Syrop; Opiate;
IX : Confortatifs > Remedes externes pour resjouir > Epitheme pour le cœur;
IX : Remedes internes pour faire dormir > Condit;
XV : Confortatifs > Opiate;
XV : Confortatifs > Remedes externes pour fortifier le cœur > Sachet

Buglose

Dodoens, p. 7; Fuchs, Chap. CXXIX; Striling, I, p. 142; André, p. 40

Définition et propriétés thérapeutiques

« Les Medecins modernes disent qu'elles confortent & allegent le cœur dechassans tout fascherie [...]. Et que les fleurs jettées au vin, ou reduittes en conserve resjouissent fort ceux qui sont tristes, fachés, angoisseux, & melancholiques. » (Dodoens, p. 7)

« Les Apothicaires & Herbiers l'appellent Buglosse ou Langue de bœuf. Elle ha [*sic*] este dicte Cirsion, pource qu'elle guerist les varices & veines, enflées de gros sang melancholique, que les Grecs appellent Cirsous. » (Fuchs, Chap. CXXIX)

Contexte chez Du Laurens

VIII : Combien sert le regime aux vieilles maladies > Les Potages;
IX : Purgation > Potion servant de minoratif;
IX : Purgation > Preparation de l'humeur melancholique > Aposeme;
IX : Purgation violente > Syrop magistral;
IX : Alteratifs > L'humectation sert plus que la purgation > Bouillons; Syrops;

IX : Remedes confortatifs > Syrop ; Opiates ;
IX : Confortatifs > Remedes externes pour resjouir > Epitheme pour le cœur ;
IX : Remedes internes pour faire dormir > Condit ; Resumptif ;
XV : Purgation > Syrop magistral ; Extraction de sené (pilules) ;
XV : Remedes confortatifs > Opiate ; Tablettes ; Muscardins ;
XV : Confortatifs > Remedes externes pour fortifier le cœur > Epithemes liquides ; Sachet

Camomille (Chamaemelon)

Dodoens, p. 137 ; Furetière, 1690 ; Stirling, II, p. 78-80 ; André, p. 60

Définition et propriétés thérapeutiques

« Les fleurs & herbe de la Camomille boulies en vin & beuës, chassent les ventosités, & guerissent la Colique, c'est-à-dire douleur des entrailles, & du ventre. » (Dodoens, p. 137)

« Petite herbe odoriferante dont on fait de l'huile. [...] Les Apothicaires ne se servent que de celle qui a les fleurs jaunes au dedans environnées de feuilles blanches au dehors. Matthiole dit que les Grecs luy ont donné ce nom à cause qu'elle a l'odeur de pomme. » (Furetière, 1690)

Contexte chez Du Laurens

IX : Remedes externes pour faire dormir > Lavement des jambes ;
XV : Remedes alteratifs externes > Huiles ;
XV : Remedes externes pour fortifier le cœur > Unguent ;
XV : Remedes pendant l'acces de l'hypochondriaque > Remedes pour les vents qui pressent > Sachets

Camphre

Furetière, 1690 ; Dodoens, p. 557-558 ; Striling, II, p. 16

Définition et propriétés thérapeutiques

« C'est la gomme d'un arbre qui croist aux Indes dans les montagnes maritimes & dans l'Isle de Borneo, lequel est de telle hauteur & largeur, qu'un escadron de cent hommes pourroit demeurer dessous à l'ombre, & on en fait de grands coffres qui viennent du Japon. [...] Il est si odorant, que sur les lieux on s'en sert en guise d'encens. [...] La principale qualité du *camphre* est de retenir & de conserver un feu inextinguible qui brusle dans l'eau, sur la glace & dans la neige, à cause qu'il est d'une nature fort tenuë & grasse [...]. » (Furetière, 1690)

« Camphre, selon le dit des Arabes, induite sur la teste, guerit douleur d'icelle, & est bonne contre inflammations du foye. » (Dodoens, p. 557-558)

Contexte chez Du Laurens

IX : Remedes externes pour faire dormir > Bouquets

Capillus veneris (Adiantum, Adianton, Cheveux de Venus)

Dodoens, p. 279; Mattioli, p. 633; Stirling, II, p. 22; André, p. 48

Définition et propriétés thérapeutiques

« Le vray Capillus Veneris a les queuës de feuilles fort menues, noiratres, reluisantes [...]. Un chappeau de Capillus Veneris mis sur la teste, guerit la douleur d'icelle, comme dit Pline. » (Dodoens, p. 279)

« [...] selon Mesue l'adianton lache le ventre, purge la cholere, le phlegme, & grosses humeurs de longtemps attachées aux parties interieures. Il nettoie la poitrine & les poulmons, il clarifie le sang, il rejouit l'esprit, il purge l'estomac, & le foye, principalement si sont oppilés. » (Mattioli, p. 633)

Contexte chez Du Laurens

IX : Purgation > Preparation de l'humeur melancholique > Aposeme ;
XV : Purgation > Syrop magistral

Cappre

Fernel, p. 353-354; Dodoens, p. 465; Mattioli, p. 357; Stirling, II, p. 23-25; André, p. 48

Définition et propriétés thérapeutiques

« La cappre dont on met en usage la fleur & l'escorce de la racine est chaude & seiche au troisiesme ordre, elle extenue & nettoye par une douce adstriction, estant cuite elle excite l'appetit, & recrée l'estomach, dissipe la tumeur[,] endurcit la rate, principalement son escorce seiche tant prise qu'appliquée, ce qu'on dit qu'elle fait en quararante jours [...]. » (Fernel, p. 353-354)

« L'escorce de la racine de Cappres sert grandement contre duresse & oppilation de ratelle, prinse avec oximel, ou meslée parmy huiles & unguens à ce propos, & induicte par dehors par la region de la ratelle. » (Dodoens, p. 465)

« [...] elle est composée de qualités contaires, & repugnantes : car de son amertume elle est abstersive, purgative & incisive, par son acrimonie elle échauffe, incise, resout : par sa verdeur & aspreté elle resserre, épaisit, & rétraint. Au moyen de quoi s'il y a medicament qui puisse guerir la ratelle endurcie & enflée [...] ce medicament prins comme dit est, il avacue les humeurs grosses & visqueuses, non seulement par les urines, ains aussi par le ventre, souvent aussi les humeurs toutes sanglantes, dont la ratelle en a esté guerie & les douleurs de la sciatique. » (Mattioli, p. 357)

Contexte chez Du Laurens

IX : Purgation > Preparation de l'humeur melancholique > Aposeme ;
XV : Purgation > Syrop magistral

Casse (Cassia Solutive, Gousse d'Égypte, Écosse d'Égypte)

Furetière, 1690; Mattioli, p. 40; Dodoens, p. 520; Striling, II, p. 43-45

Définition et propriétés thérapeutiques

« Fruit qui vient aux Indes, fait en forme d'un long baston noir, dont la moëlle sert à purger & à rafraischir. Les Anciens n'en ont fait aucune mention. Les Modernes l'appellent *gousse d'Egypte.* » (Furetière, 1690)

« Or pource que Dioscoride ny autre des Grecs anciens n'ont fait mention de la casse laxative, qu'aucuns apellent écosse d'Egypte, de laquelle les Medecins usent souvent aujourd'hui pour lâcher le ventre, afin que ces discours nostres ne passent sans parler d'un medicament si noble & si necessaire au genre humain, j'en dirai ce que j'en fai des Arabes. [...] La mouelle est chaude & humide au premier degré. Elle est lenitive & resolutive & purifie le sang : elle estaint la chaleur de la cholere : elle lâche le ventre commodement : sa vertu ne passe point l'estomac. Pource les Medecins l'ordonnent asseurement au commencement des fievres & autres maladies chaudes avant la saignée, à raison qu'elle purge seulement l'estomac & ramollit le ventre. » (Mattioli, p. 40)

Contexte chez Du Laurens

IX : Purgation > Clystere; Potion servant de minoratif;
IX : Purgation violente > Medicamens plus forts pour repurger ceste humeur > Opiate;
XV : Purgation > Opiate

Ceterach (Asplenum, Scolopendre, Applenium)

Fernel, p. 353; Furetière, 1690

Définition et propriétés thérapeutiques

« La scolopendre ou applenium qu'on appelle ceterach, guerit en quarante jours la rate par la feuille seulement, sans aucun mauvais goust, emporte la mauvaise couleur qui vient d'obstruction, & brise mesme le calcul dans la vessie. » (Fernel, p. 353)

« C'est une plante qui jette plusieurs feuilles qui ressemblent à la scolopendre, & qui croist sur les murailles, parmi les rochers & lieux ombrageux. » (Furetière, 1690)

Contexte chez Du Laurens

XV : Purgation > Syrop magistral

Chardon bénit (Atractylis)

Furetière, 1690; Mattioli, p. 462; Dodoens, p. 367; Stirling, II, p. 33-35; André, p. 50

Définition et propriétés thérapeutiques

« espece de *chardon* qui a ses tiges rouges, souples, visqueuses, veluës, & couchées contre terre. Ses feuilles sont longues & ridées de deux costez, veluës & pointuës. Le bout de ses tiges est garni de longues & picquantes espines & de feuilles, d'où sort une fleur jaune ayant au dedans une graine bourruë, blancheastre & semblable à celle de l'artichaut. Sa racine est blanche & fort divisée. » (Furetière, 1690)

« [...] il faut ici declarer ses merveilleuses & excellentes vertus. [...] Cette plante est forte estimée non seulement des Italiens, ains aussi de toutes autres nations, comm'estant fort souveraine contre la peste, contre les poisons mortels, tant prinse par la bouche, qu'appliquée dessus les piqueures, ou morsures des bestes venimeuses. Cette herbe guerit ceus qui ont la fievre quarte, ou autres fievres, desquelles l'acces commence par froid. » (Mattioli, p. 462)

« Le chardon benist prins en viande ou breuvage, est bon contre grandes douleurs & tournoyemens de teste, renforce la memoire [...] Iceluy boully en vin & beu tout chaud, guerit tranchées de ventre, fait suer, fait uriner [...]. » (Dodoens, p. 367)

Contexte chez Du Laurens

XV : Purgation > Syrop magistral

Chicorée

Dodoens, p. 386; Stirling, II, p. 97-98; André, p. 65

Définition et propriétés thérapeutiques

« Endive est de deux sortes selon Dioscoride, & les anciens Medecins : L'une est appelée endive ou Cichorée domestique & cultivée; & l'autre Cichorée sauvage. [...] Ces herbes mangées, confortent l'estomach debile, & rafrechissent celuy qui est par trop chalereux, signemment la Cichorée sauvage, laquelle est plus propre & convenable à l'estomach & aux parties interieures. Icelles premierement cuictes, puis mangées avec vinaigre, arrestent le flux de ventre, qui vient de matiere chaude. » (Dodoens, p. 388)

Contexte chez Du Laurens

VIII : Combien sert le regime aux vieilles maladies > Les potages;
IX : Preparation de l'humeur melancholique > Aposeme;
XV : Purgation > Syrop magistral;
XV : Remedes externes pour l'estomach > Huiles

Cigue

Dodoens, p. 308 ; Mattioli, p. 589

Définition et propriétés thérapeutiques

« La Cigue est fort froide, attaignant bien pres le quatriesme degré… Icelle induicte & appliquée en forme d'emplastre sur feuz sacrés & inflammations, appaise la douleur, & oste la chaleur, comme le Josquiame & Opium. » (Dodoens, p. 308)

« La Cigue est une plante vulgaire, qui croist ordinairement pres des murailles des villes & chateaus, semblable à la ferule, d'odeur fort puante. […] il est certain que la cigue d'Italie n'est point si dangereuse que dit Dioscoride. En la Tuscane si les asnes s'en paissent, ils tombent en un dormir si profond, & étourdissement, qu'ils semblent plustost mors qu'étourdis. Ce qui a autrefois trompé les païsans non avertis de ce : car en écorchant les asnes qu'ils pensoient estre morts, pour sauver la peau, il est avenu qu'estans à demi écorchés ils se sont éveillés, non sans faire rire les spectateurs, & estonner les écorcheurs. » (Mattioli, p. 589)

Contexte chez Du Laurens

IX : Remedes externes pour faire dormir > Pommes à sentir

Corail

Mattioli, p. 742-743

Définition et propriétés thérapeutiques

« Le corail, qu'aucuns appellent Lithodendron, c'est à dire arbre de pierre, est notoirement un arbrisseau de mer, lequel tiré hors de l'eau s'endurcit incontinent qu'il est sorti, & surpris de l'air soudain se congele. […] Le corail retraint & refroidit mediocrement. Il reprime les excroissances de la chair : nettoie les cicatrices des yeux ; il remplit ulceres profons, & les cicatrices. […] » (Mattioli, p. 742-743)

Contexte chez Du Laurens

XV : Fortifiant > Estomac > Poudre digestive

Coriandre

Dodoens, p. 194-195 ; Stirling, II, p. 135-136 ; André, p. 75

Définition et propriétés thérapeutiques

« La graine de Coriandre se prepare en ceste sorte. Prenez graine de Coriandre bien seche, sur laquelle jetteres bon fort vin & du vinaigre meslés ensemble, & la laisseres ainsi tremper par l'espace de XXIV heures, puis l'osteres & secheres, la gardant pour s'en servir en Medecine. Il faut aussi noter que les Apothicaires ne doivent vendre à personne la graine de Coriandre non preparée, ny la couvrir de succre, ny en user en Medecine… [Les Nuissances] Le Coriandre verd prins par dedans le corps faict devenir enroué, faict tomber en frenesie, & eslourdit tellement le sens qu'il semble qu'on soit yvre. Et beu à la quantité de quatre drachmes tue la personne [...]. » (Dodoens, p. 194-195)

Contexte chez Du Laurens

IX : Remèdes pour faire dormir > Poudre narcotique

Cynoglosse (Langue de chien)

Fuchs, Chap. CL ; Mattioli, p. 627

Définition et propriétés thérapeutiques

« Cynoglosse en Grec, se nomme en latin *Lingua canis.* Es boutiques & en Françoys vulgaire Langue de chien. [...] Elle profitte aux ulceres de la bouche & d'autres parties : & a la dysentere pareillement. Et pourtant on en devoit user quasi toujours en tous ulceres, playes, grosse verole, ou maladie Hispanique, & autre semblables. Item elle ayde contre le flux de semence genitale, & contre tous catarrhes. » (Fuchs, Chap. CL)

Contexte chez Du Laurens

IX : Remedes pour faire dormir > Pilule

Enula campana (Aunée, Inula, Helenium)

Dodoens, p. 225 ; Mattioli, p. 55

Définition et propriétés thérapeutiques

« La decoction d'Enula campana beuë, provoque l'urine, & le flux menstrual aux femmes, & proufitte à ceux qui sont travaillés de rompures au dedans, ou qui ont quelque membre retiré. » (Dodoens, p. 225)

« On dit qu'Helenium est nai des larmes d'Helene, pource le plus excellent croist en l'isle Helene [...] Item au 21 chap. du mesme livre [Pline, *HN*, livre 21], Helenium nai [*sic*] (comme nous avons dit) des larmes d'Helene, embellit la persone, ainsi qu'on dit, garde & entretient la peau du visaige, & de tout le reste du corps sans corruption. On dit d'avantage que le frequent usage d'icelle donne quelque grace, & rend les gens plus amoureux. Outre ce que si on le boit en vin, a vertu d'engendrer joye & alegresse, telle qu'avoit ce Nepenthe tant celebré d'Homère, qui chassoit toute melancholie. » (Mattioli, p. 56)

Contexte chez Du Laurens

IX : Preparation de l'humeur melancholique > Aposeme

Epithyme

Fernel, p. 354

Définition et propriétés thérapeutiques

Cuscuta epithymum, plante de la famille des convolvulacées, répond à *Cuscuta epithymum* ou *Cuscuta europoea*, apréciée par les Anciens et surtout par Oribase pour ses propriétés laxatives, diurétiques et antigoutteuses. Certains auteurs n'admettent pas l'identité entre l'*epythymum* et la cuscute.

« L'Epityme chaud & sec au second ordre incise & nettoye doucement, extenüe la melancholie, purge puissamment la rate, & sert merveilleusement à toutes les maladies qui proviennent de ses indispositions, il altere neantmoins & échauffe, & par consequent, il doit estre meslé avec des raisins cuits, des violettes & autres lenitifs ; dont on fera sur le champ des compositions qui seront bonnes à la melancholie hypochondriaque, à la manie, à la palpitation de coeur, & autres affections de la bile noire, comme les juleps d'eaux distillées de violettes, de l'une & de l'autre buglosse [la bourrache et la buglose], de la melisse & de la fumeterre. » (Fernel, p. 354).

Contexte chez Du Laurens

IX : Purgation violente > Medicamens plus forts pour repurger ceste humeur > Opiate ;

XV : Purgation > Extraction de sené pour en former de pilules

Escarlatte (Vermillon)

Mattioli, p. 558

Définition et propriétés thérapeutiques

« La graine d'escarlatte a une vertu astringeante & amere : moyennant lesquelles deus qualités elle deseche sans donner aucune cuiseur : pour ce elle est bonne aus grandes plaies, principalement des ners. Lors aucuns le broient avec du vinaigre, les autres avec du vinaigre miellé. » (Mattioli, p. 558)

La graine d'écarlatte était incluse dans la confection « alkermes » (voir « Remèdes » ci-après pour la description de cette fameuse composition).

Contexte chez Du Laurens

XV : Remedes pour fortifier le cœur > Epithemes liquides ; Epithemes solides

Fenouil

Mattioli, p. 441 ; Fuchs, Chap. CXCI ; Dodoens, p. 189

Définition et propriétés thérapeutiques

« Le fenouil échauffe si fort, qu'on le peut dire chaud au tiers degré. [...] il est bon aus cataractes. » (Mattioli, p. 441).

« La decoction des cymes du Fenoil, tant applicquée par dehors que jetée dedans le corps par clysteres, est très utile aux maladies des reins, & de la vescie, en tant qu'elle provocque a uriner. [...] Icelle beue avec eau froide durant la fievre, appaise l'enuie de vomir & grande ardeur d'estomach. » (Fuchs, Chap. CXCI, 1549)

Contexte chez Du Laurens

IX : Purgation > Preparation de l'humeur melancholique > Aposeme

Fumeterre

Fernel, p. 352-353 ; Dodoens, p. 18 ; Mattioli, p. 609

Définition et propriétés thérapeutiques

« La fumeterre [...] mediocrement acre & amere, oste l'obstruction de tous les visceres, & les fortifie, purge doucement & peu à peu les humeurs adustes, & purifie le sang ; estant mangée ou beuë provoque beaucoup d'urine bilieuse, guerit les longues fievres qui procedent de l'obstruction des visceres, & à toutes les maladies qui procedent de l'impureté du sang : car elle preserve le corps & les humeurs de pourriture. » (Fernel, p. 352-353)

« La fumeterre vulgaire a la tige quarrée, revestue de petites feuilles, tendres, molles, fort decoupées, & de couleur de cendre. [...] La decoction beuë chasse par les urines [...] toutes humeurs chaudes choleriques, adustes & pernicieuses ; outre ce[,] elle est fort proffitable contre la gratelle, & contre ulceres malings, & la grosse verolle. » (Dodoens, p. 18)

« Toute la plante est bone contre les douleurs de la colique, ou mangée toute fraiche, ou prinse en poudre avec du vin par plusieurs jours. [...] La fumeterre est des plus dous medicamens & moins nuisans qui soient entre tous les laxatifs. [...] Elle est non seulement laxative, ains aussi fortifie les membres inferieurs, reserrant leurs filamens par trop relachés. [...] On rend sa vertu laxative plus forte, parce qu'elle ne l'est gueres de soi, la prenant avec des myrabolans, du sené, du petit laict de chevre, vermillon, ou raisins secs. » (Mattioli, p. 615)

Contexte chez Du Laurens

IX : Preparation de l'humeur melancholique > Aposeme ;
IX : Purgation violente > Medicamens plus forts pour repurger ceste humeur > Pilules ;
IX : Remedes pour faire dormir > Pomme à sentir ;
XV : Purgation > Syrop magistral ; Extraction de sené pour en former de pilules

Genest

Dodoens, p. 463-465

Définition et propriétés thérapeutiques

« Le Geneste vulgaire est de deux sortes, l'un est haut & eslevé, l'autre est petit & demeure tousjours bas, sous iceluy croist Rapum genistae. [...] Les fueilles, branches & sommitez du Genest cuictes en vin ou eauë, sont utiles aux hydropiques, & à tous ceux qui ont obstruction de foye, de ratelle, des rognons, ou de la vessie, car en partie elle purge & pousse hors par le ventre, & en partie par l'urine toutes humeurs aqueuses, sereuses & superflues. » (Dodoens, p. 463-465)

Contexte chez Du Laurens

XV : Remedes alteratifs externes > bains universels

Girofle

Furetière, 1690 ; Mattioli, p. 343

Définition et propriétés thérapeutiques

« Arbre aromatique qui est gros & grand. Son écorce est comme celle de l'olivier. Il porte son fruit en grappe comme le lierre ou le genevre. Ses feuilles ressemblent au laurier, & ont presque même goust que le fruit. Il ne souffre aucune herbe ni arbre près de luy, car sa chaleur attire toute l'humidité de la terre. » (Furetière, 1690)

« On s'en sert en diverses sortes, & medecine & en apprest de viandes. Les gyroffles, comme dit Serapion, sont profitables au foye, à l'estomac, & au coeur : ils aident à faire la digestion, resserrent les fleus de ventre. » (Mattioli, p. 343)

Contexte chez Du Laurens

XV : Purgation > Syrop magistral ; Opiate ;

XV : Confortatifs > Remedes externes pour l'estomach > Sachet

Gimauve

Furetière, 1690 ; Dodoens, p. 403 ; Mattioli, p. 511

Définition et propriétés thérapeutiques

« Espece de mauve sauvage qui a les feuilles rondes comme le ciclamen, qui ont un certain cotton blanc, & sont plus velues que celles des mauves. Ses tiges sont molles & de deux coudées de haut. Ses tieurs retirent à la rose, mais elles sont jeunes. Sa racine est visqueuse, pleine de nerfs & de vaines, & blanche au dedans. Son fruit est semblable à celuy de mauve. Thophraste dit qu'il y en a d'attirante comme l'aimant et l'ambre. Elle a esté nommée *althea*, a cause des grandes vertues qu'elle a dans la Medicine : d'où vient que Matthiole l'appelle *medica*. Les latins l'appellent aussi *ibiscus* & *obiscus*. » (Furetière, 1690)

« Elle fait uriner, & appaise les douleurs, chose qui est certaine par experience. [...] La guimauve a vertu de resoudre, relacher, alleger les inflammations, & appaiser, faire meurir les tumeurs difficiles à meurir. La racine & la graine font mêmes operations que l'herbe verte, mais elles font de parties plus subtiles, & sont plus desiccatives & abstersives, tellement qu'elles nettoient les vitiligines, & la graine rompt les pierres des reins. La decoction de la racine est utile à la dysenterie, au flus de ventre, au crachement de sang, comme ayant quelque vertu astringente. » (Mattioli, p. 511)

Contexte chez Du Laurens

IX : Purgation > Clystere;

IX : Humectation > Remedes externes > Universels > Le bain

Hellébore (Ellébore)

Furetière, 1690; Fernel, 370-371; Dodoens, p. 235 (ellébore blanc), p. 237 (ellébore noir); Stirling, II, p. 312 -313; André, p. 94

Définition et propriétés thérapeutiques

« Plante medecinale qui sert à purger, & surtout les humeurs melancoliques & les vapeurs qui offusquent le cerveau. Il y en a de deux sortes; l'*hellebore noire* qui purge le ventre, & l'*hellebore blanc* qui fait vomir. Ce mot est Grec. Apulée soustient qu'il le faut écrire avec une forte aspiration. Ce mot vient des mots Grecs *helein ti bora, efu perimere.* [...] L'*hellebore* est mortel, quand on en prend une dose trop forte. On dit proverbialement, qu'un homme a besoin d'*hellebore*, pour luy reprocher qu'il a quelque grain de folie. » (Furetière, 1690)

« L'ellebore est principalement utile en sa racine, laquelle est chaude & seiche au troisiesme ordre. Le blanc purge par vomissement, mais avec grand desordre du corps, & danger de suffocation à cause de sa qualité venimeuse. Le noir fait couler dans le ventre premierement la bile noire, puis aussi la jaune & la pituite grossiere, non seulement des visceres, mais encore des venes, dont elle emporte le sang, & des parties extremes, & particulierement du cerveau. [...] La purgation d'ellebore est très difficile & fort à craindre, ne doit point estre administrée aux jeunes garçons, aux vieillards, ny aux femmes enceintes, ny aux personnes imbecilles, mais seulement aux robustes & courageuses, lors qu'on y est contraint par la necessité d'un mal opiniastre qui n'a pas cedé aux autres remedes. » (Fernel, 370-371)

Les médecins Byzantins se méfiaient déjà de l'ellébore. Voir Alexandre de Tralles, p. 233-234 : « Je sais bien que les anciens médecins se hâtaient d'employer l'ellébore blanc (*Veratrum album*) dès qu'il voyaient que la maladie n'avait pas été diminuée notablement par les autres purgatifs; mais pour moi, je préfère à l'ellébore blanc une dose de pierre arménienne. ». Nous trouvons dans l'*Anatomie de la mélancolie*, 2.4.2.2., trad. Hoepffner, p. 1113 et suiv., un long exposé sur les propriétés et l'usage de l'ellébore à travers les âges.

Contexte chez Du Laurens

IX : Purgation violente > Medicamens plus forts pour repurger ceste humeur > Usage de l'hellebore; Opiate

Hieble

Furetière, 1690; Mattioli, p. 665-666

Définition et propriétés thérapeutiques

« Plante semblable au sureau, qui porte sa graine en grappe, qui a sa feuille large & fort brune. Il vient du Latin *ebulum* signifiant la même chose. » (Furetière, 1690)

« Le Sureau & l'Hieble sont plantes que tout le monde connoit. Dioscoride ne sait qu'une espece de sureau, toutesfois nous en trouvons deus. L'un est de montaigne, & sauvage ; l'autre est domestic, le plus souvent croissant es haies des jardins & des vignes. [...] L'eau des fleurs de sureau appliquée au front, & au devant de la teste, appaise les douleurs d'icelle, procedans d'humeur chaude. Le jus de l'écorce des racines provoque grandement à vomir, & evacue l'eau de l'hydropisie. Le jus des racines de l'hieble en fait autant. [...] par sa vertu laxative elle appaise merveilleusement bien les douleurs, à cause qu'elle détourne, & evacue les humeurs [...]. » (Mattioli, 665-666)

Contexte chez Du Laurens

XV : Purgation > Pilules

Houbelon

Fernel, p. 353 ; Mattioli, p. 638 ; Dodoens, p. 271

Définition et propriétés thérapeutiques

« Le houblon chaud au premier ordre, sec au second, remarquable en sa tige & en sa fleur, delivre d'obstruction premierement la rate, puis le reste des visceres, & provoque les urines : il va du pair avec la fumeterre en toutes ses facultez, mais la saveur n'en est pas si desagreable. » (Fernel, p. 353)

« Certes c'est merveille que les Medecins de nostre temps en usent si peu, attendu que c'est une medecine tres exquise. Car l'herbe seule ou son jus mélé avec griotte seche, guerit entierement la douleur de teste qui procede de chaleur. Il appaise les ardeurs du foye, & de l'estomac. Le syrop composé dudit jus, & de succre, est très utile aus fievres chaudes qui procedent d'abondance de sang ou de cholere. » (Mattioli, p. 638)

« La decoction du Houblon beué, desoppile le foye, la ratelle, & les rongnons, & purge le sang de toutes humeurs corrompues les faisant sortir avec l'urine. [...] Le jus de Houblon lasche le ventre & chasse hors les humeurs bilieuses & coleriques, & purge le sang de toutes immundicités. » (Dodoens, p. 271)

Contexte chez Du Laurens

VIII : Combien sert le regime aux vieilles maladies > Les potages ;
IX : Purgation > Potion servant de minoratif ;
IX : Purgation > Clystere ;
IX : Preparation de l'humeur melancholique > Aposeme ;
IX : Remedes alteratifs > Syrops ;
XV : Purgation > Syrop magistral ; Pilules de sené

Jacinthe (Vaciet, Hyacinthe)

Dodoens, p. 149; Mattioli, 569

Définition et propriétés thérapeutiques

« La racine du Vaciet cuicte en vin & beuë, arreste le flux de ventre, provoque l'urine, & proufitte à ceux qui sont mords de bestes venimeuses. La graine est de pareille vertu, & restraint encores davantage le flux de ventre, elle guerit la dysentere, & beuë avec vin est bonne contre la jaulnisse. » (Dodoens, p. 149)

« La racine du vaciet est bulbeuse, desiccative au premier degré, refrigerative au second complet, ou au commencement du tiers. Pource on dit qu'elle garde de venir la barbe, & le poil du penis aus jeunes enfants si on les en frotte es dits lieus avec du vin. La graine est un peu abstersive, & astringente : parquoi on en ordonne avec du vin pour guerir la jaulnisse, desechant aucunement au tiers degré, & mediocre en chaleur, & froideur. » (Mattioli, p. 570)

Contexte chez Du Laurens

XV : Remedes externes pour fortifier le cœur > Epithemes solides ; Sachet

Jasmin

Dodoens, p. 460; Mattioli, p. 68

Définition et propriétés thérapeutiques

« Ceste plante est appellée des Arabes *Zambach* & *Jesemin*, & là selon en France & Alemaigne entre les Herboristes *Jasminum*, & *Jeseminum*, & d'aucuns aussi *Josine* & *Josmenum*. Des Modernes aussi en Latin *Apiaria*, pour ce que les mouches à miel se trouvent voluntiers autour des fleurs d'iceluy. [...] Le Jasmin guerit la mauvaise gratelle seche & tache rouges, & resout les oedemes & collections appliqué dessus. Pareille vertu à l'huile qui est faicte des fleurs de Jasmin, lequel bouté aux narilles ou souvent fiairé, fait saigner par le nez. Le Jasmin seche aussi les catarrhes, & humiditez du cerveau, & proufitte contre froid des maladies d'iceluy. » (Dodoens, p. 460)

« Le Josemin comme il est de bone odeur, ainsi est il de bone vertu & proprieté. Car selon Serapion il est chaud au second degré, il dissout les humeurs, il digere le phlegme visqueus. Les fleurs tant fraiches que seches nettoyent les lentilles & taches du visage. On fait de ces fleurs de l'huile de Zambach qui est fort bon aus maladies froïdes. Les parfumeurs le font avec huile d'amandes pour parfumer les barbes, lequel échauffe si fort la teste à ceus qui sont de complexion chaude, que quelquefois il leur en fit sortir le sang du nez. » (Mattioli, p. 68)

Contexte chez Du Laurens

XV : Confortatifs > Remedes externes pour fortifier le cœur > Huiles ; Unguent

Josquiame

Dodoens, p. 304 ; Mattioli, p. 779

Définition et propriétés thérapeutiques

« Si on lave les pieds de la decoction de Jusquiame, ou si on la donne en clystere, elle faict dormir. Pareille vertu a la graine induicte avec huile ou quelque autre liqueur sur le front, & si on flaire beaucoup l'herbe & ses fleurs. [...] Bref, les fueilles, tiges, fleurs, graine, racine & jus de jusquiame, refroidissent toutes inflammations, font dormir, & appaisent toutes douleurs [...]. » (Dodoens, p. 304)

« Le Iusquiame prins en breuvage ou en viande met les hommes hors de sens, comme s'ils estoyent yvres. » (Mattioli, p. 779)

Contexte chez Du Laurens

IX : Remedes externes pour faire dormir > Sachet ; Pomme à sentir

Laictue

Dodoens, p. 395 ; Mattioli, p. 319

Définition et propriétés thérapeutiques

« Icelle [la laictue] prinse en mesme sorte [mangée crue en salade], faict bien & souvent dormir, elle faict bon ventre, & engendre abondance de laict : davantage elle est fort bonne à ceux qui ne peuvent reposer, & aux nourrisses & femmes qui allaictent, qui n'ont guere de laict [...]. » (Dodoens, p. 395)

« Le suc de la laitue appliqué avec huile rosat au front & aus temples, non seulement cause le dormir à ceus qui ont la fievre, mais aussi il appaise la douleur de teste. » (Mattioli, p. 319)

Contexte chez Du Laurens

IX : Remedes pour faire dormir > Potion

Lapis armenus (pierre d'Arménie)

Mattioli, p. 718

Définition et propriétés thérapeutiques

« La meilleure pierre d'Armenie est celle qui est polie, de couleur celeste, fort unie, friable, & sans aucunes pierretes. [...] elle est fort profitable aus malades de melancholie, leur provocant vomissement, & les purgeant par le ventre. [...] La pierre d'Armenie a grandissime vertu (combien qu'il semble que Galien, Paule, & les autres anciens l'aient ignoré) de purger la melancholie, comme témoigne Alexandre Trallian autheur celebre en son liv. I. chap. de la melancholie, où il dit : "si apres avoir baillé de la composition nommée Hiera, les folles imaginations trouvent encores le melancolic, lors sans tarder aucunement il lui faut donner de la pierre Armenienne." » (Mattioli, p. 718)

Contexte chez Du Laurens

IX : Purgation violente > Medicamens plus forts pour repurger ceste humeur > Pilules

Lapis lazuli (Pierre d'azur)

Mattioli, p. 719

Définition et propriétés thérapeutiques

« Les Apoticaires suivant les Arabes apellent cette pierre Lapis Azuli, ou lapis Lazuli. La meilleure est celle qui est marquetée d'or. Cette pierre, si je ne suis deceu, a grande affinité avec la pierre d'Armenie, car non seulement toutes deux croissent en mesmes mines, & ensemble, mais aussi elles ont quasi mesmes proprietés pour evacuer les humeurs melancholiques [...]. » (Mattioli, p. 719)

Contexte chez Du Laurens

IX : Purgation violente > Pilules ; Poudre purgative

Mandragore

Mattioli, p. 780 ; Fuchs, Chap. CCI

Définition et propriétés thérapeutiques

« La Mandragore beue rend incontinent les gens endormis, s'ensuyt une debilité de tout le corps, & un sommeil si profond, qu'il n'est en rien different de la lethargie. » (Mattioli, p. 780)

« Les pommes de Mandragore ont vertu de faire dormir profondement. L'escorce de la racine est moult vertueuse : mais ce qui est caché dedans, est fort debile, & de peu d'efficace. » (Fuchs, Chap. CCI)

Contexte chez Du Laurens

IX : Remedes pour faire dormir > Pomme à sentir (racine & huile)

Marjolaine (Mariolaine)

Mattioli, p. 416 ; Fernel, p. 407

Définition et propriétés thérapeutiques

« La plus esquise marjolaine croist en Cypre, & Cyzicene ; la meilleure après en Egypte. [...] C'est une herbe fort branchue, trainant par terre : ses feuilles sont semblables à celles de la calamenthe à menues feuilles, velues, rondes. Elle sent fort bon : par quoi on s'en sert en chappeaus & bouqués. Elle a vertu d'échauffer. » (Mattioli, p. 416)

« La marjolaine échauffe & desseiche au commencement du troisiesme ordre, elle a les parties deliées, dissipe puissament, fortifie le cerveau & les nerfs par l'agrément de son odeur, dissipe les vents, la pituite grossiere, & les obstructions qui en proviennent. » (Fernel, p. 407)

Contexte chez Du Laurens

IX : Remedes pour faire dormir > Poudre; Bouquets; Lavement des jambes

Mauve

Furetière 1690; Mattioli, p. 293

Définition et propriétés thérapeutiques

« Espece d'herbe rafraischissante, & émolliente qui entre dans les lavements. » (Furetière 1690)

« La mauve passe facilement par le ventre, non seulement à raison qu'elle est humide[,] ains qu'elle est aussi visqueuse, principalement quand on la mange avec force huile & garum. Elle est de mediocrement bone digestion. » (Matiolli, p. 293)

Contexte chez Du Laurens

IX : Purgation > Clystere

Mercuriale

Furetière, 1690; Mattioli, p. 678-679

Définition et propriétés thérapeutiques

« Herbe medecinale qui entre dans les decoctions qu'on fait pour les lavements. » (Furetière, 1690)

« On marge de toutes les deux [feuilles et fruits] comme autres herbes pour lâcher le ventre. [...] Il y deux sortes de mercuriale, l'une masle, l'autre femelle. Toutes deux sont fort conneuës non seulement des Medecins & apoticaires, ains des femmes, & du vulgaire, parce qu'ils en usent souvent en clysteres. [...] Tous usent seulement de la mercuriale pour purger le corps. » (Mattioli, p. 678-679)

Contexte chez Du Laurens

IX : Purgation > Clystere;
XV : Purgation > Opiate (suc de mercuriale)

Mirabolans

Corneille ; Dodoens, p. 574 ; Mattioli, p. 652

Définition et propriétés thérapeutiques

« On appelle Myrabolans des Fruits de certains arbres qu'on dit croistre sans culture dans le Royaume de Cambaia. Ces fruits sont une espece de Prunes [...]. » (Corneille)

« Toutes sortes de Myrobalans, comme dit Mesue, retardent la vieillesse à ceux qui en usent souvent, ilz font avoir bonne couleur, ilz rejouissent & confortent l'estomach, le cœur, & le foye. » (Dodoens, p. 574)

« Tous myrabolans sont du nombre des medicamens qui purgent sans aucune facherie ne dommage : car jaçoit qu'ils soient laxatifs, toutefois ceus qui en prenent ne s'en sentent aucunement las, ne fachés, ainsi plustost par leur vertu astringente ils fortifient le foye, la coeur, l'estomac, bref tout le corps. » (Mattioli, p. 652)

Contexte chez Du Laurens

IX : Purgation violente > Medicamens plus forts pour repurger ceste humeur > Usage de l'hellebore ;

IX : Remedes confortatifs > Opiates

Nardine (Nard indic)

Mattioli, p. 25

Définition et propriétés thérapeutiques

Du Laurens emploie la forme « nardin », influencé probablement par la variante arabe *al-nardin.*

« Tous [nard d'Indie et de Syrie] ont vertu d'échauffer & desecher : ils font pisser, en breuvage ils reserrent le ventre. » (Mattioli, p. 25)

Contexte chez Du Laurens

XV : Confortatifs > Remedes externes pour fortifier l'estomach

Nénuphar

Mattioli, p. 498 ; Fuchs, Chap. CCIII

Définition et propriétés thérapeutiques

« Le Nenufar croist es palus, & eaus dormantes, [...] On en prend en breuvage [la racine de nenufar] pour appaiser les songes & resveries d'amour : beuë durant quelques jours, affoiblit la semance genitale. La graine prinse en breuvage produit méme effet. » (Mattioli, p. 498)

Contexte chez Du Laurens

IX : Remedes internes pour faire dormir > Opiate ; Resumptif ; IX : Remedes externes pour faire dormir > Poudre ; Lavement des jambes

Opium (pavot)

Dodoens, p. 4 & p. 294; Mattioli, p. 571-572; Fernel, p. 405; Stirling, I, p. 6-8; André, p. 1; Fuchs, Chap. CXCVI & Chap. CXCVI

Définition et propriétés thérapeutiques

Plante aromatique. La variété mentionnée par Du Laurens (l'*Absinthium Ponticum* ou *Romanum*) était prescrite à la Renaissance contre « la douleur d'estomach chargé d'humeurs bilieuses et chaudes. Car elle les pousse par bas & les faict sortir par l'urine, outre ce elle conforte l'estomach [...] Elle est utile contre ventosités & inflations du ventre, & contre douleurs, appetit de vomir & rotz d'estomach [...] » (Dodoens, p. 4).

« Il coule du Pavot une liqueur blanche comme laict, quand les chapiteaux sont blessés, laquelle on appelle *Opium*, & on la recueille & met secher, & garde és Boutiques pour puis s'en servir en Medecine; quand ceste liqueur est seche, elle est de couleur de chastaigne. [...] La decoction des feuilles & chapiteaux du Pavot faicte en eauë, & beuë, faict dormir. Elle a pareille vertu si on s'en lave la teste ou les mains. [...] si on la desmesle en eauë, & induict sur le front, elle faict dormir. » (Dodoens, p. 294)

« Tous ont une vertu refrigerative. La semence du pavot cultivé, laquelle on apelle *Thylacitis*, fait dormir mediocrement, & est blanche : pource ils la mangent avec le pain, & trampée en miel. » (Mattioli, p. 571-572)

« [...] [Le pavot] est entierement narcotique, parce qu'ostant ou assoupissant le sentiment, il cause stupefaction. Estant appliqué par le dehors moderément, c'est le plus efficace de tous ceux dont j'ay parlé cy-devant, pour adoucir quelque douleur sensible, pour éteindre quelque ardeur que ce soit, & pour faire dormir; ce qu'il fait mesme par sa seule odeur si l'on s'en frotte le nez. » (Fernel, p. 405)

Contexte chez Du Laurens

IX Remedes internes pour faire dormir

IX Remedes externes pour faire dormir > emplastre; poudre; bouquet, pomme à sentir; Sangsues; Lavements des jambes

Orge

Dodoens, p. 314; Mattioli, p. 263

Définition et propriétés thérapeutiques

« L'orge est de deux sortes, grande & petite. La grande ou grosse se seme devant l'hyver. La petite au Printemps. [...] Orge avec myrte, ou vin, ou poyres sauvages, ou ronces, ou escorce de pomme de Grenade, arreste flux de ventre. [...] Icelle meslée avec vinaigre ou avec coings, appaise douleurs podagriques. Et si on la faict cuire avec vinaigre & poix, & appliquée autour des joinctures, garde que les humeurs ne descendent en icelles. » (Dodoens, p. 314)

« On trouve d'orge blanc, d'autre tirant sur le rouge, qui rend plus de farine, & se defend mieus contre le froid, les vents & autres mutations d'air que le blanc. [...] Il croist de l'orge en France, que je pense estre celui qu'on nomme *Cantherinum*, qui n'a point de bale. Les François qui le sement l'apellent orge Mondé : parce qu'aisément le grain se despouille de sa gousse ou bale, les autres ne se mondent qu'avec grande peine. » (Mattioli, p. 263)

Contexte chez Du Laurens

VIII : Combien sert le regime aux vieilles maladies > Les potages ;
IX : Purgation > Clystere ;
IX : Humectation > Remedes externes > Le bain ;
IX : Remedes internes pour faire dormir > Orge mondé (farine d'orge) ;
XI : Les amoureux doivent estre traittez comme les vrais melancholiques > Nourriture

Os de cœur de cerf

Fernel, p. 424

Définition et propriétés thérapeutiques

Chez Fernel, il est cité parmi les « medicamens froids qui fortifient le cœur [...] ». « L'os qui se trouve au cœur du cerf, fortifie le cœur de l'homme par quelque ressemblance de substance. Il est particulierement utile à l'affection cardiaque & à la syncope ; en sa place on use de la corne du cerf, pour les mesmes usages. On tient que la corne de licorne est excellente pour la conservation du coeur, qu'elle émousse toute la force du venin, & qu'elle adoucit le ravage des maladies pestilentes. » (Fernel, p. 424)

Contexte chez Du Laurens

XV : Confortatifs > Remedes externes pour fortifier le cœur > Sachet

Ozeille

Mattioli, p. 288

Définition et propriétés thérapeutiques

« Entre les especes de *lapathum* on apelle la parelle Oxylapathum, pource qu'elle a ses feuilles aigues, dures aus extremités, & croist en lieus marescageus. [...] La decoction de l'herbe de toutes ces especes lache le ventre. [...] Leurs racines cuittes en vinaigre, ou appliquées crues guerissent entierement les lepres, les gratelles, les ongles raboteux & gastez, mais il faut frotter auparavant les parties malades au soleil, de vinaigre & nitre. » (Mattioli, p. 288)

Contexte chez Du Laurens

IX : Remedes pour faire dormir > Resumptif ; Epitheme ;
XV : Confortatifs > Remedes externes pour l'estomach

Pimpernelle (Pimpinelle, Pimprenelle, Pimpinelle)

Dodoens, p. 105 ; Mattioli, p. 559 ; Furetière, 1690

Définition et propriétés thérapeutiques

« Les fueilles de Pimpinelle trempées en vin & beuës allegent & resjouyssent le cueur, & proufittent aux tremblemens & palpitations d'iceluy. » (Dodoens, p. 105)

« La racine, en laquelle gist toute la vertu, est chaude & seche au second degré complet, ou au commencement du tiers. Elle est fort bonne aus douleurs de reins, & de vessie, qui procedent de la pierre. Car elle décharge les reins de la gravelle, & fait sortir l'urine retenue. [...] Il y a une autre pimpinelle que nous appelons en nostre vulgaire Solbastrella, conneuë de tous, parce qu'on en mange souvent en salades. Car elle est sort astringente au goust, & fort pasteuse. Dont on la doit juger estre de vertu astringente. Pource qu'elle arreste fort bien le flus des femmes, la dysenterie, & autres flus de ventre, & les vomissemens d'humeurs choleriques. » (Mattioli, p. 559)

« Herbe menuë qu'on cultive dans les jardins, qui fait partie de la fourniture des salades. » (Furetière 1690)

Contexte chez Du Laurens

VIII : Combien sert le regime aux vieilles maladies > Les potages ; IX : Remedes alteratifs > Bouillons

Polypode (de chesne)

Dodoens, p. 274 ; Mattioli, p. 677, Fernel, p. 353

Définition et propriétés thérapeutiques

« Le Polypode vient aux bors des champs qui sont hauts, aux racines & pied des arbres, & principalement des chesnes. [...] La racine du Polypode lasche le ventre, & purge les humeurs melancholiques, grosses, & phlegmatiques : d'avantage elle vaut mout contre la colique, c'est douleur de ventre, contre duresses & oppilations de ratelle, & contre fievres quartes, principalement en y adjoustant de l'Epithymum. » (Dodoens, p. 274)

« Le polypode est du nombre des medicamens qui extenuent, & desechent bien fort le corps : il renverse l'estomac, & cause devoyemens d'icelui. En quoy Menard est contraire à Mesue, disant le polypode purgeant legierement, & sans violence, ne pouvoir extenuer le corps : & qu'il fait pour certain que prins seul ne porte aucune nuisance à l'estomac, & concluent en ce l'opinion d'Averroes estre meilleure, qui est, que le polypode est un medicament sans aucun danger & meilleur que l'epithymum. Actuarius écrit en son livre de la composition des medicamens que le polypode evacue la cholere, specialement la noire, & le phlegme. » (Mattioli, p. 677)

« Le polypode échauffe moderement, desseiche avec vehemence, estant pourveu de saveur douce & austere tout ensemble, deterge & dissipe les humeurs gluantes & grossieres, purge insensiblement la bile noire & grossiere ; mais il faut adoucir sa trop grande austerité avec quelque lenitif & humectatif, comme avec bouillon de volaile. » (Fernel, p. 353)

Contexte chez Du Laurens

IX : Purgation > Potion servant de minoratif;
IX : Medicamens plus forts pour repurger ceste humeur > Poudre purgative;
XV : Purgation > Pilules

Pruneaux de Damas

Mattioli, p. 169-170; Dodoens, p. 504-505

Définition et propriétés thérapeutiques

« Il est fort difficile de declarer toutes les sortes de prunes differentes. Il y en a de vertes, de rouges, de couleur d'ivoire, de jaunes, de perses : de grandes, de petites, de moyennes : de douces, d'aigres, de vineuses : de dures, de molles : de rondes, de longuettes, d'ovales. Dioscor[ide]. dit les prunes de Damas seches serrer le ventre, nonobstant Gal[ien]. au 7e livre des simples semble estre d'opinion contraire, disant ainsi : "le fruit du prunier lasche le ventre, plus etant frais, moins, estant sec." [...] L'opinion du monde a donné le premier rang de bonté à celles de Damas, ainsi apelées de Damas montaigne de Syrie où elles croissent. [...] Quant à Dioscoride si nous le voulons defendre, nous ne pouvons rien dire autre chose que, quand il dit que les prunes de Damas seches reserrent le ventre, il l'entend en comparaison des autres qui sont moins astringentes, non pas qu'il entende qu'elles ne soient aucunement laxatives. Au reste les prunes evacuent la cholere [...]. » (Mattioli, p. 169-170)

« Les Pruneaux nourrissent fort peu, & engendrent mauvais sang : mais ilz amollissent & lachent tout doucement le ventre, principalement quand ilz sont encore nouveaux & verds. » (Dodoens, p. 504-505)

Contexte chez Du Laurens

IX : Purgation > Clystere

Raisins (de Corinthe et de Damas)

Dodoens, p. 455

Définition et propriétés thérapeutiques

« Vigne sauvage est de deux sortes, comme dit Dioscoride : l'une porte fleurs & raisins, mais les raisins ne meurissent point : l'autre porte de petits raisins qui viennent à maturité. [...] Le fruict de la seconde espece est appelé és Boutiques de ce païs Passulae de Corintho, ce sont Raisins de Corinthe. [...] La fleur & grappe defflorie de la premiere espece sauvage, arreste le flux de ventre, & estanche tout flux de sang. Appliquée par dehors sur l'estomach, prouffite contre dissolution d'estomach & roucts, aussi faict elle si on la menge. [...] c'est un très bon medicament pour l'estomach debile enflammé :

car il le renforce, & le rafreschit, en quelle sorte qu'on en use, soit en viandes, ou autrement. On faict un Syrop avec du verjus & du succre ou du miel, lequel est fort bon contre la soif és fievres chaudes, & contre fluctuations, vomissemens, & subvertissemens d'estomach ayans pris leur commencement des humeurs choleriques. » (Dodoens, p. 455)

Contexte chez Du Laurens

VIII : Combien sert le regime aux vieilles maladies > Fruicts;
XV : Purgation > Syrop magistral (raisins de Corinthe);
XV : Purgation > Pilules (raisins de Damas)

Reguilisse

Dodoens, p. 485; Fernel, p. 415

Définition et propriétés thérapeutiques

« La racine de Riguillisse estanche aussi la soif, & rafreschit l'estomach sec & eschauffé, & proufitte aux maladies chaudes du foye, tenue en bouche, ou la decoction d'icelle beuë. » (Dodoens, p. 485)

« La reglisse est de chaleur temperée, humide mediocrement, elle adoucit tout ce qui a esté fait rude, & principalement l'artere; est bonne à la toux seiche, à l'asthme, & à la soif. » (Fernel, p. 415)

Contexte chez Du Laurens

IX : Purgation > Potion servant de minoratif;
XV : Purgation > Syrop magistral

Rhubarbe

Dodoens, p. 221

Définition et propriétés thérapeutiques

« Ses qualites de feu produisent leurs effes contre les oppilations, ses terrestres, où il est besoin de rétraindre. On en peut prendre sans aucun danger : on en ordonne en tout tems, & en tout âge, tellement qu'on en peut bien bailler aux petis enfans & aus femmes enceintes. [...] L'expression du rhabarbe bon & naturel infusé sert grandement où il est besoin d'absterger, de purger, & desoppiler. » (Dodoens, p. 221)

Contexte chez Du Laurens

IX : Purgation > Potion servant de minoratif;
XV : Purgation > Extraction de sené pour en former de pilules

Rose

Dodoens, p. 457-459; Mattioli, p. 130

Définition et propriétés thérapeutiques

« Le jus de Roses, signamment de celles qui sont les plus rouges, ou l'infusion, ou decoction d'icelles, est du nombre des Medecines douces & amiables, qui laschent le ventre, & qui se peuvent prendre sans danger. Il purge par le bas les humeurs bilieuses, & ouvre les obstructions du foye, le renforçant, & nettoyant, davantage il est bon contre toutes fievres chaudes, & contre la jaulnisse. Il est bon aussi d'en user contre palpitations & tremblement de cueur, car il oste & chauffe toutes humeurs malignes, hors des veines & arriere du cueur. [...] Les Roses broyées menu sont utilement appliquées sur imflammations des mammelles, mordications & inflammations d'estomach, pareillement sur feu sacré. » (Dodoens, p. 457-459)

« Le jus de roses est aperitif, resolutif, abstersif, laxatif, il purge la cholere, & mondifie le sang choleric ; il est merveilleusement bon à la jaunisse, aus oppilations du foye & de l'estomac ; il fortifie le cœur, & est fort singulier remede au batement d'icelui, parce qu'il evacue les humeurs qui lui sont nuisibles ; il est fort bon à toutes fievres qui vienent de cholere, comme aus fievres tierces. » (Mattioli, p. 130)

Contexte chez Du Laurens

VIII : Combien sert le regime aux vieilles maladies > L'air ;

IX : Remedes internes pour faire dormir > Orge mondé ; Opiate ; Massepain (eau de rose) ; Resumptif ; Bolus ; Poudre ; Sachets ; Epitheme ; Bouquets ; Lavement des jambes ;

XV : Remedes pour fortifier le cœur > Epithemes liquides ; Epithemes solides ;

XV : Remedes pour fortifier l'estomach > Huiles

Rosmarin

Dodoens, p. 185 ; Fuchs, Chap. CLXXXI

Définition et propriétés thérapeutiques

« Les Arabes medecins, & ceux qui sont venuz après [Dioscoride & Galien] disent que le Rosmarin conforte le cerveau, la memoire, & les sens interieurs, & qu'il faict revenir la parolle, signamment la conserve faict des fleurs d'iceluy avec succre, quand on la prend tous les matins à jeun. » (Dodoens, p. 185)

« Libanotis en Grec, se nomme es boutiques, & en Latin Rosmarinus. En Françoys Rosmarin. On la nomme Libanotis, pour ce qu'elle a odeur d'encens. [...] Les modernes disent que le Rosmarin mis en parfum, arreste les catharres, & appaise la toux. D'avantaige [*sic*], ce qui est grandement estimé si on le brusle en quelque maison. Il la engardera de pestilence, & ce à raison de son odeur, chassant le maulvais [*sic*] air. Au surplus, ilz disent que il a autres vertus, cest à sçavoir, qu'il conforte le cerveau, les sens interieurs, la memoire

& le cœur, il donne allegeance à tremblement & resolution ou paralisie des membres. Il faict revenir la parolle, & peult beaucoup d'autres choses [...] » (Fuchs, Chap. CLXXXI)

Contexte chez Du Laurens

XV : Remedes externes pour fortifier le cœur > Unguent

Saffran

Dodoens, p. 152

Définition et propriétés thérapeutiques

« Le Safran est utilement meslé avec les medecines que l'on prend contre maladies de poictrine, des poumons, du foye, & de la vessie : il est bon aussi à l'estomach pris en viandes, car il conforte l'estomach & faict faire digestion, & beu avec vin cuict engarde d'enyvrer, & induict à faire le jeu d'amour. » (Dodoens, p. 152)

Contexte chez Du Laurens

IX : Remedes confortatifs > Syrop excellent;

XV : Remedes externes pour fortifier le cœur > Epithemes liquides

Santal

Dodoens, p. 575

Définition et propriétés thérapeutiques

« Les Arabes constituent trois especes de Santalum, Citrin, blanc & rouge, lesquelz sont tous cognus ès Boutiques excepté le Citrin ou jaulne : car de cestuy la on n'en ameine plus, mais au lien d'iceluy on use de la partie interieure & du coeur du Blanc, lequel est aromatique & jaulnatre. [...] Le Santal est bon à gens chalereux, contre debilité d'estomach, & contre douleurs d'iceluy causées par l'acrimonie de la cholere. Iceluy pilé avec eaue rose, & induit sur les temples en y adjoutant un petit de Camphre, donne allegeance à douleurs de teste très ardantes. [...] Ils confortent le cueur, & le rejiouyssent : pourtant on les mesle parmy medicaments qui se font contre palpitations & tremblemens d'iceluy. » (Dodoens, p. 575)

Contexte chez Du Laurens

IX : Remedes alteratifs > L'humectation > remedes internes > Bouillons;

IX : Remedes externes pour faire dormir > Poudre (santal rouge); Epitheme (santal rouge);

XV : Confortatifs > Remedes externes pour fortifier le cœur > Unguent (santal muscatelin); Sachet (santal rouge);

XV : Confortatifs > Remedes externes pour l'estomach > epithemes

Sassafras

Joannes de Laet, p. 126-127

Définition et propriétés thérapeutiques

Arbre reconnu pour ses propriétés sudorifiques et diurétiques.

« On sera aussi advertis que sa decoction est fort dangereuse à ceux qui sont debiles & grandement malades. » (Joannes de Laet, p. 127)

Contexte chez Du Laurens

IX : Remedes alteratifs > L'humectation > Remedes internes > Bouillons

XV : Alteratifs > Décoction d'esquine et de sassafras

Saule

Mattioli, p. 137; Corneille, p. 218

Définition et propriétés thérapeutiques

« Les medecins usent des feuilles fraiches du saule en lavemens pour faire dormir. » (Mattioli, p. 137)

« Selon Galien on peut user des feuilles de saule pour souder une playe fraische. La pluspart des Medecins employent ses fleurs lors qu'ils preparent une emplastre dessiccative, à cause qu'elles dessechent sans aucune mordication, quoy qu'elles tiennent quelque peu de l'astringent. » (Corneille, *Le Grand Dictionnaire des arts et des sciences*, p. 218)

Contexte chez Du Laurens

IX : Remedes externes pour faire dormir > Bouquets

Semper-viva (Joubarbe)

Mattioli, p. 599; Dodoens, p. 87; Stirling, IV, p. 92; André, p. 235

Définition et propriétés thérapeutiques

« Nature a donné cette proprieté à la joubarbe, de demeurer toujours humide et verte. Sa feuille est charnue, lisse, longue. Elle croist sur les murailles, & sur les tuiles des maisons, ou quelque terre, & sable se sont amasses avec le temps. L'une & l'autre joubarbe [la petite et la grande joubarbe] desechent legerement : car elles sont mediocrement astringentes, sans aucune autre qualité forte : pource la substance aqueuse surmonte les autres en elles. Au reste elles refroidissent fort, assavoir au tiers degré. » (Mattioli, p. 599)

Contexte chez Du Laurens

IX : Remedes externes pour faire dormir > Pommes à sentir

Sené de Levant

Richelet; Fernel, p. 369; Dodoens, p. 255; Mattioli, p. 309

Définition et propriétés thérapeutiques

D'après Richelet, la plante « porte des gousses noirâtres tirant sur le vert, un peu ameres, recourbées & plates aiant au dedans une graine noire semblable à des pepins de raisin. [...] Le séné de levant est le meilleur, il purge la bile noire & la pituite du cerveau. » (Richelet)

« Le sené chaud & sec au commencement du second degré [...] est un peu peu amer & astringeant, purge parfaitement bien la melancholie aduste, la bile & la pituite grossiere, non pas incontinent des lieux éloignez, mais particulierement de la rate, puis aussi des autres visceres, des hypochondres, & du mesentere, dans lesquels est l'égout de toutes les impuretez ; » (Fernel, p. 369)

Contexte chez Du Laurens

XV : Purgation > Syrop magistral

Squine (Esquine, China, Schina)

De Meuve, p. 379

Définition et propriétés thérapeutiques

« C'est une racine, ainsi apellée, parce qu'elle croit dans une Province apartenante aux Chinois (dite la Chine) & que de là, elle est aportée en Europe. Il y en a de deux sortes, eu égard au païs d'où elle vient, sçavoir celle du Levant, & celle du Ponant, qui nous est aportée du Perou & de la nouvelle Espagne. La meilleure est celle qui vient du Levant ; elle est de couleur rouge, ou noiratre au dehors, & blanchatre ou rougeatre au dedant ; plus elle est noire meilleure elle est. [...] Quant à ses qualitez, elle échaufe legerement & desseche au second degré. Elle est principalement sudorifique, diuretique, aperitive, discussive & un peu astringente. Elle remedie aux incommoditez du foie & de la poitrine, & par consequent à l'hydropisie & à l'asthme. » (De Meuve, p. 380)

Contexte chez Du Laurens

XV : Remedes alteratifs internes > Usage de la squine

Storax (Styrax)

Dodoens, p. 556; Mattioli, p. 71; Charas, I, p. 404; Stirling, IV, 151-152; André, p. 252

Définition et propriétés thérapeutiques

« Le Styrax est chaud & sec, emollitif & maturatif... Il lache le ventre tout doucement, prins en petite quantité. » (Dodoens, p. 556)

« Il est fort bon meslé aus emplastre resolutifs & à ceus qui sont faicts pour délasser. On le brule pour en avoir la suye comme de l'encens, laquelle est bone à mémes choses. On fait aussi en Syrie du styrax, d'huile Styracin, lequel échauffe bien fort & remollit : mais il cause douleur de teste & pesanteur, & fait dormir. » (Mattioli, p. 71)

Contexte chez Du Laurens

VIII : Combien sert le regime aux vieilles maladies > L'air ;

IX : Remedes externes pour faire dormir > Noüets

Tamaris

Fernel, p. 354; Dodoens, p. 474; Stirling, IV, p. 161-162; André, p. 255

Définition et propriétés thérapeutiques

« Le tamarisc est chaud & sec au commencement du second degré, il incise & nettoye, à quoy sert principalement son suc, lors qu'il est encore vert, puis l'escorce, ensuite la fleur & les feuilles, & finalement le bois : sa decoction par une vertu singuliere diminue puissamment la rate & profite à ceux qui sont affligez de pâles couleurs. » (Fernel, p. 354)

« Le Tamarix est un medicament vertueux & singulier contre duresse & oppilation de ratelle, & a en cela si grand force & singuliere, que l'on a trouvé par experience, les pourceaux qui avoient esté nourris & toujours mangé hors d'une auge de bois de Tamarix, n'avoir point de ratelle. Pourtant est-il bon que les Splenetiques boivent hors d'un pot ou vaisseau de bois de Tamarix. » (Dodoens, p. 474).

Contexte chez Du Laurens

IX : Preparation de l'humeur melancholique > Aposeme ;

IX : Purgation violente > Medicamens plus forts pour repurger ceste humeur > Opiate ;

XV : Purgation > Syrop magistral

Thym

Dodoens, p. 161 ; André, p. 260 ; Stirling, IV, p. 181-183

Définition et propriétés thérapeutiques

Chaud et sec, s'il est « mis en poudre & prins au poids de trois drachmes avec vinaigre miellé qu'on appelle Oximel, & un peu de sel, purge par le ventre le phlegme espais & gluant, & les humeurs acres & bilieuses, & toute corruption du sang [...]. [Il] profite à ceux qui ont frayeur, aux melancholiques, & troublez d'esprit. » (Dodoens, p. 161)

Contexte chez Du Laurens

IX : Purgation > Preparation de l'humeur melancholique > Aposeme ;
XV : Purgation > Syrop magistral

Violette

Mattioli, p. 624 ; Fernel, p. 415

Définition et propriétés thérapeutiques

« Les violettes sont un medicament temperé, & propre pour alterer & muer la mauvaise qualité des humeurs, & les evacuer. » (Mattioli, p. 624)
La violette a des propriétés purgatives. Elle entre souvent dans la composition de plusieurs syrops préscrits par Mesué. Les sémences sont incluses dans la confection hamech et dans plusieurs autres électuaires à propriétés laxatives.

Contexte chez Du Laurens

IX : Purgation > Clystere ;
IX : Remedes externes > Le bain

Zingembre (Gingembre)

Dodoens, p. 579-580 ; Charas, I, p. 413 ; Stirling, IV, p. 260 ; André, p. 279

Définition et propriétés thérapeutiques

Le Gingembre « est chaud au second degré, & quelque peu humide... [C'est] une medecine singuliere pour l'estomach refroidi, car il l'eschauffe & conforte : il reveille l'appetit, il lache le ventre. » (Dodoens, p. 579-580)

Contexte chez Du Laurens

XV : Purgation > Syrop magistral

Remèdes

Alexipharmaque : « Alexipharmaque » est un terme générique désignant un antidote, ou « preservatif contre poison ». Plus spécifiquement, il se réfère aux antidotes « pris au dedans » et s'oppose alors aux antidotes « *Alexiteres* » qui sont « appliquez au dehors. » (Thomas Corneille, *Dictionnaire des arts et des sciences,* 1694)

Alkermès (confection) : « Terme de Medecine qui vient de l'Arabe. C'est une confection plus chaude que la theriaque. Elle est rouge, & brillante à cause des feuilles d'or qu'on y mesle. Elle est ainsi nommée, à cause de *al*, qui signifie sel, & *kermes*, qui veut dire du rouge, ou graine d'escarlate. » (Furetière, 1690)

Alteratif : « On peut définir la faculté des Medicamens un accident propre & inseparable duquel dépend leur action ; en sorte qu'on peut dire que les facultez des Medicamens ne peuvent être connuës que par l'action. On reconnoist trois facultez dans le Medicament, sçavoir l'alterative, la purgative, & la roborative [ou confortative] : l'alterative se connoît par l'alteration manifeste qu'elle donne à nos corps ; la purgative en fait sortir les mauvaises humeurs, ou en les expulsant, ou en lubrifiant les conduits pour leur donner issuë, ou en les attirant & les faisant sortir par les voyes ordinaires. On peut comprendre sous la faculté purgative, la diaphoretique, qui fait sortir les mauvaises humeurs par les pores de la peau, & la diuretique qui les pousse par les urines. La faculté roborative, fortifie & conserve tout le corps, ou quelqu'une de ses parties, par une vertu specifique. » (Charas, I, p. 16-17)

Aposeme (Apozeme) : « Espece de julep composé de divers decoctions de plusieurs plantes, racines, fleurs, feuilles, fruits & semences dulcifiées avec du miel & du sucre, clarifiées & aromatisées avec canelle & santals. L'*aposeme* ne differe d'avec le syrop magistral que par la consistance & la cuitte ; ce syrop étant plus espais & visqueux. On y mesle quelquefois des remedes purgatifs & des syrops. » (Furetière, 1690)

Pour exemple, voici la préparation d'un apozème mélanagoge ordonné par Fernel dans sa *Thérapeutique* : « L'Apozeme de la decoction de telles herbes est propre à la melancholie grossiere & feculente, aux obstructions & aux tumeurs de rate, à la fievre quarte & à toutes les affections melancholiques. Prenez racines de buglosse, polypode de chesne de chacun demi once, escorces de cappres & tamarisc de chacun trois dragmes, pointes de houblon, fumeterre, melisse, cuscute, scolopendre [le *ceterach* de Du Laurens], de chacune une poignée : qu'il s'en fasse decoction jusques à une livre, dans quoy vous delayerez trois onces de sucre, & les ferez cuire en apozeme clarifié. » (Fernel, p. 355)

Attenuants : « Les Attenuatifs & Incisifs sont des médicamens qui divisent, dissolvent, extenuent, & mettent en pieces; sçavoir ceux-là, les humeurs crasses, & ceux-ci, les humeurs viscides & glutineuses, afin que par après, ou ils se dissipent d'eux-mêmes, ou par la force des atractifs ils soient jetter dehors. Tel que sont l'hyssope, la marjolaine, le rômarin, l'origan, le pouliot, la ruë, le laurier, l'acorus, les bayes de laurier, le marrube, la petite centaurée, l'arum, le vinaigre, le suc de limons, la canelle, les capres, & quantité d'autres entre les aperitifs. » (De Meuve, p. 209)

Bain Marie : « Le feu du Bain Marie, nommé aussi bain de mer, se pratique en plongeant le vaisseau qui contient les matieres dans de l'eau chaude, comme dans un bain; On s'en sert pour les Teintures, des Circulations, des Digestions, & des Distillations : il est un peu plus chaud que le Bain vaporeux [...]. » (M. Charas, I, p. 92)

Baume : « Les Baumes sont ou Naturels, ou Artificiels; Les Naturels n'ayant pas besoin de preparation, il n'est pas necessaire de m'y arrester. Je ne parleray icy que des Artificiels, qui sont des Remedes composez, employez le plus souvent pour l'exterieur, & dont les uns sont d'une consistence un peu plus solide que celle des Onguens ordinaires, & sont preparez principalement pour leur bonne odeur, & pour recréer & fortifier les parties nobles; & les autres sont beaucoup plus liquides, & d'une consistence entre celle des Huiles & des Linimens, dont le principal usage est pour les playes, quoy qu'on en prepare aussi pour la pluspart des maux ausquels on emploie les Linimens & les Onguens. On prepare aussi des Baumes distillez, composez de plusieurs Aromats & de diverses Huiles distillées; Ceux-cy sont plustost Chymiques que Galeniques, & autant employez pour le dedans que pour le dehors [...]. » (M. Charas, I, p. 624-625)

Bol (Bolus) : « Les Bols sont des remedes internes, ordinairement un peu plus solides que les Opiates, & qui ont esté inventez principalement pour les malades qui ont de la repugnance à boire les remedes, ou qui n'en peuvent pas supporter le goust ni l'odeur. On y a recours aussi, pour faire mieux avaller certains remedes, qui par leur pesenteur resteroient au fond du verre, s'ils estoient meslez dans des liqueurs, comme feroient diverses preparations de Mercure, d'Antimoine, &c. Il y peut avoir presque autant de diversité dans les Bols, qu'il y en a dans les Potions; On les fait avec des Electuaires, des Confections, des Conserves, des Pulpes, des Poudres, des Sels, des Huiles, des Essences, des Extraits, des Syrops, & avec une infinité de remedes, dont il faut qu'il y en ait, qui ayent assez de solidité, ou assez de secheresse pour donner de la consistence à ceux qui sont trop liquides ou trop mols. On prend ordinairement les Bols loin du repas, quelque-fois sur la pointe d'un couteau, mais le plus souvent on les enveloppe de pain à chanter, de sucre en poudre, de poudre de Reglisse, de fruits cuits ou cruds, ou de quelque confiture, ou autre matiere qui puisse empescher en quelque façon qu'on ne sente le goust & l'odeur des Medicamens, dont les Bols sont composez. » (M. Charas, I, p. 161-162)

Catholicon : « C'est un électuaire mol purgatif, dont *Nicolaus Salernitanus* est Autheur. Ce mot [catholicon] veut dire universel, à cause qu'il purge universellement tout le corps de la bile, la pituite & la mélancolie, ou plûtôt, à cause qu'il convient à toutes maladies, & qu'il n'est nuisible à aucunes. [...] Cet électuaire a deux bases, l'une qui purge la bile, sçavoir la casse avec la rhubarbe ; & l'autre qui purge la pituite & la mélancolie, sçavoir le polypode avec le sené. [...] Quant aux proprietez de cet électuaire, il purge benignement toutes les humeurs, & l'on s'en sert dans toutes les fièvres & autres maladies aiguës, particulierement dans celles qui proviennent de l'intemperie chaude du foye & de la ratte. » (De Meuve, p. 338- 342)

Clystere : « Les Clysteres [...] sont aussi des Injections, & des Medicamens liquides qu'on introduit par le fondement dans les Intestins, pour la guerison ou soulagement de plusieurs maladies ; Ils sont nommez Clysteres ou Lavemens, parce qu'ils servent à laver les Intestins. On prepare les Clysteres pour diverses intentions, tantost pour rafrachir les Intestins, tantost pour les humecter, & pour ramollir & détremper les excremens endurcis, ou pour irriter la faculté explutrice, pour dissiper les vents, pour appaiser les douleurs, pour faciliter l'expulsion de l'urine, pour attirer ou pour faire mourir les vers, pour aider à l'accouchement des femmes, pour leur provoquer les menstruës, & pour appaiser les passions hysteriques, pour addoucir les difficultez des Intestins, pour en appaiser les tranchées, pour en consolider les ulceres, & pour faire revulsion des humeurs ou des vapeurs, qui se portent à la teste, à la poitrine, à l'estomach, aux reins, & à toutes les autres parties du corps. Les Clysteres sont ordinairement composez de decoctions de racines, d'herbes, de semences, & de fleurs, de differente vertu, suivant l'intention du Medecin. » (M. Charas, I, p. 167)

Condit : « Terme de Pharmacie, qui se dit de toutes sortes de confitures tant au miel qu'au sucre. Il y a un *condit* stomachal, purgatif & corroboratif, qui differe des opiates, en ce qu'il y a plus de sucre, moins de poudre, & plus de conserve & de syrop. » (Furetière, 1690)

« La difficulté qu'il y a d'accomoder les Medicamens au goust des malades, & le desir de leur complaire, et & d'avoir prestes en tout temps certaines parties de Plantes, dont ils pouvoient avoir besoin, on esté les principaux motifs, pour lesquels on a inventé les confitures » (M. Charas, I, p. 199).

Conserve : « Les Racines, les Herbes, ou les Fleurs sont ordinairement la base de toutes les Conserves. Leur preparation n'estant pas bien difficile, & ne demandant pas de grands discours, je me contenteray de donner deux ou trois exemples, sur lesquels on pourra preparer toute sorte de Conserves. » (M. Charas, p. 212)

On trouvera ainsi chez Moïse Charas une *Preparation de la conserve de Racines d'Helenium* (p. 213), *Preparation de la Conserve de Roses liquide* (p. 215), *Preparation de la Conserve de Violettes liquide* (p. 219).

Cordial : « Qui est amy du cœur. Le vin vieux est le plus cordial de tous les aliments. Les trois fleurs cordiales sont celles de la buglose, de bourache & de violette. Quelques-uns ajoustent celles de chardon benit, de scorzonere, de morsus diaboly, de scabieuse, d'ozeille & d'alleluya. » (Furetière, 1690)

Castoreum : « medicament composé de la liquer enfermée dans de petites bourses que le castor a vers les aînes, qu'est huileuse & forte en odeur, mais qui n'est pas conservé en ses genitoires, comme les Anciens ont crû [...]. Les Medecins reconnoissent de fort rares qualités au *castoreum*; & cependant quand il est noir de pourriture, c'est un poison. » (Furetière, 1690)
« Il est tout notoir qu'il est chaud : car s'il est bien pulverisé & incorporé avec huile, & que vous en frottiez quelque partie, vous y sentirez manifeste chaleur. [...] selon Dioscoride on n'ordonne pas seulement le castorée en breuvage, ains aussi en clysteres & parfums. » (Mattioli, p. 214)

Decoction : « Les Infusions & les Decoctions sont des élixations [processus par lequel on fait bouillir une substance dans de l'eau] de Medicamens faites dans quelque liqueur; Elles se font bien quelquefois pour attendrir & pour cuire les Medicamens, & quelquefois aussi pour leur ôter ou pour corriger quelque mauvaise qualité, mais leur plus grand usage est pour communiquer leur vertu à quelque liqueur, & pour lier & assembler dans la liqueur la vertu de divers Medicaments joints ensemble. Les Infusions different des Decoctions en degré de chaleur, & en longueur de cuite; Car les premieres se font mesme quelquefois sans feu; & lors qu'elles en ont besoin, il doit estre ordinairement moderé & il y faut souvent un tems assez long, tantost de plusieurs heures, & tantost de plusieurs jours. Au lieu que les Decoctions sont faites quelqufois dans un quart d'heure, dans une demi-heure, ou dans une heure, & que la pluspart des longues n'excedent pas cinq ou six heures. » (M. Charas, I, p. 146-147)

Diamargaritum : « Cette Poudre a pris son nom des Perles, qui en sont la base, & qui y entrent en plus grande quantité qu'aucun des autres Medicamens; elle est surnommée froide, à cause qu'elle reçoit plusieurs Medicamens froids, ou moderément chauds dans sa composition, & pour la distinguer d'une autre surnommée chaude, qui n'est pas aujourd'hui en usage. [...] L'Usage principal de la Poudre *Diamargaritum frigidum*, est pour fortifier les parties nobles, relever les forces languissantes, & remedier aux défaillances & aux syncopes, qui arrivent dans les fièvres, & autres maladies. » (M. Charas, I, p. 345)
L'utilité de cette composition sera remise en cause au siècle des Lumières : « La poudre *diamargaritum frigidum* est décrite diversement dans les Pharmacopées : je raporte la description que j'ai trouvée la plus raisonnable & la moins embarassée; il y entre pourtant quelques ingrediens qui me paroissent inutiles, & qu'on pouroit retrancher, comme la semence de melon; elle engraisse trop la poudre; le corail est un alkali superflu, puisqu'il y a dans la composition des perles en assez bonne quantité lesquelles sont de la même

nature; les feuilles d'or ne servent que d'ornement à la poudre, car l'or n'a aucune vertu pour fortifier le coeur. J'estime même que les perles, quoiqu'elles donnent le nom à la composition, y sont d'une petite utilité, car étant une matiere purement alkaline & privée de principes actifs, elles n'ont pas grande vertu pour fortifier le coeur ni pour resister à la malignité des humeurs. » (N. Lémery, 1748, p. 234)

Diambre : Poudre « refrigerative » composée de perles et de pierres précieuses; similaire à la poudre *diamargaritum* (Joubert, p. 199)

Electuaire : « [...] les Opiates, les Confections, les Antidotes & les Electuaires, sont des remedes internes diversement composez, & ordinairement de Poudres, & de Pulpes, de Liqueurs, de Sucre ou de Miel, & reduits le plus souvent en une consistence molle & propre à estre enfermée dans des pots, pour en pouvoir estre tirez avec une spatule ou quelque autre instrument approchant; On en excepte toute-fois les Electuaires solides [qui sont similaires aux « tablettes »]. » (M. Charas, I, p. 375)

Emplastre : « Les Emplâtres sont des Compositions qu'on applique exterieurement, & dont on se sert de mesme que des Onguens [...]; mais leur consistence doit estre beaucoup plus solide, & telle qu'on les puisse reduire en rouleaux, ou Migdaleons, lors qu'ils sont cuits & refroidis; qu'on se contente d'envelopper le papier lors qu'on les veut garder; au lieu qu'on met d'ordinaire les Onguens & les Cerats dans des pots, à cause de leur mollesse & de la difficulté qu'il y a de les garder autrement. [...] Les Huiles, les Graisses, la Cire, les Poix, de mesme que les Resines seches, la Terebenthine qui est une Resine liquide, & les Gommes, sont les matieres plus ordinaires des Emplâtres [...]. On employe les Emplâtres à la guerison des playes & des ulceres; on s'en sert pour appaiser les douleurs des membres & pour fortifier ceux qui sont affoiblis, pour arrester les fluxions, les vomissemens, & les hemorrhagies, pour fortifier le cerveau & les reins, & empêcher l'avortement, pour resoudre, dissiper, ou mener à suppuration les tumeurs internes & externes, pour abbatre les vapeurs hysteriques, guerir ou soulager les sciatiques & les rheumatismes, enlever des vessies sur la peau, fortifier les parties après les fractures ou dislocations des os, & pour plusieurs autres intentions qui seroient trop longues à déduire. » (M. Charas, I, p. 703-704)

Epitheme : « Terme de medecine. C'est un remede topique appliqué exterieurement sur la partie affligée, ou une espece de fomentation qui sert à temperer la chaleur extraordinaire des parties nobles des deux ventres inferieurs, comme le foye, le cœur & le thorax, contre la malignité des maladies; & on n'en applique que sur l'une ou l'autre de ces parties, à la difference des fomentations, qui se font par tout le corps. [...] » (Furetière, 1690)

« [...] composition faite pour appliquer sur la region du cœur, afin de le reconforter ou rafraichir » (Joubert, p. 196)

Fleurs cordiales : La bourrache, la buglose et la violette étaient appelées « les trois fleurs cordiales » en raison de leur prétendue vertu confortative pour le coeur. Plus tard, l'œillet viendra s'ajouter à la liste des fleurs cordiales. En même temps leur utilité pour la santé est déjà remise en question par les encyclopédistes des Lumières : « Le choix que quelques anciens médecins avoient fait de ces fleurs & de ces eaux [les quatre eaux *cordiales* sont celles d'endive, de chicorée, de buglose & de scabieuse] pour leur attribuer plus particulièrement la vertu *cordiale*, est absolument rejetté par le médecin moderne ; effectivement l'infusion la plus ménagée de ces fleurs ne sauroit avoir aucune utilité réelle, du moins à titre de *cordial*. Quant aux quatre eaux distillées, elles sont exactement dans la classe de celles dont Gédeon Harvé [Gideon Harvey 1636-1702] a dit, avec raison, qu'elles n'étoient bonnes qu'à être conservées dans de grandes bouteilles de verre pour être jettées dans la rue le printemps suivant, *vere proxime insequente in cloacas evacuandae.* » *(Encyclopédie*, 1782, tome 9, p. 464)

Fomentation : « On a donné aux Fomentations le nom de Bains Locaux, parce qu'estant appliquées sur l'endroit du corps malade, elles y font un effect approchant de celuy que le Bain ou le Demy-Bain peuvent faire à plusieurs parties du corps à la fois : Et quoy qu'on emploie souvent le Bain & le Demy-Bain pour le soulagement & la guerison des maux qui arrivent à une seule partie du corps, les bons effects neanmoins qu'on peut ressentir des Fomentations, la facilité & le peu d'embarras qu'on y trouve, sont cause qu'elles sont plus souvent pratiquées que les Bain & les Demy-Bain, pour lesquels il faut bien plus de lieu, de plus grands vaisseaux & plus d'appareil. C'est pour ces raisons aussi qu'on n'a recours aux Bains, ou aux Demy-Bains, que lors que l'usage des Fomentations n'a pas réussi, ou que la grandeur ou la nature de la maladie demandent un remede plus étendu que ne peuvent estre les Fomentations. » (M. Charas, I, p. 773)

Hamech (confection) : La « confection hamech » prend le nom de son inventeur, le médecin arabe, Johannes Hamech Mesué [Yahya ibn Masawah, « Johannis fil. Mesue filii Hamech »]. C'est un électuaire purgatif complexe comprennant au moins une trentaine d'ingrédients, parmi lesquels on retrouve l'epithyme, l'agaric, le polypode, l'absynthe, le thym, le sené, la rose et le fumeterre. (Joubert, p. 97)

Hieralogadium : Electuaire contenant, entre autres, de l'hellébore noir et blanc mélangés avec du miel. Présent chez Nicolaus Myrepsos, l'hieralogadium (ou hierologadium chez R. Burton) est recommandé contre la manie et la mélancolie dans le *Dispensaire* de Valerius Cordus : « *Exterminat diuturnas & inveteratas passiones, id est maniam*[,] *ad omnes melancholias, epilepsias* [...] » (Valerius Cordus, 1570, p. 213)

Hiere : « Hière-picre, c'est une espèce d'électuaire inventé par Galien, dont la base est de l'aloès très pur non lavé, de la cannelle, du nard indique [indien], etc. ainsi nommé du grec *hiera* c'est-à-dire sacré, et *pikre,* qui signifie amer, à cause de l'aloès. » (Furetière, 1690)

« On appelle hiera, dit Avicenne, *ayârâdj, un purgatif salutaire* : c'est là sa signification figurée. Quant à sa signification propre ou littéraire, c'est un *remède sacré* ou divin. Le premier connu fut l'*hiera de Rufus* et même ce médicament fut connu sous ce nom, puis on l'étendit à d'autres. Il est dit remède

divin parce que sa vertu purgative est une œuvre divine et salutaire inhérente à ses propriétés naturelles. Nous trouvons dans Oribase, page 147, Alde, 1555, la description de l'*hiera Rufi,* qui se donnait à la dose de quatre drachmes. Il y entrait : pulpe de coloquinthe, deux drachmes ; agaric, chamedris, de chaque, deux drachmes ; opopanax, sagapenum, de chaque, huit drachmes ; petroselinum, aristoloche ronde, poivre blanc, de chaque, cinq drachmes ; miel, quantité suffisante. Nous trouverons mentionnées plus tard des *grandes hiera.* C'étaient des compositions plus compliquées que celles dont nous avons donné la formule. » (Albucasis, éd. Leclerc, 1861, p. 13 et n. 1)
A la Renaissance, la composition de cet électuaire est souvent reprise à partir de l'antidotaire médieval de Nicolaus Myrepsos (Fuchs, 1549, 22. 24).

Julep : « [...] le nom de Julep a esté autrefois donné à certaines Compositions liquides faites avec des eaux distillées, ou avec de legeres Decoctions, qu'on cuisoit avec du sucre, jusqu'à une consistence beaucoup moins épaisse que celle des syrops. » (M. Charas, I, p. 154)

Laudanum : « Le nom de Laudanum a d'abord été donné à l'opium ramolli dans l'eau, passé avec expression et évaporé en consistance d'extrait ; et, quelquefois aussi, il a été appliqué à l'extrait d'opium préparé avec le vin. » (A. Dechambre, 1869, *Dictionnaire encyclopédique des sciences médicales*, tome 2, p. 17 et suiv.)

Liniment : « Les Onguens, les Linimens, & les Cerats, sont des Medicamens composez, destinez principalement à des onctions ou applications exterieures sur diverses parties du corps, tant pour les guerir, que pour les soulager dans les maux qui leur arrivent [...]. » (M. Charas, I, p. 650-651)

Melanagoge : Composition purgative capable d'évacuer l'humeur noire (De Meuve, p. 389)

Minoratif : « Les Médecins divisent les *purgatifs* en trois especes, à raison de l'énergie avec laquelle ils agissent ; savoir, en *purgatifs minoratifs*, en *médiocres* ou *moyens*, & en *violens* ou *drastiques*. Les plantes *purgatives minoratives* sont celles dont l'action est la plus douce : elles détrempent, ramollissent & n'irritent que légérement les fibres de l'estomac. Il convient de les employer lorsqu'il faut purger sans échauffer, & qu'il est nécessaire d'entretenir la liberté du ventre, comme dans les constipations, les chaleurs & sécheresses d'entrailles. On ne doit purger les personnes mélancoliques, atrabilaires & hypocondriaques qu'avec ces sortes de purgatifs, parce qu'il est dangereux d'échauffer le sans de ces personnes, qui est déjà tout en feu. » (Bomare, p. 378)

Mithridat : « Espece de Theriaque ou antidote ou composition qui sert de remede ou de preservatif contre les poisons [...]. Mathiole dit que le *mithridate* sert autant contre les poisons que la Theriaque, quoy que sa composition soit plus aisée à faire. Ce nom vient de Mithridate Roy de Pont, qui avoit tellement fortifié son corps contre les poisons par des antidotes & preservatifs, qu'il ne put s'empoisonner, quand il se voulut faire mourir. On en trouva la recette dans les coffres de Mithridate, escrite de sa main, & elle fut portée à Rome par Pompée. Longtemps après elle fut mise en vers par Damocrates fameux Medecin, & depuis transcrite par Galien en son second livre des Antidotes. On appelle des vendeurs de *mithridate*, des charlatans & saltimbanques qui vendent des drogues & des remedes sur des theatres. » (Furetière, 1690)

Muscardin (Muscadin) : « Petite tablette parfumée avec un peu de musc, qui est faite de sucre, & qu'on mange pour avoir l'halaine plus douce. » (Furetière, 1690)

Onction : « Action par laquelle on frotte d'huile, de graisse quelque chose. Les Chirurgiens guerissent plusieurs playes par des onctions reïterées d'huile, de pommade, de cerat. » (Furetière, 1690)

Opiate : Si l'on avoit égard aux noms, on ne devroit donner le nom d'Opiate, qu'aux Compositions molles dans lesquelles l'Opium entre; mais on a souvent compris sous ce nom les Confections, les Antidotes & les Electuaires; En sorte qu'on a donné aussi bien le nom d'Opiate aux Compositions dans lesquelles l'Opium n'entre point, que le nom de Confection, d'Antidote, & d'Electuaire à celles où l'Opium se trouve, & que tous ces noms ont esté donnez indifferemment au gré des Auteurs, aussi bien aux Compositions à odynes ou somniferes, qu'aux cordiales, aux alexiteres & aux purgatives. (M. Charas, I, p. 375)

Phlegmagoges : « Medicamens qui ostent la pituite, lesquels pour cette raison sont appellez phlegmagogues » (Fernel, p. 371) Fernel cite parmi ces medicamens l'agaric blanc, le turbit, l'hermodatte, la coloquinte.

Pillule : « Les Pilules ont esté ainsi nommées à cause de leur figure ronde & semblable à celle des petites balles. Elles sont aussi nommées Catapetia, à cause qu'on a accoustumé de les avaller entieres. Elles ont esté inventées pour s'accomoder à la disposition de ceux qui ne sçauroient boire des Medicamens dissouts, ou qui desirent d'estre purgez en petite dose, comme aussi pour avoir un remede lequel en séjournant longtemps dans l'estomach avant qu'y estre dissout eust le loisir d'attirer peu à peu les mauvaises humeurs des parties éloignées & de les pousser ensuite dehors par les voyes ordinaires. On compose aussi diverses Pilules pour diverses intentions, & pour produire divers effets. Car il y en a qui sont propres à purger, d'autres à fortifier l'estomach, le cerveau, ou quelque autre partie; on en prepare aussi pour les maladies de la poitrine. on en compose outre cela d'anodines & de somniferes, tant pour appaiser les douleurs, que pour suspendre les fluxions & donner du repos [...]. » (M. Charas, I, p. 531-532)

Populeum : « L'unguent qui est fait d'iceux [des peupliers], vaut contre toutes inflammations, & contre toutes froissures & contusions nouvelles, & enflures, induit dessus. » (Dodoens, p. 527)

Poudre : « On a donné le nom de Poudres aux matieres seches, lors que naturellement ou par artifice elles se trouvent reduites en particules distinctes les unes des autres, cette reduction en particules arrive naturellement au bois par pourriture & par vieillesse & vermoulure, de mesme qu'à plusieurs racines, & à la chaux quelque-temps après avoir esté cuite [...]. [La matière des poudres artificielles] peut estre divisée en moindres ou en plus grosses parties, suivant la diversité de substances, & le besoin qu'en a le Pharmacien, qui en vient à bout par divers moyens [...] On en reconnoist dans la composition des Electuaires, des Opiates, des Confections, des Pilules, des Trochisques, de certains Loochs, de quelques Syrops, de plusieurs Onguens, Cerats, Cataplasmes [...] ». (M. Charas, I, p. 335)

Remollitif : « Quand donc la matiere s'endurcit par une indocte resolution, lors il faut passer aux medicaments qui remollissent. [...] » Le médicament « remollitif » se charge d'échauffer les humeurs refroidies : « Puis donc que le dur par congelation [refroidissement excessif], en laquelle il y a quelque matiere qui remplit (comme seroit un humeur indoctement traité, converti en froid & en gros) a besoin pour sa guerison d'estre eschauffé & desseiché, il est necessaire que son medicament soit chaud & sec [...] Les exemples de remollitifs propres [sont] la graisse caprine (principalement celle de bouc) & de geline [...], l'amoniac, le styrax [...] » (Guy de Chauliac, *La Grande Chirurgie* (1363), trad. Laurent Joubert, Lyon, 1542, p. 657)

Requies de Nicolaus : Le *requies* de Nicolas (appelé parfois *requies myrepsi*) est un célèbre opiat somnifère fait à base de violettes, roses, pavot, mandragore, laictues, gingembre, etc. Il prend son nom de Nicolas Myrepsos (« préparateur d'onguents, de parfums »), l'auteur byzantin d'une compilation pharmacologique traduite du grec en 1549 par Leonhard Fuchs sous le titre *Nicolai Myrepsi Alexandrini medicamentorum opus.* Cet ouvrage représente jusqu'au XVIIe siècle le véritable *codex* pharmacologique de la faculté de médecine de Paris.

Fuchs, 1549 : « *Ut hinc evidentissimum sit, promiscue iam Latinis, iam Graecis, nun vero barbaris nocibus, prout fucre autores e quibus suas compositiones descripsit, Nicolaum usum fuisse.* » (coll. 69, antidote, CCV, commentaire de Fuchs).

Restaurant (restauratif) : « Aliment ou remede qui a la vertu de reparer les forces perduës d'un malade, ou d'un homme fatigué. Un consommé, un pressis de perdrix, sont de bons *restaurants.* Le vin, l'eau de vie, les potions cordiales, sont de bons *restaurants* pour ceux dont les esprits sont épuisez. Il y a des *restaurants* distillez à l'alembic, qui sont des extraits de chairs succulentes & delicates avec mie de pain blanc & des eaux & poudres cordiales, des conserves & electuaires, & autres choses de bonne substance & odeur. La gelée est une espece de *restaurant,* mais elle est plus alimenteuse, & de consistance plus ferme que le restaurant, qui est liquide. » (Furetière, 1690)

Resumptif : « Terme de Pharmacie. C'est l'epithete qu'on donne à une espece d'onguent qui est propre à refaire & restaurer les personnes seches & languissantes, & qui dispose le corps aride à faire attraction de la nourriture. » (Furetière, 1690)

« Terme de Medecine. Medicamens qui rétablissent l'habitude du corps que le manque de nourriture ou la longueur d'une maladie a consumée & attenuée. Ils sont composez d'une matiere non seulement medicamenteuse, mais qui peut aussi servir d'aliment, en sorte qu'en partie ils servent de nourriture au corps, & remedient en partie aux maladies qui l'abattent. C'est en quoy ils different des Restauratifs, qui ne font que rétablir les forces reduites en une extrême langueur. » (Thomas Corneille, 1694)

Scarification : « Terme de chirurgie. Operation par laquelle on incise la peau avec un instrument propre, la picquant en plusieurs endroits. » (Furetière, 1690)

Scarifier : « picquer ou inciser la peau avec une lancette en plusieurs endroits pour en faire ressortir les mauvaises humeurs. » (Furetière, 1690)

Sirop du roi Sabor : Shâpuhr, roi de Perse († *ca.* 272) serait l'auteur de cette cette célèbre composition à base de pommes. Gabriel Droyn, médecin du XVIIe siècle, consacrera un livre entier à ce sirop légendaire : *Le Royal sirop de pommes, antidote des passions mélancoliques*, Paris, Jean Moreau, 1615. Le sirop de pommes du roi Shapuhr figurait également parmi les remèdes prescrits par Robert Burton, *Anatomie de la mélancolie*, 2.4.1.5, Hoepffner, p. 1103.

Tartre : « est un sel qui s'éleve des vins fumeux, & qui forme une crouste grisastre, qui s'attache au dedans des tonneaux. Le *tartre* a le suc de raisin pour pere, la fermentation pour mere, & le tonneau pour matrice. Le bon *tartre* vient de Montpellier, & celuy d'Allemagne ne luy cede point ; car la bonté du tartre vient plustost des fermentations reïterées que divers vins nouveaux ont fait successivement pendant plusieurs années, que du terroir ou du climat où on recueille le vin. De sorte que le *tartre* est en effet une matiere corporifiée & comme petrifiée des parties acides du suc de raisin, qui ayant uni à elles autant de sels volatils qu'elles en ont pû embrasser, font ensemble un corps compacte & cristalin, qui s'attache aux costez & au fonds du tonneau, qui s'est separé du vin & de la lie par la fermentation. Le sel de *tartre* se fait de cette crouste lavée, purifiée & calcinée au feu de reverbere. L'huile de *tartre* est un sel de *tartre* bien épuré, mis à la cave dans un plat de verre. » (Furetière, 1690)

Theriaque : « Composition de drogues choisies, preparées, pulverisées & reduites en opiat ou en électuaire liquide, pour la guerison des maladies froides, & où la chaleur naturelle se trouve affoiblie ». La viande de vipère était l'ingrédient principal de cette fameuse composition. « C'est en general un preservatif contre le mauvais air, la peste, les poisons, & sur tout les poisons, & sur tout les poisons froids & les morsures des bestes venimeuses & enragées. Il faut la prendre dans l'eau de scorçonere, ou de chardon benit, ou dans quelque autre eau cordiale, ou l'appliquer en forme d'emplastre sur la partie affligée, ou bien l'en frotter souvent en la détrempant dans l'eau de vie, dans du vin, ou dans un autre liqueur semblable [...] » (Corneille, 1694)

Annexes

Annexe 1
Pièces liminaires (1594)

[Epistre]

|| A MADAME, [a2r]

Madame la duchesse d'Usez, Comtesse de Tonnerre.

Madame,

Dès l'heure que j'eus cet heur d'estre cogneu de vous (qui fut à Montpelier [*sic*] il y a six ans)*, vous me fistes cet honneur de remettre du tout vostre santé entre mes mains, & d'avoir autant de confiance en moy, comme si j'eusse esté un second Æsculape. Ceste affection & bienveillance que j'ay recogneu proceder plus de vostre bon naturel, que de mes merites, ont eu tant de pouvoir sur moi, que ny la douceur de ma patrie, ny le nombre de|| mes amis, qui n'estoit pas petit, ny la charge [a2v] honorable de Professeur Royal que j'exercois avec assez de reputation en une des plus celebres Universitez de l'Europe, ne m'ont sceu empescher que passant par dessus toutes difficultez, & forçant tous ces** liens, je ne me sois entierement voué à vous, & vous ay suivy par tout où il vous a pleu me commander. J'ay de quoi me louer infiniment, & contenter jusques à present de la fortune, qui m'a esté si favorable d'avoir rendu tous mes services utiles & agreables. Je croy, Madame, que Dieu s'est voulu servir de moi pour alonger vos ans & rendre votre vieillesse plus heureuse ; vous l'avez assez experimenté depuis deux ans ; Car ayant esté vivement assaillie des trois les plus violentes & extraordinaires maladies qu'on eust sçeu voir,

* Var. 1597 : cette parenthèse – *(qui fut à Montpellier il y a six ans)* – est supprimée.

** Var. 1597 : *ses*.

[a3r] & qui estoient assez fortes pour esbranler|| la meilleure complexion du
monde, & faire courir fortune à un aage plus florissant que le votre, vous
n'en avez senty aucune diminution en vostre vigueur. C'est à Dieu (qui
nous a ouvert l'entendement pour inventer les remedes propres, & qui les
a voulu benir) à qui nous en devons rendre toute la gloire. Il ne vous est
resté que vos trois maladies ordinaires, lesquelles nous combattons tous les
jours avec un bon regime & avec des remedes si benins, qu'ils ne peuvent
en rien alterer vostre bon naturel. Vous avez un petit comencement de taye
à l'oeil droict, mais l'autre est du tout sain : vous sentez parfois quelques
attaques de l'hypochondriaque, mais si legeres, qu'elles s'esvanouissent
aussi tost que fumée, ce qui vous fasche le plus sont ces petits catarrhes
[a3v] qui tombent sur les yeux, sur les dents, sur les bras, & sur les|| jambes.
Vostre esprit qui est capable de tout ce qui est de plus rare au monde, a
esté curieux d'en cognoistre les causes, & sçavoir d'où procedoient tous
ces accidents : Je vous en ay fort souvent entretenuë, & en propos vul-
gaires, & en termes expres de la medicine. En fin mes discours vous ont
esté si agreables, qu'estant retirée à l'abbaye de Mairmoustier* pour jouyr
avec la beauté du lieu, de la bonté de l'air, vous m'avez commandé de les
mettre par escrit, & de leur faire voir le jour soubs vostre auctorité. Je n'ay
peu honnestement vous le refuser, encores qu'un si grave subiect meritast
d'estre enrichy d'une infinité de belles auctoritez, que ma memoire ne pouvoit fournir pour estre despourveu de livres. Je vous ay donc dressé trois
discours touchant vos trois maladies : le premier est de l'excellence de la
[a4r] veuë, & du moyen de la|| conserver : le second, de l'hypochondriaque, &
des maladies melancholiques : le troisiesme, des catarrhes, & du moyen de
les guarir. J'y ay adjousté sur la fin un petit traicté de la vieillesse, qui vous
pourra servir à l'advenir : car de vous appeler à présent vieille il n'y a point
d'apparence, veu que vous ne ressentez encores aucune incommodité de
la vieillesse. N'est-ce pas un miracle de nostre siecle, d'ouyr vos discours
si graves, de voir vostre entendement si sain, vostre memoire si riche, vos
sens si entiers, que de l'oeil qui vous est resté sain vous lisez de bien loin la
plus menuë lettre qu'on vous sçauroit presenter sans lunettes ? L'ouye vous
est demeurée aussi subtile, & le goust aussi friand que jamais : le coeur si
vigoureux, que toutes les attaques que vostre vostre hypochondriaque luy
[a4v] aye sceu faire, ne l'ont jamais peu esbranler ny faire|| perdre sa cadence : le
foye si liberal, qu'il fournit plus de sang au corps qu'il ne luy en faut : de
sorte que nous sommes contraints vous en faire tirer une fois l'année. Je ne
diray rien de la bonté de vostre estomach, vous la recognoissez assez, ayant
à toute heure appetit, & digerant tout ce que vous luy donnez. Puis donc
que vostre ame exerce si dignement toutes ses actions, peut-on dire que
son instrument soit usé ou vieilly ? Je croy, Madame, qu'on ne vous peut
appeller vieille, sinon pource que vous avez passé cinquante ans, & que la
coustume est de conter la premiere vieillesse à ce nombre là. Vous avez de

* Var. 1597 : l'Abbaye de Marmoustier.

quoy rendre graces à Dieu, car ceste longue & heureuse vie est un tesmoignage certain de sa benediction, pource que la plus belle recompense qu'il promet en ce monde à ceux qu'il ayme, est qu'ils marcheront longuement|| [a5r]
sur la terre. [Je ne veux pas icy descrire toutes les graces que la nature vous a prodigalement departies, vous avez assez remply de vos louanges toute la France & tous les Royaumes estrangers : Je diray seulement en passant que vostre bonté a esté recognuë de tous si grande, que tous les grands vous ont tousjours honorée, vous en avez assez de recompense, car vous jouyssez de cet heur de n'estre haye de personne.]* Resjouissez vous donc, Madame, vous n'estes qu'en vostre premiere vieillesse, qui est toute verte & courageuse, il y en a encores deux à passer. Dieu qui a donné ceste vigueur à vostre corps, & qui l'a annobly d'une ame si belle & si bonne, les veuille rendre aussi heureuses que les souhaitte,

Madame,

Vostre très humble & très obeisssant serviteur,

A. de LAURENS**

|| L'AUTHEUR AU LECTEUR [a5v]

Je ne doute pas que ces discours ne courent hasard d'estre calomniez & outragez avant que d'estre bien recogneuz par une infinité de personnes que ne sont nez que pour reprendre. Quelques Medecins trouveront mauvais que j'aye divulgué les mysteres de nostre art, & pourront alleguer que les Egyptiens (qui ont esté les premiers inventeurs de la Medecine)*** pour ne prophaner un si sainct & sacré don de Dieu, n'escrivoient leur remedes qu'en lettres heiroglyphiques : mais je leur respondray avec Aristote, qu'un bien tant plus il est commun tant meilleur est-il, & que les Medecins Grecs venoient une fois l'année escrire à la veuë de tout le peuple, en ce beau temple d'Æsculape qui estoit dressé en Epidaure, tout ce qu'il avoient observé de plus rare en leurs malades. Les Naturalistes se scandaliseront de ce que je m'attaque quelquefois à ce grand interprete de la nature Aristote, mais ils|| n'auront autre replique de moy que celle [a6r]
d'Aristote mesme. Platon, dit-il, m'est amy, & Socrate aussi, mais la verité

* Var. 1597 : le fragment mis entre crochets carrés est supprimé.

** Var. 1597 : la signature change de « A. de LAURENS » en « A. du LAURENS ». Sur ce changement de nom, voir. p. XIV, n. 3 de l'Introduction.

*** Var. 1597 : la parenthèse – (qui ont esté les premiers inventateurs de la Medecine) – est supprimée.

m'est encore plus amie [1]. J'auray bien plus à faire à contenter ceux là qui ne s'amusent qu'à la mignardise des mots & à la proprieté des dictions : car sans doute ils trouveront une infinité de mots rudes qui pourront offenser leurs par trop delicates aureilles : mais s'ils ne veulent avoir esgard que je ne fay pas profession d'escrire en François, je leur diray avec tous les sages, que ceste trop curieuse recerche [*sic*] des mots est indigne d'un Philosophe, & que je me suis contenté en fuyant la barbarie (de laquelle ils ne me sçauroient du tout accuser) de faire entendre mon subject. Pour le regard de tous ces envieux & malicieux qui ne cessent d'abbayer apres moy, & ne me sçauroient mordre, qu'ils se mettent seulement en campagne[,] nous verrons s'ils sçauront mieux faire. Je croy que tous les gens d'honneur aurons agreable ce mien petit labeur : c'est à eux à qui je m'adresse, je puis donc marcher hardiment soubs l'ombre & faveur de leurs ailes.

[a6v] || A Madame la Duchesse d'Usez Comtesse de Tonnerre sur l'edition du present livre

Ode

Ce n'est pas la medecine,
C'est par chose plus divine
Qui se cache de nos sens,
Dont il garde vostre vie
De quatre maux assallie,
Et fait printaner vos ans.

Vous sentant de ce mystere,
Vous ne l'avez voulu taire
[a7r] || *Dans vostre privé sejour,*
Voulant que ce bel ouvrage
Moulé sous vostre advantage
Parust au clair d'un beau jour.

1. Topos de la verité par dessus tout. Ambroise Paré invoque la même idée lorsqu'il fustige ceux qui avaient osé critiquer son *Discours de la licorne* : « [...] j'aimerais mieux faire bien tout seul, que de faillir non seulement avec les sages, mais même avec tout le reste du monde. Car l'excellence de la verité est si grande qu'elle surpasse toute la science humaine, qui, bien souvent, n'est armée que de bravade, n'est enflée que de vent, n'est parée que d'apparence et vanité : par quoi la seule Verité doit être cherchée, suivie, chérie... » (Ambroise Paré, *Des Monstres, des prodiges, des voyages*, texte établi et présenté par Patrice Boussel, Paris, Livre Club du Libraire, 1964, p. 172 « Replique d'Ambroise Paré, premier chirurgien du roy, à la réponse faite contre son discours de la Licorne ».)

On en verra plusieurs vivre
Par les secrets de ce livre
Sans qu'il en soit moins à vous :
Car du flambeau la lumiere
Demeure tousjours entiere,
Jaçoit qu'elle esclaire à tous.

Tous les peuples plus estranges
Entonneront vos louanges
D'un courant à l'autre mer ;
Voyans tant de rares choses
Sous vostre faveur escloses
Demy morts les animer.

O cent fois la vie heureuse,
Cent & cent fois glorieuse
Qu'esclairant estre esclairé :
Et d'une entre-suitte esgale
Les hommes de la mort pale
En tirant estre tiré

Par Jean Aubery Doct[eur] en Medec[ine] de Montpelier

|| A MONSIEUR DE LAURENS [a7v]

STANCES

Quel miracle est-ce cy? as-tu parmi les cieux
Mon tout-divin Laurens cerché dans les thalames
Celestes dequoy Dieu a composé nos ames,
Nos esprits, nos cerveaux, nostre veüe et nos yeux?

Je croy que ton Genie est luy mesme allé voir
Dans les yeux du Soleil, d'où venoit sa lumiere,
Qu'elle en fut l'origine & quelle la matiere,
Pour te le faire entendre, & le faire sçavoir.

Les aveugles pourront à ce coup esperer
En oyant tes discours pleins de douceurs Attiques,
Heureux de rhabiller si bien leurs nerfs optiques,
Qu'ils pourront à la fin la veüe recouvrer.

Les vieilles gens pourront en les lisant aussi
Triompher de leurs ans, & malgré leur vieillesse
Vivre non moins dispos qu'ils faisoient en jeunesse,
Trahissant par ton art leur foiblesse & soucy.

Les astres conjurez sur nos infirmitez :
Pleuvans trop assidus tant d'hyvers sur nos testes,
Des rheumes embrumez & des moites tempestes,
Seront par ton sçavoir sans nous nuire arrestez.

[a8r] || *Nous portions sur le front deux astres incogneus,*
Voyans, sans le sçavoir, d'où venoit ce miracle :
Mais toy mon grand Dæmon Medecin plein d'oracle,
Nous les rens maintenant utiles & cogneus.

Tu as refait le monde, & par toy nous sçavons
Qui nous sommes, & d'où premier cercha Nature
L'essence pour former si digne creature :
Qu'elle est nostre eunomie, & comme nous vivons.

Vy doncques tout voyant, & fay que nous soyons
Enfin si clair-voyans qu'au travers de la nüe
Nostre esprit aveuglé ait sa divine veüe,
Que la paix icy bas arriver nous voyons

Rien de mortel ne souspire mon ame.
Le Plessis Conseiller & Maistre d'Hostel du Roy [2].

2. Philippe Prévost, sieur du Plessis, architecte, maître d'Hôtel ordinaire du roi de Navarre. Il avait signé un *Himne de la guerre et de la paix* : *Au roy*, Tours, Claude de Montr'œil et Jean Richer, 1590 (attr. faite par Alexandre Cioranescu, *Bibliographie de la littérature française du seizième siècle*, Paris, Klincksieck, 1959, n° 13437 ; voir Albert Labarre, *Répertoire bibliographique des livres imprimés en France au seizième siècle*, « Bibliotheca bibliographica Aureliana », 62, 1976, p. 129). Le département des manuscrits de la Bibliothèque de Genève (BGE) conserve un manusrit de Philippe Prévost consacré à l'architecture militaire : Ms. Fr. 172 (Petau 4), *Le Mars de la Militie et Discipline de la Guerre*, 1591. En 1592 on lui avait confié d'importants travaux de fortifications de la ville de Tours (voir Marc Papillon de Lasphrise, *Diverses poésies*, éd. Nerina Clerici Balmas, Genève, Droz, 1988, p. 299).

|| DU SIEUR DE GRANGES RIVIERE CONSEILLER de la Court[3], au Sieur de Laurens, Medecin du Roy [a8v]

Sonnet

Pluton s'est resjouy des doux traits de ta plume
En Madame d'Uzez, car cependant les lieux
De son palle manoir se sont remplis de ceux
Que tu n'as pas traicté si bien que de coustume.

Je croy que pour l'ardeur du desir qui s'allume
En toy de la servir, tu pensois faire mieux :
Mais mill' autres prendront ton livre studieux
Pour les guarir aussi du mal qui les consume.

Jamais l'Amynthien ne fit meilleur accueil,
N'eust si bonne rencontre au sage Critobule
Alors qu'il fut blessé d'un coup de fleche en l'œil :

Comme ta bonne Dame est heureuse aujourd'huy
De t'avoir, pour guarir le mal qui s'accumule
En elle, & la garder de mal-aise & d'ennuy.

3. Jacques Rivière, Seigneur des Granges-sur-Aube, fils de Denis Rivière, conseiller au Parlement de Paris. Il meurt en avril 1602. Il avait épousé Catherine Chopin fille de René Chopin, avocat au Parlement. Il avait quité Paris avant les troubles, on le retrouve à Châlons en 1589 avant d'arriver à Tours le 2 janvier 1591. Voir L. Augereau, *La Vie intellectuelle à Tours*, tome I, p. 284 [qui cite E. Maugis, *Histoire du Parlement de Paris*, t. III, p. 288, 295 et 307]. Michel Popoff, *Prosopographie des gens du parlement de Paris (1226-1753), d'après les manuscrits français 7553, 7554, 7555, 7555 bis conservés au Cabinet des manuscrits de la Bibliothèque nationale de France*, Paris, Références, 1996, Rubrique : 2142.

Annexe 2
Extraict du privilege du Roy (1597)

Il est permis à Jamet Mettayer Imprimeur ordinaire du Roy, d'imprimer ou faire imprimer le *Discours de la conservation de la veüe : des maladies melancholiques : des catarrhes : & de la vieillesse :* Composez par Maistre André du Laurens, Medecin ordinaire du Roy, & Professeur de sa Majesté en l'Université de Medecine à Montpellier. Reveuz de nouveau & augmentez de plusieurs chapitres : Et deffences à tous autres Imprimeurs & Libraires d'imprimer où faire imprimer, vendre ou distribuer lesdicts Discours sans le consentement dudict Mettayer, jusques au temps & terme de dix ans finis & accomplis, à commencer du jour qu'ils seront achevez d'imprimer, sur peine de cent escus d'ammende, & de confiscation desdites impressions qui en seront trouvées, comme plus amplement est contenu audit Privilege. Donné à Paris le Premier jour d'Octobre mil cinq cents quatre vingts dix-sept, Et de nostre regne le huictiesme.

PAR LE ROY
RUZE

Bibliographie générale

Sources anciennes

Adrien de Jonge [Hadrianus Junius], *Nomenclator omnium rerum propria nomina variis linguis explicata indicans*, Anvers, Christophe Plantin, 1577.

Ætius d'Amida [Flavius Ætius], *De Re Medica*, éd. Giambattista Montano, Bâle, Froben, 1535.

—, *Tetrabiblos*, Lyon, G. et M. Berigorum, 1549.

Akakia, Martin [Martin Sans-Malice, dit], *Claudii Galeni Pergameni de Ratione Curandi ad Glauconem libri duo, interprete Martino Acakia Catalaunensi, doctore Medico. Eiusdem interpretis in eosdem libros Commentarii*, Paris, Simon de Colines, 1538.

Albucasis [Abū al-Qāsim Khalaf ibn 'Abbās al-Zahrāwi], *La Chirurgie d'Albucasis (ou Albucasim) : Texte Occitan Du XIVe Siècle*, Montpellier, Centre d'études occitanes/Université de Montpellier, 1985.

Alexandre d'Aphrodise, *Commentaire sur les Météores d'Aristote*, trad. latine G. de Mœrbeke, éd. A. J. Smet, Louvain, Publications universitaires de Louvain, 1968.

Alexandre de Tralles, *Alexander von Tralles. Originaltext und Übersetzung*, éd. Theodor Puschmann, Vienne, Wilhelm Braumüller, 1878-1879, fac-similé A. Hakkert, Amsterdam, 1963. Trad. fr. : *Médecine et thérapeutique byzantines. Œuvres médicales d'Alexandre de Tralles*, introd. et trad. Félix Brunet, Paris, P. Geuthner, 4 vol., 1933-1937.

Altomari, Donato, *De medendis humani corporis malis, ars medica,* Lyon, Apud I. Frellonium, 1559.

Apollodore d'Athènes, *La Bibliothèque d'Apollodore,* éd. et trad. Jean-Claude Carrière et Bertrand Massonie, Paris, Les Belles Lettres, 1991.

Arétée de Cappadoce, *Traité des signes, des causes et de la cure des maladies aiguës et chroniques*, éd. Maximilien Renaud, Paris, Lagny, 1834. Autre traduction René-Théophile-Hyacinthe Laennec, éd. Mirko Grmek, Genève, Droz, 2000.

Aristophane, *La Paix. Les Guêpes*, trad. Hilaire Van Daele, Paris, Les Belles Lettres, 1925.

Aristote [attr. à], *Problème XXX, 1*, éd. et trad. Jackie Pigeaud, sous le titre *L'Homme de génie et le mélancolie*, Paris, Rivages, « Petite Bibliothèque Rivages », 1988.

Aristote, *Éthique à Nicomaque*, éd. et trad. J. Tricot, Paris, Vrin, 1967.

—, *Météorologiques*, éd. Pierre Louis, Paris, Les Belles Lettres, 1982.

—, *Petits traités d'histoire naturelle*, éd. Pierre-Marie Morel, Paris, GF Flammarion, 2000.

Arnaud de Villeneuve, *Opera medica omnia*, éd. Michael Rogers McVaugh, Barcelone, Edicions Universidad Barcelona, 1975.

Athénée, *Les Deipnosophistes*, Paris, Les Belles Lettres, 1956.

Aubéry, Jean, *L'Antidote d'amour*, Paris, C. Chappelet, 1599.

Averroès, *Colliget libri VII*, Venise, Giunta, 1562 [fac-similé Francfort-sur-le-Main, Minerva, 1962].

Avicenne, *Liber canonis*, trad. Gérard de Crémone, Venise, Giunta, 1555.

—, *Liber de anima*, éd. S. van Riet, Louvain, Éditions Orientalistes, 1968.

Baillou, Gillaume de, *Epidémies et éphémérides* (Paris, 1640), éd. et trad. Prosper Yvaren, Paris, J-B. Baillère et fils, 1858.

Bernard de Gordon, *Opus lilium medicinae inscriptum de morborum propre omnium curatione, septem particulis distributum* (1305). Éd. consultée : Lyon, G. Rouillé, 1550.

Bèze, Théodore de, *Histoire ecclésiastique des églises réformées*, éd. G. Baum et Ed. Cunitz 1883 [fac-similé Nieuwkoop, 1974].

Boaistuau, Pierre, *Bref discours de l'excellence et dignité de l'homme* (1558), éd. Michel Simonin, Genève, Droz, 1982.

—, *Le Théâtre du monde* (1558), éd. Michel Simonin, Genève, Droz, 1981.

Boèce, *Traité de la musique*, éd. Christian Meyer, Turnhout, Brepols, 2004.

Bomare, Jacques Christophe Valmont de, *Dictionnaire raisonne universel d'histoire naturelle*, Paris, Didot, 1764

Bonet, Theophile, *Sepulchretum sive anatomia practica*, Genève, Leonardi Chouët, 1679.

Bouchet, Guillaume, *Les Serées : Des médecins et de la médecine* (1584), éd. Huguette Arcier, Ayssènes, Alexitère, 1991.

—, *Les Serrées de Guillaume Bouchet*, éd. C.-E. Roybet, Paris, A. Lemerre, 1873-1882.

Bright, Timothy, *Treatise on Melancholy*, Londres, Thomas Vautrollier, 1586. Trad. française par Élianne Cuvelier, *Traité de la mélancolie*, Grenoble, Jérôme Millon, 1996.

Burton, Robert, *The Anatomy of Melancholy*, éd. Thomas C. Faulkner, Nicolas K. Kiessling et Rhonda L. Blair [tomes 1 à 3], commenté par J. B. Bamborough, M. Dodsworth [tomes 4 à 6], Oxford, Clarendon Press, 1989-2000. Trad. fr. de référence : *Anatomie de la mélancolie,* trad. B. Hoepffner et C. Godraux, Paris, J. Corti, 2000.

Caelius, Aurélien, *Maladies aiguës, maladies chroniques,* consulté d'après la trad. latine Jacques Dalechamps, Lyon, Guillaume Rouillé, 1567.

Canappe, Jean, *Prologue et chapitre singulier de tres excellent docteur en medecine et chirurgie maistre Guidon de Gauliac, le tout nouvellement traduict et illustré de commentaires par maître Jehan Canappe,* Lyon, Estienne Dolet, 1542.

Cardan, Jérôme, *Les Livres* [...] *intitulés : De la Subtilité et subtiles inventions, ensemble les Causes occultes et raisons d'icelles,* trad. du latin Richard Le Blanc, Paris, Guillaume la Nouë, 1578 in- 8°.

Castiglione, Baldassarre, *Le Livre du courtisan,* éd. A. Pons, Paris, G. Lebovici, 1987.

Catesby, Mark, *The natural history of Carolina, Florida and the Bahama Islands* [...], Londres, chez l'auteur, 1731.

Cerezo, José Antonio, *Bibliotheca erotica sive Apparatus ad catalogum librorum eroticorum (Ad usum privatum tantum),* Madrid, Ediciones el museo universal, 1993.

Charas, Moyse, *Pharmacopée royale galenique et chymique,* 2 tomes, Paris, D'Houry, 1681.

Chastagnol, André (éd.), *Histoire Auguste : les empereurs romains des II*[e] *et III*[e] *siècles,* Paris, Robert Laffont, 1994.

Cicéron, *Tusculanes,* éd. Georges Fohlen et trad. Jules Humbert, Paris, Les Belles Lettres, 1968.

Constantin l'Africain, *Opera,* Bâle, Henri Piètre, 1536.

Cordus, Valerius et Dubois, Jacques, *Novus dispensatorium,* Venise, Officina Valgrisiana, 1570.

Corneille, Thomas, *Dictionnaire des arts et des sciences,* Paris, J.B. Coignard, 1694.

Crato von Kraftheim, Johannes et Scholz, Lorenz, *Consilia [et] Epistolae Medicinales,* Hanovre, Wechelus, 1611.

Crooke, Helkiah, *Mikrokosmographia, A Description of the Body of Man,* Londres, W. Iaggard, 1618.

De Meuve, *Dictionnaire pharmaceutique ou apparat de medecine, pharmacie et chymie,* Lyon, CL. Rey, 1695.

Diogène Laërce, *Vies et doctrines des philosophes illustres,* éd. Marie-Odile Goulet-Cazé, Paris, Librairie Générale Française, 1999.

Dodart, Denis et Robert, Nicolas, *Mémoires pour servir à l'histoire des plantes,* Paris, De l'Imprimerie royale, 1676.

Dodoens, Rembert, *Histoire des plantes,* trad. fr. Charles de l'Escluse, Anvers, Jean Loë, 1557 [fac-similé avec introduction, commentaires et la concordance avec la terminologie scientifique moderne par J.-E. Opsomer, Bruxelles, Centre National d'Histoire des Sciences, 1978].

Donati, Marcello, *De Medica historia mirabili,* Mantoue, Francesco Osanna, 1586.

Droyn, Gabriel, *Le Royal syrop de pommes antidote des passions melancholiques,* Paris, Jean Moreau, 1615.

Du Bois, François, *Opera Medica,* Genève, Apud Samuelem de Tournes, 1681.

Dubois, Jacques, *La pharmacopee. Qui est la maniere de bien choisir & preparer les simples, & de bien faire les compositions, despartie en trois livres*, Lyon, Loys Cloquemin, 1580.

Du Chesne, Joseph, *Tetrade des plus grieves maladies de tout le cerveau, composée des veilles, observations & pratique des plus saçvans & experts medecins, tant dogmatiques que hermetiques*, Paris, Claude Morel, 1625.

Du Laurens, André, *De Crisibus libri tres*, Tours, Jamet Mettayer, 1593.

—, *Opera anatomica*, Lyon, Jean Baptiste Buysson, 1593.

—, *Andreæ Laurentii medici regii, et in Academia Monspeliensi Medicæ artis professoris Regij, de morbis melancholicis, & eorum cura tractatus. E lingua Gallica in Latinam conuersus studio Thomæ*, Londres, Ex officina typographica F[elix] Kingstoni, 1599.

—, *A discourse of the preservation of the sight, of melancholike diseases of rheumes, and of old age*, Londres, Felix Kingston, Ralph Iacson, 1599.

—, *Historia anatomica humani corporis*, Paris, Marcum Orry, 1600.

—, *De mirabili strumas sanandi vi solis Galliae Regibus Christianissimis divinitus concessa liber unus. Et de Strumarum natura, differentiis, causis, curatione quae fit arte et industría medica. Liber alter*, Paris, Marc Orry, 1609.

—, *Toutes les Œuvres de Me. André Du Laurens, Sieur de Ferrieres, Con[seill] er & premier Medecin du Tres-chrestien Roy de France & de Navarre, Henry le Grand, & son Chancelier en L'université de Montpellier, Recueillies et traduittes en francois par Me. Theophile Gelée Medecin ordinaire de la Ville de Dieppe. Avec Privilege du Roy*, Rouen, Raphael du Petit Val, 1621.

—, *Opera Omnia*, éd. Guy Patin, Paris, Petit-Pas, Fouet, Taupinart Durand, 1628.

Du Laurens, Jeanne, *Genealogie des Messieurs du Laurens* (1631), dans Broomhall, Susan, et Winn, Colette H. (éd.), *Les femmes et l'histoire familiale (XVIe-XVIIe siècle) : Renée Burlamacchi,* Descrittione della Vita et Morte del Sig[r] Michele Burlamachi (1623). *Jeanne Du Laurens,* Genealogie des Messieurs du Laurens (1631), Paris, Champion, 2008.

Dupleix, Scipion, *La Physique ou Science naturelle divisée en huict livres,* Paris, Laurent Sonnius, 1613.

—, *Les Causes de la veille et du sommeil, des songes et de la vie et de la mort*, Paris, Laurent Sonnius, 1613.

Du Vair, Guillaume, *De l'Eloquence françoise* (1595), éd. René Radouant, 1904, Genève, Slatkine Reprints, 1970.

Equicola, Mario, *Libro de natura de amore*, Venise, L. Lorio da Portes, 1525. Trad. fr. Gabriel Chappuys : *De la nature d'amour, tant humain que divin, et de toutes les differences d'iceluy*, Paris, Jacques Housé, 1584.

Erasme, *Adagia*, Paris, Michel Sonnier, 1579.

Estienne, Charles, *Dictionarium historicum ac poeticum*, Lyon, Ioannam Iacobi Iuntae, 1581.

—, *Dictionarium historicum ac poeticum, omnia gentium, hominum, locorum, fluminum, ac montium antiqua recentioraque ad sacras ac prophanas historias, poetarumque fabulas intelligendas necessaria*, Paris, Charles Estienne, 1553.

Eusèbe, Jean, *La Science du poulx, le meilleur et plus certain moyen de juger des maladies*, Lyon, J. Saugrain, 1568.

Fernel, Jean, *Universa Medicina*, Paris, André Wechel, 1554.

—, *Therapeutices universalis, seu medendi rationis libri septem*, Lyon, Sebastianum Honoratus, 1571.

—, *La Pathologie*, Paris, Jean Guignard, 1655.

—, *Les Sept livres de la physiologie*, trad. fr. par Charles de Saint Germain, Jean Guignard, 1655.

—, *La Methode generale de guerir les fievres*, Paris, Jean Guignard, 1665.

Ferrand, Jacques, *De la Maladie d'amour, ou mélancolie érotique. Discours curieux qui enseigne à connaître l'essence, les causes, les signes, et les remèdes de ce mal fantastique*, Paris, Denis Moreau, 1623. Trad. et éd. de référence : *A Treatise on Lovesickness, translated and edited with a Critical Introduction and Notes by Donald A. Beecher and Massimo Ciavolella*, Syracuse University Press, 1990.

—, *Traité de l'essence et guérison de l'amour, ou de la Mélancolie érotique*, Toulouse, Vve Jacques Colomiez, 1610 ; éd. moderne Gérard Jacquin et Éric Foulon, Paris, Anthropos, 2001.

Feyens, Thomas, *De viribus imaginationis tractatus*, Louvain, Gerardi Rivii, 1608.

Ficin, Marsile, *Commentaire sur « Le Banquet » de Platon, de l'amour*, éd. Pierre Laurens, Paris, Les Belles Lettres, 2002.

—, *De la vie* [*De Vita triplici*] (1489), trad. fr. Guy Le Fèvre de la Boderie (1582), Paris, Fayard, 2000.

Flore, Jeanne, *Contes amoureux* (1537), éd. Gabriel A. Pérouse, Lyon, CNRS Éditions, 1980.

Fregoso, Giovan Battista, *L'Antéros ou contramour de Messire Baptiste Fulgose*, trad. fr. Thomas Sébillet, Paris, M. Le Jeune, 1581.

Fuchs, Leonhart, *De differentiis morborum*, Bâle, 1536.

—, *Le Benefice commun de tout le monde Ensemble le naturel de plusieurs sortes de pillules, huilles, & bausme, avec la proprieté des herbes, & plantes communes*, Lyon, Benoist Rigaud, 1561.

—, *Methode ou brieve introduction, pour parvenir à la cognoissance de la vraye & solide Medecine*, trad. du latin Guillaume Paradin, Lyon, Jean de Tournes, 1552.

Fuchs, Leonhart et Goy, Jehan, *Le Thrésor de médecine*, Lyon, B. Rigaud, 1578.

Furetière, Antoine, *Dictionaire universel, contenant generalement tous les mots françois tant vieux que modernes, & les termes de toutes les sciences et des arts*, La Haye, Arnout & Reinier Leers, 1690.

Galien de Pergame, Claude [Galenus, Claudius], *Opera quæ extant* (texte grec, trad. latine), éd. et trad. latine C. G. Kühn, Leipzig, Teubner, « *Corpus Medicorum Graecorum – I/XX* », 1821-1833, 22 tomes en 20 vol. Repr. Georg Olms Verlag, Hildesheim, 1964-1965 (1986).

Trad. fr. de référence : *Œuvres anatomiques, physiologiques et médicales, traduites [...] Par Charles Daremberg*, Paris, J.-B. Baillière, 1854-1856, 2 vol. [fac-similé Adolf Hakkert, Amsterdam, 1963].

—, *Three Treatises on the Nature of Science. On the Sect of Beginners, An Outline of Empiricism, On Medical Experience*, trad. en anglais Richard Walzer et Michael Frede, Indianapolis, Hackett, 1985.

—, *On Prognosis*, éd. Vivian Nutton, « *CMG* », V 8.1, Berlin, Akademie-Verlag, 1979.

—, *Traités philosophiques et logiques*, trad. C. Dalimier, J.-P. Levet, P. Pellegrin, Paris, Flammarion, 1988.

—, *L'âme et ses passions (Les passions et les erreurs de l'âme; Les facultés de l'âme suivent les tempéraments du corps)*, éd. et trad. Vincent Barras, Terpsichore Birchler, Anne-France Morand, Paris, Les Belles Lettres, 1995.

Gelli, Giovan Battista, *La Circé*, trad. fr. Denis Sauvage, Lyon, G. Rouille, 1550.

Guaineri, Antonio, *De Egritudinibus capitis*, Lyon, Constantini Fradiun, 1525.

Guibelet, Jourdain, *Discours troisième de l'humeur mélancolique*, dans *Trois Discours philosophiques, Le I. De la comparaison de l'homme avec le monde. Le II. Du principe de la génération de l'homme. Le III. De l'humeur mélancolique*, Évreux, Le Marié, 1603.

Guillemeau, Jacques, *Traité des maladies de l'oeil*, Paris, Charles Macé, 1585.

Guy de Chauliac, *Prologue, & Chapitre Singulier de très excellent docteur en medecine, & chirurgie maistre Guidon de Gauliac*, Lyon, Estienne Dolet, 1542.

Hawkins, John, *Discursus de melancholia hypocondriaca potissimum*, Hydelberg, Wilhelm Fitzer, David Fuchs, 1633.

Henry, Noël-Étienne, et Guibourt, Nicolas-Jean-Baptiste-Gaston, *Pharmacopée raisonnée ou Traité de pharmacie pratique et théorique*, Paris, Méquignon-Marvis, 1841.

Héraclite, *Fragments*, éd. Michel Conche, Paris, Presses universitaires de France, 1986.

Hermès Trismégiste (auteur prétendu), *Corpus Hermeticum*, tome II : *Asclepius. Traités XIII-XVIII*, éd. A. D. Nock, trad. A.-J. Festugière, Paris, Les Belles Lettres, 1945.

Hippocrate [attr. à], *Lettres Hippocratiques,* trad. Yves Hersant sous le titre *Sur le rire et la folie,* Paris, Rivages, 1989.

Hippocrate, *Œuvres complètes* [...], éd. Émile Littré, Paris, J.-B. Baillière, 1839-1861, 10 vol. [fac-similé Adolf Hakkert, Amsterdam, 1978].

—, *Airs, eaux, lieux*, trad. Jacques Jouanna, Paris, Les Belles Lettres, 1996.

Homère, *Iliade*, éd. et trad. Paul Mazon, Paris, Les Belles Lettres, 1987.

—, *Odyssée*, trad. Victor Berard, Paris, Les Belles Lettres, 1989 (1924).

Houllier, Jacques, *De Morbis internis*, Paris, Ch. Macé, 1577.

Huarte, Juan, *Examen de ingenios para las ciencias* (1575), trad. fr. Gabriel Chappuys sous le titre *Examen des esprits propres et naiz aux sciences*, Lyon, J. Didier, 1580.

Hucher, Jean, *De febrium differentiis, causis, signisque & curatione libri quatuor*, Lyon, Ant. de Harsy, 1601.

—, *De Prognosi medica libri duo*, Lyon, Ant. de Harsy, 1602.

—, *De sterilitate*, Cologne, G. Carbier, 1619.

Jamblique, *Vie de Pythagore*, trad. Luc Brisson et A.-Ph. Segonds, Paris, Les Belles Lettres, 1996.

Jamyn, Amadis, *Les œuvres poétiques*, éd. Samuel M. Carrington, Genève, Droz, 1973.

Joubert, Laurent, *La pharmacopée*, Lyon, Antoine de Harsy, 1581.

—, *La Première et seconde partie des erreurs populaires, touchant la médecine et le régime de santé*, Paris, Claude Micard, 1587.

L'Estoile, Pierre de, *Journal de L'Estoile pour le règne de Henri III, 1574-1589*, éd. L.-R. Lefèvre, Paris, Gallimard, 1943.

—, *Journal pour le règne de Henri IV, 1589-1600*, éd. L.-R. Lefèvre, Paris, Gallimard, 1948.

—, *Journal de L'Estoile pour le règne de Henri IV, 1601-1609*, éd. A. Martin, Paris, Gallimard, 1958.

Le Long, Michel, *Le Regime de santé de l'escole de Salerne*, Paris, N. et I. de La Coste, 1637.

Lémery, Nicolas, *Pharmacopée universelle, contenant toutes les compositions de pharmacie... avec un lexicon pharmaceutique*, Amsterdam, Aux Dépens de la Compagnie, 1748.

Lemmens, Liévin, *Les Occultes merveilles et secretz de nature*, trad. fr. Jacques Gohory, Paris, Pierre du Pré, 1567.

Léon l'Hébreu [Don Jehudah ben Isahq Abravanel], *Dialoghi d'Amore di Maestro Leone Medico Hebreo* (1502-1505), Rome, Antonio Blado d'Asola, 1535. Trad. fr. par Pontus de Tyard sous le titre *De l'Amour*, Lyon, J. de Tournes, 1551.

Liébaut, Jean, *Les maladies des femmes*, Rouen, Jean Berthelin, 1649.

Lucrèce, *De la nature*, trad. A. Ernout, Paris, Les Belles Lettres, 2009.

Lusini, Luigi, *De Compescendis animi affectibus, per moralem philosophiam et medendi artem tractatus in tres libros divisus*, Bâle, Pierre Perna [Petrum Pernam], 1562.

Magirus, Johann, *Ioannis Magiri physiologiae peripateticæ libri sex cum commentariis, in quibus præcepta illius perspicue, eruditeque explicantur, & ex optimis quibusuis peripateticæ philosophiæ interpretibus*, Francfort-sur-le-Main, Impensis Petri Musculi Excudebat Joannes Bringerus, 1616.

Marguerite de Valois, *Correspondance 1569-1614*, éd. Éliane Viennot, Paris, Champion, 1998.

Mattioli, Pietro Andrea, *Commentaires de M. Pierre André Matthiole medecin senois, sur les six livres de Ped. Dioscor. Anazarbeen de la matiere Medecinale*, Lyon, Guillaume Rouillé, 1572.

—, *Les Commentaires… sur les six livres de la matière médicinale de Pedacius Dioscoride*, Lyon, J.-B. de Ville, 1680.

Mauclerc, Michel, *De monarchia divina, ecclesiastica, et seculari christiana deque sancata inter ecclesiasticam et secularem illam conjuratione, amico respectu, honoreque reciproco, in ordine ad aeternam non omissa*, Paris, S. Cramoisy, 1622.

Melanchton, Philip, *De Anima*, Wittemberg, P. Seitz, 1540.

Mercuriale, Girolamo, *Responsorum et consultationum medicinalium tomus alter*, Venise, apud Jolitos, 1589.

Messie, Pierre [Péro Mexia], *Les Diverses leçons*, trad. Claude Gruget, corrections et compléments Antoine Du Verdier, Lyon, B. Honorat, 1584.

Mésué, Johannis, *Mesue cum expositione Mondini super Canones universales*, Lyon, Gilb. de Villers sumpt. Vinc. de Portonariis de Tridino, 1519.

Meyssonnier, Lazare, *Traicté des maladies extraordinaires et nouvelles ; tiré d'une Doctrine rare et curieuse, digne d'estre connuë des beaux esprits de ce temps*, Lyon, Claude Prost, 1643.

Mizauld, Antoine, *Artificiosa methodus comparandorum hortensium fructuum, olerum, radicum, vuarum, vinorum, carnium & iusculorum, quae corpus & iusculorum,* Paris, Frédéric Morel, 1575.

Monte, Giovanni Battista da, *Consilia medica*, Nuremberg, Ioannis Montanus, 1559.

—,*Medicina Universa Johannis Baptistae Montani Ex Lectionibus Ejus, Caeterisque Opusculis*, Francfort-sur-le-Main, A. Wechel, 1587.

Myrepsus, Nicolaus, *Nicolai Myrepsi […] Medicamentorum opus*, éd. Leonhart Fuchs, Bâle, J. Oporin, 1549.

Nymann, Jérôme [Hieronymus], *Oratio de imaginatione*, Wittenberg, 1593, repris sous le titre *De Imaginatione oratio*, par Tobias Tandler, *Dissertationes physicae-medicae*, Leuchoreid Athenis, Z. Schureri, 1613.

Occam [Ockham], Guillaume d', *Commentaire sur le livre des prédicables de Porphyre, précédé du Proême du commentaire sur les livres de l'art logique*, introd. Louis Valcke, trad. Roland Galibois, Sherbrooke, Université de Sherbrooke, Centre d'Études de la Renaissance, 1978.

Orta, Garcia de, Acosta, Cristoval, Alpinus, Prosper, Monardes, Nicolás et Colin, Antoine, *Histoire des drogues, espiceries, et de certains medicamens simples, qui naissent ès Indes & en l'Amerique, diuisé en deux parties, la permiere comprise en quatre liures*, Lyon, Aux despens de Jean Pillehotte, 1619.

Ovide, *Métamorphoses*, éd. Georges Lafaye, émendé, prés. et trad. Olivier Sers, Paris, Les Belles Lettres, 2009.

Paré, Ambroise, *Des Animaux et de l'Excellence de l'Homme* (1579), éd. Jean Céard, Mont-de-Marsan, Éd. InterUniversitaires, 1990.

Pascal, Blaise, *L'Art de persuader*. Précédé de *L'Art de conférer* de Montaigne, préface de Marc Fumaroli, Paris, Rivages, 2001.

Philibert de Vienne, *Le Philosophe de Court*, éd. P. M. Smith, Genève, Droz, 1990.

Philostrate, *Vie d'Apollonius de Tyane*, éd. Guy Rachet, Paris, Sand, 1995.

Pic de la Mirandole, Jean [Giovanni Francesco], *Oratio de hominis dignitate, Opera omnia*, Bâle, 1557. Éd. et trad. fr. Yves Hersant, *De la Dignité de l'homme*, Combas, Éditions de l'éclat, 1993.

—,édition moderne (inachevée) sous la direction d'Eugenio Garin : tome I (*De hominis dignitate, Heptaplus, De ente et uno, Commento sopra una Canzone d'amore*) Florence, Edizione Nazionale dei Classici del Pensiero italiano, 1942 ; tome II *(Disputationes adversus astrologiam divinatricem)* livres I-V, *ibid.*, 1946 ; livres VI-XII, *ibid.*, 1952. Trad. française de référence : –, *Œuvres philosophiques*, trad. fr. et présentation Olivier Boulnois et Giuseppe Tognon, Paris, Presses universiataires de France, 1993.

Pichot, Pierre, *De Animorum natura, morbis, vitiis, noxis, horumque curatione, ac medela, ratione medica ac philosophica*, Bordeaux, Simon Millanges, 1574.

Pictorius, Georg, *Medicinae tam simplices quam compositae ad omnes ferme corporis humani praeter naturam affectus*, Bâle, Henricum Petri, 1560.

Richelet, Pierre, *Dictionnaire françois, contenant les mots et les choses, plusieurs nouvelles remarques sur la langue françoise… avec les termes les plus connus des arts & des sciences*, Genève, Jean Herman Widehold, 1680.

Pindare, *Pythiques,* éd. Aimé Puech, Paris, les Belles Lettres, 1992.

Platon, *Œuvres complètes*, éd. et trad. Alfred Croiset, Paris, Les Belles Lettres, 1956.

Plaute, *Comédies*, Paris, Les Belles Lettres, 2003.

Plotin, *Ennéades, Traité 9* (VI, 9) [*Du Bien ou de l'Un*], éd. et trad. Pierre Hadot, Paris, Les Éditions du Cerf, 1994.

Plutarque, *Les Vies parallèles,* éd. et trad. Robert Flacelière et Émile Chambry, Paris, Les Belles Lettres, 1977.

—, *Œuvres Morales*, trad. Jacques Amyot, Paris, Michel de Vascosan, 1572.

Pomponazzi, Pietro, *Tractatus de immortalitate animae*, Bologne, Iustinianum Leonardi Ruberiensem [Giustiniano da Rubiera], 1516.

Pontus de Tyard, *L'univers ou Discours des parties et de la nature du monde*, Lyon, Jean de Tournes, 1557.

Porphyre, *Isagoge*, trad. J. Tricot, Paris, J. Vrin, 1984.

Rabelais, François [attr. à], *Les Songes drolatiques de Pantagruel*, introd. Michel Jeanneret, La Chaux-de-Fonds, Éd. vwa, 1989, repris chez Droz, « Titre courant ».

Rabelais, François, *Œuvres complètes,* éd. M. Huchon, Paris, Gallimard, « Bibliothèque de la Pléiade », 1994.

—,*Les Cinq livres,* éd. Jean Céard, Gérard Defaux et Michel Simonin, Paris, LGF « La Pochothèque », 1994.

Racine, Jean, *Œuvres complètes*, éd. Georges Forestier, Paris, Gallimard, 2006.

Ramus, *Dialectique* (1555), éd. modernisée Nelly Bruyère, Paris, Vrin, 1996.

Renou, Jean de, *Dispensatorium Medicum*, Francfort-sur-le-Main, Johan Theobald Schönwetter, 1609.

—, *Les Œuvres Pharmaceutiques*, Lyon, Antoine Chard, Pierre Colombier, 1626.

Rhodiginus, Cœlius [Ludovico Ricchieri], *Lectionum antiquarum libri XXX*, Bâle, Froben, 1566.

Rivière, Lazare, *La Pratique de medecine avec la théorie,* Paris, Jean Certe, 1690.

Rondelet, Guillaume, *Methodus curandorum omnium morborum corporis humani in tres libros distincta*, Paris, Charles Macé, 1575.

Savonarole, Michel, *Practica major*, Venise, Giunta, 1547.

Scaliger, Jules César, *In librum de Insomniis Hippocratis commentarius, auctus nunc & recognitus*, éd. Robert Constantin, Genève, Jean Crespin, 1561.

Sextus Aurélius Victor, *Abrégé des Césars*, Paris, Les Belles Lettres, 2002.

Stirling, Iohannes, *Lexicon nominum herbarum arborum fruticumque linguae latinae. Ex fontibus Latinitatis ante seculum XVII scriptis collegit et descriptionibus botanicis illustravit*, Budapest, Ex Aedibus Domus Editoriae « Encyclopaedia », 1995-1998.

Suétone, *De Viris illustribus, De Oratoribus*, éd. Auguste Reifferscheid, Leipzig, Teubner, 1860.

Synésios de Cyrène, *Liber de insomniis*, Paris, Frederic Morel, 1586.

Thucydide, *La Guerre du Péloponnèse*, éd. et trad. Jacqueline de Romilly, Paris, Les Belles Lettres, 1967.

Tyard, Pontus de, *Solitaire Premier*, éd. Silvio F. Baridon, Genève, Droz, 1950.

Valère-Maxime, *Faits et dits mémorables*, éd et trad. Robert Combès, Paris, Les Belles Lettres, 1997.

Valleriole, François, *Commentarii in sex Galeni libris de morbis et symptomatis*, Lyon, Sébastien Gryphe, 1540.

—, *Loci medicinae communes*, Lyon, Sébastien Gryphe, 1572.

—, *Observationum medicinalium libri sex*, Lyon, A. le Blanc, 1588.

Van de Velde, Jason [Jason Pratensis], *De Cerebri morbis : hoc est, omnibus ferme (quoniam a cerebro male affecto omnes fere qui corpus humanum infestant, morbi oriuntur) curandis liber*, Bâle, Henri Piètre, 1549.

Vega, Cristóbal de, *De Arte medendi*, Lyon, G. Rouillé, 1565.

Velazquez, Andrés, *Libro de la melancholia*, Seville, Hernando Diaz, 1585.

Virgile, *Énéide*, trad. André Bellessort, Paris, Les Belles Lettres, 1925.

Wecker, Johann Jacob, *Le Grand thresor, ou Dispensaire, et antidotaire tant general, que special, ou particulier des remedes servans à la santé du corps humain*, Genève, Estienne Gamonet, 1610.

Wier, Jean [Johann Weyer], *De Praestigiis daemonum et incantationibus ac veneficiis libri V*, Bâle, J. Oporin, 1563. Trad. fr. Jacques Grevin, *De l'imposture et tromperie des diables, des enchantements et des sorcelleries*, Paris, J. Du Puys, 1567.

Zabarella, Jacobus, *De Methodis libri quatuor*, dans *Opera logica* (1578), Cologne, 1597 [fac-similé, Hrsg. von W. Risse, Hildesheim, 1966].

Zabarella, Jacobus, *Tables de logique. Sur l'*Introduction *de Porphyre, les* Catégories, *le* De l'interprétation *et les* Premiers Analytiques *d'Aristote*, trad. Michel Bastit, Paris, 2003.

Zacuto Lusitano, *De medicorum principium historia*, Lyon, Ioannis-Antonii Huguetan, 1642.
Zwinger, Theodor, *In artem medicinalem Galeni tabulae et commentarii*, Bâle, Johannes Oporinus, 1561.

Littérature critique

*, *Suidae Lexicon* [la Souda], éd. Godofredus Bernhardy, Halle et Brunsvigae, sumptibus Schwetschkiorum, 1853. Autre édition Ada Adler, Teubner, Leipzig, 1928-1938, fac-similé Munich, K. G. Saur, 2001-2004.
Abdelali, Elamrani-Jamal, « De la multiplicité des modes de la prophétie chez ibn Sina », dans Jean Jolivet et Roshdi Rashed (dir.), *Études sur Avicenne*, Paris, Les Belles Lettres, 1984.
Abrassart, Jean-Joseph, *Catalogue alphabétique de la Bibliothèque de Tours*, Ms., fin XVIIIe siècle, Tours, Bibliothèque municipale.
André, Jacques, *Les Noms des plantes dans la Rome antique*, Paris, Les Belles Lettres, 1985.
Andrews, Jonathan, « Letting Madness Range, Travel and Mental Disorder, c. 1700-1900 », *Clio Medica/ The Wellcome Series in the History of Medicine* 56, 2000, p. 25-88.
Anglo, Sydney, « Melancholia and Witchcraft : the Debate between Wier, Bodin, and Scot », dans *Folie et déraison à la Renaissance*, Bruxelles, Éditions de l'Université de Bruxelles, p. 209-228.
Aquilon, Pierre, « Petites et moyennes bibliothèques », dans *Histoire des bibliothèques françaises*, tome 2 : *Les Bibliothèques sous l'Ancien Régime*, p. 181-205, Paris, Promodis, 1988.
Arikha, Noga, *Passions and Tempers, a History of the Humours*, New York, Ecco, 2007.
Augereau, Laurence, *La Vie intellectuelle à Tours pendant la Ligue*, Thèse de l'Université de Tours, 2003.
Babb, Lawrence, « Hamlet, Melancholy, and the Devil », *Modern Language Notes*, 59, Baltimore, Johns Hopkins Press, 1944, p. 120-122.
Balsamo, Jean (dir.), *Les Poètes français de la Renaissance et Pétrarque*, Genève, Droz, 2004.
Baltrušaitis, Jurgis, *Aberrations : essai sur la légende des formes*, Paris, Flammarion, 1983.
Bareggi, Claudia Di Filippo, *Il mestiere di scrivere : lavoro intellettuale e mercato librario a Venezia nel Cinquecento*, Rome, Bulzoni, 1988.
Beecher, Donald, « The Essentials of Erotic Melancholy : the Exemplary Discourse of André DuLaurens », dans *Love and Death in the Renaissance*, Kenneth R. Bartlett (dir.), New York et Ottawa, Renaissance Society of America; Dovehouse Editions, 1991, p. 37-50.

Béguin, Daniel, « Les Œuvres pharmacologiques de Galien dans l'enseignement, l'édition et la pratique de la médecine en France au seizième siècle », dans Armelle Debru (dir.), *Galen on pharmacology : philosophy, history and medecine*, Leyde, Brill, 1997, p. 282-300.

Bender, John, « From Theater to Laboratory », *Journal of the American Medical Association (JAMA)*, 287, 9, 2002, p. 1179.

Berriot-Salvadore, Évelyne, *Les Femmes dans la société française de la Renaissance*, Genève, Droz, 1990.

—, *Un corps, un destin, la femme dans la médecine de la Renaissance*, Paris, H. Champion, 1993.

—, *Ambroise Paré (1510-1590), Pratique et écriture de la science à la renaissance, Actes Du Colloque De Pau (6-7 mai 1999)*, Paris, H. Champion, 2003.

Bivins, Roberta, *Medicine, madness, and social history, essays in honour of Roy Porter*, Basingstoke, New York, Palgrave Macmillan, 2007.

Blair, Ann et Grafton, Anthony, « Reassessing Humanism and Science », *Journal of the History of Ideas* 53, 4, 1992, p. 535-540.

Blair, Ann, « Humanist Methods in Natural Philosophy, The Commonplace Book », *Journal of the History of Ideas* 53, 4, 1992, p. 541-551.

Blanc, Pierre (dir.), *Dynamique d'une expansion culturelle. Pétrarque en Europe XIVe-XXe siècle*, Paris, Champion, 2001.

Bloch, Marc, *Les Rois thaumaturges : étude sur le caractère surnaturel attribué à la puissance royale, particulièrement en France et en Angleterre*, Strasbourg, Librairie Istra, 1924.

Bomare, Jacques Christophe Valmont de, *Dictionnaire raisonne universel d'histoire naturelle*, Paris, Didot, 1764.

Boudon-Millot, Véronique et Cobolet, Guy (dir.), *Lire les médecins grecs à la Renaissance. Actes du colloque international de Paris (19-20 septembre 2003)*, Paris, De Boccard, 2004.

Brain, Peter, *Galen on Bloodletting : a Study of the Origins, Development and Validity of his Opinions, with a Translation of the Three Works*, Cambridge, Cambridge University Press, 1986.

Brancher, Dominique, « Portrait humoral du polémiqueur, Aléas de l'humeur et du style du XVIe au XVIIe siècle », *MLN* 120, 2005, p. S142-S169.

Bréhier, Émile (dir.), *Les Stoïciens*, Paris, Gallimard, 1962.

Bruyère, Nelly, *Méthode et dialectique dans l'oeuvre de la Ramée*, Paris, J. Vrin, 1986.

Bylebyl, Jerome J., « Teaching *Methodus Medendi* in the Renaissance », dans *Galen's Method of Healing. Proceedings of the 1982 Galen Symposium*, éd. Fridolf Kudlien et Richard J. Durling, Leyde, E.J. Brill, 1991, p. 157-189.

Bynum, William F. et Porter, Roy (dir.), *Companion Encyclopedia of the History of Medecine*, Londres, Routledge, 1993.

Bynum, William F., et Porter, Roy, *Medicine and the five senses*, Cambridge University Press, 1993.

Carlino, Andrea et Jeanneret, Michel (dir.), *Vulgariser La Médecine. Du Style médical en France et en Italie (XVIe et XVIIe siècles)*, Genève, Droz, 2009.

Carnoy, Henry (dir.), *Dictionnaire biographique international de écrivains*, Hildesheim et Zürich, Georg Olms, 1987 (1902-1909).

Cave, Terence, *Cornucopia : figures de l'abondance au XVIe siècle*, Paris, Macula, 1997.

—, *Pré-histoires. Textes troublés au seuil de la modernité*, Genève, Droz, 1999.

Caven, Brian, *Dionysius I : war-lord of Sicily*, Yale, Yale University Press, 1990.

Céard, Jean, *La Nature et les prodiges : l'insolite au XVIe siècle*, Genève, Droz, 1977. 2e édition, Genève, Droz, « Titre courant », 1996.

—, « Folie et démonologie au XVIe siècle », dans *Folie et Déraison à la Renaissance*, Bruxelles, Éditions de l'Université de Bruxelles, 1976, p. 129-148.

Céard, Jean, Naudin, Pierre et Simonin, Michel, *La Folie et le corps*, Paris, Presses de l'École normale supérieure, 1985.

Céard, Jean (dir.), *La Curiosité à la Renaissance*, Paris, SEDES, 1986.

Céard, Jean, Fontaine, Marie-Madeleine et Margolin, Jean-Claude (dir.), *Le Corps à la Renaissance*, Actes du XXXe colloque de Tours, Paris, Aux Amateurs de Livres, 1990.

Chapple, Anne S., « Robert Burton's Geography of Melancholy », dans *Studies in English Literature 1500-1900*, 1993, p. 99-130.

Charbonneau, Frédéric, « Les emblèmes de la maladie. Dialogue du corps et de l'âme », *Tangence*, 60, 1999, p. 105-118.

Charon, Rita, « Narrative Medicine, A Model for Empathy, Reflection, Profession, and Trust », *JAMA* 286, 2001, p. 1897-1902.

—, *Narrative medicine*, Oxford et New York, Oxford University Press, 2006.

Charpentier, Françoise, *Le Songe à la Renaissance*, Saint-Étienne, Institut d'études de la Renaissance et de l'Âge classique, Université de Saint-Étienne, 1990.

Chatelain, Jean-Marc, « L'Illustration d'*Amadis de Gaule* dans les éditions françaises du XVIe siècle », *Cahiers VL Saulnier*, « Les Amadis en France au XVIe siècle », 17, 2002, p. 41-52.

Chéreau, Achille, *Le Parnasse médical français*, Paris, Delahaye, 1874.

Ciavolella, Massimo, *La « Malattia d'amore » dall'Antichita al Medioevo*, Rome, Bulzoni, « Strumenti di Ricerca », 1976.

Clair, Jean, « Aut deus aut daemon. *La mélancolie et la folie louvière* », dans Jean Clair (dir.), *Mélancolie : génie et folie en Occident*, Paris, Gallimard, 2005, p. 120-128.

Clark, Stuart, *Thinking With Demons : the Idea of Witchcraft in Early Modern Europe*, Oxford, Oxford University Press, 1997.

—, *Vanities of the Eye : Vision in Early Modern European Culture*, Oxford, Oxford University Press, 2007.

Closson, Marianne, *L'Imaginaire démoniaque en France (1550-1650)*, Genève, Droz, 2000.

Collon, M., *Catalogue collectif des manuscrits de France. Départements*, tome XXXVII, Paris, Plon, 1905.

Concasty, Marie-Louise, *Commentaires de la Faculté de médecine de l'Université de Paris (1516-1560)*, Paris, Imprimerie Nationale, 1964.

Couliano, Ioan Peter, « Review article, A Corpus for the Body », *The Journal of Modern History*, 63.1, 1991, p. 61-80.

—, *Éros et magie à l'époque de la Renaissance : 1484*, préface de Mircea Eliade, Paris, Flammarion, 1984.

Courcelles, Dominique de, *Mémoire et subjectivité (XIVe-XVIIe siècle). L'entrelacement de memoria, fama et historia*, Paris, École des Chartes, 2006.

Courcelles, Jean Baptiste Pierre Jullien de (dir.), *Dictionnaire universel de la noblesse de France*, tome III, Paris, Au Bureau général de la noblesse de France, 1821 [fac-similé Adolf Hakkert, 1969].

Dandrey, Patrick, « La médecine du songe », *Revue des Sciences Humaines*, n° 211, 1988, « Rêver en France au XVIIe siècle », textes recueillis par Jean-Luc Gautier, p. 69-101.

—, *La Fabrique des Fables : essai sur la poétique de La Fontaine*, Paris, Klincksieck, 1991.

—, *La Médecine et la maladie dans le théâtre de Molière*, tome I : *Sganarelle et la médecine ou De la mélancolie érotique*; tome II : *Molière et la maladie imaginaire ou De la mélancolie hypocondriaque*, Paris, Klincksieck, 1998.

—, *Les Tréteaux de Saturne*, Paris, Klincksieck, 2003.

—, *Anthologie de l'humeur noire : écrits sur la mélancolie d'Hippocrate à l'Encyclopédie*, Paris, Le Promeneur, 2005.

Daston, Lorraine, « Objectivity and the Escape from Perspective », *Social Studies of Science* 22. 4, 1992, p. 597-618.

—, « The Moral Economy of Science », *Osiris* 10 « Constructing Knowledge in the History of Science », 2006, p. 2-24.

David-Peyre, Yvonne, « Jacques Ferrand, médecin agenais », *Littérature, Médecine, Société*, n° hors série « *Medicinalia* », Nantes, 1983, p. 138-139.

—, « La Mélancolie érotique selon Jacques Ferrand l'Agenais ou les tracasseries d'un tribunal ecclésiastique », *Littérature, Médecine, Société*, n° hors série « *Medicinalia* », Nantes, 1983, p. 119-130.

—, « Les remèdes et leur influence sur les esprits ou du mauvais usage des médicaments », *Littérature, Médecine, Société*, 2, 1980.

Dechambre, Amédée (dir.), *Dictionnaire encyclopédique des sciences médicales*, 100 tomes, Paris, Masson, 1864-1889.

Delalande, Paul, *Histoire de Marmoutier, depuis sa fondation par saint Martin jusqu'à nos jours*, Tours, impr. de Barbot-Berruer, 1897.

Delatte, Armand, « Faba Pythagorae cognata », *Serta Leodiensia*, Liège-Paris, H. Vaillatn-Carmanne et Édouard Champion, 1930, p. 35-57.

Delaunay, Paul, *La Vie medicale aux XVIe, XVIIe, et XVIIIe siècles*, Paris, Offert par les Laboratoires pharmaceutiques Corbière, 1935.

Demonet, Marie-Luce, « Du signe au symptôme : la séméiotique d'Ambroise Paré », dans *Ambroise Paré (1510-1590). Pratique et écriture de la science à la Renaissance. Actes dud Colloque de Pau (6-7 mai 1999)*, réunis par Évelyne Berriot-Salvadore, Paris, Champion, 2003, p. 229-247.

—,« Le Match Ramus-Turnèbe. Du *De fato* au *De methodo* », dans *Ramus et l'Université*, Paris, Éditions Rue d'Ulm/Presses de l'École normale supérieure, 2004, *Cahiers V.L. Saulnier*, n. 21.

Desan Philippe, « Pour une typologie de la mélancolie à la Renaissance : *Des maladies mélancholiques* (1598) de Du Laurens », dans T. Secchi (dir.), *Malinconia ed allegrezza nel Rinascimento*, Milan, Nuovi Orizzonti, 1999, p. 355-366.

Desportes, Françoise, *Le Pain au Moyen Âge*, Paris, Olivier Orban, 1987.

Diethelm, Oskar, « Mania. A clinical study of dissertations before 1750 », dans *Confinia Psychiatrica. Borderland of Psychiatry. Grenzgebiete Der Psychiatrie. Les Confins De La Psychiatrie*, 13, 1, 1970, p. 26-49.

—,*Medical dissertations of psychiatric interest printed before 1750*, Bâle et New York, S. Karger, 1971.

Donnelly, William J., Paris, Mary R., Yanes-Hoffman, Nancy, Brooks Henderson, C. et Charon, Rita, « Patients' Stories as Narrative », *JAMA* 287, 4, 2002, p. 447-448.

Dulaey, Martine, *Le Songe chez saint Augustin*, Paris, Les Études Augustiniennes, 1975.

Dulieu, Louis, *La Médecine à Montpellier : La Renaissance*, Avignon, Presses Universelles, 1979.

Duminil, Marie-Paul, « La mélancolie amoureuse dans l'Antiquité », dans *La Folie et le corps. Études réunies par Jean Céard*, Paris, Presses de l'École Normale Supérieure, 1985, p. 91-109.

Dumont, Jean-Paul (dir.), *Les Présocratiques*, Paris, Gallimard, 1988.

Dumora, Florence, *L'Œuvre nocturne. Songe et représentation au XVIIe siècle*, Paris, Honoré Champion, 2005.

Dupèbe, Jean, *Astrologie, religion et médecine à Paris. Antoine Mizauld (c. 1512-1578)*, Thèse de l'Université de Paris X-Nanterre, 1998.

Durling, Richard, « A Chronological Census of Renaissance Editions and Translations of Galen », *Journal of the Warburg and Courtauld Institutes* 24, 1961, p. 230-305.

Edwards, W. F., « Niccolò Leoniceno and the Origins of Humanist Discussion of Method », dans E.P. Mahoney (dir.), *Philosophy and Humanism : Renaissance Essays in Honour of Paul Oskar Kristeller*, Leide, 1976.

Evans, E.C., « Physiognomics in the Ancient World », *Transactions of the American Philosophical Society*, 59.5, 1969, p. 1-101.

Fabre, Marcel, *Louise de Clermont-Tallart, première duchesse d'Uzès*, Nîmes, Chastanier frères & Alméras, 1932.

Festugière, André-Jean, *La Révélation d'Hermès Trismégiste*, 4 vol., Paris, Gabalda, 1950-1954.

Flashar, Helmut, *Melancholie und Melancholiker in den medizinischen Theorien der Antike*, Berlin, Walter de Gruyter & Co, 1966.

Foerster, Richard (dir.), *Scriptores Physiognomonici graeci et latini* (1893), fac-similé, Stuttgart, Teubner, 1994.

Fontoura, Paulo, « Neurological practice in the *Centuriae* of Amatus Lusitanus », *Brain*, 132. 2, 2009, p. 296-308.

Fucilla, Joseph G., « Sources of Du Bellay's "Contre les Pétrarquistes" », *Modern Philology*, 28, 1930-1931, p. 1-11.

Fumaroli, Marc, « Nous serons guéris si nous le voulons : classicisme français et maladie de l'âme », *Le Débat*, 29, 1984, p. 92-114. Repris dans *La Diplomatie de l'esprit. De Montaigne à La Fontaine*, Paris, Hermann, 1994, sous le titre : « La Mélancolie et ses remèdes. Classicisme français et maladie de l'âme », p. 403-439.

—, « Saturne et les remèdes de la mélancolie », dans Jean Mesnard (dir.), *Précis de littérature francaise du XVIIe siècle*, Paris, PUF, 1990, 1re partie, chap. 1er, p. 29-46.

Gams, Pius Bonifacius, *Series episcoporum ecclesiae catholicae*, Regensburg, Georgii Josephi Manz, 1873.

Gidal, Eric, « Civic Melancholy, English Gloom and French Enlightenment », *Eighteenth-Century Studies*, 37, 1, 2003, p. 23-45.

Gilbert, Neal W., *Renaissance Concepts of Method*, New York, Columbia University Press, 1960.

Goulet, Richard, Boudon-Millot, Véronique, *Dictionnaire des Philosophes antiques*, tome III, Paris, CNRS Éditions, 2000.

Gouron, Michel, *Matricule de l'Université de Médecine de Montpellier (1503-1599)*, Genève, Droz, 1957.

Gowland, Angus, « The Problem of Early Modern Melancholy », *Past and Present*, n° 191, 2006, p. 77-120.

Grafton, Antony et Blair, Ann, *The Transmission of Culture in Early Modern Europe*, Philadelphie, University of Pennsylvania Press, 1990.

Grafton, Anthony, *Defenders of the Text, the Traditions of Scholarship in an Age of Science, 1450-1800*, Cambridge, Mass., Harvard University Press, 1991.

—, *Commerce with the Classics, Ancient Books and Renaissance Readers*, Ann Arbor, University of Michigan Press, 1997.

Graur, Théodosia, *Un disciple de Ronsard. Amadis Jamyn (1540 ?-1593) : sa vie, son œuvre, son temps*, Genève, Slatkine, 1981 (1929).

Green, Christopher D., « Where Did the Ventricular Localization of Mental Faculties Come from ? », *Journal of the History of the Behavioral Sciences* 39, 2, 2003, p. 131-142.

Greenberg, Stephen J., « Books of Secrets, Natural Philosophy in England, 1550-1600 », *Journal for the History of Medicine and Allied Sciences*, 64.1, 2009, p. 131-133.

Grmek, Mirko G., *Histoire de la pensée médicale en Occident*, Paris, Seuil, 1995.

Harris, Charles Reginald Schiller, *The Heart and the Vascular System in Ancient Greek Medicine, from Alcmaeon to Galen*, Oxford, Clarendon Press, 1973.

Hays, J. N., *The Burdens of Disease : Epidemics and Human Response in Western History*, New Brunswick, Rutgers University Press, 1998.

Hersant, Yves, « L'acédie et ses enfants », dans Jean Clair (dir.), *Mélancolie : génie et folie dans l'Occident*, Paris, Réunion des musées nationaux-Gallimard, 2005, p. 54-59.

Heyd, Michael, « The Reaction to Enthusiasm in the Seventeenth Century : Towards an Integrative Approach », *The Journal of Modern History*, 53, 2, 1981, p. 258-280.

Jacquart, Danielle, « Avicenne et la nosologie galénique : l'exemple des maladies du cerveau », dans Hasnawi, Ahmad, Elamrani-Jamal, Abdelali et Aouad, Maroun (dir.), *Perspectives arabes et médiévales sur la tradition scientifique et philosophique grecque. Actes du colloque de la Sihspai*, Paris et Louvain, Peeters-IMA, 1997, p. 217-226.

—, *La Médecine médiévale dans le cadre parisien : XIVe-XVe siècle*, Paris, Fayard, 1998.

Jaeger, Wermer, *Diokles von Karystos*, Berlin, de Gruyter, 1938.

Jeanneret, Michel, « Renaissance exegesis », dans *The Cambridge History of Literary Criticism. The Renaissance*, Ed. Glyn P. Norton, 3, Cambridge University Press, 1999, p. 36-43.

—, « The Renaissance and Its Ancients. Dismembering and Devouring », *MLN*, 1995, p. 1043-1053.

—, *Perpetuum mobile : métamorphoses des corps et des œuvres de Vinci à Montaigne*, Paris, Macula, 1997.

Jehasse, Jean, « Démocrite et la renaissance de la critique », dans *Études seiziémistes offerts à Monsieur le Professeur V.-L. Saulnier par plusieurs de ses doctorants*, Genève, Droz, 1980, p. 41-64.

Jouanna, Arlette, *Histoire et dictionnaire des guerres de religion*, Paris, R. Laffont, 1998.

Joukowski, Françoise, *Le Feu et le Fleuve : Héraclite et la Renaissance française*, Genève, Droz, 1991.

Kahn, Didier, *Alchimie et Paracelsisme en France à la fin de la Renaissance (1567-1625)*, Genève, Droz, 2007.

Kessler, Eckhard et Maclean, Ian (éd.), Res et verba *in der Renaissance*, Wiesbaden, Harrassowitz, 2003

Klibansky, Raymond, Panofsky, Erwin et Saxl, Fritz, *Saturne and Melancholy. Studies of Natural Philosophy, Religion and Art*, Londres et New York, Th. Nelson, 1964. Trad. fr. : *Saturne et la mélancolie. Études historiques et philosophiques : nature, religion, médicine et art*, trad. de l'anglais par Fabienne Durand-Bogaert et Louis Évrard, Paris, Gallimard, « Bibliothèque des Histoires », 1989.

Kristeller, Paul Oskar, *Renaissance Thought and its Sources*, New York, Columbia University Press, 1979.

La Garanderie, Marie-Madeleine de, *Mercure à la Renaissance. Actes des Journées d'Étude des 4-5 octobre 1984, Lille*, Paris, Champion, 1988.

Labarre, Albert, *Répertoire bibliographique des livres imprimés en France au seizième siècle. 23e livraison, Blois, Saint-Denis, Tours*, Baden-Baden, Valentin-Kœrner, 1976, « Bibliotheca Aureliana LXIII », n° 240.

Ladee, G. A., *Hypochondriacal Syndromes*, Amsterdam et New York, Elsevier Pub. Co., 1966.

Lalande, André, *Vocabulaire technique et critique de la philosophie*, Paris, Presses universitaires de France, 2002 (1926).

Langley, Eric F., « Anatomizing the Early-Modern Eye, a Literary Case-study », *Renaissance Studies* 20, 3, 2006, p. 340-355.

Larue, Anne, *L'Autre Mélancolie. « Acedia » ou les chambres de l'esprit*, Paris, Hermann, 2001.

Le Blévec, Daniel, *L'Université de médecine de Montpellier et son rayonnement (XIIIe-XVe siècles). Actes du colloque international de Montpellier (Université Paul-Valéry-Montpellier III), 17-19 mai 2001*, Turnhout, Brepols, 2004.

Le Roux, Nicolas, *La Faveur du roi. Mignons et courtisans au temps des derniers Valois (vers 1547-vers 1589)*, Paris, Éditions Champ Vallon, 2001.

Lecointe, Jean, *L'Idéal et la différence. La perception de la personnalité littéraire à la Renaissance*, Genève, Droz, 1993.

Leenhardt, Albert, *Montpelliérains, médecins des rois*, Largentière, E. Mazel, 1941.

Legrand, Philippe-Ernest (dir.), *Bucoliques grecs*, Paris, Les Belles Lettres, 1972.

Lehoux, Françoise, *Le Cadre de vie des médecins parisiens aux XVIe et XVIIe siècles*, Paris, A. & J. Picard, 1976.

Lemerle, Paul, *Le Premier Humanisme byzantin*, Paris, Presses universitaires de France, 1971.

Maclean, Ian, « Foucault's Renaissance Episteme Reassessed : An Aristotelian Counterblast », *Journal of the History of Ideas* 59.1, 1998, p. 149-166.

—,« Logical division and visual dichotomies : Ramus in the Context of Legal and Medical Writing », dans *The Influence of Petrus Ramus*, Bâle, Schwabe, 2001, p. 228-247.

—,*Logic, Signs and Nature in the Renaissance : The Case of Learned Medicine,* Cambridge, Cambridge University Press, 2002

—,« Trois facultés de médecine au XVIe siècle, Padoue, Bâle, Montpellier », dans *Les Échanges entre les universités européennes à la Renaissance. Colloque international organisé par la Société française d'étude du XVIe siècle et l'Association Renaissance-Humanisme-Réforme, Valence, 15-18 mai 2002*, Michel Bideaux et Marie-Madeleine Fragonard (dir.), Droz, 2003, p. 217-230.

—,*Le Monde et les hommes selon les médecins de la Renaissance*, Paris, CNRS Éditions, 2006.

Mandrou, Robert, *Magistrats et sorciers en France au XVIIe siècle*, Paris, Plon, 1968.

Manzoni, T., « The Cerebral Ventricles, the Animal Spirits and the Dawn of Brain Localization of Function », *Archives italiennes de biologie* 136.2, 1998, p. 103-152.

Marot, Clément, *Œuvres poétiques complètes*, éd. Gérard Defaux, Paris, Bordas, 1993.

Martinez Gomez, Luis, « El hombre "Mensura rerum" en Nicolàs de Cusa », *Pensamiento*, 21, 1965, p. 41-63.

May Wilkin, Rebecca, *Women, imagination and the search for truth in early modern France*, Aldershot et Burlington, Ashgate, 2008.

Mcclure, I., « Bad Medicine, Doctors Doing Harm Since Hippocrates », *BMJ* 333, 7568, 2006, p. 606.

Mellot, Jean-Dominique et Queval, Élisabeth, *Répertoire d'imprimeurs-libraires 1500-1810*, Paris, Bibliothèque nationale de France, 2004.

Michot, Jean R., *La Destinée de l'homme selon Avicenne. Le retour à Dieu (*ma'ād*) et l'imagination*, Louvain, Peeters, 1986.

Midelfort, H. C. Erik, *A History of Madness in Sixteenth-Century Germany*, Stanford, Stanford University Press, 2000.

Moss, Ann, *Les Recueils des lieux communs : méthode pour apprendre à penser à la Renaissance*, trad. de l'anglais par Patricia Eichel-Lojkine, Monique Lojkine-Morelec, Marie-Christine Munoz-Teulié et Georges-Louis Tin sous la dir. de Patricia Eichel-Lojkine, Genève, Droz, 2002 « Titre courant ».

Müller, Walther, *Medizinalpflanzen in naturgetreuen Abbildungen*, Gera, H. A. Köhler, 1887.

Nance, Brian, « Wondrous experience as text : Valleriola and the *Observationes medicinales* », dans Elisabeth Lane Furdell (dir.), *Textual Healing. Essays on Medieval and Early Modern Medicine*, Leyde-Boston, Brill, 2005, p. 101-118.

—, *Turquet de Mayerne as Baroque Physician. The Art of Medical Portraiture*, « Clio Medica », 65, 2008.

Nativel, Colette, *Centuriae latinae, II. Cent une figures humanistes de la Renaissance aux Lumières. À la mémoire de Marie-Madeleine de La Garanderie*, Genève, Droz, 2006.

Ntafoulis, Paulos *et al.*, « Historical Note : Melampous : a Psychiatrist Before Psychiatry », *History of Psychiatry*, 19.2, 2008, p. 242-246.

Nutton, Vivian, « Galen at the Bedside : the Methods of a Medical Detective », dans William F. Bynum et Roy Porter (dir.), *Medicine and the five senses*, Cambridge University Press, 1993.

Ogilvie, Brian, *The Science of Describing. Natural History in Renaissance Europe*, Chicago, University of Chicago Press, 2006.

Oldrini, Guido, *La Disputa del metodo nel rinascimento. Indagini su Ramo e sul ramismo*, Florence, Le Lettere, 1997.

Opsomer, Carmélia, *Index de la pharmacopée du Ier au Xe siècle*, Hildesheim, Georg Olms, 1989.

Paluzzi, Alessandro, Belli, Antonio, Bain, Peter, et Viva, Laura, « Brain "Imaging" in the Renaissance », *Journal of the Royal Society of Medicine* 100, 12, 2007, p. 540-543.

Panofsky, Erwin, *L'Œuvre d'art et ses significations. Essais sur les « arts visuels »*, trad. de l'anglais par Marthe et Bernard Teyssèdre, Paris, Gallimard, 1969.

Park, Katharine et Daston, Lorraine (dir.), *The Cambridge History of Science*, tome III : *Early Modern Science*, Cambridge, Cambridge University Press, 2006.

Park, Katharine et Daston, Lorraine, « Unnatural Conceptions, The Study of Monsters in Sixteenth- and Seventeenth-Century France and England », *Past and Present*, 92, 2006, p. 20-54.

Paster, G. K., *Humouring the Body, Emotions and the Shakesperian Stage*, Chicago, University of Chicago Press, 2004.

Pender, Stephen, « Between Medicine and Rhetoric », *Early Science and Medicine*, 10.1, Leyde, Brill, 2005, p. 36-64.

Perez, Stanislas, « Le Toucher des écrouelles : médecine, thaumaturgie et corps du roi au Grand Siècle », *Revue d'histoire moderne et contemporaine*, n° 53-2, 2006.

Pestronk, A., « The First Neurology Book. *De Cerebri Morbis...* (1549) by Jason Pratensis », *Archives of Neurology* 45.3, 1988, p. 341-344.

Petit, Ernest, *Le comte de Tonnerre Antoine de Crussol, duc d'Uzès*, Auxerre, Impr. de la Constitution, 1897.

Pigeaud, Jackie (dir.), *Littérature médecine société,* n° 1, Nantes, Publications de l'Université de Nantes, 1979.

—, *La Maladie de l'âme, Étude sur la relation de l'âme et du corps dans la tradition médico-philosophique antique*, Paris, Les Belles Lettres, 1981.

—, *Folie et cures de la folie chez les médecins de l'Antiquité gréco-romaine. La manie*, Paris, Les Belles Lettres, 1987.

—, « La psychopathologie de Galien », dans Paola Manuli et Mario Vegetti (dir.), *Le Opere psicologiche di Galeno*, Naples, Bibliopolis, 1988, p. 153-183.

—, *L'Art et le vivant*, Paris, Gallimard, 1995.

—, « Délires de métamorphoses [Deliria of Metamorphosis] », dans Claire Crignon-De Oliveira et Mariana Saad (dir.), *Melancholy and Material Unity of Man, 17th-18th Centuries / La mélancolie et l'unité matérielle de l'homme – XVIIe et XVIIIe siècles, Gesnerus*, 63, 1&2, 2006, p. 73-89.

Pomata, Gianna et Siraisi, Nancy G., *Historia. Empiricism and Erudition in Early Modern Europe*, Cambridge, Mass. et Londres, The MIT Press, 2005.

Pot, Olivier, *Inspiration et mélancolie : l'épistémologie poétique dans les « Amours » de Ronsard*, Genève, Droz, 1990, « T.H.R. », n° 240.

Price, Simon R. F., « The Future of Dreams : From Freud to Artemidorus », *Past and Present*, 113, 1986, p. 3-37. Repris dans Patricia Cox Miller, *Dreams in Late Antiquity : Studies in the Imagination of a Culture*, Cambridge University Press, 2004, 226-259.

Radden, Jeniffer, « Is This Dame Melancholy ? Equating Today's Depression and Past Melancholia », *Philosophy, Psychiatry, & Psychology* 10, 1, 2003, p. 37-52.

Randall, John Herman Jr., *The School of Padua and the Emergence of Modern Science*, Padoue, Editrice Antenore, 1961 [1940 pour « The Development of Scientific Method in the School of Padua »].

Rebecchini, Guido, *Private Collectors in Mantua (1500-1630)*, Rome, Ed. di storia e letteratura, 2002.

Ribbe, Charles de, *Une famille au XVIe siècle*, Tours, Alfred Mame et Fils, 1879.

Rico, Francesco, *Le rêve de l'humanisme*, trad. du castillan par Jean Tellez, revue par Alain-Philippe Segonds, Paris, Les Belles Lettres, 2002.

Robiano, Patrick, « Maladie d'amour et diagnostic médical, Erasistrate, Galien et Héliodore d'Émèse, ou du récit au roman », *Ancient Narrative* 3, 2003, p. 129-149.

Robinet, André, *Aux sources de l'esprit cartésien : l'axe La Ramée-Descartes, de la « Dialectique » de 1555 aux « Regulae »*, Paris, J. Vrin, 1996.

Rosenberg, C., « What is Disease? In Memory of Owsei Temkin », *Bulletin of the History of Medicine* 77, 2003, p. 491-505.

Rudwick, M., Coleman, W., Sylla, E. et Daston, L., « Review Retrospective : Critical Problems in the History of Science », *Isis* 72.2, 2006, p. 267-283.

Schleiner, Winfried, *Melancholy, Genius, and Utopia in the Renaissance*, Wiesbaden, Otto Harrassowitz, 1991.

Schmidt, Jeremy, « Melancholy and the therapeutic language of moral philosophy in seventeenth-century thought », *Journal of the History of Ideas*, 65, 4, 2004, p. 583-601.

Siegel, Rudolf E., *Galen on Psychology, Psychopathology, and Function and Diseases of the Nervous System*, Bâle et New York, Karger, 1973.

—, *Galen on the Affected Parts. Translation from the Greek Text with Explanatory Notes*, Bâle et New York, S. Karger, 1976.

Simonin, Michel, « Le statut de la description à la fin de la Renaissance », dans J. Lafond et A. Stegmann (dir.), *L'Automne de la Renaissance*, Paris, Vrin, 1981, p. 129-140.

—, « *Aegritudo amoris* et *res literaria* à la Renaissance : réflexions préliminaires », dans *La folie et le corps. Études réunies par Jean Céard*, Paris, Presses de l'École normale supérieure, 1985, p. 83-90.

Siraisi, Nancy G., *Avicenna in Renaissance Italy. The Canon and Medical Teaching in Italian Universities after 1500*, Princeton, 1987.

—, *The Clock and the Mirror, Girolamo Cardano and Renaissance Medecine*, Princeton, Princeton University Press, 1997

—,*Medicine and the Italian Universities 1250-1600*, Leyde, Boston, Cologne, Brill, 2001.

—,« History, Antiquarianism, and Medicine : The Case of Girolamo Mercuriale », *Journal of the History of Ideas* 64, 2, 2003, p. 231-251.

—,« Oratory and Rhetoric in Renaissance Medicine », *Journal of the History of Ideas,* 65, 2, 2004, p. 191-211.

—,« The Fielding H. Garrison Lecture, Medicine and the Renaissance World of Learning », *Bulletin of the History of Medicine* 78, 1, 2004, p. 1-36.

Sozzi, Lionello, *Rome n'est plus Rome. La polémique anti-italienne et autres essais sur la Renaissance ; suivis de « La dignité de l'homme »*, Paris, Champion, 2002.

Speak, Gill, « An Odd Kind of Melancholy, Reflections on the Glass Delusion in Europe (1440-1680) », *History of Psychiatry* 1, 2, 1990, p. 191-206.

Starobinski, Jean, *Histoire du traitement de la mélancolie des origines à 1900*, Bâle, J.-R. Geigy, « *Acta psychosomatica-4* », 1960.

—, *Trois Fureurs*, Paris, Gallimard, 1974.

—, « Démocrite parle. l'Utopie mélancolique de Robert Burton », *Le Débat*, n° 29, 1984, p. 50-72.

—, *Montaigne en mouvement*, Paris, Gallimard, 1993.

Stechow, Wolfgang, « The Love of Antiochus with Faire Stratonica », *Art Bulletin*, 27, 1945, p. 221-237.

Struever, N., « Petrarch's Invective Contra Medicum, An Early Confrontation of Rhetoric and Medicine », *MLN* 108, 4, 1993, p. 659-679.

Talvacchia, B., *Taking Positions. On the Erotic in Renaissance Culture*, Princeton, Princeton University Press, 1999.

Tambling, J., « Dreaming the Siren, Dante and Melancholy », *Forum for Modern Language Studies*, 40, 1, 2004, p. 56-69.

Thiher, Allen, *Revels in Madness, Insanity in Medicine and Literature*, Ann Arbor, University of Michigan Press, 1999.

Thorndike, Lynn, « Three Texts on Degrees of Medicines (*De gradibus*) », *Bulletin of the History of Medicine*, 38, 1964, p. 533-537.

Trinkaus, Charles, « Protagoras in the Renaissance : An Exploration », dans Mahoney, Edward P. (dir.), *Philosophy and Humanism : Renaissance Essays in Honour of Paul Oskar Kristeller*, Leyde, Brill, 1976, 190-214.

Turner, Edouard, *Bibliographie d'André Du Laurens, premier médecin du roi Henri IV, chancelier de l'Université de Montpellier, avec Quelques remarques sur sa biographie* [...], Paris, E. Martinet, s.d., extrait de la « Gazette hebdomadaire de médecine et de chirurgie », n°s 21, 24 et 26, 21 mai, 11 et 25 juin 1880.

Van der Eijk, Philip, *Medicine and Philosophy in Classical Antiquity*, Cambridge, Cambridge University Press, 2005.

Vianey, Joseph, *Le Pétrarquisme en France au XVIe siècle*, Paris, 1909.

Vigarello, Georges, *Histoire de la beauté. Le corps et l'art d'embellir de la Renaissance à nos jours*, Paris, Seuil, 2004.

Wack, Mary, « Alī ibn al-ʿAbbās al-Maǧūsī and Constantine on Love, and the Evolution of the *Practica Pantegni* », dans Burnett, Charles et Jacquart, Danielle, *Constantine the African and ʿAlī ibn al-ʿAbbās al-Maǧūsī*, Leyde, Brill, 1994, p. 161-202.

Wheeler, Susan, « Medicine in Art : Henry IV of France Touching for Scrofula, by Pierre Firens », *Journal of the History of Medicine and Allied Sciences*, 58.1, 2003, p. 79-81.

Wickersheimer, Ernest, *La Médecine et les médecins en France à l'époque de la Renaissance, curiosités et singularités médicales*, Paris, Maloine, 1906.

Wightman, William P. D., « Quid sit methodus ? "Method" in Sixteenth Century Medical Teaching and "Discovery" », *Journal of History of Medicine*, 19, 1964, p. 360-376.

Wood, Rega, « Imagination and Experience in the Sensory Soul and Beyond : Richard Rufus, Roger Bacon & their Contemporaries », dans *Forming the Mind : Essays on the Internal Senses and the Mind/Body Problem from Avicenna to the Medical Enlightenment*, Henrik Lagerlund (éd.), Dordrecht, Springer, 2007, p. 27-57.

Wooton, David *Bad Medicine : Doctors Doing Harm Since Hippocrates*, Oxford, Oxford University Press, 2006.

Yates, Frances, *Giordano Bruno and the Hermetic Tradition*, Chicago, University of Chicago Press, 1964.

Zanca, Attila, *Notizie sulla vita e sulle opere di Marcello Donati da Mantova, 1538-1602 : medico, umanista, uomo di stato*, Pise, Giardini, 1964.

Index des noms

Seuls sont indexés les noms des personnages historiques antérieurs au XIXe siècle et mentionnés dans l'Introduction ou dans le *Discours des maladies mélancoliques*. Ceux des personnages légendaires, mythologiques ou littéraires ont été composés en caractères *italiques*.

Table des figures

Table des matières

INTRODUCTION

SECOND DISCOURS AUQUEL EST TRAICTÉ DES MALADIES MELANCHOLIQUES, & DU MOYEN DE LES GUARIR

Cet ouvrage,
le quatrième de la collection
« Génie de la mélancolie »,
publié aux éditions Klincksieck
a été achevé d'imprimer en janvier 2012
sur les presses de l'imprimerie SEPEC,
01960 Péronnas

Impression & brochage sepec - France
Numéro d'impression : 04705111202 - Dépôt légal : janvier 2012
Numéro d'éditeur : 00123